A NATUREZA E OS POLÍMEROS

MEIO AMBIENTE
GEOPOLÍMEROS
FITOPOLÍMEROS
E ZOOPOLÍMEROS

Blucher

Eloisa Biasotto Mano
Luis Claudio Mendes

A NATUREZA E OS POLÍMEROS

MEIO AMBIENTE
GEOPOLÍMEROS
FITOPOLÍMEROS
E ZOOPOLÍMEROS

A natureza e os polímeros – meio ambiente, geopolímeros, fitopolímeros e zoopolímeros
© 2013 Eloisa Biasotto Mano
         Luis Claudio Mendes
Editora Edgard Blücher Ltda.

Blucher

Rua Pedroso Alvarenga, 1245, 4º andar
04531-012 - São Paulo - SP - Brasil
Tel 55 11 3078-5366
contato@blucher.com.br
www.blucher.com.br

Segundo Novo Acordo Ortográfico, conforme 5. ed. do *Vocabulário Ortográfico da Língua Portuguesa*, Academia Brasileira de Letras, março de 2009.

FICHA CATALOGRÁFICA

Mano, Eloisa Biasotto
    A natureza e os polímeros: meio ambiente, geopolímeros, fitopolímeros e zoopolímeros / Eloisa Biasotto Mano, Luis Claudio Mendes. – São Paulo: Blücher, 2013

ISBN 978-85-212-0739-9

1. Polímeros I. Título II. Mendes, Luis Claudio

13-00089   CDD 547.7

Índice para catálogo sistemático:
1. Polímeros

PREFÁCIO

A ideia de preparar um livro sobre polímeros naturais surgiu há cerca de dez anos, quando começou a ser ministrada uma disciplina sobre o assunto no curso de Pós-Graduação em Ciência e Tecnologia de Polímeros, no Instituto de Macromoléculas da UFRJ. Nossa experiência em trabalhos e pesquisa com esses materiais se limitava à borracha natural, à guta-percha, ao amido, à celulose e às resinas lignânicas, sobre os quais havíamos realizado estudos.

O interesse despertado nos estudantes e a crescente motivação em busca do desenvolvimento, visando à preservação das condições de sustentabilidade da vida no planeta, indicavam ser o momento propício para concretizar aquela ideia.

Assim, o objetivo deste livro é oferecer uma visão geral dos polímeros encontrados na Natureza, sem aprofundar os temas científicos ou tecnológicos – o que levaria a uma obra enciclopédica, fora de cogitação. Considerando o meio ambiente, os polímeros foram agrupados conforme sua fonte natural, em polímeros de origem mineral – geopolímeros –, de origem vegetal – fitopolímeros –, de origem animal – zoopolímeros – e de outras fontes, como fungos e bactérias. Procuramos abordar os assuntos visando a heterogeneidade dos interessados em potencial, e incluímos compósitos naturais entre os plásticos, as borrachas e as fibras tradicionais. Cerca de 50 diferentes materiais poliméricos foram comentados em itens separados.

Esperamos que o resultado de nosso esforço se revele útil ao povo brasileiro, a quem devemos a oportunidade de poder dedicar nosso tempo ao fascinante estudo dos polímeros naturais, na Universidade Federal do Rio de Janeiro.

Rio de Janeiro, 28 de dezembro de 2011

Eloisa Biasotto Mano

Luis Claudio Mendes

AGRADECIMENTOS

Agradecemos a todos que, de uma forma ou de outra, ao longo de seis anos, colaboraram para que fosse possível a preparação deste livro, especialmente aos alunos da disciplina MMP-861 – "Polímeros Naturais" –, sob responsabilidade de E.B.M., do Curso de Pós-Graduação em Ciência e Tecnologia de Polímeros do IMA-UFRJ, inscritos e aprovados nos anos letivos de 1998, 2001, 2002, 2003, 2004, 2006, 2007, 2008, 2009, 2010 e 2011. Esses estudantes forneceram cópia de todas as fontes por eles consultadas para a preparação de trabalho que devia ser apresentado como parte das exigências para aprovação na disciplina. Cada trabalho abordava três tópicos, sorteados dentre a vasta lista de compósitos poliméricos de origem mineral, vegetal ou animal. A relação nominal desses valiosos colaboradores consta a seguir.

Desejamos, ainda, expressar nossos sinceros agradecimentos às seguintes pessoas, relacionadas em ordem alfabética, que atuaram na preparação final dos Quadros e das Figuras, bem como na redação dos textos:

1. Daniela de França da Silva
2. Diego de Holanda Saboya Souza
3. Eliane Cristina Rodrigues da Silva
4. Elisabeth Ermel da Costa Monteiro
5. Isaac Albert Mallet
6. Joel Apparício Pacheco
7. Laís de Queiroz Gomes
8. Leila Lea Yuan Visconte
9. Luiz Carlos Bertolino
10. Marcos Dias Lopes
11. Mário Sérgio Sant'Anna Gonçalves
12. Rafael da Silva Araújo

Finalmente, os autores expressam seus agradecimentos ao Conselho Nacional de Desenvolvimento Científico e Tecnológico – CNPq –, cujo apoio ao longo dos anos, por meio de bolsas de pesquisa, permitiu a aquisição e a consolidação dos conhecimentos apresentados nesta obra.

Rio de Janeiro, 28 de dezembro de 2011
Eloisa Biasotto Mano
Luis Claudio Mendes

CONTEÚDO

PARTE II – Polímeros de origem vegetal – Fitopolímeros

ÍNDICE DE ILUSTRAÇÕES

APRESENTAÇÃO

1 A importância dos polímeros naturais

O mundo material que cerca o homem e existe independentemente de suas atividades constitui a **Natureza.** É a força que estabeleceu e conserva a harmonia de tudo que existe. Inclui o Universo físico, com todos os seus fenômenos e componentes, como atmosfera, montanhas, mares, rios, vulcões, jazidas minerais, plantas, animais, micro-organismos etc.

Vida é a condição que distingue animais, plantas e micro-organismos de objetos inorgânicos e organismos mortos. É manifestada pelo nascimento do organismo, pelo crescimento por meio de metabolismo, pela reação a estímulos, pelo poder de adaptação ao ambiente, por meio de mudanças internas, e pela reprodução. Sua etapa final é a morte, isto é, o retorno ao mundo inorgânico. A vida é o conjunto de propriedades e qualidades que permite aos seres vivos terem atividade contínua, ao contrário dos organismos mortos ou da matéria bruta.

A maior das categorias taxonômicas (isto é, classificatórias) que reúne tipos com características comuns a todos, mesmo que existam enormes diferenças entre eles, é o **Reino**. Tradicionalmente, os objetos naturais eram distribuídos em três Reinos: Mineral, Vegetal e Animal. Modernamente, diante do maior conhecimento sobre as características dos seres vivos, os Reinos da Natureza passaram a compreender cinco grupos: Mineral, Vegetal, Animal, das Bactérias e dos Fungos.

O **Reino Mineral** ou Reino *Mineralia* compreende as espécies não vivas, pertencentes ao numeroso grupo das substâncias inorgânicas que se encontram na superfície ou no interior da crosta terrestre: cristais, rochas etc. O **Reino Vegetal**, Reino *Vegetalia*, Reino *Plantae* ou Reino *Metaphytae* engloba desde as algas verdes até as plantas superiores. O **Reino Animal**, Reino *Animalia* ou Reino *Metazoa*, inclui seres sem celulose, desde as esponjas marinhas até o homem. O **Reino das Bactérias**, Reino *Monera* ou Reino *Prokaryotae*, engloba as bactérias, isto é, micro-organismos unicelulares, desprovidos de núcleo individualizado. O **Reino dos Fungos** ou Reino *Fungi* agrupa os seres que possuem hifas, isto é, massas de longos filamentos, vivendo em saprobiose (vida dependente de matéria orgânica em decomposição)

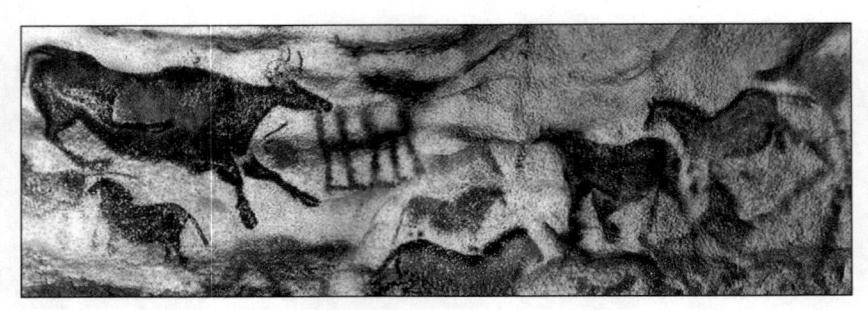

Figura 1
Marcas rupestres
nas cavernas de
Lascaux.

Fonte: CULTURAMIX.COM. Disponível em: <http://cultura.culturamix.com/arte/pinturas-de-lascaux>. Acesso em: nov. 2012.

ou em parasitismo (vida de um organismo ligado a outro organismo, dito hospedeiro, do qual obtém a totalidade ou parte de seus nutrientes); envolve desde os cogumelos até os mofos ou bolores.

Produtos naturais que contêm polímeros em sua composição – como cera de abelha, piche, alcatrão, bálsamo, breu, âmbar, goma-arábica, clara de ovo e gelatina – já eram conhecidos pelos antigos egípcios e gregos, que os usavam combinados a certos minerais coloridos para preparar revestimentos com finalidades arquitetônicas e estéticas. Nos anos 1120-220 a.C., China, Japão e Coreia utilizavam **lacas** para a ornamentação de edifícios, carruagens, arreios e armas. Alcatrão e bálsamo eram usados como aglutinantes para coberturas protetoras em barcos. No Egito, **vernizes** à base de goma-arábica, obtida de plantas do gênero *Acacia*, coloridas com produtos extraídos de animais marinhos, como polvos e lulas, eram utilizadas no revestimento de embarcações.

Em pinturas datadas de 15.000 anos a.C. (Figura 1), encontradas em cavernas nas regiões de Lascaux, ao Sudoeste da França (Figura 2), e de Altamira, ao Norte da Espanha, já eram empregadas misturas coloridas que se encontram preservadas até os tempos atuais. Acredita-se que essas pinturas eram feitas com um "pincel de ar", isto é, o pigmento era soprado por um fragmento de osso apropriado, furado, e o pó ia aderindo à gordura ou ao óleo usados para formar os desenhos sobre a superfície das paredes da gruta. O pigmento era mistura de pós de areia, argila, carvão, sangue seco etc. Outras marcas rupestres – isto é, feitas sobre pedra – podem ter sido produzidas com composições primitivas de revestimento.

As **composições de revestimento** consistem em um material polimérico, resinoso, dissolvido ou disperso em líquidos solventes, podendo ainda conter pigmentos, corantes e aditivos diversos. As **tintas** são as principais composições de revestimento; de um modo geral, re-

Figura 2
Mapa da região de
Lascaux, na França.

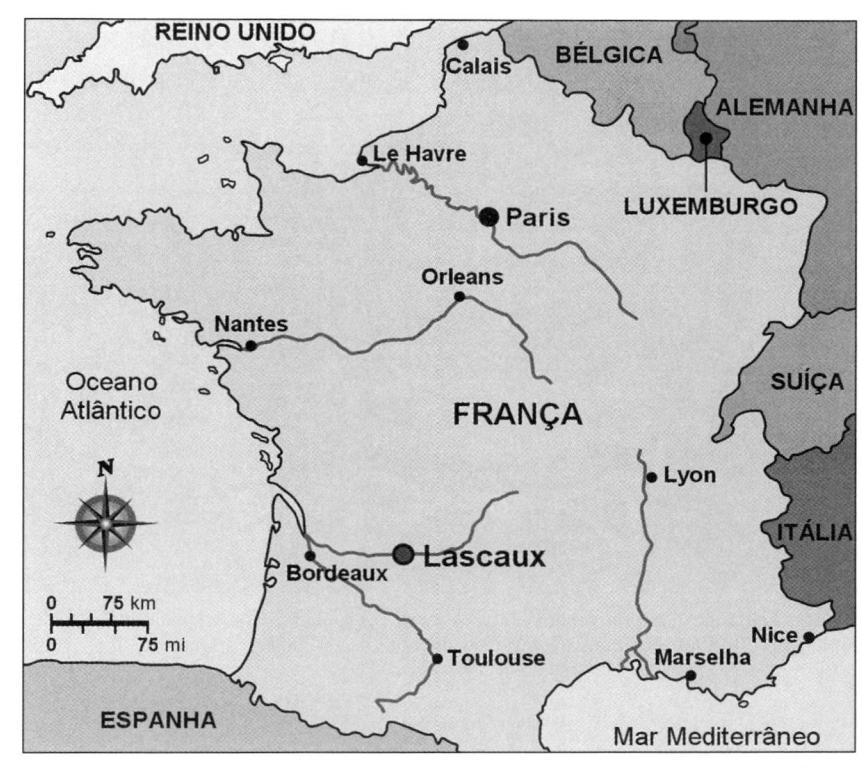

Fonte: Google. Disponível em: <http://www.google.com.br/imgres?imgurl=http://
antigo.rainhadapaz.com.br/projetos/artes/imagens/im_prehistoria/local_lascaux.
jpg&imgrefurl=http>. Acesso: em nov. 2012.

cebem as denominações específicas de vernizes, lacas, esmaltes e *primers*. **Vernizes** são tintas transparentes, coloridas ou não; **lacas** são tintas opacas, coloridas ou não; **esmaltes** são tintas opacas, coloridas ou não, reativas. ***Primers*** são tintas opacas, coloridas ou não, com elevado teor de sólidos.

A Revolução Industrial, que se instalou no mundo a partir de 1760, tornou possível a produção de bens em larga escala, passando-se do trabalho manual para a produção em máquinas a vapor, concentradas em fábricas (Figura 3). Isso acarretou profundas modificações sociais e econômicas, em todos os ramos do conhecimento.

O surgimento das ciências exatas e o desenvolvimento científico e tecnológico, que atinge níveis inimagináveis com extrema rapidez nos dias atuais, fazem com que os produtos sintéticos, cada vez mais, se sobreponham em quantidade e diversidade aos produtos naturais.

A preservação da qualidade de vida no planeta vem sendo objeto de preocupação desde a década de 1970, com a inclusão desse assunto nos

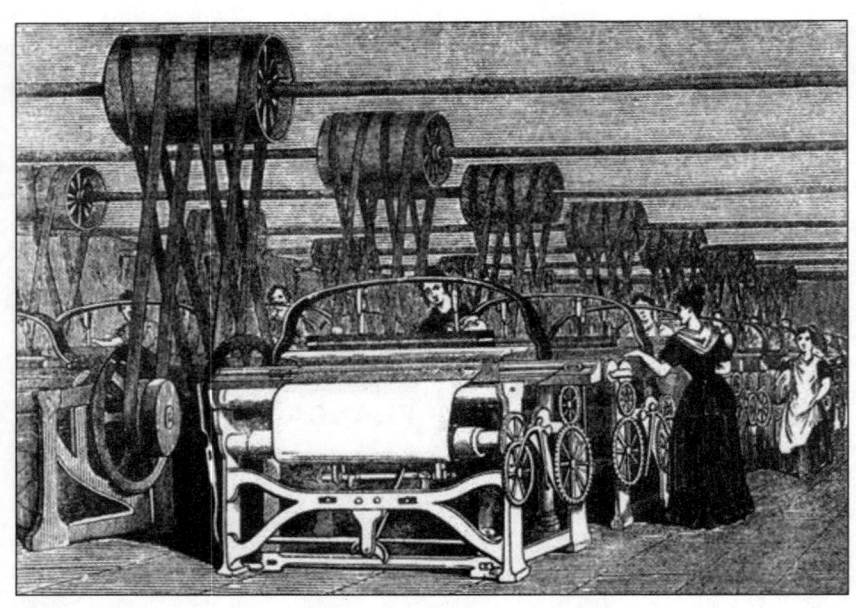

Figura 3
A Revolução
Industrial.

Fonte: Trueroots. Disponível em: <http://www.trueroots.us/blog/wp-content/uploads/2009/05/industrial-revolution-women.jpg>. Acesso em: 18 maio 2010.

currículos escolares das crianças, em países avançados. A imensa quantidade de lixo urbano – cerca de 400 milhões de toneladas – gerada anualmente pelo mundo, contém principalmente papel e papelão, bem como resíduos orgânicos, além de percentuais menores de metal, vidro e plástico (Quadro 1). Desses constituintes, o que provoca maiores problemas é o lixo plástico, em razão de sua resistência à degradação ambiental, permanecendo por anos e, mesmo, décadas contaminando os vazadouros de lixo na periferia das cidades.

A degradação ambiental (Quadro 2) ocorre por atuação isolada ou conjunta de fotodegradação, termodegradação, degradação química, via oxidação ou hidrólise, e biodegradação. Os agentes da fotodegradação são as radiações de baixa ou alta energia, como luz solar, radioatividade e raios X. O agente da termodegradação é o calor, proveniente do sol, de vulcões ou de fontes termais. O agente da oxidação é o ar, presente na atmosfera, nos ventos e nos furacões. A hidrólise é causada pela água da chuva, do orvalho, dos mares, dos rios e dos lagos. A biodegradação é o resultado da ação de seres inferiores, como bactérias e fungos, ou seres superiores, como insetos, roedores e, principalmente, seres humanos.

Os resíduos orgânicos e celulósicos (que são os maiores componentes do lixo domiciliar), quando expostos à degradação ambiental,

Quadro 1 – Materiais descartados como lixo domiciliar no mundo por ano			
Componente	Composição (% p/p)		
	Europa Ocidental	EUA	Brasil*
Papel/papelão	25	41	28
Metal	8	9	5
Vidro	10	8	3
Plástico	7	7	6
Resíduo orgânico	30	27	52
Outros	20	8	6
Total	100	100	100

* São Paulo
Obs.: p/p - peso por peso
Fonte: BONELLI, C. M. C. *Recuperação secundária de plásticos provenientes dos resíduos sólidos urbanos do Rio de Janeiro*. 1993. Tese (Mestrado) – Instituto de Macromoléculas Professora Eloisa Mano, Universidade Federal do Rio de Janeiro, Rio de Janeiro 1993. Orientador: E. B. Mano.

Quadro 2 – Degradação ambiental			
Tipo de degradação		Agente	Exemplo
Fotodegradação		Radiação	Luz solar Radioatividade Raios X
Termodegradação		Calor	Sol Vulcão
Degradação química	Oxidação	Ar	Atmosfera Vento Furacão
	Hidrólise	Água	Chuva Orvalho Mar Rio Lago
Biodegradação		Seres inferiores	Bactérias Fungos
		Seres superiores	Insetos Roedores Seres humanos

Fonte: MANO, E. B.; PACHECO, E. B. A. V.; BONELLI, C. M. C. *Meio ambiente, poluição e reciclagem*. São Paulo: Editora Edgard Blücher, 2005.

são decompostos por ação de enzimas – isto é, catalisadores biológicos específicos –, associadas aos demais fatores naturais, e assim são reintegrados ao meio ambiente, incorporando-se ao solo.

Aliás, **solo** ou **terra** é um material não consolidado, que geralmente provém da decomposição de rochas. É constituído de matéria orgânica, matéria inorgânica e vida bacteriana.

Os plásticos de vida útil muito curta (Quadro 3), utilizados em embalagens, para serem transformados em solo precisam ser suscetíveis de ataque enzimático e, para isso, devem conter grupos funcionais específicos. Para ser degradado, o polímero precisa conter insaturação ou ter átomos de carbono terciário, e para ser biodegradável, o polímero deve apresentar cadeia sem ramificação ou com grupos funcionais éster, amida ou acetal (Quadro 4).

Diante da crescente preocupação da sociedade com a preservação da Natureza, os polímeros naturais, como materiais de fontes renováveis, vêm aumentando em importância em relação aos polímeros sintéticos, em geral, provenientes de fontes fósseis.

Este livro tem como principal objetivo despertar atenção e interesse para os **polímeros naturais**. Estes poderiam ser muito mais bem aproveitados por meio de modificações químicas que preservas-

Quadro 3 – Vida útil de plásticos na Europa Ocidental (1989)			
Principais plásticos	Principais aplicações	Fração (% p/p)	Vida útil (ano)
PE, PP e PET	Embalagem de alimentos e produtos industriais: garrafas, sacolas, filmes domésticos, filmes contráteis.	20	Inferior a 1
PP e PU	Artigos domésticos, esportivos e de lazer, contentores industriais e engradados, estofamentos de móveis e carros.	35	1 a 10
PVC	Cabos, dutos, forração de estofamentos de móveis e carros, em construção civil.	45	Superior a 10

Obs.: p/p – peso por peso; PE – Polietileno; PP – Polipropileno; PET – Poli(tereftalato de etileno); PU – Poliuretano; PVC – Poli(cloreto de vinila).
Fonte: MANO, E. B.; PACHECO, E. B. A. V.; BONELLI, C. M. C. *Meio ambiente, poluição e reciclagem*. São Paulo: Editora Edgard Blücher, 2005.

Quadro 4 – Degradabilidade ambiental dos polímeros

Resistência à degradação ambiental	Requisito necessário na cadeia	Exemplo de cisão molecular
Degradável	Ligação insaturada entre carbonos	
	Átomo de carbono terciário	
Degradável e biodegradável	Cadeia sem ramificação	
	Ligação éster	
	Ligação amida	
	Ligação acetal	

Fonte: MANO, E. B.; PACHECO, E. B. A. V.; BONELLI, C. M. C. *Meio ambiente, poluição e reciclagem*. São Paulo: Editora Edgard Blücher, 2005.

sem o esqueleto macromolecular e, portanto, a sua capacidade de reintegração natural ao meio ambiente, em contraposição aos polímeros sintéticos. Esta seria uma forma de restaurar parcialmente os **ciclos da Natureza**, para compensar a ação destruidora cumulativa, que vem ocorrendo em escala preocupante em todo o planeta.

2 As forças de ligação interatômicas e intermoleculares

Um agrupamento de átomos somente constitui uma **molécula** quando as forças de ligação entre eles forem suficientemente fortes para os manterem unidos, dentro de condições determinadas de temperatura e pressão e na ausência de outros átomos e moléculas. São uma entidade independente, de massa molar e características próprias.

As forças de ligação entre os átomos são avaliadas pela energia da ligação e pelo caráter iônico dessas ligações. Daí decorre a capacidade de **catenação**, isto é, formação de homopolímeros, ou de **alternação** com outros átomos, isto é, formação de copolímeros, com maior ou menor estabilidade e, portanto, maior ou menor tamanho de cadeia. Quando o tamanho molecular atinge a ordem de milhar, a mudança nas características físicas dos produtos começa a ser mais apreciável, especialmente nas características mecânicas. A partir de certo limite, da ordem de 100.000, a variação nas propriedades se torna pouco sensível ao aumento da massa molar, e a curva tende a um platô (Figura 4).

As forças interatômicas, conforme o tipo e a energia de ligação, podem ser classificadas em primárias, intermediárias e secundárias (Quadro 5). As **forças primárias**, mais intensas, compreendem as ligações iônicas (600 a 1.100 kJ/mol), ligações covalentes (60 a 700 kJ/mol) e ligações metálicas (110 a 350 kJ/mol). As **forças intermediárias**, de interação doador–aceptor, variam conforme provenham de uma estrutura química tipo ácido de Brönsted, em que atingem até 1.000 kJ/mol, ou ácido de Lewis, que são muito mais fracas, até 80 kJ/mol. Deve-se lembrar que o ácido de Brönsted é um composto que pode perder um próton, e a base é um composto que pode aceitar um próton; e o ácido de Lewis é um composto que pode receber elétrons de um doador, que é a base. Finalmente, as **forças secundárias**, que se distribuem entre as ligações hidrogênicas, com flúor (até 40 kJ/mol) e sem flúor (10 a 25 kJ/mol), e as forças de van der Waals, do tipo dipolo–dipolo permanente (4 a 20 kJ/mol), dipolo–dipolo induzido (até 2 kJ/mol) e forças de dispersão de London (0,08 a 40 kJ/mol).

Quando um agrupamento de átomos revela organização geométrica, o que pode ser verificado por difração de raios X, trata-se de uma indicação da formação de **cristal**. O cristal não é uma macromolécula, embora uma macromolécula possa ser cristalina. O cristal se desagrega por ação de um solvente ou do calor, ocorrendo o rompimento das forças de ligação fracas que o caracterizam. Em cristalizações sucessivas, não há manutenção da mesma massa, o que demonstra a inexistência, no cristal, de uma unidade química concatenada, independente.

Figura 4
Influência da massa
molar na resistência
mecânica dos
polímeros.

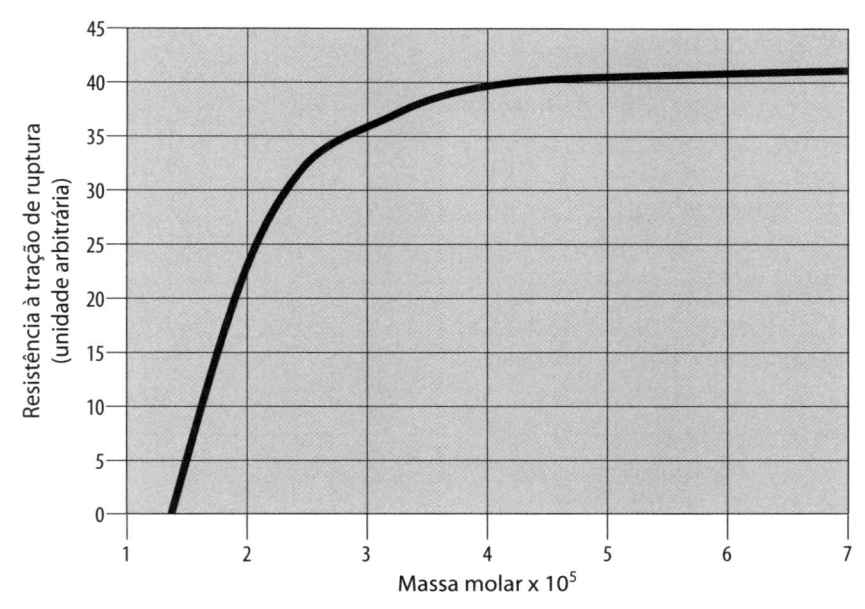

Fonte: MANO, E. B. *Polímeros como materiais de engenharia*. São Paulo: Editora Edgard Blücher, 1991.

As forças primárias, em geral superiores a 60 kJ/mol de interações, podem exibir ou não **direcionamento**, conforme discutido em capítulos subsequentes. Nas cadeias poliméricas, as ligações encontradas são, em geral, covalências, às vezes de coordenação, e exibem direcionamento. O comprimento das ligações resultantes de interações primárias é, em geral, 0,90 a 2,0 Å; na ligação C—C , é cerca de 1,5 a 1,6 Å. As ligações iônicas, resultantes de interação entre átomos de eletronegatividade muito diferente, não exibem direcionamento e não são encontradas nas cadeias dos polímeros. As ligações metálicas, que envolvem átomos com número de elétrons de valência insuficiente para completar a última camada, são muitas vezes consideradas átomos carregados cercados por um mar de elétrons, potencialmente fluido; essas ligações não têm direcionamento e também não são comumente encontradas nos polímeros.

Como polímeros são substâncias químicas caracterizadas por seu tamanho, estrutura química e interações intra e intermoleculares, é interessante observar as diferenças gerais de comportamento mecânico e térmico dos materiais, poliméricos e não poliméricos, relacionando-as aos tipos de ligação presentes nas cadeias.

A estrutura química se refere à composição, à constituição e à configuração da molécula. Tem influência na forma e, portanto, na cristalinidade do polímero. Da estrutura química decorrem a flexibilidade ou rigidez da cadeia polimérica, a existência ou não de ligações

Quadro 5 – Tipos de ligação química e suas energias		
Tipo de ligação		**Energia de ligação (kJ/mol)**
Primária	Iônica	600 – 1.100
	Covalente	60 – 700
	Metálica	110 – 350
Doador–aceptor	Interação ácido–base (Brönsted)	até 1.000
	Interação ácido–base (Lewis)	até 80
Secundária	Ligação hidrogênica — Com flúor	até 40
	Ligação hidrogênica — Sem flúor	10 – 25
	Força de van der Waals — Dipolo–dipolo permanente	4 – 20
	Força de van der Waals — Dipolo–dipolo induzido	até 2
	Força de van der Waals — Força de dispersão (London)	0,08 – 40

Obs.: kJ/mol – kilojoule por mol.
Fonte: DRUMOND, W. S. *Avaliação de películas obtidas a partir de vernizes à base de copolímeros de estireno / metacrilato de metila*. 1996. Tese (Mestrado) – Instituto de Macromoléculas Professora Eloisa Mano, Universidade Federal do Rio de Janeiro, Rio de Janeiro, 1996. Orientador: E. B. Mano.

cruzadas ou de sítios de reticulação potencial, e a disponibilidade ou não de grupos suscetíveis de interações, fortes ou fracas.

O tamanho, a estrutura e as interações respondem pelas propriedades físicas dos polímeros: aumento da **resistência mecânica** com o aumento da massa molar; aumento da **resistência mecânica** com a direção do estiramento; e **transparência** ou **opacidade**, conforme o menor ou maior grau de cristalinidade.

Assim, pode-se dizer que os polímeros são moléculas que, em geral, atendem aos seguintes requisitos:

- possuem elevada massa molar (acima de 10^3) – são macromoléculas, com grupos terminais definidos;
- apresentam ligações interatômicas primárias;
- exibem ligações e/ou macromoléculas direcionadas;
- mostram segmentos químicos repetidos.

3 A abrangência dos conceitos de macromolécula

O conceito inicial de **polímero** (do Grego, *poli*, muito, e *mero*, parte), é geralmente utilizado para os polímeros industriais, cuja origem sintética é bem definida e conhecida. O conceito de **macromolécula** (do Grego, *makros*, grande, e do Latim, *molecula*, molécula) é mais geral e abrangente, pois exige apenas que o composto tenha grande massa, sem condicionamento à repetição dos segmentos, **meros**. A palavra polímero foi criada em 1920, na Alemanha, por **Staudinger** (Hermann Staudinger, considerado o Pai dos Polímeros), quando afirmava que existiam substâncias, naturais ou sintéticas, que não eram agregados, como os coloides, mas moléculas de longas cadeias, com grupos terminais definidos. Durante uma década, este conceito foi muito discutido e criticado pelos cientistas e somente a partir de 1929 passou a ser aceito sem restrições.

Assim, a palavra "macromolécula" é ampla e geral, aplicável a qualquer estrutura química, desde que seja grande. A palavra "polímero" exige ainda que, além de grande, a estrutura química apresente unidades repetidas, os "meros".

O conceito de "polímero" poderia ser estendido a "macromoléculas" regulares em que as forças de ligação interatômicas não fossem apenas covalências, como nos polímeros em geral, mas também ligações coordenativas, iônicas, metálicas, dipolo–dipolo, pontes hidrogênicas etc., desde que existissem moléculas independentes, nas quais fossem observadas propriedades crescentes (ou decrescentes) conforme o aumento (ou diminuição) da cadeia, a partir de certo grau de associação.

Embora as ligações metálicas sejam, em geral, mais fracas que as covalências, o imenso número de átomos encadeados torna **maior** a resistência mecânica nos metais do que nos polímeros orgânicos, de tal maneira que traz ao material propriedades de **maleabilidade** (lâmina flexível, dobrável) e **ductilidade** (fio flexível) em grau não encontrado nem nos polímeros orgânicos, nem nas cerâmicas, nem nos vidros, que são polímeros inorgânicos. Esse tipo de ligação permite o **fluxo de elétrons**, o que lhes confere condutividade elétrica.

As cerâmicas têm **menor** resistência mecânica que os polímeros orgânicos em virtude da **porosidade**, gerada pela perda de água durante o cozimento das peças. Os vidros não têm porosidade, porque são produzidos em temperaturas bem mais altas; são mais resistentes do que as cerâmicas.

Dentre os materiais poliméricos naturais, destacam-se os **compósitos**. Estes são sistemas heterogêneos em que um dos componentes é descontínuo e tem como característica principal a resistência ao esforço (**componente estrutural** ou **reforço**) e o outro componente é contínuo, e representa o meio de transferência desse esforço (**componente matricial** ou **matriz**). Alguns compósitos naturais, encontrados em animais e vegetais, apresentam extrema complexidade e são de fundamental importância para os seres vivos.

Exemplos de compósitos naturais em que pelo menos um dos componentes é polimérico são: músculos, dentes, ossos, chifres, marfim, madrepérola, casco da tartaruga, madeira, madeira petrificada, âmbar, carvão, azeviche etc.

Alguns dos mais belos e valiosos bens da Terra são originários de organismos vivos, tanto vegetais quanto animais. É curioso observar que o coral não é compósito polimérico. Grandiosas estruturas formadas por minúsculos organismos vivos que se unem, constituem os recifes de coral. O coral é composto por esqueletos de animais marinhos, chamados pólipos de coral, pertencentes à classe zoológica *anthozoa*. Esses pólipos têm corpos ocos e cilíndricos e, embora algumas vezes vivam sozinhos, são, com maior frequência, encontrados em grandes colônias, onde se desenvolvem, uns sobre os outros, acabando por produzir imensas formações geográficas, como os recifes de coral e atóis (coroas de coral erigidas sobre um pilar vulcânico). Esses esqueletos são formados de carbonato de cálcio (rocha calcárea) que, com o passar dos anos, se torna maciço. O coral pode existir apenas em águas com temperatura acima de 22 °C – embora a maior parte deles seja encontrada em águas tropicais, há alguns nas regiões mais quentes do mar Mediterrâneo. Pode ser de diversas cores (Figura 5), geralmente azul, rosa, vermelho ou branco. O coral vermelho é o mais valioso, e há milhares de anos é usado em joias.

Figura 5
Corais de diversas
cores.

Fonte: Oceonário de Lisboa. Disponível em: <http://www.oceanario.pt.> Acesso em: 5 ago. 2011.

4 A influência da estrutura química nas características dos polímeros

A fabricação de uma substância química polimérica a partir de micromoléculas é feita por dois processos principais: poliadição e policondensação (Quadro 6). A modificação de polímeros preexistentes, naturais ou sintéticos, segue as mesmas reações empregadas para compostos micromoleculares.

A Natureza, no entanto, tem suas rotas próprias, extremamente rigorosas e impossíveis de serem seguidas pelos químicos. A especificidade das reações que ocorrem em organismos vivos está além do conhecimento dos pesquisadores na fase atual. As enzimas, que são a base de todas as rotas metabólicas, podem ser consideradas os mais perfeitos catalisadores imagináveis.

Até a década de 1970, a busca por novas estruturas químicas para os polímeros sintéticos se dirigia principalmente para a melhoria das propriedades mecânicas e térmicas, tendo em vista a substituição dos metais. As características de maior interesse eram as seguintes: termo-

Quadro 6 – Características dos processos de polimerização		
Processo	**Característica**	**Exemplo**
Poliadição	Reação em cadeia, três componentes reacionais: iniciação, propagação, terminação	LDPE HDPE PP PS BR etc.
	Mecanismos: homolítico, heterolítico, ou por coordenação	
	Não há subprodutos da reação	
	Reação rápida, com formação imediata de polímeros	
	Concentração de monômero diminui progressivamente	
	Grau de polimerização alto, da ordem de 105	
Policondensação	Reação em etapas	PET PA PC PR etc.
	Mecanismo heterolítico	
	Há subprodutos da reação	
	Reação lenta, sem formação imediata de polímero	
	Concentração de monômero diminui rapidamente	
	Grau de polimerização médio, da ordem de 104	

Obs.: LDPE – Poletileno de baixa densidade; HDPE – Polietileno de alta densidade; PP – Polipropileno; PS – Poliestireno; BR – Polibutadieno; PET – Poli(tereftalato de etileno); PA – Poliamida; PC – Policarbonato; PR – Resina fenólica.
Fonte: MANO E. B.; MENDES, L. C. Introdução a polímeros. São Paulo: Editora Edgard Blücher, 1999.

plasticidade; alto módulo; propriedades mecânicas mantidas em larga faixa de temperatura; resistência a temperaturas elevadas; resistência a intempéries e a oxidação; autorretardamento da chama e pouca fumaça; resistência a solventes e reagentes; alta estabilidade dimensional; transparência a radiações eletromagnéticas; resistência a desgaste e baixo coeficiente de expansão térmica. Essas qualidades eram buscadas por meio do emprego de novos monômeros.

É interessante observar a correlação entre propriedade e estrutura química do polímero:

- **Termoplasticidade** é essencial para o fácil processamento; o polímero não deve ser reticulado.

- **Alto módulo** exige polímero de alta cristalinidade ou estrutura rígida aromática.

- **Propriedades mecânicas mantidas em alta faixa de temperatura** significam destruição difícil da ordenação macromolecular; as cadeias devem ser formadas por anéis aromáticos interligados por um ou dois átomos, por grupos não parafínicos.

- **Resistência a temperaturas elevadas** implica a presença de anéis aromáticos.

- **Resistência a intempéries e a oxidação** indicam a saturação e a ausência de átomo de carbono terciário, ou a presença de anéis aromáticos.

- **Autorretardamento da chama e pouca fumaça** refletem a ausência de cadeia parafínica, a presença de anel aromático e de grupo éster, que libera dióxido de carbono, ou a presença de átomos de halogênio, como cloro e bromo.

- **Resistência a solventes e reagentes** é indicação de estrutura aromática ou saturada, ou presença de polímero cristalino.

- **Estabilidade dimensional** exige polímero resistente ao calor e polímero sem grupos hidroxila ou amina, que favorecem a formação de ligações hidrogênicas com a água.

- **Transparência a radiações eletromagnéticas,** na região do espectro visível, significa polímero de baixa cristalinidade. Na região do ultravioleta, polímero de pouca conjugação. Na região de micro-ondas, polímero cristalino de baixa hidrofilicidade.

- **Resistência a desgaste** exige polímero de elevada massa molar ou alta cristalinidade.

- **Baixo coeficiente de expansão térmica** indica polímero de alta cristalinidade ou polímero de estrutura reticulada.

As inovações no campo dos polímeros podem ser distribuídas em dois grandes grupos. No primeiro grupo estão aquelas inovações que procuram reunir, em um mesmo material, características úteis, porém geralmente conflitantes, como transparência e rigidez, em poli-hidrocarbonetos, e resistência mecânica associada à biodegradabilidade, em poliésteres; são polímeros conhecidos, mas com a estrutura química modificada. No segundo grupo, encontram-se aquelas inovações que buscam a inteligência na resposta a estímulos externos, baseada na interação dos materiais poliméricos com fatores ambientais, visando a miniaturização e a robotização; são **polímeros inteligentes**, que possuem a capacidade intrínseca de responder reversivelmente a estímulos externos de maneira controlada e direcionada, em decorrência de sua estrutura química. Assim, podem ser utilizados como sensores.

A busca do desenvolvimento sustentável poderá indicar uma reflexão sobre as modificações a serem procuradas nas estruturas poliméricas naturais, de modo a estender suas aplicações em substituição a produtos sintéticos, de características poluentes para o meio ambiente.

5 Os polímeros como materiais – os biopolímeros e os materiais de engenharia

Os polímeros industriais mais conhecidos são os componentes essenciais dos plásticos. **Plásticos** são materiais que têm como componente principal um polímero, geralmente orgânico, e em algum estágio de seu processamento tornam-se fluidos e passíveis de serem moldados pela ação isolada ou conjunta de calor e pressão. Distinguem-se das borrachas porque têm resistência mecânica muito maior, extensibilidade muito menor, não têm elasticidade e apresentam deformação permanente. Diferenciam-se das fibras porque têm resistência mecânica inferior.

Material é toda a matéria de que é constituído um corpo.

Matéria é tudo que ocupa lugar no espaço.

Material de engenharia é o material básico empregado na construção de edifícios, pontes, navios, aviões, equipamentos etc. Apresenta elevada resistência mecânica e térmica, bem como longa durabilidade. Mantém a estabilidade dimensional e a maioria das propriedades mecânicas abaixo de 0 °C e acima de 100 °C. Pode ser de natureza mineral ou orgânica, natural ou sintética.

A classificação geral de materiais depende do campo de aplicação visado (Quadro 7). A classificação dos materiais de engenharia clássicos, como madeira, cerâmica, vidro e metal, e não clássicos, que são os polímeros sintéticos, é condensada na Figura 6.

Os seres vivos são constituídos fundamentalmente por polissacarídeos, nos vegetais, e por proteínas, nos animais, que são seres mais evoluídos. Pode-se imaginar que os polímeros formados sejam a fase final, estável, da rota biogenética, e que sua estrutura deva cumprir

Quadro 7 – Classificação dos materiais			
Campo de aplicação	**Especialidade**	**Constituinte representativo**	**Composto químico básico**
Engenharia	Construção civil	Madeira	Polímero (celulose)
		Concreto	Óxidos metálicos, ferro
		Metal	Ferro, cobre, alumínio
		Cerâmica	Óxidos metálicos
		Vidro	Óxidos metálicos
		Mármore	Carbonato de cálcio
	Maquinário industrial	Metal	Ferro
		Plástico	Polímero
	Peças de alto desempenho	Metal	Ferro, níquel, cromo
		Cerâmica	Óxidos metálicos
		Plástico	Polímero
	Mobiliário	Madeira	Polímero (celulose)
		Plástico	Polímero
Biomedicina	Ortopedia	Metal	Ferro, titânio, platina
		Cerâmica	Óxidos metálicos
		Plástico	Polímero
	Odontologia	Plástico	Polímero
		Metal	Ouro, prata, mercúrio
Embalagens	Medicamentos	Vidro	Óxidos metálicos
		Plástico	Polímero
		Metal	Alumínio
	Alimentos	Papel	Polímero (celulose)
		Vidro	Óxidos metálicos
		Plástico	Polímero
		Metal	Alumínio
⋮	⋮	⋮	⋮

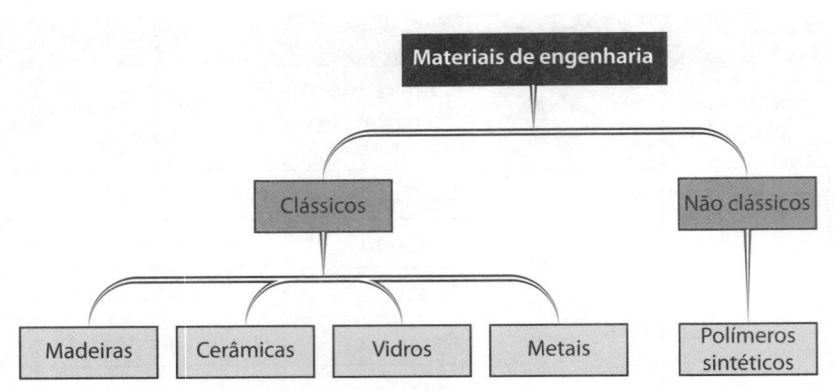

Figura 6
Classificação
dos materiais de
engenharia.

Fonte: MANO, E. B. *Polímeros como materiais de engenharia*. São Paulo: Editora Edgard Blücher, 1991.

com eficiência as funções a que eles se destinam: resistência, proteção e alimento. O polímero natural mais abundante é a celulose, produzida por vegetais. A segunda maior presença é a quitina, que é uma celulose modificada, presente na carapaça de alguns animais. O papel desses polímeros é estrutural, isto é, formar o esqueleto das plantas e das árvores, ou a camada externa protetora dos invertebrados.

A complexidade crescente da estrutura molecular dos polímeros, a partir do mais simples, sintético – o polietileno linear –, até as mais sofisticadas conformações dos polímeros ligados à vida – os **biopolímeros** –, pode ser visualizada na Figura 7. Esta imagem cabe perfeitamente dentro do conceito pleno de sabedoria, emitido pelo saudoso Professor **Aharon Katchalsky**, em sua conferência de abertura do International Symposium on Macromolecules da Iupac (International Union of Pure and Applied Chemistry), em Bruxelas, Bélgica, em 1966: "As leis da Natureza são simples. Quando as expressões matemáticas para interpretá-las são muito complicadas, isto indica que não são corretas".

A dificuldade de interpretação de inúmeros dados experimentais muitas vezes decorre da ausência de profissionais com formação em áreas diversificadas nas equipes de pesquisa. Daí a grande importância e atualidade que tem o estudo de polímeros naturais, com sólida fundamentação molecular.

Figura 7
Escala de
complexidade
molecular.

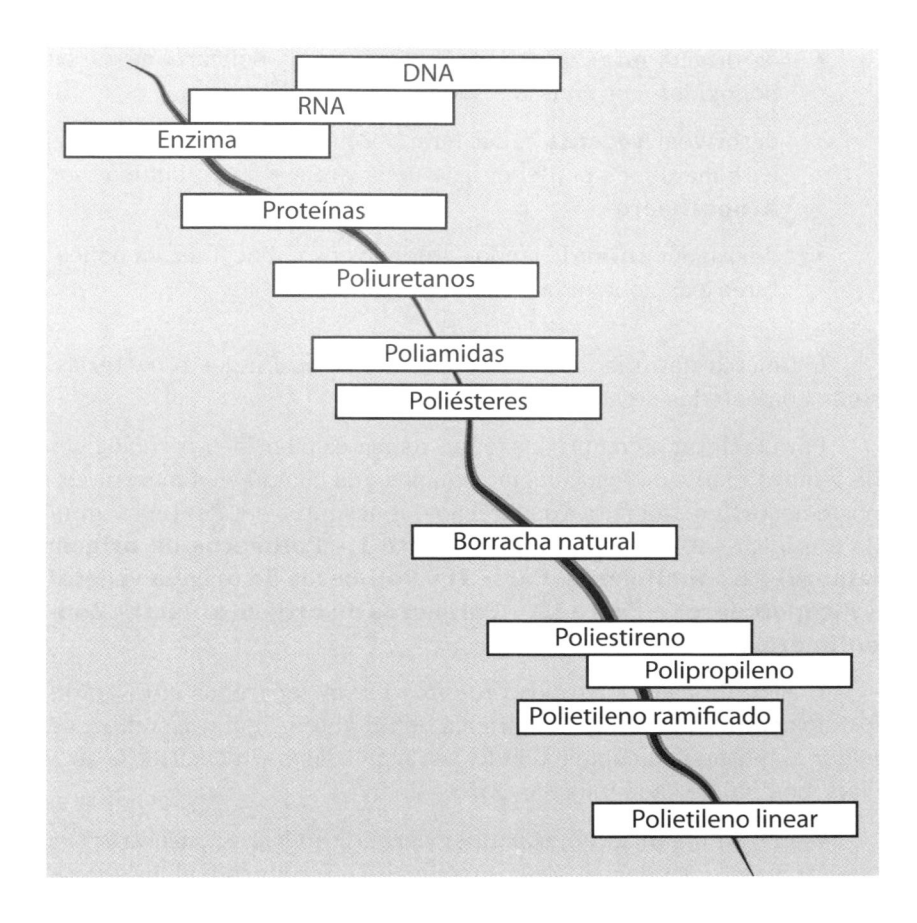

6 Os polímeros naturais segundo a sua origem: mineral, vegetal, animal e outras

Em plena Era da Genômica, que se iniciou no final do século XX, é essencial conscientizar os profissionais da Química que toda a imensa complexidade da vida se baseia em polímeros.

A abordagem dos polímeros naturais será feita considerando principalmente o ângulo químico, dando ênfase a aspectos científicos e tecnológicos, procurando correlacionar características importantes dos polímeros sintéticos com as propriedades correspondentes dos polímeros naturais. A preservação do meio ambiente indica que deve haver maior valorização dos polímeros naturais em detrimento dos sintéticos. Assim, abordaremos os polímeros:

- de origem **mineral**, sendo focalizados os policarbonetos, os polióxidos e os polissais; isto é, os **geopolímeros**;

- de origem **vegetal**, considerando em detalhe os poli-hidrocarbonetos, os polifenóis, os poliacetais e as poliamidas: os **fitopolímeros**.

- de origem **animal**, sendo estudados os poliacetais, os poliésteres e as poliamidas: os **zoopolímeros**.

Polímeros naturais de outras origens, como fungos e bactérias, serão comentados de modo geral.

Para facilitar a compreensão dos aspectos científico-tecnológicos de temas tão diversificados como aqueles que compõem a matéria exposta neste livro, foi feita a separação dos assuntos em **Partes**, segundo a origem natural dos produtos: **Parte I – Polímeros de origem mineral – Geopolímeros**; **Parte II – Polímeros de origem vegetal – Fitopolímeros** e **Parte III – Polímeros de origem animal – Zoopolímeros.**

Dentro de cada Parte, os produtos foram separados em Capítulos, de acordo com a função química dominante. Alguns assuntos, de maior amplitude ou complexidade, são focalizados em capítulos especiais, no final de cada uma das Partes do livro.

Com essa organização, espera-se permitir ao leitor concentrar sua atenção nas seções sobre os quais tem mais conhecimento ou interesse.

Bibliografia recomendada

DRUMOND, W. S. *Avaliação de películas obtidas a partir de vernizes à base de copolímeros de estireno / metacrilato de metila.* 1996. Tese (Mestrado) – Instituto de Macromoléculas Professora Eloisa Mano, Universidade Federal do Rio de Janeiro, Rio de Janeiro, 1996. Orientador: E. B. Mano.

FISH, J. G. Organic polymer coating. In: BUNSCHAH, R. F. *Deposition technologies for film and coating.* New York: Noyes Publications, 1982.

GERNGROSS, T. U.; SLATER, S. C. How green are green plastics? *Scientific American*, v. 283, n. 2, n. 24-29, 2000.

JARDINE, A. P. et al. (Eds.). *Smart materials fabrication and materials for micro-electro-mechanical systems.* Pittsburgh: Materials Research Society, 1992.

KLEINTJENS, L. A. (Ed.). Smart polymer materials, *Macromolecular Symposia*, v. 102, January, 1996.

MANO, E. B.; MENDES, L. C. *Introdução a polímeros.* São Paulo: Editora Edgard Blücher, 1999.

MANO, E. B. *Polímeros como materiais de engenharia.* São Paulo: Editora Edgard Blücher, 1991.

MANO, E. B.; PACHECO, E. B. A. V.; BONELLI, C. M. C. *Meio ambiente, poluição e reciclagem.* São Paulo: Editora Edgard Blücher, 2005.

MUNGER, C. G. *Corrosion prevention by protective coatings.* Houston: NACE, 1986.

PARTE I

POLÍMEROS DE ORIGEM MINERAL
GEOPOLÍMEROS
POLICARBONATOS • POLIÓXIDOS • POLISSAIS

INTRODUÇÃO

É importante comentar alguns conceitos para uma visão ampla e geral dos materiais encontrados na Natureza, visando facilitar a abordagem dos polímeros de origem mineral – os **geopolímeros.**

Mineral é um composto inorgânico de composição química e estrutural definida, em geral sólido, que se encontra no interior ou na superfície da Terra, como metais, pedras etc.

Quase todos os minerais ocorrem no estado cristalino, no qual os átomos ou grupamentos de átomos estão dispostos regularmente, segundo sistemas fixos e constantes. O **cristal** é um corpo sólido cuja superfície é formada por planos, dispostos simetricamente, que se interceptam segundo ângulos definidos, característicos. Qualquer que seja sua origem, o mineral pode se apresentar cristalizado. Diz-se **cristalizado** quando aparece na Natureza sob formas próprias, inconfundíveis, sempre holoédricas, isto é, com a totalidade de faces geometricamente iguais. **Amorfo** é o material que não tem forma poliédrica característica; pode ser considerado um verdadeiro líquido, de viscosidade muito elevada.

É interessante observar que alguns aglomerados de cristais ocorrem no centro de blocos de rocha ocos (Figura I.1), cuja casca, quando umedecida, exala o odor característico de terra molhada, que é um metabólito volátil, a **geosmina**, produzido por uma bactéria encontrada no solo, o *Streptomyces coelicolor*. A geosmina é um álcool alicíclico, bicíclico condensado, o 2,6-dimetil-decalinol, muito volátil, que se desprende da rocha.

Quando é possível retirar de um mineral algum metal ou gema (isto é, mineral que tem valor para decoração pessoal) com vantagem econômica, o mineral é chamado **minério**. A parte não utilizável do minério é a **ganga**.

Clivagem é a propriedade de um cristal de fraturar ao longo de superfícies planas, lisas, paralelas entre si, dentro do corpo do cristal. É o desbastamento do cristal segundo planos paralelos. É uma propriedade descontínua, característica dos cristais.

A **dureza** exprime a resistência que um material oferece à penetração de uma ponta aguda, que poderá ou não riscá-lo. Esta propriedade será abordada mais detalhadamente na Seção 1.1.1 "Diamante".

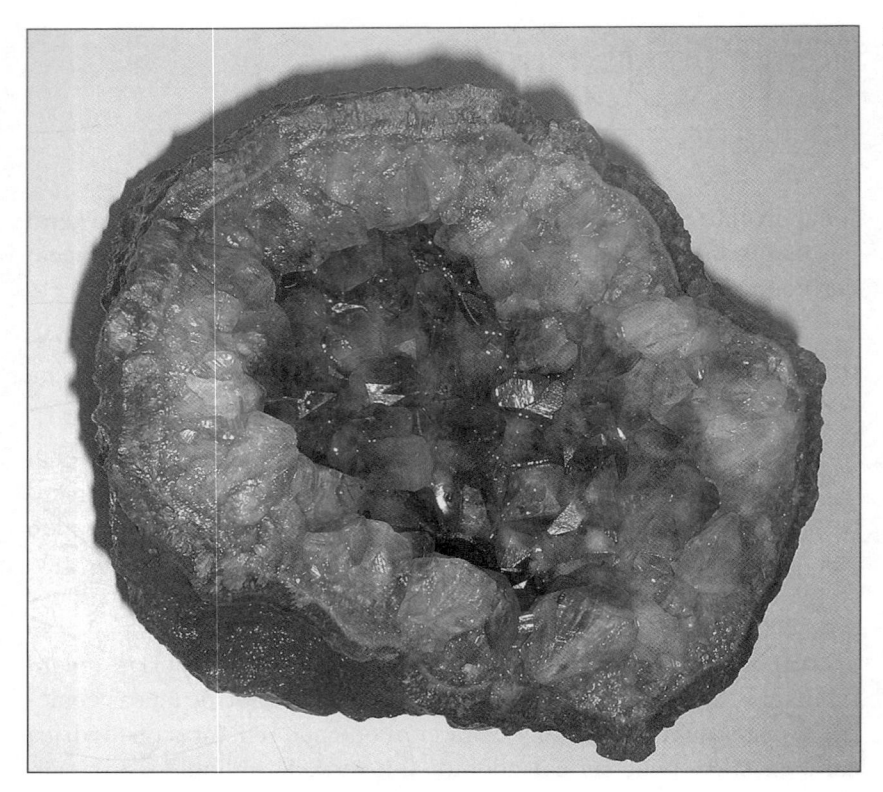

Figura I.1
Bloco de rocha oco,
com cristais de
ametista.

Magma é o material resultante da solidificação de massas em estado de fusão, dando origem a **rochas ígneas**, também chamadas **eruptivas** ou **magmáticas**. A **rocha** é formada por minerais. Os produtos de decomposição das rochas vão se depositar no fundo dos mares, rios e lagos, formando camadas, e dão origem às **rochas sedimentares**. Os mais frequentes constituintes das rochas são os **feldspatos**, que perfazem 60% da totalidade dos minerais. A seguir, os anfibólios e piroxênios, 17%, o quartzo, 12%, e as micas, 4%.

Os **feldspatos** formam o grupo mais importante dentre os constituintes das rochas. São derivados da sílica em que um terço a um quarto dos átomos de silício são substituídos por átomos de alumínio. São translúcidos ou opacos e podem apresentar cristais mistos de três componentes: feldspatos potássico, sódico e cálcico, que são de difícil distinção à primeira vista. Dentre os feldspatos, quanto ao sistema de cristalização e à clivagem, distinguem-se o ortoclásio e o plagioclásio.

O **ortoclásio**, $K_2O.Al_2O_3.6SiO_2$, ocorre no sistema monoclínico, clivando em ângulo reto; é encontrado principalmente nas rochas magmáticas claras.

O **plagioclásio**, de composição química variável, forma cristais mistos de albita, $Na_2O \cdot Al_2O_3 \cdot 6SiO_2$, e anortita, $CaO \cdot Al_2O_3 \cdot 2SiO_2$, no sistema triclínico, clivando em ângulo oblíquo. Ocorre como componente principal nas rochas cristalinas, tanto em rochas claras quanto escuras.

Anfibólios e **piroxênios** são minerais de aparência muito similar. São prismáticos ou granulares, de cor preta, com clivagem segundo dois planos quase perpendiculares, nos piroxênios, e oblíquos, nos anfibólios.

O **quartzo** é uma forma cristalina do poli(óxido de silício), conhecido por **sílica**. É o material básico constituinte de areias, solos e rochas.

A **mica** é um polissilicato hidratado de alumínio, potássio e magnésio, além de outros metais; separa-se facilmente em lâminas brilhantes, finas, resistentes, em geral claras e transparentes.

As **areias** são grãos soltos de minerais ou rochas, maiores do que poeira e menores que seixos, isto é, uma fração granulométrica.

O **granito** é uma rocha cristalina dura, que consiste principalmente de quartzo e feldspato.

O **metassomatismo** é o conjunto de ações que se processam na parte exterior da crosta terrestre, os quais causam a lenta precipitação dos sais em solução, formando cristais. Os materiais daí resultantes têm origem dita **metassomática**.

Metamorfismo é o fenômeno que consiste na transformação lenta das rochas sedimentares e ígneas, passada no interior da crosta terrestre. Ocorre sob a ação milenar e contínua dos agentes geológicos, como o calor central, os gases provenientes do interior incandescente da Terra, a pressão exercida pelas camadas superiores de detritos sobre as que ficam por baixo, tornando-as mais compactas, fazendo surgir novos minerais, com feições características. As rochas daí provenientes se chamam **rochas metamórficas.**

A variação das propriedades físicas segundo direções e sentidos diferentes no interior do mineral constitui um excelente meio para a diferenciação entre o material cristalizado e o material amorfo. Os corpos amorfos são sempre **isótropos**, isto é, suas propriedades são as mesmas segundo qualquer direção ou sentido. Nos cristais, as propriedades variam com a direção e o sentido segundo os quais são observados, e se dizem **anisótropos** (exceto os do sistema cúbico, que são isótropos).

Os minerais apresentam duas classes diferentes de propriedades. Certas propriedades não dependem da direção, são caracterizadas exclusivamente por um número; são ditas **grandezas escalares**. Elas existem para todos os corpos, não caracterizam os cristais. Por exemplo, densidade, fusibilidade, composição química, são propriedades escalares. As propriedades que dependem da direção são grandezas que só podem ser identificadas integralmente por três números, são **propriedades vetoriais** e caracterizam os corpos anisotrópicos, como os cristais. Por exemplo, a forma cristalina, a dureza, as propriedades óticas.

As **macromoléculas** são moléculas grandes, com massa molecular, em geral, entre 10^3 e 10^6; têm ligações covalentes, com direcionamento. Os **polímeros** são macromoléculas com unidades químicas repetidas, os **meros**.

As **cerâmicas** têm sequências alternadas de átomos de silício e oxigênio; suas ligações são iônicas, sem direcionamento. As cerâmicas têm menor resistência mecânica que os polímeros orgânicos em razão de sua **porosidade**, que é gerada durante o cozimento das peças, tornando-as opacas. São polissilicatos, poliméricos.

Os **vidros** são misturas de óxidos metálicos – geralmente silício, sódio e cálcio– amorfas, extremamente viscosas; são considerados líquidos super-resfriados. São polissilicatos, poliméricos como as cerâmicas, porém fabricados por fusão a temperaturas muito mais elevadas e resfriados a uma condição rígida, sem cristalização.

Os **metais** têm sequências de 10^4 a 10^{24} átomos interligados, com massas da ordem de 10^5 a 10^{25}; as ligações são metálicas, sem direcionamento. Os metais não são polímeros. Têm características especiais, como brilho, resistência mecânica elevada, maleabilidade, ductibilidade, condutividade térmica e elétrica, e magnetismo. A estrutura cristalina dos metais é preservada sob deformações moderadas; daí resultam a maleabilidade e a ductibilidade, em virtude das chamadas **ligações metálicas**, que unem os átomos uns aos outros. Essas ligações são decorrentes do deslocamento de elétrons, porque as bandas energéticas desses átomos estão incompletamente preenchidas e permitem o seu escoamento em qualquer direção (Figura I.2).

Alguns elementos exibem **catenação**, tal como o carbono, porém os homopolímeros deles resultantes não atingem altos pesos moleculares; são **oligômeros** de grau de polimerização inferior a 10. Por exemplo, o fósforo, o enxofre, o silício, o estanho etc. Assim, não apresentam características mecânicas satisfatórias (Figura I.3).

Para que possa ocorrer emaranhamento das cadeias e, com isso, o surgimento de características típicas dos polímeros, é preciso que o

Figura I.2
Representação das
ligações metálicas.

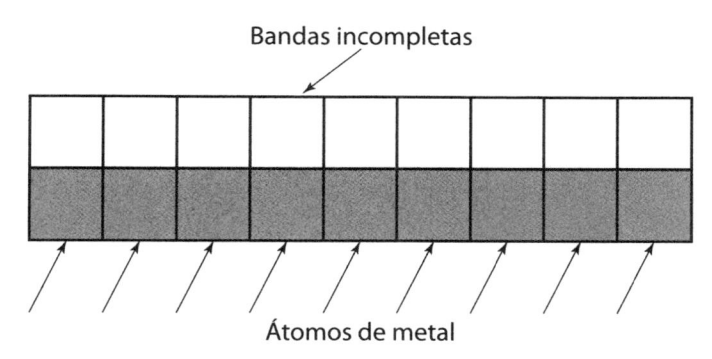

Obs.: O deslocamento de elétrons entre os átomos é a ligação metálica.
Fonte: BÓ, M. C. *Influência das condições reacionais nas características físicas e químicas de polifenilenos*. 1999. Tese (Mestrado) – IMA/UFRJ. Orientador: E. B. Mano.

número de átomos encadeados atinja um valor mínimo, que depende de cada caso. Para se ter uma ideia do tamanho de cadeia e da facilidade de emaranhamento, pode-se observar um modelo de conformação estatística de uma molécula de polietileno oligomérico, de massa molar 2.800 (Figura I.4). Por exemplo, para haver emaranhamento de

Figura I.3
Energias de ligação
em produtos de
catenação.

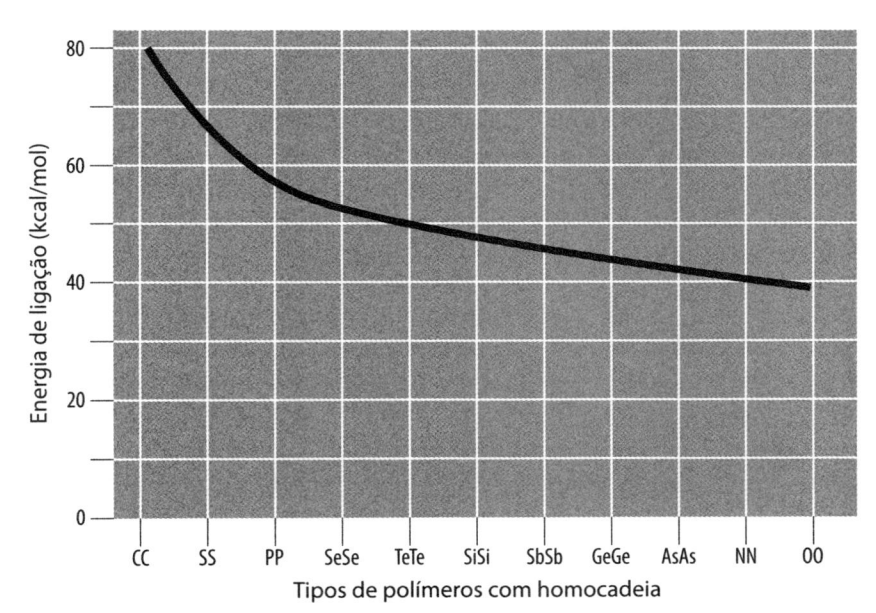

Obs.: As – Arsênico; C – Carbono; Ge – Germânio; N – Nitrogênio; O – Oxigênio; P – Fósforo; S – Enxofre; Sb – Antimônio; Se – Selênio; Si – Silício; Te – Telúrio.
Fonte: SEYMOUR, R. B.; CARRAHER Jr., C. E. *Polymer chemistry*. New York: Marcel Dekker, 1988.

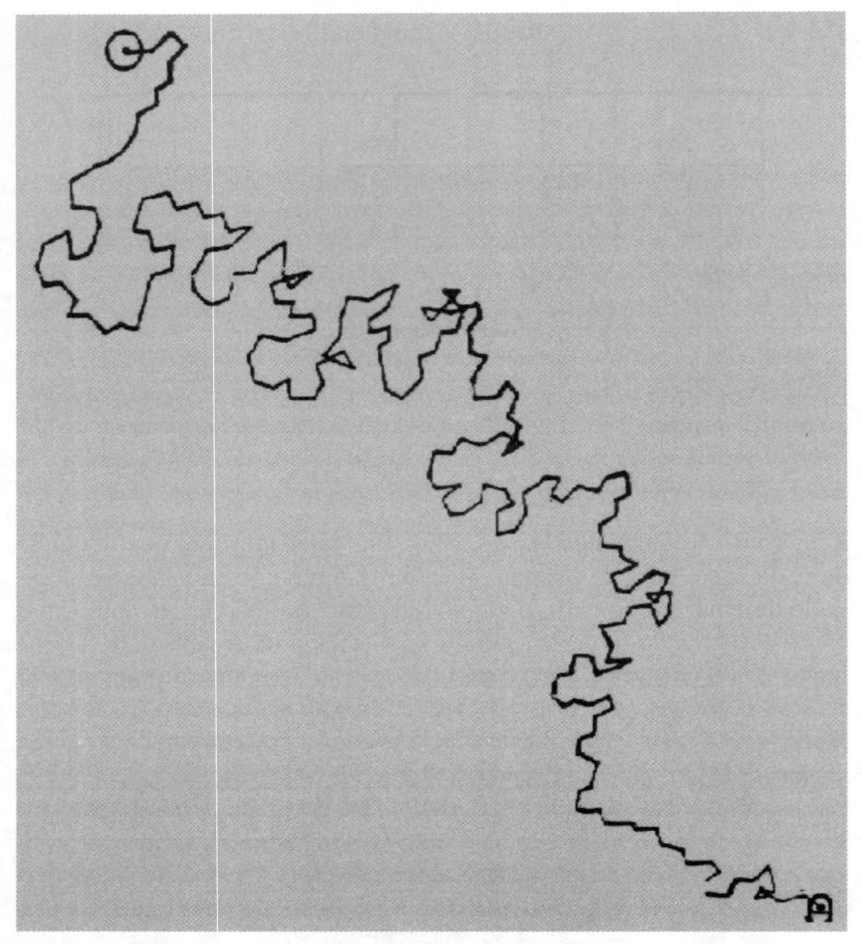

Figura I.4
Modelo de conformação estatística de uma molécula de polietileno de massa molar aproximada 2.800.

Fonte: MANO E. B.; MENDES, L. C. *Introdução a polímeros*. São Paulo: Editora Edgard Blücher, 1999.

cadeias no **PMMA** [poli(metacrilato de metila)], que possui obstáculos estéricos e também grupos carbonila, isto é, sítios de interação potencial, o número de átomos crítico é acima de 200; no **PS** (poliestireno), cujos anéis aromáticos, tabulares, dificultam a aproximação das cadeias, esse número é maior, acima de 700; e no **PIB** (poli-isobutileno), cuja cadeia é mais desimpedida, flexível, o número crítico é menor, pouco acima de 600.

Entre os elementos que apresentam catenação, encontram-se o enxofre, o silício e o fósforo. No Quadro I.1, nota-se que os três elementos possuem caráter iônico zero, tal como o carbono, porém têm menor energia de ligação que C—C, o que os torna portadores de menor resistência mecânica e térmica.

Quadro I.1 – Energia de ligação e caráter iônico em alguns pares de átomos		
Ligação	Energia de ligação (kcal/mol)	Caráter iônico (%)
Al—O	140	60
B—C	90	5
B—N	110	20
B—O	115	45
Be—O	125	65
C—C	85	zero
C—H	100	5
C—N	75	5
C—O	85	20
C—S	65	5
P—P	50	zero
P—N	140	20
P—O	100	40
P—S	80	5
S—S	60	zero
Si—Si	55	zero
Si—C	75	10
Si—N	105	30
Si—O	110	50
Si—S	60	10
Sn—Sn	40	zero
Sn—O	130	55
Ti—O	160	60

Obs.: Al – Alumínio; B – Boro; Be – Berílio; C – Carbono; H – Hidrogênio; N – Nitrogênio; O – Oxigênio; P – Fósforo; S – Enxofre; Si – Silício; Sn – Estanho; Ti – Titânio.
Fonte: SEYMOUR, R. B.; CARRAHER Jr., C. E. *Polymer chemistry*. New York: Marcel Dekker, 1988.

Os **polímeros inorgânicos** são polímeros que têm unidades repetidas inorgânicas na cadeia principal. São moléculas grandes, geralmente lineares, que não contêm qualquer porção orgânica; são constituídos apenas por átomos de carbono ou outros elementos. Por exemplo, o vidro, que é um polímero inorgânico constituído de anéis e cadeias de unidades repetidas de silicato. Fibras de carbono, grafite, polissilicatos e polissiloxanos também são considerados polímeros inorgânicos.

Algumas características especiais de muitos polímeros inorgânicos são o módulo de elasticidade mais alto e o alongamento na ruptura muito mais baixo, quando comparados aos polímeros orgânicos. Poucos polímeros inorgânicos se dissolvem realmente ou, alternativamente, se eles incham, poucos podem reverter ao estado inicial. A cristalinidade e a alta temperatura de transição vítrea são mais comuns nos polímeros inorgânicos do que nos polímeros orgânicos.

Os polímeros inorgânicos naturais são os principais componentes do solo, das rochas e dos sedimentos – daí a denominação moderna de **geopolímeros**. São extensivamente empregados como abrasivos e materiais cortantes (diamante, carboneto de silício ou carborundum, alumina), fibras (asbesto, fibra de boro), materiais de construção (vidro de janela, brita, cimento, tijolo, telha) e lubrificantes (negro de fumo, grafite, gel de sílica, alumina, argila).

Nesta Parte I, os capítulos abordam Policarbonetos, Polióxidos e Polissais. Em cada Capítulo, os produtos são focalizados em seções, como materiais naturais, na Seção "Materiais", e como compostos químicos puros, na Seção "Polímeros".

A abordagem científica é, assim, separada do tratamento tecnológico, que é mais acessível a uma ampla variedade de leitores. No caso da Parte I, no Capítulo 1, "Policarbonetos", destacam-se os materiais, diamante e grafite, e os polímeros, saturados e aromáticos. No Capítulo 2, "Polióxidos", destacam-se os materiais, isto é, areia e bauxita e os polímeros, poli(óxido de silício) e poli(óxido de alumínio). No Capítulo 3, "Polissais", são abordados os materiais, asbesto, mica, argila e lava vulcânica, e os polímeros, polissilicatos.

Bibliografia recomendada

BÓ, M. C. *Influência das condições reacionais nas características físicas e químicas de polifenilenos.* 1999. Tese (Mestrado) – IMA/UFRJ. Orientador: E. B. Mano.

MANO E. B.; MENDES, L. C. *Introdução a polímeros.* São Paulo: Editora Edgard Blücher,

SEYMOUR, R. B.; CARRAHER Jr., C. E. *Polymer chemistry.* New York: Marcel Dekker, 1988.

1 – POLICARBONETOS

Dentre os polímeros de origem mineral mais importantes, destacam-se os **policarbonetos**, isto é, macromoléculas que consistem em encadeamentos de átomos do elemento carbono. Esses polímeros podem ser saturados ou insaturados, especialmente aromáticos. Os policarbonetos saturados encontrados na Natureza são representados pelo **diamante**, e os aromáticos, pelo **grafite**.

Carbono, nome dado por A. Lavoisier, em 1789, provém do latim *carbo*, que significa *carvão*. O átomo de carbono neutro tem número atômico 6 e massa molar 12,011 g/mol. A configuração eletrônica do carbono é $1s^2\, 2s^2\, 2p^2$.

O elemento carbono faz parte de toda matéria viva; está também presente no ar, principalmente como CO_2, e nos minerais, em geral como carbonato. Estudando a razão isotópica do carbono em amostras, torna-se possível interpretar os registros da Natureza e traçar a história do carbono. Todo carbono existente na Terra vem das estrelas e é mistura de três isótopos naturais: ^{12}C (cerca de 99%), ^{13}C (1,01 a 1,14%) e ^{14}C (0,001%); somente este último é radioativo. No CO_2 atmosférico, além do ^{12}C, existe também o ^{14}C, resultante da decomposição do ^{14}N por colisão com nêutrons, provenientes do espaço sideral. Nessa colisão, o ^{14}N pode perder um próton e se transformar em ^{14}C, que emite partículas *beta*, as quais nada mais são do que elétrons; a meia-vida do ^{14}C é 5.730 anos. Isso significa que, antes de se desintegrar totalmente, o ^{14}C dispõe de tempo suficientemente longo para se incorporar à biosfera. Assim, de todo o carbono que faz parte das plantas e animais, cerca de $1,2 \times 10^{-10}\%$ está como ^{14}C.

Diferentemente dos processos a alta temperatura no centro da Terra, processos biológicos de baixa temperatura, tais como fotossíntese, são sensíveis a variações de massa e diferenciam a atividade dos isótopos do carbono. As razões de isótopos de carbono encontrados nos materiais orgânicos como plantas, animais e conchas, variam e também diferem daquelas entre o dióxido de carbono presente na atmosfera e nos oceanos.

É importante lembrar que as propriedades da molécula dependem não apenas da natureza dos átomos que a compõem, mas também da forma pela qual estão unidos, por meio de ligações mais fortes ou mais fracas. Daí decorrem maior ou menor flexibilidade molecular, presença ou ausência de volume livre dentro da molécula, tipo de simetria ou assimetria etc. Assim, por exemplo, o elemento carbono se apresenta na Natureza em, pelo menos, sete **formas alotrópicas** ou **alótropos**, todas com uma estrutura cristalina bem definida: grafite *alfa* e *beta*, diamante, lonsdaleíta, caoíta, carbono e fulereno (C_{60} e C_{70}). Dessas, as formas alotrópicas mais importantes são grafite, o mais macio, e diamante, o mais duro dos materiais.

A característica que define qualquer propriedade fundamental de um mineral é o arranjo particular dos seus átomos, isto é, sua **estrutura cristalina**; no caso do diamante, são os átomos de carbono.

Um **cristal** é um corpo sólido, resultante da ligação de elementos atômicos ou compostos, em um arranjo repetido; já comentado na Introdução desta parte. Muitas vezes, os cristais possuem faces externas suaves. Em virtude de sua natureza simétrica e finita, os blocos de construção dos cristais são limitados a um número relativamente pequeno de átomos em suas composições químicas. Um átomo de carbono neutro tem seis prótons no núcleo e seis elétrons a sua volta. Quatro dos elétrons de um átomo de carbono são elétrons de valência, isto é, disponíveis para formar ligações com outros átomos. No grafite, cada átomo de carbono utiliza somente três dos quatro elétrons de valência para se ligar com átomos de carbono vizinhos. A estrutura resultante dessas ligações é uma folha plana de átomos de carbono interligados. Embora individualmente fortes, essas camadas estão apenas fracamente conectadas entre si, e a facilidade com que elas são separadas é que torna o grafite escorregadio. No diamante, entretanto, cada átomo de carbono partilha todos os quatro dos seus elétrons disponíveis com átomos de carbono adjacentes e equidistantes, formando uma unidade tetraédrica. Esse arranjo de átomos forma uma rede muito estável e rígida e, por esse motivo, os diamantes têm ponto de fusão tão alto e são tão duros. O carbono tem ponto triplo a 4.000 K (3.727 °C) e 100 bar, no qual coexistem as três fases, grafite–diamante–fundido (Figura 1.1).

Bibliografia recomendada

PEIXOTO, E. M. A. Elemento químico – carbono. *Química Nova na Escola*, n. 5, maio 1997.

SEYMOUR, R. B.; CARRAHER Jr., C. E. *Polymer chemistry*. New York: Marcel Dekker, 1988.

SEARA DA CIÊNCIA. Disponível em: <http://www.seara.ufc.br/dona-fifi/datacao/datacao3.htm>. Acesso em: 4 nov. 2010.

SEARA DA CIÊNCIA. Disponível em: <http://www.seara.ufc.br/dona-fifi/datacao/datacao5.htm>. Acesso em: 4 nov. 2010.

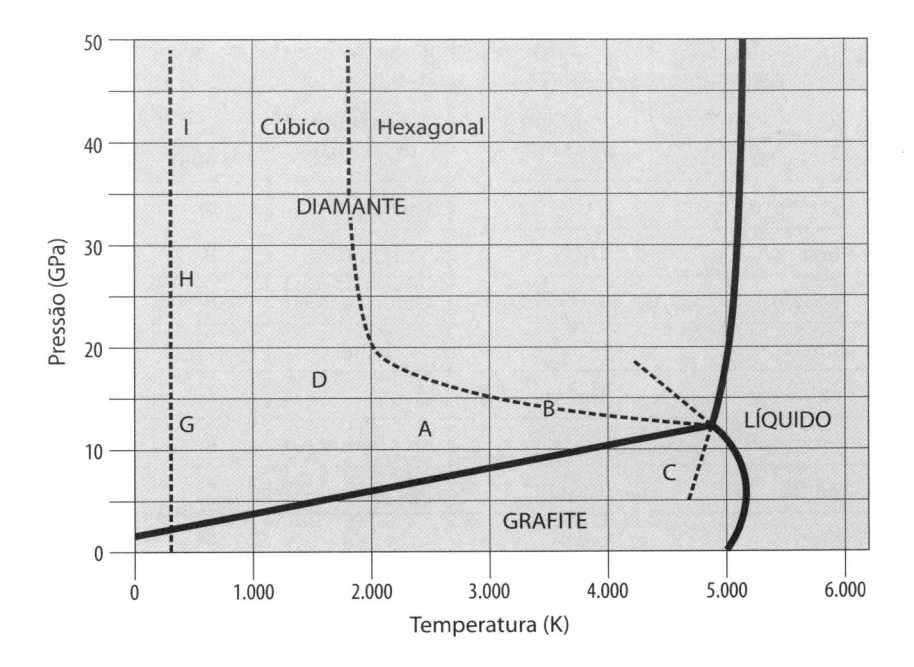

Figura 1.1
Ponto triplo do carbono.

1.1 Materiais

Dentre os materiais poliméricos de origem mineral à base de carbono, que são encontrados na Natureza, destacam-se como extremos na escala de dureza: o diamante, que é o mais duro, e o grafite, o mais macio.

Quando todos os átomos de carbono estão interligados por covalências do tipo sp^3, forma-se o **diamante**, como cristais incolores, do sistema cúbico, em que cada átomo de carbono está no centro de um tetraedro, composto por quatro outros átomos de carbono; tem densidade 3,52, e dureza 10, na escala Mohs (Quadro 1.1), sendo o mais duro material conhecido.

Os diamantes são avaliados em **quilates**, uma vez que o quilate é a unidade padrão de medida das pedras preciosas. Um quilate é aproximadamente igual a 0,2 g e pode ser subdividido em pontos percentuais. Um dos motivos pelos quais os diamantes são tão apreciados é que a luz que eles absorvem é refletida diretamente, de trás para frente – se a pedra tiver sido cortada corretamente. A estrutura cristalina incomum da gema permite um alto grau de refractabilidade.

Entretanto, quando todas as ligações C—C envolvidas contêm elétrons deslocalizados, unidos por covalências do tipo sp^2, formam-se lâminas superpostas de núcleos aromáticos condensados. Esse material é o **grafite**, que possui cristais cinza-metálico, sistema hexagonal,

Quadro 1.1 – Escala Mohs[1] de dureza de minerais				
Mineral	**Composição química**	**Sistema cristalino**	**Dureza**	
			Mohs	**Knoop**
Diamante	C	Cúbico	10	7.000
Corindon	Al_2O_3	Trigonal	9	1.800
Topázio	$Al_2(F,OH)_2SiO_4$	Ortorrômbico	8	1.340
Quartzo	SiO_2	Trigonal	7	820
Feldspato	$Na/K,Ca/Ba(Al, Si)_4O_8$	----	6	560
Ortoclásio	$K(AlSi_3)O_8$	Monoclínico	6	560
Apatita	$CaF_2.3Ca_3(PO_4)_2$	Hexagonal	5	430
Fluorita	CaF_2	Trigonal	4	163
Calcita	$CaCO_3$	Hexagonal	3	135
Enxofre	S	Ortorrômbico	2	32
Gesso	$CaSO_4.2H_2O$	Monoclínico	2	32
Talco	$Mg_2(Si_2O_5)_2.Mg(OH)_2$	Monoclínico	1	1
Grafite	C	Hexagonal	1	1

Fonte: HOUAISS, A. *Enciclopédia mirador internacional*. v. 10. Rio de Janeiro: Encyclopaedia Britannica do Brasil Publicações, 1995.

densidade 2,09-2,25, dureza 1-2 na escala Mohs, e que é o mais macio dos minerais, ao lado do talco (que possui cristais brancos, sistema monoclínico, densidade 2,7-2,8 e dureza 1-2).

A Figura 1.2 mostra a representação gráfica do grafite, laminar, e do diamante, compacto.

Baseados na forma cúbica e no arranjo de átomos altamente simétrico, os cristais de diamante podem se desenvolver de diferentes formas, conhecidas como **hábitos** do cristal. O hábito mais comum é o octaedro. Cristais de diamante podem também formar cubos, dodecaedros e combinações dessas formas. Essas estruturas são, em geral, manifestações do sistema cúbico cristalino.

---

1 A escala **Mohs** foi desenvolvida em 1822 pelo austríaco F. Mohs como um critério para a identificação de minerais. A escala lista dez minerais, sendo os mais duros, com número mais alto, capazes de riscar aqueles com número mais baixo. Outra escala importante é a escala Knoop, baseada na força necessária para fazer marcas usando-se um diamante.

Figura 1.2
Representação
gráfica do grafite e
do diamante.

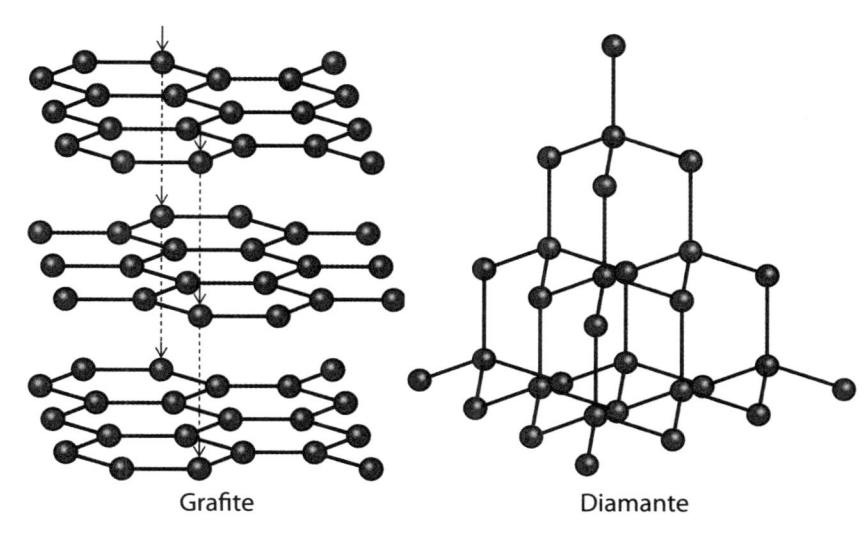

Grafite   Diamante

Fonte: SEYMOUR, R. B.; CARRAHER Jr., C. E. *Polymer chemistry*. New York: Marcel
Dekker, 1988.

Bibliografia recomendada

HOUAISS, A. *Enciclopédia mirador internacional*. v. 10. Rio de Janeiro: Encyclopaedia Britannica do Brasil Publicações, 1995.

PEIXOTO, E. M. A. Elemento químico – carbono. *Química Nova na
Escola*, n. 5, maio 1997.

1.1.1 Diamante

Diamante (do grego, *adamas*, "invencível")

O **diamante** é um mineral constituído inteiramente de carbono, elemento químico fundamental para a vida. O diamante representa uma
das duas formas cristalinas principais desse elemento. A maioria dos
diamantes consiste em carbono primitivo, existente à época da formação do manto terrestre. É um cristal que contém átomos de carbono
ligados tetraedricamente, formando uma gigantesca macromolécula.
Tem características físicas excepcionais, sendo as mais notáveis a extrema dureza, o alto índice de dispersão e a elevada condutividade térmica. Os diamantes podem ser transparentes, translúcidos ou opacos.
Variam de incolores a negros, amarelos, castanhos, acinzentados, verdes e, raramente, vermelhos ou azuis. São usados em joalheria, como

gema (pedra preciosa); em instrumentos cortantes e como material abrasivo; e em microeletrônica, como dissipadores de calor de dispositivos, a fim de torná-los menores e mais poderosos.

Sob condições extremas de calor e pressão e ao longo de tempos geológicos, nas profundezas do planeta, são formados os diamantes naturais. Também são produzidos em crateras de impacto, nas quais meteoritos colidem com a Terra e criam zonas de choque de alta pressão e elevada temperatura, onde são encontrados **microdiamantes** ou **nanodiamantes**, de dimensões mínimas.

Os diamantes provêm de uma fonte finita. Ocorrem na Natureza como cristais simples, **gemas**, isto é, minerais que, pelo brilho, dureza e raridade, têm valor para decoração pessoal. Além das variedades de diamante-gema, há ainda o **bort**, que é mal cristalizado, de cor inferior e muito fragmentado, e o **carbonado**, ou **diamante negro**, que é opaco, de coloração cinza a negra e com clivagem pouco satisfatória. O bort e o carbonado são usados como abrasivos, no corte de diamantes e nas cabeças cortantes de perfuratrizes de rocha. Esses abrasivos já eram usados na China há muito tempo, desde 2500 a.C.

A formação do diamante natural exige exposição de materiais que contêm carbono a altas pressões, entre 45 e 60 kbar, a temperaturas comparativamente baixas, entre 900 e 1.300 °C. Essas condições são encontradas em dois lugares na Terra: no manto, sob placas continentais, e em sítios onde tenha ocorrido o impacto de meteoritos. As condições exigidas para a formação de diamantes no manto exigem considerável profundidade, 140-190 km. A exata combinação de temperatura e pressão somente é encontrada nas partes estáveis, espessas, antigas, de placas continentais, onde existem regiões da crosta conhecidas como **crátons.** Essa é uma ocorrência relativamente rara. A longa permanência dos diamantes na litosfera cratônica permite que eles cristalizem e que os cristais de diamante atinjam dimensões maiores. Os diamantes naturais são geralmente muito antigos, na faixa de 1 a 3,3 bilhões de anos. São muito mais antigos que a erupção vulcânica que os transportou do interior para a superfície da Terra.

As crateras vulcânicas com pequenas superfícies se estendem para baixo, em forma cilíndrica, mais ou menos vertical, constituindo os **dutos vulcânicos.** O diamante é, finalmente, transportado para a superfície da Terra por tipos de erupção que perfuram saídas estreitas, explosivas, ou tubos, através da crosta terrestre. Dois tipos diferentes de rocha ígnea preenchem o pescoço vulcânico do tubo: **kimberlito** e **lamproíto**. A palavra **kimberlito** deriva da cidade de Kimberley, na África do Sul, onde os dutos vulcânicos foram descobertos, em 1870. As kimberlitas e lamproítas têm sido avaliadas entre

50 e 1.600 milhões de anos de idade. A kimberlita ocorre na África do Sul, na Namíbia, em Botswana, em Angola, na Serra Leoa, na Guiné, no Brasil, na Venezuela, nos Estados Unidos, no Canadá, na Rússia, na Sibéria, na Índia, na Austrália, no Congo, na Tanzânia e na China. A lamproíta, contendo diamante, ocorre somente na Austrália e nos Estados Unidos. Os depósitos de diamante comercialmente mais viáveis estão na África do Sul. A mina mais produtiva no mundo, baseada no número de diamantes extraído por unidade de rocha-hospedeira, é de lamproíto, e está localizada na Austrália.

No kimberlito se encontram depósitos intermitentes de diamantes, ao lado de mica, granada e zircônia. Nem todo kimberlito contém diamante. Os diamantes ascendem à superfície da Terra em raros magmas, que também carregam outras rochas (**xenólitos**, "rochas estranhas"), minerais (**xenocristais,** "cristais estranhos") e fluidos, além de fragmentos de madeira e/ou fósseis. O magma emana de rachaduras e fissuras profundas, quando os gases se separam e a massa fundida se eleva, sendo expelida em erupções vulcânicas violentas, nas quais esses gases desempenham papel principal. Exatamente debaixo desses vulcões, o duto assume a forma de cenoura ou pote, repleto de rocha vulcânica, fragmentos do manto e alguns diamantes arrastados. Essas raízes profundas possibilitam ao kimberlito "destampar" a fonte dos diamantes.

Após os aglomerados de diamantes terem sido transportados para a superfície pelo magma em um duto vulcânico, eles podem sofrer erosão e se desagregar, distribuindo-se por uma grande área. O duto vulcânico contendo diamantes é conhecido como **fonte primária**. Somente na Sibéria, na África do Sul, na Austrália e nos Estados Unidos, os diamantes são extraídos diretamente dos dutos vulcânicos. **Fontes secundárias** incluem todas as áreas onde existe um número significativo de diamantes, que se soltaram por erosão de suas matrizes, kimberlito ou lamproíto, e se acumularam por ação da água ou dos ventos. São os depósitos de **aluvião** – isto é, material solto, resultante da desintegração de rochas, consistindo em cascalho, areia e argila, que é depositado no solo pela água corrente dos rios, junto às margens ou na foz. Os diamantes soltos tendem a se acumular em virtude de sua resistência, ao seu tamanho e à alta densidade.

A produção de diamantes de aluvião é pequena quando comparada com a das minas de kimberlito e lamproíto. O maior diamante já encontrado, o **Cullinan**, era um fragmento quebrado e pesava cerca de 600 g.

Os diamantes são famosos como material com qualidades superlativas. É importante observar as propriedades físicas do diamante, reunidas nos Quadros 1.2 e 1.3, com detalhamentos e comentários que permitem a melhor compreensão da importância da estrutura química.

Na Natureza, o diamante ocorre como carbono cristalizado no **sistema cúbico**, usualmente como octaedros incolores, às vezes cubos ou outras formas, podendo apresentar arestas e faces encurvadas. Tem brilho especial (adamantino) e fratura conchoidal; a clivagem é em octaedros perfeitos ou dodecaedros malformados. É o material mais duro que se conhece. Por essa razão, para lapidá-lo só se pode usar o próprio diamante. Embora sendo muito duro, o diamante é frágil, sendo fácil de quebrar.

Na estrutura cristalina do diamante, os átomos de carbono estão no centro de tetraedros regulares e são ligados a quatro outros átomos

Quadro 1.2 – Propriedades físicas do diamante		
Nº	Categoria	Mineral nativo
1	Composição	C (carbono)
2	Classe cristalográfica	Sistema cúbico
3	Forma comum	Octaedro, cubo
4	Cor	Incolor, amarelado, azulado, tonalidades claras
5	Densidade	Alta: 3,52
6	Índice de refração	Alto: 2,42 (luz amarela, lâmpada de sódio)
7	Brilho	Adamantino
8	Dispersão	Grande: 0,044, levando a cores do arco--íris por refração
9	Ponto de fusão	Alto: 3.550 °C
10	Ponto de ebulição	Alto: 4.830 °C
11	Dureza	Altíssima: 10 Mohs; 56-115 Knoop
12	Clivagem	Excelente, paralela à face do octaedro
13	Condutividade térmica	Extraordinária: 5-25 Watt/cm. °C (300 K); quatro vezes maior do que o cobre
14	Condutividade elétrica	Baixa: 100 ohm cm^{-1} (300 K), isolante
15	Transmissão óptica	Transparente

Fonte: Dicionário Livre de Geociências. Disponível em: <http://www.dicionario.pro.br/dicionario/index.php/Diamante>. Acesso em: nov. 2012.

Quadro 1.3 – Índice de refração de diversos materiais transparentes		
Substância	Velocidade da luz (km/s)	Índice de refração
Espaço sideral	300.000	1,00
Ar	300.000	1,00
Água	225.000	1,33
Vidro	197.000	1,52
Diamante	124.000	2,42
Poli(metacrilato de metila) – PMMA	----	1,49
Poli(tereftalato de etileno) – PET	----	1,65
Poliestireno – PS	----	1,59

Fonte: Programa Educ@r. Disponível em: <http://educar.sc.usp.br/otica/refracao. htm>. Acesso em: nov. 2012.

de carbono. A estrutura resultante, apertada, compacta, acarreta propriedades que são muito diferentes daquelas do grafite, que é outra forma natural comum do carbono puro. O diamante é essencialmente uma cadeia ramificada de carbonos que cristalizou, conforme visualizado no modelo molecular da Figura 1.3. A dureza única do mineral é o resultado da natureza densamente concentrada das cadeias de carbono.

Os defeitos internos de um diamante são chamados **inclusões** e podem ser cristais de um material estranho, ou outro cristal de diamante, ou imperfeições estruturais, como pequenas rachaduras, que podem se apresentar esbranquiçadas ou nubladas. A inclusão mais frequente é olivina; outras inclusões encontradas são granada, cromodiopsídio e apatita. As inclusões maiores, porém, são de grafite e costumam ser negras, parecendo-se com carvão. O número, o tamanho, cor, a localização, a orientação e a visibilidade das inclusões podem afetar a qualidade do diamante, definida pelo termo **claridade**.

Quando perfeitamente estruturado e quimicamente puro, o diamante é **transparente** e sem nenhuma tonalidade ou cor. Entretanto, na realidade, quase nenhum diamante natural com tamanho de joia é absolutamente perfeito. A cor pode ser afetada por impurezas químicas e/ou defeitos estruturais. A maioria das impurezas dos diamantes

Figura 1.3
Representação da macromolécula do diamante com modelos atômicos de Stuart-Briegleb.

substitui um átomo de carbono na rede cristalina, e isto é conhecido como **falha de carbono**. A impureza mais comum, que é o nitrogênio, causa coloração amarela, leve a intensa, dependendo da concentração presente. A impureza boro produz a coloração azul.

Quanto maior é o **coeficiente de dispersão**, também maior é a separação no espectro de cores, que são refratadas da gema, e a distribuição angular das cores de um feixe de luz branca incidente, inclinado. Essa é uma característica descrita como **brilho**. **Dispersão** é a separação da luz branca nas cores componentes do arco-íris. O índice de refração pode ser usado para descrever como a luz visível pode ser decomposta nas cores do espectro quando passa através de uma substância transparente. Essencialmente, isso acontece porque o índice de refração de uma substância não é constante; varia para os diferentes comprimentos de onda da luz, ou cores. A combinação do índice de refração e da difração dá ao diamante o seu brilho e o chamado **fogo,** quando cortado e polido.

A macromolécula do diamante é muito compacta, surpreendentemente densa – densidade 3,52 g/cm^3, considerando a baixa massa atômica do carbono, 12. **Densidade** é a razão entre a massa de uma substância e seu volume. Em comparação, o grafite tem densidade muito menor, 2,25 g/cm^3.

O **índice de refração** do diamante – isto é, a razão entre a velocidade da radiação eletromagnética no vácuo e a velocidade em um dado meio – é muito alto, responsável pelo brilho extraordinário da pedra depois de lapidada, maior do que o de qualquer outra gema natural. O índice de refração compara a velocidade da luz através de uma substância e no vácuo. O diamante retarda a luz em um grau significativo, e eleva muito o seu índice de refração.

O diamante apresenta a quantidade máxima de refletância para uma substância transparente, exibindo o que se chama de **lustre adamantino**, com brilho submetálico. A **refletância**, ou a quantidade de luz refletida de uma substância transparente, é avaliada a partir do índice de refração do material.

Uma propriedade interessante exibida por alguns diamantes é que, quando iluminados por luz UV, podem emitir luz no escuro, absorvendo a radiação de alta energia e reemitindo como luz visível, de menor energia. Esses diamantes são chamados de **fluorescentes**. Alguns podem continuar emitindo, mesmo depois que a fonte de UV é desligada; esses diamantes são **fosforescentes**. O **ponto de fusão** e o **ponto de ebulição** do diamante são muito altos, 3.550 °C e 4.830 °C, respectivamente; as ligações entre os átomos de carbono são ligações covalentes, muito fortes, que precisam ser rompidas antes que aconteça a fusão. Em presença de ar, a cerca de 500 °C, ocorre combustão.

A maioria dos diamantes mostra evidências de múltiplos estágios de crescimento, o que dá origem a inclusões, falhas e defeitos de plano na rede cristalina, os quais afetam a dureza. Em virtude de sua **resistência a riscos**, o diamante mantém o seu polimento extremamente bem, conservando o brilho por longos períodos de tempo. **Dureza** é a medida da resistência de um material ao risco, e somente um diamante pode riscar outro.

A **condutividade térmica** do diamante – isto é, a quantidade de calor transferida, na unidade de tempo, por unidade de área, através de uma camada de espessura unitária, sendo 1 °C a diferença da temperatura entre as faces –é a maior dentre todos os materiais (quatro vezes a do cobre). Os diamantes são chamados **gelo** (*ice*) por uma boa razão: podem-se sentir nos lábios os objetos frios, não somente porque estão a uma temperatura mais baixa, mas também porque podem extrair ou conduzir o calor para longe. Essa propriedade, além da dureza, torna o diamante um material ideal para uso como ferramenta de corte na indústria e também como um dissipador de calor, em microeletrônica.

O diamante é um **isolante elétrico**. Não conduz eletricidade, pois todos os seus elétrons estão comprometidos na ligação entre os átomos; não estão disponíveis para se deslocar e propagar a corrente elétrica. Os metais conduzem eletricidade, enquanto certos materiais, como o vidro e o diamante, são maus condutores elétricos. Entretanto, raros diamantes, particularmente os de tonalidade cinza a azul, são **semicondutores**. O diamante tem importantes aplicações em eletrônica; pode ser usado tanto como isolante elétrico, não condutor, quanto como semicondutor. Uma substância é um **condutor elétrico** se muito pouca energia é requerida para movimentar um elétron da sua condição de participante na chamada ligação de valência para a condição móvel de uma banda de condução. Tais condutores têm aspecto metálico, porque a luz está também impulsionando os elétrons. Nos materiais isolantes, não condutores de eletricidade, existe uma grande barreira de energia entre a banda de valência e a banda de condução, já comentada (Figura I.2). Essa barreira precisa ser ultrapassada para permitir a condução da eletricidade. Os semicondutores, tais como os diamantes que contêm certas impurezas, têm condição de diminuir o salto de energia para a banda de condução.

Quanto à solubilidade, o diamante é **insolúvel** em água e solventes orgânicos porque, entre as moléculas do solvente e os átomos de carbono, não há possibilidade de ocorrência de atração que seja capaz de superar a atração entre os átomos de carbono ligados entre si covalentemente. Exceto por agentes oxidantes fortes, o diamante é resistente ao **ataque químico**. No vácuo ou em atmosfera inerte, o diamante-gema, incolor, aquecido a cerca de 1.500 °C, se transforma em uma massa cinza-negra de grafite. No ar, a 800 °C ou mais, o diamante se oxida, queima, gerando CO_2. A temperaturas altas, alguns metais, como, por exemplo, o tungstênio, o titânio e o tálio, reagem com o diamante para formar carbonetos metálicos. Ferro, níquel, cobalto e platina, no estado fundido, são solventes para o carbono e dissolvem o diamante.

Diamantes sintéticos geralmente não são grandes, com tamanhos da ordem de 0,1 mm. São muito usados como grânulos para polimento industrial. Os diamantes sintéticos são mais caros do que o produto natural e hoje encontram amplo uso na indústria, em cirurgias do olho, como dissipadores de calor e em semicondutores, na indústria eletrônica, em revestimentos não arranháveis, em lentes ópticas, discos compactos, engrenagens de máquinas e revestimentos inertes em geral, sobre superfícies e em locais de alta corrosão química, e também em janelas ópticas, em naves espaciais.

Os primeiros diamantes foram descobertos na Índia há 6.000 anos, nos leitos dos rios da região, em aluviões. Mercadores difundiram as gemas no Oriente e depois as levaram para o Ocidente. No século XVIII, depósitos de diamante foram encontrados no Brasil, depois na Austrália, na Rússia e nos Estados Unidos. Em 1866, a maior jazida de diamante foi descoberta na África do Sul, que se tornou a maior fonte mundial. Mesmo nas minas ricas, os diamantes são poucos em número: são necessárias 15 toneladas de minério para obter-se 1 g de diamante. Cerca de 50% dos diamantes são originários da África, embora fontes significativas desse mineral tenham sido descobertas em países de grande extensão territorial.

Todos os diamantes famosos da antiguidade eram da Índia, inclusive o Grão-Mogul, o Orlov, o Koh-i-noor e o Regente. Alguns são coloridos; por exemplo, o pesado Dresden Green, verde, o Tiffany, amarelo, e o mal-afamado Hope, de cor azul, ao qual é atribuída uma energia negativa, com muitas mortes inexplicadas associadas aos seus possuidores.

Bibliografia recomendada

About.com. Quemistry. Disponível em: <http://chemistry.about.com/cs/geochemis try/a/aa071601a>. Acesso em: 17 ago. 2007.

American Museum of Natural History. Disponível em: <http://www.amnh.org/exhibitions/diamonds>. Acesso em: 17 ago. 2007.

BRACO, P. M. *Glossário gemológico*. Porto Alegre: Editora da UFRGS, 1984.

Chemguide. Disponível em: <http://www.chemguide.co/uk/atoms/structures/giantcov.html>. Acesso em: 17 ago. 2007.

MANO, E. B. *Polímeros como materiais de engenharia*. São Paulo: Editora Edgard Blücher, 1991.

MANO, E. B.; PACHECO, E. B. A. V.; BONELLI, C. M. C. *Meio ambiente, poluição e reciclagem*. São Paulo: Editora Edgard Blücher, 2005.

PEIXOTO, E. M. A. Elemento químico – carbono. *Química Nova na Escola*, n. 5, maio 1997.

ROCHA FILHO, R. C. Os fulerenos e sua espantosa geometria molecular. *Química Nova na Escola*, n. 4, 1996.

Society of Plastic Engineers. Disponível em: <www.4spe.org/pub/pe/articles/2005/may/28 corneliussen.pdf>. Acesso em: 5 out. 2007.

1.1.2 Grafite

Grafite (do grego *graphein*, "escrever")

Grafite é o carbono cristalino polimérico natural mais comum; é a forma mais estável de carbono sólido já descoberta. Pode ser considerado o carvão de grau mais puro, logo acima do antracito, isto é, com teor de carbono superior a 95%. É uma variedade alotrópica do carbono, cristalizada hexagonalmente, de cor variando de cinza-aço a negra, com brilho submetálico e toque gorduroso. Grafites naturais e cristalinos não são usados na forma pura como materiais estruturais, em virtude de seus planos de clivagem, sua fragilidade e propriedades mecânicas inconsistentes.

O grafite tem muitos usos nos campos elétrico, químico, metalúrgico, nuclear e aeroespacial. É empregado como eletrodo, em fornos elétricos, anéis de vedação, revestimento para reatores de reações químicas, trocadores de calor, válvulas, bombas, tubulações e outros equipamentos para processos tecnológicos. É usado misturado com argila, como "grafite" dos lápis. O grafite é um material extremamente forte, resistente ao calor (3.000 °C), usado durante a reentrada das naves ou foguetes espaciais na atmosfera terrestre, conferindo proteção para os cones do nariz de mísseis. Como um agente lubrificante, o grafite é altamente valorizado, porque diminui a fricção e tende a manter frias as superfícies em movimento.

Ocorre, na Natureza, principalmente em rochas metamórficas, em massas negro-acinzentadas, compactas ou cristalinas, muitas vezes na forma de escamas escorregadias, associado a minerais como quartzo, calcitas, micas, turmalinas e meteoritos ferrosos, em veios e massas nodulares, ou, finamente, disseminado através de camadas de calcário. Em 2005, a China foi o maior produtor de grafite do mundo, com 80% de produção, seguida da Índia e do Brasil. As mais importantes ocorrências estão em Madagascar e Sri Lanka, onde o grafite forma massas grandes e puras, em veios espessos. É obtido de várias partes do mundo: China, Índia, Brasil, Estados Unidos, México, Grã-Bretanha, Áustria, Rússia, Sibéria, Ceilão, Coreia do Norte e do Sul, além da Austrália.

As principais fontes de grafite são **gnaisse,** isto é, rocha metamórfica, feldspática, laminada, cristalina, de composição variável, e **xisto**, que é também uma rocha metamórfica na qual o mineral ocorre em massas folhosas, misturadas com quartzo, mica etc., cujos minerais, lamelares, são dispostos com a mesma orientação e visíveis a olho nu. O grafite é mais frequentemente encontrado como pequenos cristais negros, bem formados, em placas finas com faces romboédricas

Figura 1.4
Depósitos de
grafite.

nas bordas. Aparentemente, o grafite é um produto de metamorfismo de contaminantes orgânicos do calcário. Os depósitos de grafite com potencial de exploração para fins comerciais são veios de material sólido ou placas abundantes, disseminadas através da rocha (Figura 1.4).

O grafite é um notável exemplo do efeito do arranjo atômico interno sobre as propriedades físicas de um mineral. Tem aparência metálica e é muito macio; no entanto, é quimicamente igual ao diamante, o outro alótropo natural do carbono, que é o material mais duro conhecido. As estruturas moleculares do grafite e do diamante são completamente diferentes e responsáveis por essa e outras diversidades de comportamento desses materiais, de mesma composição química – carbono. O grafite tem uma laminação aberta que resulta em densidade relativa de 2,09 a 2,23; é opaca. Cada átomo de carbono no grafite está covalentemente ligado a três outros átomos de carbono vizinhos. As folhas planas de átomos de carbono são unidas em estruturas hexagonais, em camadas que não são covalentemente conectadas às camadas vizinhas e são mantidas juntas por forças fracas de van der Waals. O comprimento da ligação carbono-carbono é 1,418 Å; o espaço entre as camadas é 3,347 Å, cerca de 2,5 vezes a distância entre os átomos dentro de cada camada. Sua estrutura em camadas, com anéis de seis átomos arranjados em folhas paralelas largamente espaçadas, é mantida graças ao fraco entrosamento dos orbitais de elétrons pi, que dá ao material a característica de ser escorregadio.

A ligação entre os átomos dentro de uma camada de grafite é mais forte do que a ligação no diamante, mas a força interlaminar no grafite é fraca, por isso as camadas de grafite podem escorregar umas sobre as outras, tornando o material macio.

Assim, o grafite possui comportamento anisotrópico, isto é, exibe muitas propriedades que são dependentes do ângulo segundo o qual elas são medidas.

A estrutura cristalina do grafite é mostrada na Figura 1.5. A representação de um trecho da macromolécula do grafite, construída com modelos atômicos de Stuart-Briegleb, é vista na Figura 1.6.

Grafite hexagonal é a forma termodinamicamente estável do grafite. A outra forma cristalina do grafite é romboédrica, na qual os átomos de carbono de uma camada e os da terceira camada são superponíveis. O grafite romboédrico é termodinamicamente instável e pode ser considerado uma extensão de falhas de empilhamento no grafite hexagonal. Na Natureza, o carbono romboédrico nunca é encontrado puro, mas sempre combinado com o carbono hexagonal.

Muitos pontos de contato elétricos industriais, como escovas e eletrodos, são feitos de grafite. Quimicamente, esse material é quase inerte, mesmo a altas temperaturas. Assim, muitos cadinhos para fundir metais são revestidos de grafite. O grafite resiste a ácidos fortes e é empregado para revestimento de tanques de aço. A pressão e tem-

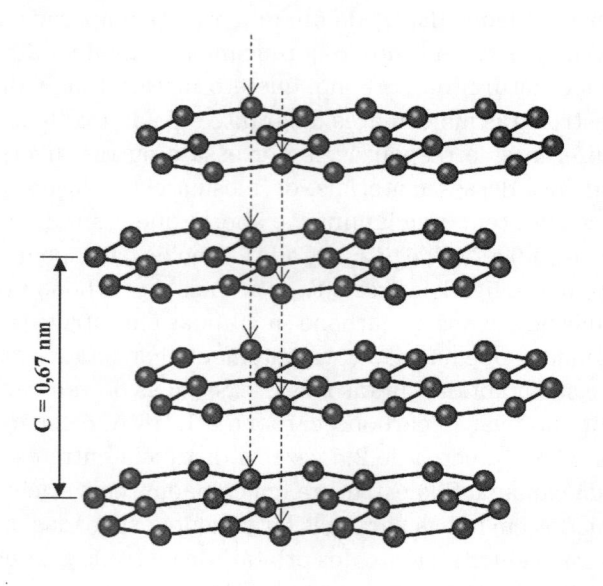

Figura 1.5
Estrutura cristalina do grafite.

Fonte: PIERSON, H. O. *Handbook of carbon graphite, diamond and fullerenes*: properties, processing and applications. New Jersey: Noyes Publications, 1993.

Figura 1.6 Representação de um trecho da macromolécula do grafite com modelos atômicos de Stuart-
-Briegleb.

peratura comuns, diamante e grafite são estáveis. Sob temperaturas elevadas (1.700 a 1.900 °C), o diamante é prontamente transformado em grafite. A transformação reversa de grafite em diamante ocorre somente com aplicação de alta pressão e temperatura. Assim, a forma mais estável natural de carbono cristalino é grafite, não diamante.

Os melhores **indicadores no campo** são macieza, brilho, densidade e risco.

O caráter laminar do arranjo atômico do grafite resulta em propriedades físicas distintas, apresentadas no Quadro 1.4. As mais importantes são:

- **Densidade** menor que a do diamante, em virtude da quantidade relativamente grande de espaço vazio, que é perdido entre as camadas, e por causa da presença de poros e impurezas.

- **Ponto de fusão** alto, semelhante ao do diamante. Para fundir o grafite não é bastante afastar uma camada da outra, é preciso também quebrar as ligações covalentes através de toda a estrutura.

- É bom **condutor de eletricidade**, pois os elétrons deslocalizados estão disponíveis para se mover por sobre as folhas; se uma peça de grafite é ligada a um circuito, os elétrons podem fluir por um lado da folha e ser substituídos por novos elétrons do outro lado. Um pedaço de grafite pode produzir eletricida-

Quadro 1.4 – Propriedades físicas do grafite

Categoria	Mineral nativo
Composição	C (carbono)
Classe cristalográfica	Hexagonal e romboédrica
Forma comum	Cristais negros em placas finas
Cor	Negra em material terroso, cinza em placas e azul profundo em flocos finos, à luz transmitida.
Densidade	2,09 - 2,23
Brilho	Submetálico
Ponto de fusão	Não funde a temperaturas muito altas; não queima facilmente
Dureza	1-2 Mohs
Clivagem	Excelente, basal
Condutividade térmica	Boa
Condutividade elétrica	Alta
Fratura	Grosseira (flocos flexíveis); clivagem basal (placas)
Risco sobre papel	Negro
Solubilidade	Insolúvel em solventes comuns; solúvel em níquel fundido
Hábito do cristal	Tabular, hexagonal, massa compacta, folheada ou granular, romboédrico
Toque	Macio, escorregadio, lubrificante

Fonte: REYNOLDS, W. N. *Physical properties of graphite*. Noyes Publications, 1968.

de em duas dimensões porque os elétrons só podem se mover em uma folha e não de uma folha para as folhas vizinhas. Na realidade, um fragmento de grafite não é um cristal perfeito, mas um hospedeiro de pequenos cristais, colados juntos, em todos os ângulos. Os elétrons serão capazes de encontrar um caminho em qualquer direção, por movimentos de um pequeno cristal para o próximo. Além de bom condutor de eletricidade, o grafite é bom condutor de calor e não é facilmente queimado.

- À temperatura ambiente, a **condutividade térmica** do grafite sintético é comparável à do alumínio ou latão.

- Uma propriedade incomum do grafite é a sua **resistência mecânica** aumentada a altas temperaturas. Ele geralmente reverte à forma hexagonal durante um tratamento térmico, acima de 1.300 °C. O grafite é resistente ao choque térmico, em razão de sua alta condutividade térmica e de seu baixo módulo elástico.

- **É insolúvel em água e em solventes orgânicos** – pela mesma razão pela qual o diamante também é insolúvel. A atração entre as moléculas de solvente e o átomo de carbono jamais serão suficientemente fortes para superar as ligações covalentes no grafite. É solúvel em níquel fundido.

- **Toque macio, escorregadio**. É usado em lápis e em fechaduras, como lubrificante seco. O grafite se assemelha a um baralho de cartas – cada carta é forte, mas escorregará sobre as outras, ou mesmo cairá do baralho, junto às outras. Quando se usa um lápis, as folhas de grafite são friccionadas umas sobre as outras e algumas se prendem ao papel.

É um dos materiais mais **inertes** com respeito a reação química com outros elementos e compostos. É sujeito a oxidação e reação com alguns metais.

Bibliografia recomendada

Amethyst Galleries. Disponível em: <http://www.galleries.com/minerals/elements/graphite/graphite.htm>. Acesso em: 15 fev. 2008.

ASBURY Carbons. Disponível em: <http://www.asbury.com/natural-Graphite.html>. Acesso em: 18 fev. 2008.

AZoM. Disponível em: <http://www.azom.com/details.asp?ArticleID=1630>. Acesso em: 18 fev. 2008.

Chemguide. Disponível em: <http://www.chemguide.co/uk/atoms/structures/giant cov.html>. Acesso em: 17 ago. 2007.

EVERYSCIENCE. Disponível em: <http://www.everyscience.com/Chemistry/Inorganic/Carbon/a.1189.php>. Acesso em: 15 fev. 2008.

GIRIT, C. O. et al. Graphene at the edge: stability and dynamics. *Science*, v. 323, p. 1705, 2009.

HOUAISS, A. *Enciclopédia mirador internacional*. v. 10. Rio de Janeiro: Encyclopaedia Britannica do Brasil Publicações, 1995.

NACIONAL DE GRAFITE. Disponível em: <www.grafite.com>. Acesso em: 13 nov. 2003.

PIERSON, H. O. *Handbook of carbon graphite, diamond and fullerenes*: properties, processing and applications. New Jersey: Noyes Publications, 1993.

THORPE, T. E. *Dictionary of applied chemistry*. v. III. Longmans, Green, and Co., 1928.

1.2 Polímeros

Os carbonetos poliméricos de origem mineral contêm somente carbono. Materiais como carvão ou asfaltenos, por exemplo, não são incluídos entre esses compostos, pois apresentam, em sua composição química, outros elementos além do carbono, e além disso, na Natureza, sua origem é respectivamente vegetal ou animal, e não mineral.

O diamante é o mais duro dos materiais, com a dureza 10.000 kg /mm^2, módulo elástico 1,22 GPa, densidade 3,52 g/cm^3 e resistência à tração 1,2 GPa. A dureza do diamante é muito importante, especialmente por ser o único material capaz de cortar todos os materiais.

A observação cuidadosa das representações moleculares, confeccionadas com os modelos atômicos de Stuart-Briegleb, tornam bem evidentes algumas das características físicas de dois policarbonetos, diamante e grafite.

Do ponto de vista de ligação química ou de estrutura básica, o diamante é um polímero. Polímeros são moléculas muito grandes, com massas moleculares de milhares a milhões. O diamante é feito de unidades repetidas de átomos de carbono, cada um ligado a quatro outros átomos de carbono por meio de ligações covalentes sp^3, que são as ligações químicas mais fortes quando comparadas às demais encontradas em compostos de carbono, e forma-se uma cadeia ramificada. Diferentemente, os polímeros sintéticos geralmente consistem de cadeias com esqueleto C—C. Assim, a reticulação em cadeias modifica a estrutura polimérica para mais próximo da estrutura do diamante. Pode-se compreender que o diamante seja o polímero reticulado limite. Uma vez que os átomos do diamante estão unidos por ligações simples, cada fragmento separado de diamante é uma imensa macromolécula.

Quadro 1.5 – Características das pedras preciosas e semipreciosas				
Mineral	**Composição química**	**Cor**	**Dureza Mohs**	**Sistema cristalino**
Pedras preciosas				
Diamante	C	Incolor	10	Cúbico
Safira	Al_2O_3	Azul	9	Trigonal
Rubi	Al_2O_3	Vermelha	9	Trigonal
Esmeralda	$(Al_2O_3)(BeO)(SiO_2)$	Verde	8	Trigonal
Pedras semipreciosas				
Topázio	$(SiO_2)(Al_2O_3)(F,OH)$	Amarela	8	Ortorrômbico
Citrino	SiO_2	Amarela	7	Trigonal
Água-marinha	$(SiO_2)(Al_2O_3)(BeO)$	Azul	7	Trigonal
Ametista	SiO_2	Roxa	7	Trigonal
Turmalina	$(SiO_2)(Al_2O_3)(B_2O_3)$	Diversas	7	Trigonal
Turquesa	$(P_2O_5)(Al_2O_3)(H_2O)$	Azul esverdeada	6	Amorfo
Opala	$(SiO_2)(H_2O)$	Opalescente	6	Amorfo

Obs.: Gemas são minerais que, pelo brilho, dureza e raridade, têm valor para decoração pessoal.

No grafite, os átomos de carbono estão unidos por três ligações sp^3, formando ciclos hexagonais condensados, aromáticos, planares, que se estendem como lâminas de alta massa molecular, frouxamente sobrepostas, que deslizam facilmente umas sobre as outras. Daí suas características de excelente lubrificante, o mais macio dos materiais.

O grafite é somente alguns elétrons-volt mais estável do que o diamante, mas a barreira de ativação para conversão requer quase tanta energia quanto para destruir toda a rede e reconstruí-la. Por isso, uma vez que o diamante esteja formado, ele não reverte a grafite porque a barreira é muito alta.

Esse é um exemplo das forças limite de dispersão de van der Waals. À medida que os elétrons deslocalizados se movem na lâmina de grafite, podem ser estabelecidos dipolos temporários muito intensos, que irão induzir dipolos opostos nas camadas acima e abaixo, através de todo o cristal. Em virtude de sua estrutura aromática, o grafite é bom condutor de eletricidade.

Um diamante é constituído por átomos de carbono, todos unidos por ligações covalentes simples C—C, formando uma supercadeia ramificada. Em contrapartida, os plásticos sintéticos geralmente consistem de cadeias lineares de polímeros, com esqueleto C—C. Assim, a reticulação em cadeias modifica a estrutura polimérica para mais próxima da estrutura do diamante. Materiais poliméricos abrangem desde géis, macios, a diamantes, duros.

Cada átomo de carbono no diamante está dentro de uma rede rígida tetraédrica, na qual ele é equidistante dos átomos de carbono vizinhos. A unidade estrutural do carbono consiste em oito átomos, fundamentalmente arranjados em um cubo. Essa rede é muito estável e rígida; por este motivo, os diamantes têm ponto de fusão tão alto e são tão duros.

2 – POLIÓXIDOS

O estudo de materiais de ocorrência natural vem sendo conduzido ao longo dos tempos de modo descontínuo e compartimentado. A abordagem tem sido orientada pelas características dominantes dos materiais, geralmente mecânicas, térmicas, ópticas ou elétricas. No caso dos polímeros de origem mineral, nem todos os produtos, mesmo de composição semelhante, exibem características análogas; o diamante e o grafite são um exemplo típico. É que a formação desses minerais na Natureza apresenta imensa diversidade de condições, como altas temperaturas, elevadas pressões, presença de água, ausência de vibrações, e, especialmente, duração dos processos geológicos.

As ligações metal–oxigênio são mais fortes do que as ligações entre dois átomos metálicos iguais. A alternação favorece a formação de cadeias poliméricas. Por exemplo, os polióxidos e os polissilicatos.

A estrutura de quase todos os polimorfos (substâncias que se apresentam em diferentes sistemas cristalinos) da sílica contém átomos de silício cercados por quatro átomos de oxigênio, produzindo um poliedro tetraédrico de coordenação e criando uma moldura eletricamente neutra.

Alguns polióxidos naturais têm como principal característica a beleza, em virtude de sua limpidez e brilho, mantidos sem desgaste, consequência de sua elevada dureza (Quadro 1.1, já visto). As **pedras preciosas** são poli(óxido de alumínio), coríndon, com diversas cores, como safira (azul) e rubi (vermelho), causadas pela presença de vestígios de outros metais. Outros polióxidos, como poli(óxido de alumínio e berílio), presente na água-marinha (azul), são **pedras semipreciosas.** O Quadro 1.5 mostra as características das pedras preciosas e semipreciosas, que podem ser incluídas entre os polímeros naturais inorgânicos.

O oxigênio é o elemento mais comum na crosta terrestre (50%). O segundo mais encontrado é o silício (26%) e o terceiro, o alumínio (7%). O Quadro 2.1 mostra a abundância relativa dos principais elementos na camada superior da crosta. Como o oxigênio é muito eletronegativo, logo abaixo do flúor na escala de eletronegatividade de Pauling (Quadros 2.2 e 2.3), os óxidos inorgânicos são muito comuns na Natureza, principalmente os de silício e de alumínio, que são poliméricos.

Bibliografia recomendada

SEYMOUR, R. B.; CARRAHER Jr., C. E. *Polymer chemistry*. New York: Marcel Dekker, 1988.

Quadro 2.1 – Abundância relativa dos elementos na parte superior da crosta terrestre	
Elemento	**Peso (%)**
Oxigênio	50,0
Silício	26,0
Alumínio	7,3
Ferro	4,2
Cálcio	3,2
Sódio	2,4
Potássio	2,3
Magnésio	2,1
Hidrogênio	0,4
Titânio	0,4
Flúor	0,3
Cloro	0,2
Carbono	0,2
Enxofre	0,1
Fósforo	0,1
Bário	0,1
Manganês	0,1

Fonte: SEYMOUR, R. B.; CARRAHER Jr., C. E. *Polymer chemistry*. New York: Marcel Dekker, 1988.

2.1 Materiais

Os polióxidos metálicos são encontrados na Natureza em uma diversidade de materiais. O mais abundantemente presente é o poli(óxido de silício), conhecido por **sílica**, que é o principal componente da areia em depósitos continentais, em terra e em encostas não tropicais. A sílica é encontrada, geralmente, na forma de quartzo, em virtude da considerável dureza desse material, que o faz resistir à erosão. Entretanto, a composição da areia varia de acordo com as fontes locais de rocha e as condições de temperatura e pressão durante sua formação.

Quadro 2.2 – Série de eletronegatividade de Pauling segundo o parâmetro de Wheland	
Elemento	**Parâmetro de Wheland**
Flúor	4,0
Oxigênio	3,5
Nitrogênio	3,0
Cloro	3,0
Bromo	2,8
Carbono	2,5
Iodo	2,5
Enxofre	2,5
Hidrogênio	2,1
Sódio	0,9

Quadro 2.3 – Série de eletronegatividade de Pauling segundo o parâmetro de Rochow	
Elemento	**Parâmetro de Rochow**
Flúor	4,1
Oxigênio	3,5
Nitrogênio	3,1
Cloro	2,9
Bromo	2,8
Carbono	2,5
Enxofre	2,4
Iodo	2,2
Fósforo	2,1
Hidrogênio	2,1
Silício	1,8
Cálcio	1,1
Lítio	1,0
Sódio	1,0
Rubídio	0,9
Potássio	0,9

Fonte: COTTON, A. F.; WILKINSON, G. *Química inorgânica*. São Paulo: Livros Técnicos e Científicos, 1982.

A sílica também está presente nas paredes das células das plantas, para fortalecer sua integridade estrutural. É usada na manufatura de muitos materiais, especialmente vidro e concreto. A sílica tem ação medicinal, sendo usada em homeopatia, e é preparada a partir do dióxido de silício. É uma substância incolor quase insolúvel em água e em todos os ácidos, exceto o ácido fluorídrico; é extremamente dura e, quando funde, forma uma massa amorfa e incolor – o vidro.

A sílica ocorre também em quartzo, feldspato, opala, granito, bentonita, argila e caulim, entre outras rochas.

Outro polióxido muito importante é o poli(óxido de alumínio), comumente denominado **alumina**, componente de rochas, como bauxita, e principal constituinte de pedras preciosas, como coríndon, rubi e safira.

2.1.1 Areia

Areia (do espanhol, *arena*)

A areia é um dos minerais mais comuns na superfície dos continentes. Ressalta ao exame macroscópico nas dunas e nas praias, mas participa também com uma percentagem bastante grande dos depósitos de rios, embora frequentemente mascarada pela vegetação e pela argila. Além disso, a predominância da areia distingue os depósitos acumulados sobre os continentes dos materiais argilosos, sedimentados nos fundos oceânicos. Tanto a areia quanto a argila são produtos finais da erosão das rochas continentais.

A areia é um sedimento detrítico ou clástico, de granulação entre 2 e 0,0625 mm, segundo a classificação do geólogo norte-americano C. K. Wentworth. É constituída de fragmentos de rocha ou partículas minerais. Os grãos de areia são originados por intemperismo e erosão e transportados pelos cursos de água ou pelo vento até o local de deposição. O transporte pelas águas em regiões montanhosas pode ocorrer rapidamente se as partículas forem levadas em suspensão; isso porém não acontece normalmente, sendo os grãos carreados em geral por rolamento nos leitos dos rios.

A composição mineralógica das areias pode revelar a sua fonte. A textura da superfície pode dar indicações sobre o agente de transporte e o rigor com que atuou. A frequência da distribuição granulométrica e a forma dos grãos de areia revelam a origem, como rio, praia ou duna.

Os depósitos de areia não apresentam plasticidade nem compressibilidade, como as argilas. A porosidade e a permeabilidade, porém, são geralmente grandes. Os grãos recém-originados são irregulares e angulosos. As diferenças entre um grão mais novo e um mais antigo indicam a provável abrasão no decurso do transporte.

O tamanho das partículas é importante no processo de arredondamento. Este é bastante difícil quando a granulação é aproximadamente inferior a 0,75 mm; em meios de transporte normais (água ou vento), os grãos podem ser arredondados em maior ou menor grau. O estudo de depósitos de areia mostra que algumas propriedades são inerentes às partículas componentes (composição mineralógica, esfericidade e arredondamento dos grãos etc.) ao passo que outras são do agregado de partículas (porosidade, permeabilidade).

Quando a areia se litifica, isto é, se transforma em rocha, o resultado é o **arenito**. Os arenitos diferem entre si quanto à granulometria, composição mineralógica, volume relativo de cimento (material que une os grãos de uma rocha sedimentar consolidada) em relação aos grãos, tipo de cimento, grau de cimentação etc., sendo classificados com base nessas características. Os principais tipos de classificação de arenitos são: granulometria, natureza do cimento e da matriz, composição mineralógica e ambiente de deposição.

A **silicose** é uma doença incurável causada pelo acúmulo de poeira contendo sílica sobre os pulmões e a consequente reação dos tecidos pulmonares. Leva ao endurecimento dos pulmões, dificultando a respiração e podendo causar a morte. A sílica se encontra em tecidos conectivos humanos, como ossos, dentes, pele, olhos, glândulas – órgãos em geral. É um importante constituinte do colágeno. Alguns organismos, como esponjas do mar e algumas plantas, usam silício para criar um suporte estrutural.

O interesse científico pelos arenitos e areias tem motivos econômicos. Na fabricação do vidro e do concreto, esses materiais constituem o principal ingrediente. Os arenitos são usados também como pedras de construção. As areias e arenitos em superfícies formam os principais reservatórios de água subterrânea, cuja procura tem aumentado incessantemente para suprir as necessidades da civilização urbana. Mas as perspectivas geológicas sobre os sedimentos arenosos têm sua principal motivação ligada à indústria petrolífera, em virtude da busca de novas fontes de petróleo e gás.

Bibliografia recomendada

HOUAISS, A. *Enciclopédia mirador internacional*. v. 3. Rio de Janeiro: Encyclopaedia Britannica do Brasil Publicações, 1995.

2.1.2 Bauxita

Bauxita (do francês *Les Baux*, povoação do departamento de Bouches-du-Rhône, onde foram encontradas jazidas do mineral)

A **bauxita** é o principal minério de alumina, cujo maior uso está na produção do metal alumínio. A bauxita não é um mineral, é uma rocha. É um termo geral aplicado a rochas e materiais terrosos nos quais o principal constituinte é o alumínio, que ocorre principalmente como hidrato, juntamente com porções variáveis de sílica, óxidos de ferro, dióxido de titânio e traços de elementos menos comuns.

A bauxita é usualmente um material amorfo. Anteriormente, a bauxita era considerada um mineral contendo 73,9% de alumina e 26,1% de água, com fórmula química $Al_2O_3.2H_2O$. Foi verificado que não existe substância natural com essa composição química constante, nem as correspondentes propriedades físicas e estrutura cristalográfica. Assim, a bauxita consiste de uma mistura de vários minerais, como gipsita (triidrato de alumínio), bohemita (monoidrato de alumínio), diásporo (monoidrato de alumínio), e cliaquita (hidróxido de alumínio amorfo e coloidal), além de impurezas argilosas, óxidos e hidróxidos de ferro, titânio, manganês e outros. A bauxita é terrosa e de cores variadas, castanha, castanho avermelhada, castanho amarelada, branca. É formada quando rochas com alto teor do mineral feldspato sofrem lixiviação, durante o processo natural de envelhecimento, que ocorre em climas tropicais e subtropicais. É um material com consistência pegajosa, de lodo.

As primeiras jazidas conhecidas de bauxita situavam-se na França e na Europa Central, onde o material é usualmente encontrado, em associação com calcáreos e dolomitos, juntamente com argilas vermelhas denominadas **terra-rossa**. Observou-se depois que as lateritas da Alemanha, derivadas de rochas ígneas, também eram constituídas de hidratos de alumínio e semelhantes à bauxita do tipo terra-rossa. Desde então, numerosos e extensos depósitos de alumina foram encontrados em diversas regiões do globo. Nas jazidas de bauxita predominam gibsita e bohemita, mas na Rússia foram descobertas jazidas constituídas essencialmente de diásporo, de origem sedimentar.

A alumina tem importância comercial; em virtude do alto teor de alumínio, a bauxita é fonte potencial de alumina, ou alumínio ou fonte para a manufatura de refratários, abrasivos e para a indústria química.

A extração anual de alumina é aproximadamente 65 milhões de toneladas, das quais mais de 90% são usadas na manufatura de bens a partir do alumínio metálico. Guiné e Austrália têm cerca da metade das reservas mundiais de bauxita. Outros países com grandes reservas incluem Brasil, Jamaica e Índia. As fontes mundiais de bauxita são suficientemente grandes para suprir a demanda por alumínio ainda por muito tempo.

Bibliografia recomendada

Mineral Information Institute. Disponível em: <http://www.mii.org/Minerals/phot oal.html>. Acesso em: 17 abr. 2008.

HOUAISS, A. *Enciclopédia mirador internacional*. v. 4. Rio de Janeiro: Encyclopaedia Britannica do Brasil Publicações, 1995.

2.2 Polímeros

A estrutura química dos polímeros inorgânicos encontrados na Natureza pode ser visualizada de diversas maneiras. Para a sílica, isto é, poli(óxido de silício), é representada na Figura 2.1 com o auxílio de modelos atômicos de Stuart-Briegleb. Na Figura 2.2, a estrutura química pode ser vista com disposição regular, cristalina, encontrada no quartzo, e também com forma irregular, amorfa, visível nas peças de quartzo fundido, leitosas.

Uma melhor representação das cadeias, contendo átomos alternados de oxigênio e silício, pode ser feita com o auxílio do modelo molecular de Evans-King (Figura 2.3). Neste modelo, a posição de cada átomo de silício é representada pelo vértice resultante da junção de quatro ligações químicas, representadas por arames de aço, e o átomo de oxigênio é mostrado na metade da distância entre duas junções adjacentes. Assim, é possível compreender que a natureza compacta, maciça, da estrutura, sem espaços vazios em seu interior, e a rigidez das cadeias poliméricas são a causa da elevada dureza do material.

O Quadro I.1, visto na Introdução do livro, permite avaliar a possibilidade de formação de polímeros minerais pela combinação da maior energia e do maior caráter iônico das ligações interatômicas envolvidas. Na cadeia principal dos polímeros inorgânicos se encontram átomos alternados de oxigênio e silício (energia de ligação: O—Si, 110 kcal/mol) ou oxigênio e alumínio (energia de ligação: O—Al, 140 kcal/mol).

O **poli(óxido de silício)** tem composição molecular $(SiO_2)_n$; sua representação pode ser vista na Figura 2.1. É um polímero encontrado na Natureza tanto sob a forma amorfa quanto cristalina. É incolor e

Figura 2.1
Representação de um trecho da macromolécula do poli(óxido de silício) com modelos atômicos de Stuart-Briegleb.

Obs.: Em tom escuro, átomos de oxigênio. Em claro, átomos de silício.

ocorre abundantemente em materiais como sílica, quartzo, areia, ágata e muitos outros. Suas principais propriedades físicas estão apresentadas no Quadro 2.4.

O **poli(óxido de alumínio)** tem fórmula molecular $(Al_2O_3)_n$ e geralmente ocorre na Natureza na forma cristalina chamada coríndon, muito puro, ou com impurezas, como rubi (vermelho) e safira (azul). A Figura 2.4 mostra a representação de um trecho da macromolécula do

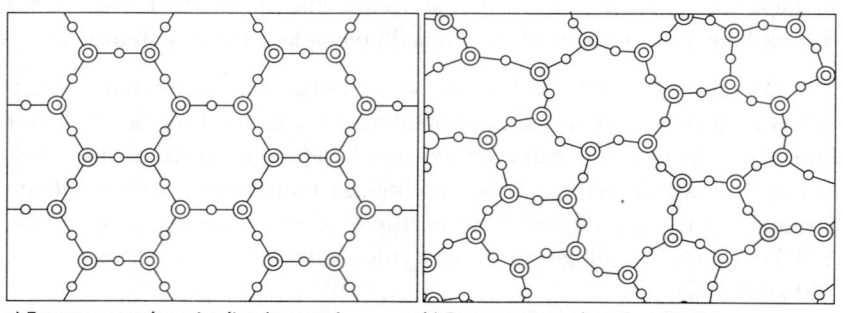

a) Estrutura regular, cristalina (quartzo)

b) Estrutura irregular, não cristalina

○ Oxigênio   ◎ Silício

Figura 2.2
Estrutura química do poli(óxido de silício).

Fonte: MANO, E. B. *Polímeros como materiais de engenharia*. São Paulo: Editora Edgard Blücher, 1991.

Figura 2.3
Modelo molecular
de Evans-King para
o poli(óxido de
silício) vítreo.

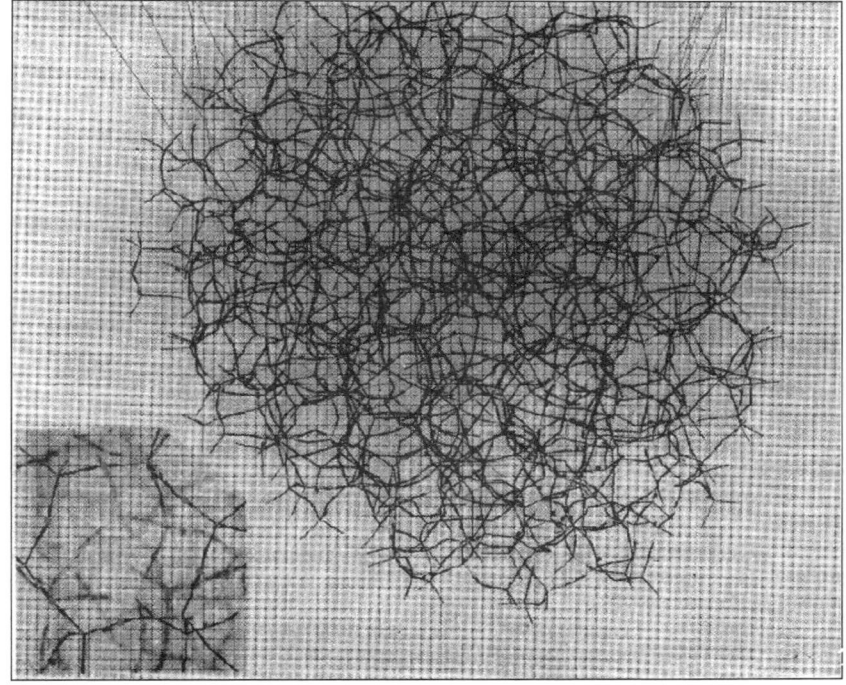

Fonte: MARK, H. F.; MCKETTA Jr., J. J.; OTHMER, D. F. *Kirk-Othmer encyclopedia of chemical technology*. v. 18. New York, John Wiley, 1969.

poli(óxido de alumínio). É um composto químico com ponto de fusão aproximadamente 2.000 °C e densidade 4,0 g/cm^3, insolúvel em água e líquidos orgânicos; é ligeiramente solúvel em ácidos fortes e álcalis. Suas principais propriedades físicas são mostradas no Quadro 2.5.

Figura 2.4
Representação
de um trecho da
macromolécula
do poli(óxido de
alumínio).

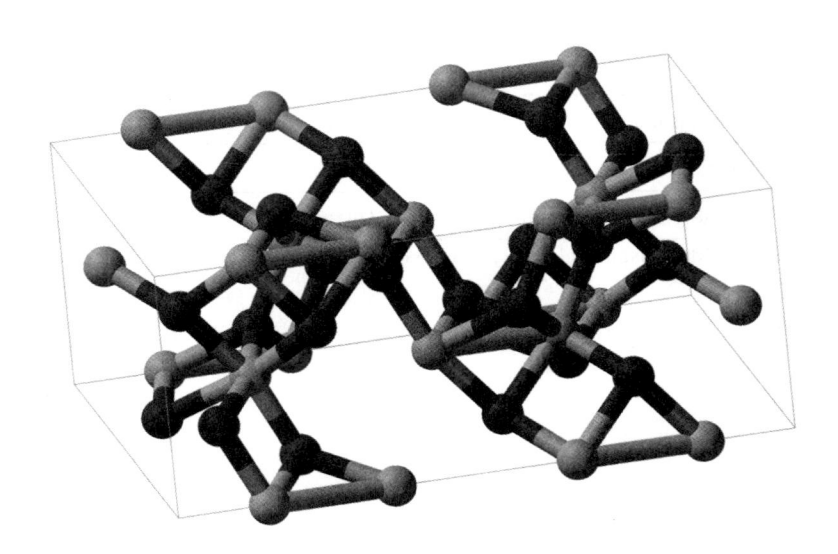

Bibliografia recomendada

MARK, H. F.; MCKETTA Jr., J. J.; OTHMER, D. F. *Kirk-Othmer ency-clopedia of chemical technology*. v. 18. New York, John Wiley, 1969.

Quadro 2.4 – Propriedades físicas do poli(óxido de silício)		
N°	Categoria	Mineral nativo
1	Composição	$(SiO_2)_n$
2	Classe cristalográfica	Diversas
3	Forma comum	Granulado
4	Cor	Branco ou incolor quando puro
5	Densidade	$2,6 \ g/cm^3$
6	Índice de refração	1,458
7	Brilho	vítreo
8	Dispersão	70% (pH = 3 em eteramina)
9	Ponto de fusão	1.650 °C
10	Ponto de ebulição	2.230 °C
11	Dureza	7 Mohs
12	Clivagem	Boa
13	Condutividade térmica	1,3 (W/m K)
14	Condutividade elétrica	$10^{-18} \ (1/\Omega \ m)$
15	Transmissão óptica	Isotrópico uniaxial positivo (biaxial quando deformado)
16	Outros nomes	Sílica , quartzo
17	Fórmula molecular	SiO_2
18	Geometria de coordenação	Tetraédrica

Fonte: Wikipédia. Disponível em: <pt.wikipedia.org/wiki/silicio>. Acesso em: nov. 2012.

Quadro 2.5 – Propriedades físicas do poli(óxido de alumínio)		
Nº	Categoria	Mineral nativo
1	Composição	$(Al_2O_3)_n$
2	Classe cristalográfica	Trigonal
3	Forma comum	Pó
4	Cor	Branco ou incolor quando puro
5	Densidade	$4,0 \text{ g/cm}^3$
6	Índice de refração	1,765
7	Brilho	Vítreo
8	Ponto de fusão	2.054 °C
9	Ponto de ebulição	Cerca de 3.000 °C
10	Dureza	9 Mohs
11	Clivagem	Boa
12	Condutividade térmica	18 (W/m K)
13	Condutividade elétrica	10^{-14} (ohm/cm)
14	Transmissão óptica	0,17- 5,5 (alcance de trasmissão ótica)
15	Outros nomes	Coríndon, rubi, safira
16	Fórmula molecular	Al_2O_3
17	Geometria de coordenação	Octaédrica

Fonte: Wikipedia. Disponível em: <pt.wikipedia.org/wiki/óxido de alumínio>. Acesso em: nov. 2012.

2.2.1 Sílica

Sílica (do latim, *silex,* que significa "pederneira")

A **sílica** é um mineral de composição química $(SiO_2)_n$, de pureza quase completa. É abundantemente distribuída na Terra, tanto no estado puro quanto em silicatos. Ocorre em diversas variedades (**polimorfos**), como a cristobalita, o quartzo-*alfa* e o quartzo-*beta*. Essas formas se caracterizam por propriedades ópticas, cristalográficas, físicas e térmicas próprias, bem como ocorrências geográficas distintas. A sílica pode apresentar traços de alguns metais, como lítio, sódio, potássio, alumínio, manganês, ferro e titânio.

A sílica tem muitos usos importantes: como carga, para tintas e borrachas; no vidro comum; em cerâmica; em construção etc.

As estruturas cristalinas de quase todos os polimorfos da sílica contêm átomos de silício cercados de quatro átomos de oxigênio, produzindo um poliedro tetraédrico de coordenação, já visto na Figura 2.2. Cada átomo de oxigênio é ligado a dois átomos de silício, criando uma moldura eletricamente neutra. Esses poliedros partilham cantos para formar cadeias compostas de anéis de quatro membros. Quimicamente, todos os polimorfos da sílica são idealmente 100% SiO_2. Exceto o quartzo, que comumente contém apenas algumas impurezas, os outros polimorfos geralmente se desviam bastante da sílica pura.

O **quartzo** (do alemão, *Quartz*, "pederneira") é o poli(óxido de silício). Quando puro, o quartzo é incolor e cristaliza no sistema hexagonal. O tamanho dos cristais varia, havendo tanto exemplares pesando até uma tonelada quanto camadas de revestimentos cristalinos finíssimos. Tem densidade 2,65 g/cm^3, ponto de fusão 1.720 °C e dureza 7 na escala Mohs. Possui propriedades piezoelétricas e piroelétricas acentuadas. **Piezoeletricidade** é a polaridade elétrica produzida em cristais não condutores por pressões mecânicas. **Piroeletricidade** é a polaridade elétrica produzida em certos cristais por mudanças de temperatura.

O quartzo tem cor branca ou é incolor, mas também ocorre em inúmeras outras variações, como roxo, amarelo, vermelho, preto etc., em virtude de impurezas de outros minerais. É transparente ou opaco e tem brilho vítreo. Ocorre como o mineral mais comum na superfície do globo terrestre, entre as rochas sedimentares, graças à sua alta resistência química e física. Nas rochas graníticas, o quartzo é um mineral de fácil reconhecimento, pois assemelha-se a vidro quebrado. Como não tem clivagem, quebra-se com uma superfície irregular, abaulada, conhecida como **fratura conchoidal**. Ocorre também em rochas metamórficas, magmáticas e em veios.

De acordo com a tonalidade, as diferentes variedades de quartzo são conhecidas por nomes diversos: cristal-de-rocha (incolor), que ocorre nos Estados Unidos, na Suíça, no Brasil, no Japão e na ilha de Madagascar; ametista (violeta, Figura 2.5), quartzo rosa, quartzo enfumaçado (amarelado a pardo, turvo), citrino (amarelado), ônix (negro), quartzo leitoso (branco), olho de gato, olho de tigre (opalescentes), ágata, com inclusões etc. Uma importante distinção entre os tipos de quartzo é a presença de pequenos cristais no interior da pedra, visíveis a olho nu (variedades **macrocristalinas)** e apenas visíveis sob grande

Figura 2.5
Algumas variedades
de quartzo.

ampliação (variedades **microcristalinas** ou **criptocristalinas)**, que geralmente são opacas ou translúcidas, fibrosas (calcedônias) ou granulares. A obsidiana é um belo tipo de vidro fóssil, quartzo negro com inclusões douradas.

O quartzo ocorre em grande quantidade como areia, nos leitos dos rios e sobre as praias, e como um dos constituintes do solo.

O quartzo pode ser utilizado como pedra semipreciosa e como peça ornamental, ou como areia, em argamassas e em concreto. O quartzo fundido é sílica pura amorfa e é utilizado em aparelhos especiais químicos e ópticos. Por causa do seu baixo coeficiente de expansão térmica, suporta mudanças bruscas de temperatura e pode ser usado em partes do equipamento que estejam sujeitas a faixas amplas de calor e frio. Diferentemente do vidro comum, o quartzo fundido não absorve no infravermelho nem no ultravioleta. No estado fundido, entra na fabricação de vidro e de tijolos. Em pó, como carga em porcelanas, tintas, lixas e saponáceos. Em equipamentos ópticos, em lentes e prismas, por conta da sua transparência a radiações do espectro infravermelho e ultravioleta. Em virtude de sua atividade óptica, é empregado em instrumentos para produzir luz monocromática de diversos comprimentos de onda. Pelas propriedades piezoelétricas, é usado para osciladores de relógio e rádio, para transmissão e recepção de uma determinada frequência fixa.

Bibliografia recomendada

BORGES, F. S. *Catálogo descritivo do Museu de Mineralogia Prof. Montenegro de Andrade.* Porto: FCUP, 1994.

FRANCO, R. R. *Manual de mineralogia.* v. 2. São Paulo: Editora Universidade de São Paulo, 1969.

FUNDACENTRO. Disponível em: <http://www.fundacentro.gov.br/SES/silica_base_2.asp?D=SES>. Acesso em: 23 nov. 2007.

Mineral Information Institute. Disponível em: <http://www.mii.org/Minerals/photo sil.html>. Acesso em: 17 abr. 2008.

2.2.2 Alumina

Alumina (do latim, *aluminium*)

O termo **alumina** não se refere a um único material, mas a uma série de óxidos e hidróxidos de alumínio de fórmula geral $Al_2O_3.nH_2O$, onde $0 < n < 3$.

A **alumina** é o poli(óxido de alumínio), $(Al_2O_3)_n$, matéria-prima na produção de alumínio. A ocorrência cristalina natural da alumina se dá sob a forma de **coríndon**, que tem uma rede estrutural hexagonal. Rubis e safiras são variedades de gemas preciosas do coríndon, com suas cores características devidas a traços de impurezas. A elevada dureza exibida pela alumina a torna adequada para uso como abrasivo, em agentes de polimento, e como componente de ferramentas para corte, além de isolamento elétrico e térmico, em refratários e cerâmicas.

A alumina é largamente distribuída na Natureza. Ocorre sob duas formas cristalinas distintas: *alfa-* e *gama-*. A *alfa*-alumina é composta de cristais hexagonais incolores, e a *gama*-alumina, de diminutos cristais cúbicos também incolores, com densidade cerca de $3,6\ g/cm^3$, que são transformados em *alfa*-alumina a altas temperaturas. A alumina tem elevada dureza, excelentes propriedades dielétricas, resistência ao ataque de ácidos e bases fortes a temperaturas elevadas, boa condutividade térmica, excelente capacidade de adquirir forma e dimensões específicas por moldagem, alta resistência mecânica e rigidez. A resistência do alumínio metálico à oxidação, quando exposto ao ar, é proporcionada pela formação de camada superficial protetora de óxido de alumínio, impermeável à água.

Bibliografia recomendada

Answers. Disponível em: <http://www.answers.com/topic/aluminium-oxide>. Acesso em: 30 ago. 2007.

Chemguide. Disponível em: <http://www.chemguide.co/uk/inorganic/extraction/aluminium.html>. Acesso em: 30 ago. 2007.

3 – POLISSAIS

Os polissais mais importantes de origem mineral encontrados na Natureza são os polissilicatos. Suas cadeias poliméricas, com átomos alternados de silício e oxigênio, são interligadas por átomos ou grupos aniônicos ou catiônicos, formando os polissais.

Para que um sal possa apresentar cadeia polimérica, é necessário que as ligações interatômicas sejam do tipo covalente, isto é, sejam ligações químicas fortes e direcionadas. As ligações iônicas, decorrentes da atração eletrostática entre os íons carboxila por meio de íons metálicos, não constroem uma cadeia considerada polimérica. Assim, nos sais, os ânions ou cátions é que devem apresentar estrutura polimérica, e estas então podem estar atreladas a grupos iônicos quaisquer.

A ocorrência de polissais se destaca principalmente nos materiais argila, asbesto, mica e lava vulcânica, abordados em detalhe nos itens subsequentes.

3.1 Materiais

Os materiais formadores de rochas mais comuns são os polissilicatos, que constituem a classe mineral mais importante na Natureza. Incluem 25% dos minerais conhecidos e 40% dos minerais mais comuns.

Dentre os polissilicatos naturais, devem ser destacados a **argila** (silicato de alumínio hidratado), o **asbesto** (silicato de magnésio ou ferro hidratado), em especial a crisotila, a **mica** (silicato de alumínio e potássio ou magnésio hidratado), em particular a moscovita e a **lava vulcânica** (mistura complexa de sais e óxidos), que serão apresentados no decorrer deste Capítulo.

Muitos polissilicatos são minerais preciosos ou semipreciosos, como, por exemplo, topázio (fluossilicato de alumínio), água-marinha e esmeralda (ambas silicatos de alumínio e berílio) (Quadro 1.5, já visto).

3.1.1 Argila

Argila (do grego, *árgilos*, e do latim, *argilla*)

As argilas são rochas sedimentares em estado cristalino ou amorfo, constituídas de silicatos de alumínio hidratados, contendo impurezas, como ferro ou magnésio. São caracterizadas pelas dimensões muito pequenas de partícula, em nível coloidal (inferior a 0,002 mm em pelo menos uma dimensão). Quando pulverizadas e umedecidas, exibem plasticidade e pegajosidade.

As argilas cristalinas se distribuem em oito grupos, dos quais os principais são: grupo da caulinita, componente principal da rocha caulim, o qual é empregado como carga em artefatos de borracha; grupo da mica, que é um mineral com propriedades únicas e raras; e grupo da montmorilonita, que é muito importante pela capacidade de troca catiônica notavelmente elevada (80-90 miliequivalente/100 g de argila seca), com importantes aplicações tecnológicas.

A montmorilonita é uma argila laminada natural, encontrada em Montmorillon, na França. Foi primeiramente estudada por A. A. Damour e D. Salvetat, em 1847. É um mineral comum, encontrado em numerosos lugares no mundo. Na maioria dos casos, é formada pela alteração de material rochoso eruptivo, em tufos e em cinza vulcânica. Ocorre na Natureza em mistura com uma diversidade de outros minerais, como cristobalita, zeolita, biotita, quartzo, feldspato etc.

Um aspecto característico da montmorilonita é a sua capacidade de absorver água e sorver certos cátions, retendo-os em um estado intercambiável. Isto significa que os cátions intercalados podem ser trocados por tratamento com outros cátions em uma solução aquosa. Os cátions mais comumente intercambiáveis são: Na^{+1}, Ca^{+2}, Mg^{+2}, H^{+1}, K^{+1}, NH_4^{+1}. A rede cristalina da montmorilonita é fraca e expansível entre as camadas de silicato; quando imersa em água, a argila pode inchar várias vezes o seu volume seco.

O modelo de estrutura da montmorilonita (Figura 3.1), proposto por U. Hofmann e colaboradores em 1933, sugere duas folhas paralelas tetraédricas de sílica fundidas, com uma folha intermediária octaédrica de hidróxido de alumínio ou magnésio. Substituições isomórficas de Si^{+4} por Al^{+3} na rede tetraédrica e de Al^{+3} por Mg^{+2} na folha octaédrica acarretam um excesso de cargas negativas dentro das camadas de montmorilonita. Essas cargas são contrabalançadas por cátions como Ca^{+2} e Na^{+1}, situados entre as camadas.

Em razão da elevada afinidade da argila por água, moléculas de água estão geralmente presentes entre essas camadas. O empilhamen-

Figura 3.1
Representação
esquemática da
estrutura química
da montmorilonita.

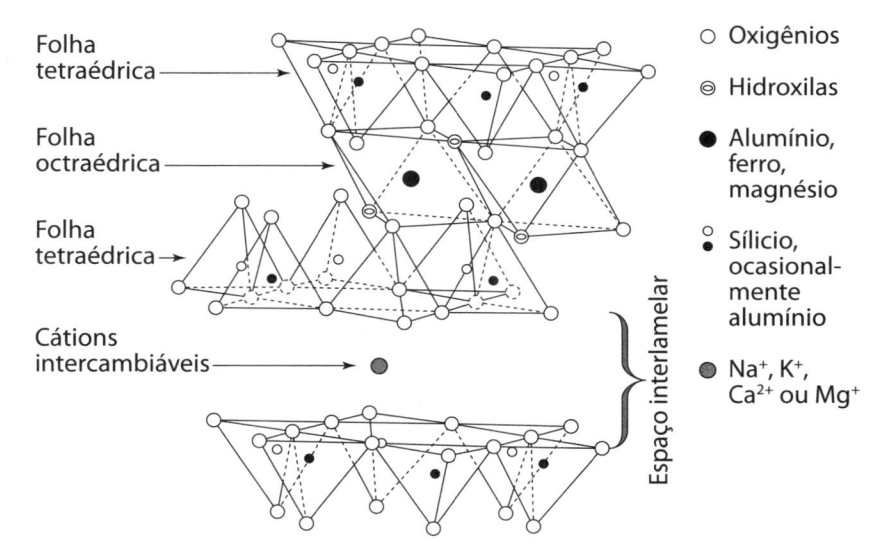

Folha tetraédrica

Folha octaédrica

Folha tetraédrica

Cátions intercambiáveis

Espaço interlamelar

○ Oxigênios

◉ Hidroxilas

● Alumínio, ferro, magnésio

⦂ Sílicio, ocasional-mente alumínio

● Na⁺, K⁺, Ca²⁺ ou Mg⁺

to delas leva a espaços vazios regulares, denominados **entrecamadas** ou **galerias**.

Cada camada tem espessura pouco inferior a 1 nm (10Å), com dimensões de superfície estendida de até 1 μm (1.000 nm). A **razão de aspecto** (razão entre o comprimento e a largura da partícula) é cerca de 1.000:1. A soma da espessura de cada camada (9,6 Å) com a espessura da galeria representa a unidade repetida do material mul-ticamada, e é denominada **espaço d** ou **espaço basal**. Para a mont-morilonita, esse espaço varia de 9,6 Å, quando a argila está no estado colapsado, até 20 Å, quando a argila está dispersa em solução aquosa.

Como a montmorilonita é hidrofílica, portanto inerentemente in-compatível com muitos polímeros, precisa ser quimicamente modifi-cada para tornar sua superfície mais hidrofóbica. É geralmente usado o tratamento superficial com cátions amônio, que podem substituir os cátions já existentes na superfície da argila. O tratamento da argila diminui as forças atrativas entre os aglomerados de placas.

Dimensões nanométricas se aproximam do tamanho macromole-cular do polímero, o que favorece o contato íntimo entre os materiais. Quando propriamente modificadas, as partículas de nanocarga e do polímero interagem, criando regiões comprimidas na superfície da partícula. Isto mobiliza uma porção da cadeia, causando um efeito de reforço no material.

As **nanoargilas** são minerais com alta razão de aspecto, tendo pelo menos uma dimensão da partícula na ordem de nanômetros. As nanoargilas de interesse comercial são hidrotalcita, montmorilonita, mica fluorada e octassilicato. A hidrotalcita e o octassilicato têm seu uso limitado pelo custo. A mica fluorada é também conhecida como argila sintética. A montmorilonita é atualmente a argila mais empregada como nanocarga; para sua utilização adequada, é necessário que seja submetida a uma purificação preliminar.

O termo **nanocompósito** descreve um material difásico, no qual uma das fases está dispersa na segunda em nível nanométrico (10^{-9}m). Os nanocompósitos são comumente baseados em matrizes poliméricas reforçadas com nanocargas, tais como sílica precipitada ou óxidos de silício e titânio sintetizados pelo processo sol–gel, contas de sílica, *whiskers* (monocristais fibrosos) de celulose, zeolita e dispersões coloidais de polímeros rígidos.

O processo de separação das lâminas da argila é chamado processo de **intercalação**. Sem essa separação, a nanoargila não permitiria que o polímero penetrasse entre as lâminas. Na forma esfoliada, as nanocargas têm espessura muito pequena, como lâminas flexíveis. A espessura da lâmina está na faixa de nanômetros, enquanto o comprimento e a largura estão entre 0,1 e 2 μm. Por isso, um simples grama de nanoargila esfoliada contém cerca de um milhão de partículas individuais. Assim, a adição de 5% de nanocarga acarreta o mesmo efeito de reforço que se observa quando se adicionam 15% de fibra de vidro a materiais de baixa resistência mecânica.

Nanocompósitos poliméricos são uma classe emergente de materiais, baseados em pequenas quantidades (inferior a 10%) de partículas de argila com dimensões da ordem de nanômetros, misturadas com um polímero base. As partículas de argila aumentam significativamente as propriedades mecânicas e termomecânicas do polímero base. Ocorre também aumento das propriedades de barreira e de retardamento da chama. Esses melhoramentos são conseguidos sem grande modificação da densidade do material.

O mais importante fator no reforço de polímeros é a razão de aspecto da partícula de argila. Argilas com estrutura lamelar e espessura inferior a 1 nm podem ser usadas na faixa de 1:300 a 1:1.500. A área superficial das placas esfoliadas é geralmente de 700 m^2/g.

As tentativas feitas para reduzir o tamanho de partículas das cargas tradicionais têm tido sucesso limitado. O fator crítico no sucesso do reforço em uma composição polimérica é a razão de aspecto da partícula; quando a razão é inferior a 10, a adição da carga geralmente não produz suficiente melhoria da resistência ao esforço. Assim, a redução de tamanho da fibra convencional por meio da redução do seu comprimento é insuficiente para obter reforço em grau satisfatório.

Quando as dimensões das partículas dos agentes reforçadores são reduzidas substancialmente em todas as direções, ocorre a aglomeração das partículas pequenas, e isso acarreta dificuldade de dispersão da carga no polímero.

Bibliografia recomendada

COELHO, A. C. V.; SANTOS, P. S.; SANTOS, H. S. Argilas especiais: argilas quimicamente modificadas – uma revisão. *Química Nova*, v. 30, p. 1282-1294, 2007.

COELHO, A. C. V.; SANTOS, P. S.; SANTOS, H. S. Argilas especiais: o que são, caracterização e propriedades. *Química Nova*, v. 30, 2007.

SANTOS, P. S. *Ciência e tecnologia de argilas*. v. 1. 2. ed. São Paulo: Editora Edgar Blücher, 1989.

3.1.2 Asbesto

Asbesto (do grego, *ásbestos*, e do latim, *asbestu)*
Amianto (do grego, *amianthos*, e do latim, *amianthu*)

O **asbesto**, ou **amianto**, é um termo geral que se refere a diversos minerais que contêm silicatos hidratados, os quais foram cristalizados como monocristais (isto é, corpos cristalizados constituídos por uma estrutura cristalina inteiriça, sem descontinuidades), em fibras longas, fortes e flexíveis. Essas fibras podem ser facilmente destacadas como feixes de fibrilas, o que distingue o asbesto de outros silicatos naturais.

Diversos estágios de processos geológicos acontecem para que a rocha matriz se transforme em asbesto. A modificação de minerais *in situ* é devida ao **metamorfismo** (isto é, a ação milenar e contínua sobre produtos de decomposição das rochas, pela variação da pressão e da temperatura) ou a **processos hidrotermais** (isto é, ação combinada de agentes térmicos e aquosos, sob pressões elevadas, sobre as rochas da crosta terrestre). O asbesto está presente em muitos tipos de rochas **ígneas** ou **magmáticas** (isto é, provenientes da solidificação de **magmas**, que são massas no estado de fusão) e **metamórficas**.

Encontram-se na Natureza mais de 30 minerais fibrosos, todos do tipo silicato hidratado, geralmente silicato de magnésio. As seis principais variedades de asbesto são: crisotila, crocidolita, amosita, antofilita, tremolita e actinolita. Como exemplo, as propriedades mais características da crisotila são relacionadas no Quadro 3.1.

	Quadro 3.1 – Propriedades físicas da crisotila	
Nº	Categoria	Mineral nativo
1	Composição	$(3MgO.2SiO_2.2H_2O)_n$
2	Classe cristalográfica	Sistemas monoclínico e ortorrômbico
3	Forma comum	Fibras macias e sedosas
4	Cor	Branco, verde, cinza ou âmbar
5	Densidade	$2,4 - 2,6 \ g/cm^3$
6	Brilho	Sedoso
7	Ponto de fusão	2.770 °C
8	Dureza	$2,5 - 4,0$ Mohs
9	Clivagem	Perfeita
10	Carga elétrica	Positiva

A **crisotila** é a variedade de asbesto mais utilizada; é a única que pertence ao grupo das **serpentinas**. Por sua vez, as serpentinas são oriundas da ação hidrotermal sobre rochas ultrabásicas, geralmente peridotita, contendo os minerais piroxênio e olivina.

A crisotila é encontrada na Natureza sob forma muito pura. Sua composição química é de um silicato básico de magnésio hidratado, com 12-15% de água, com fórmula $(3MgO.2SiO_2.2H_2O)_n$. Ocorre como veios ou filões em rochas ricas no mineral serpentina. As fibras, que se formam em feixes compactos nos veios, são geralmente orientadas de forma regular, perpendicularmente à parede rochosa. Resultam da recristalização dos sais existentes na serpentina hospedeira, ao longo das fraturas, fissuras e rupturas acessíveis à solução supersaturada dos componentes químicos, quando sujeita às elevadas temperaturas e pressões geológicas, por tempos prolongados.

O asbesto aparece em ocorrências variadas, porém somente a crisotila corresponde a cerca de 97% do consumo total. Encontram-se depósitos de crisotila na Rússia, no Canadá, no Brasil, nos Estados Unidos, na África do Sul e na Itália. O Brasil tem jazidas de asbesto localizadas principalmente nos estados de Goiás e Bahia, e as rochas hospedeiras são reconhecidas pelos habitantes da região pelo seu aspecto de "pedras cabeludas", mostrado na Figura 3.2. Na jazida de Cana Brava, BA, a crisotila ocorre no interior da rocha-matriz, com

Figura 3.2
A rocha-hospedeira
serpentina, "pedra
cabeluda".

as fibras, de 6-7 mm, dispostas perpendicularmente aos veios, tendo composição mineralógica muito pura. A lavra é feita a céu aberto, pelo processo convencional.

A Figura 3.3 mostra um detalhe do filão de crisotila dentro da rocha-matriz. A formação da fibra de crisotila (Figura 3.4) e a estrutura de seus cristais (Figura 3.5) são apresentadas e permitem a melhor compreensão da morfologia do asbesto.

Figura 3.3
Detalhe dos veios
de crisotila na
rocha-hospedeira
serpentina.

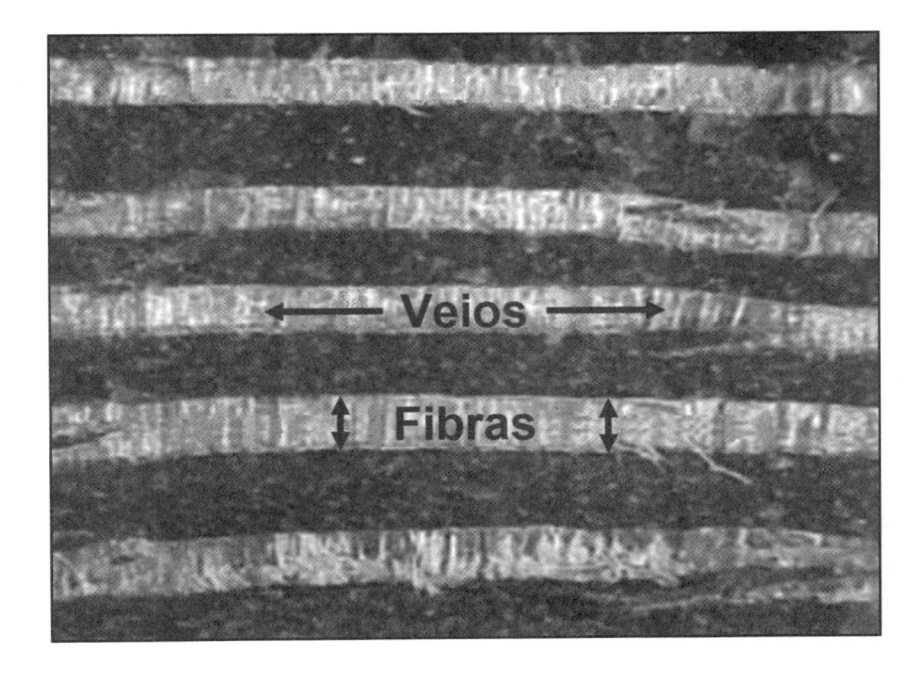

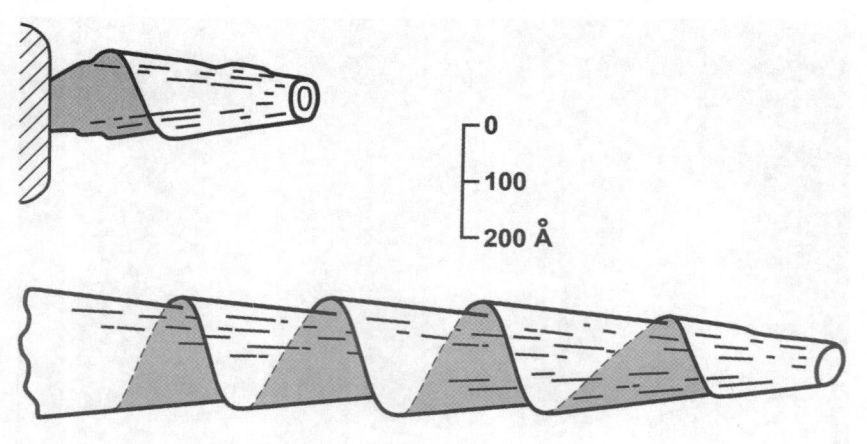

Figura 3.4
Formação da fibra
de crisotila.

Estudos de difração dos raios X indicam que os silicatos encontrados nas rochas dos tipos piroxênio e anfibólio têm cadeia macromolecular aniônica, tal como mostrado na Figura 3.6. Ambos os minerais são encontrados em rochas magmáticas, sendo metassilicatos de íons diversos, como o magnésio, o ferro e o cálcio, podendo também conter alumínio.

Os piroxênios têm cadeias poliméricas simples; são ortorrômbicos e apresentam deformações por achatamentos, tendo brilho litoide, isto

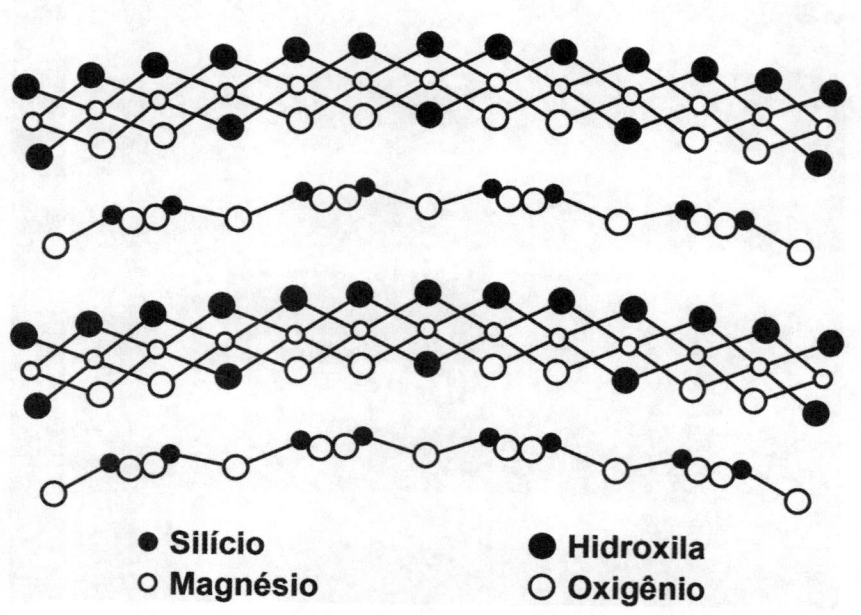

Figura 3.5
Estrutura do cristal
de crisotila.

Figura 3.6
Cadeias aniônicas
de piroxênio e de
anfibólio.

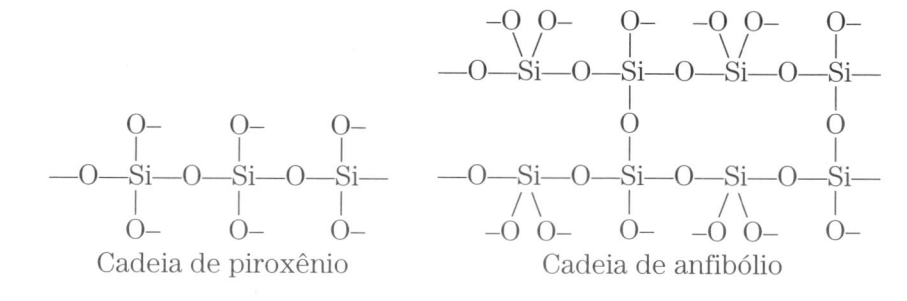

Cadeia de piroxênio   Cadeia de anfibólio

é, de pedra. Os anfibólios têm cadeia polimérica dupla; são cristalinos, do sistema monoclínico, e apresentam deformações por alongamento, tendo brilho vítreo, isto é, de vidro. Estas características permitem entender por que minerais de composição química aproximadamente igual são diferentes em aspecto e propriedades.

A crisotila e a crocidolita têm elevada resistência à tração; entretanto, a melhor fibra natural de asbesto é obtida da crisotila. Exceto a crisotila, as outras variedades de asbesto são polissilicatos hidratados de magnésio e/ou ferro, e ocorrem como agregados fibrosos irregulares, formados sob condições de temperatura e pressão variáveis, sujeitos a forças de cisalhamento e metamorfismo térmico. As fibras são denominadas longas (4-7 mm), médias (1–4 mm) ou curtas (abaixo de 1 mm).

O asbesto encontrava grande aplicação em misturas com cimento (cimento-amianto ou fibrocimento), na fabricação de uma diversidade de peças de grande porte, utilizadas na construção civil, como tanques, telhas, calhas, manilhas, dutos etc., que representava 95% do consumo desse mineral. Objeções legais quanto à segurança do trabalho para evitar a silicose – doença mortal causada pelas partículas de asbesto retidas nos pulmões dos operários – praticamente destruíram essa indústria. Em substituição ao material cimento-amianto na indústria da construção civil, tem sido utilizado com sucesso o HDPE (polietileno de alta densidade), amplamente visível nas casas ao longo das estradas, como caixas d'água, de cor azul.

Bibliografia recomendada

Asbestos. Disponível em: <http://www.asbestos-institute.ca>. Acesso em: 21 dez. 2011.

BRADY, G. S.; CLAUSER, H. R.; VACCARI, J. A. Materials handbook. 14. ed. New York: McGraw-Hill, 1997.

QUEIROGA, N. C. M. et al. Amianto. In: DA LUZ, A. B.; LINS, F. A. F. (Eds.). *Rochas e minerais industriais*: usos e especificações. Rio de Janeiro: Cetem, 2008. p. 79-102.

World of Science. Disponível em: <http://scienceworld.wolfram.com/chemistry/Asbestros.html>. Acesso em: 15 nov. 2006.

3.1.3 Mica

Mica (do latim *micare,* que significa "brilho")

As **micas**, também chamadas **malacachetas,** são polímeros inorgânicos naturais, silicatos de alumínio e potássio hidratados, com célula unitária $K_2Al_4(Al_2Si_6O_{20})(OH)_4$, podendo conter outros elementos como magnésio, lítio, sódio, ferro e flúor. São minerais do grupo dos filossilicatos. Possuem propriedades mecânicas e físico-químicas especiais e únicas, proporcionadas por sua estrutura em camadas e composição química rica em potássio, silício e alumínio.

Cristalizam no sistema monoclínico, com a inclinação do eixo de quase 90°. Os cristais são tabulares, com os planos basais bem desenhados, e mostram um contorno rômbico ou hexagonal com ângulos de 90 e 120°, aproximadamente.

São um constituinte natural de muitas rochas magmáticas, especialmente os granitos. Conforme a composição química, classificam-se em cinco grupos: moscovita, paragonita, lepidolita, taeniolita e biotita.

As micas são caracterizadas por fácil clivagem basal e boa flexibilidade. A perfeita clivagem é consequência de sua estrutura atômica em camadas, a qual permite que seus cristais possam ser facilmente separados em lâminas finas, extremamente flexíveis e resistentes.

As propriedades da mica se originam da predominância em suas estruturas da folha silício-oxigênio, que se estende indefinidamente pelo cristal, com três dos quatro oxigênios em cada tetraedro compartilhando suas forças com os tetraedros vizinhos, na mesma folha estrutural (Figura 3.7). Derivam da periodicidade da alternação entre forças de ligação química intensas e fracas. Cada lâmina de mica tem três camadas fortemente unidas (duas de silício e uma de alumínio ou magnésio) e uma fracamente ligada (potássio).

As micas apresentam brilho vítreo e cores variadas, que permitem caracterizar as espécies. São intensamente policroicas, isto é, exibem várias cores. Em microscopia ótica com luz polarizada, manifestam

Figura 3.7
Representação
esquemática da
estrutura química
da mica.

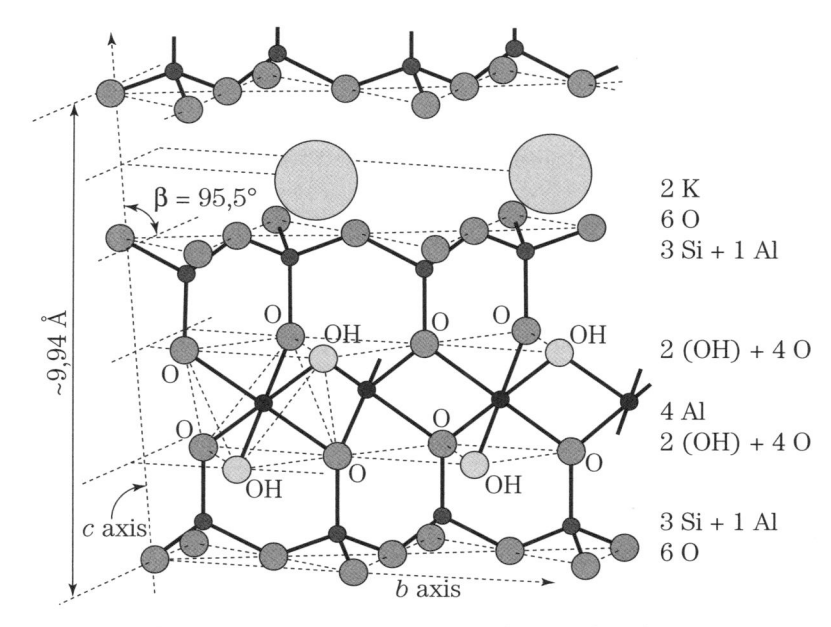

Representa a fórmula: $K_2Al_4(Si_6Al_2)O_{20}(OH)_4$

Fonte: Encyclopedia Britannica. Disponível em: <http://www.britannica.com/EBchecked/topic/ 379747/mica> Acesso em: nov. 2012.

colorações muito vivas. São em geral macias (2,5 na escala Mohs, já vista no Capítulo 1, no Quadro 1.1) e de densidade relativamente baixa (2,7 a 3,1).

Além da excelente clivagem e das boas propriedades elétricas, tais como baixa condutividade elétrica, alta rigidez dielétrica e baixo fator de dissipação, as micas apresentam características desejáveis de resistência mecânica, flexibilidade, resiliência, transparência, brilho vítreo, maciez moderada, baixa condutividade térmica, alta resistência ao calor, resistência às intempéries e baixo custo. Geralmente, não são afetadas por água, ácidos e álcalis, e, sendo material inorgânico, não são inflamáveis.

A mica é um material com propriedades muito raras e exclusivas, que determinam sua funcionalidade de alto desempenho em diversos materiais, como tinta, papel, borracha, plásticos, adesivos etc. São vastamente empregadas na indústria sempre que se necessita de um material transparente, sem a fragilidade do vidro ou sua sensibilidade a mudanças de temperatura. A mica mais comum é a moscovita, de cor branca.

Utiliza-se a mica para construir portinholas de fornos de micro--ondas, substituir o vidro das janelas em fábricas e em navios, chaminés de lampião, óculos protetores e outros fins. Em virtude de suas excelentes propriedades isolantes, é grande o seu consumo em componentes das resistências de ferros elétricos.

As maiores ou mais importantes reservas mundiais desse mineral situam-se na África do Sul, no Brasil, na Índia e na Rússia. Depósitos menos importantes localizam-se na Argentina, na Austrália e no Zimbábue. O Brasil tem jazidas de mica nos estados de Minas Gerais, Rio Grande do Norte, Goiás, São Paulo, Bahia e Rio de Janeiro.

O grupo da mica tem cerca de 30 membros, mas somente dois são comercialmente importantes: moscovita e flogopita. A **moscovita** (de *Moscovia*, que significa "Moscou") é rica em alumínio, podendo ser encontrada em muitas cores, branca, prata, cinza e até verde, sendo a mica mais abundante e comum. A **flogopita** (do grego *phlogopós*, que significa "aspecto de chama"), é rica em magnésio e tem coloração dourada. É facilmente encontrada; apresenta-se como belas partículas cor de ouro em riachos provenientes de regiões de erosão (voçoroca), no Estado do Rio de Janeiro.

A mica se apresenta comercialmente sob a forma de blocos, lâminas, filmes e pó, proveniente da moagem dos resíduos. É usada como carga em compósitos termoplásticos e termorrígidos, e em elastômeros. Melhora propriedades dielétricas, mecânicas e térmicas do compósito formado. É um isolante ideal e de grande importância para equipamentos elétricos e eletrônicos, que podem operar em temperaturas elevadas. É produzida também como fita ou papel de mica, para isolamento de alta voltagem. É empregada em tintas, sob a forma de pó, para aumentar a resistência da tinta à água, às intempéries, bem como para evitar arranhões e encolhimento da película de tinta, e para clarear os tons dos pigmentos.

Bibliografia recomendada

HOUAISS, A. *Enciclopédia Mirador Internacional*. v. 14. Rio de Janeiro: Encyclopaedia Britannica do Brasil Publicações, 1995.

KLEIN, C.; HURLBUT, C. S. *Manual of Mineralogy*. 21/22 ed. New York: John Wiley & Sons, 1993.

MOORE, D. M.; REYNOLDS, R. C. *X-Ray diffraction and the identification and analysis of clay minerals*. 2. ed. New York: Oxford Univ. Press, 1997.

SHELL, H. R. *Kirk-Othmer Encyclopaedia of Chemical Technology*. v. 15. New York: Wiley-InterScience, 1981. p. 398-424.

SILVA, R. L.; POTSCH, W. *Elementos de mineralogia e geologia*. 5. ed. Rio de Janeiro: Livraria Francisco Alves, 1938.

VELDE, B. *Origin and mineralogy of clay minerals*. Berlin: Springer, 1995. p. 334.

3.1.4 Lava vulcânica

Lava (do latim *labes*, que significa "declive")

Desde tempos imemoriais, vêm sendo observadas pelo homem manifestações da fúria da Natureza, como erupções vulcânicas, terremotos, tsunâmis. Há registros com detalhes sobre a ocorrência e localização de tais fenômenos. Em muitos casos, a composição química das lavas também é conhecida e se encontra à disposição dos pesquisadores. Assim, a Natureza oferece ao homem uma série de resultados experimentais magníficos, numerosos e irretocáveis, sobre ocorrências das atividades vulcânicas.

As condições reinantes no interior da crosta, às quais fica submetido o magma, não são de fácil reprodução em laboratório. Entretanto, seria interessante comparar os dados previstos com os fatos registrados pela Vulcanologia. Por exemplo, as erupções vulcânicas, que resultam em lavas muito fluidas, as quais se espalham pelos terrenos por quilômetros e são chamadas **lavas basálticas**, ou as erupções que produzem as lavas altamente viscosas, ou **lavas riolíticas**, que se derramam em torno da cratera dos vulcões, sobrepondo-se em camadas e aumentando o volume do cone. As **rochas piroclásticas** são constituídas de massas porosas, formadas por blocos de sedimentos vulcânicos explosivos fragmentados, como cinzas, lapili (isto é, pedrinhas), tufos e bombas, ou massas vítreas, conhecidas como **vidros vulcânicos** ou **obsidianas** (do latim, *obsidianus,* significando "pertencente a Obsiu", o descobridor de mineral semelhante encontrado na Etiópia).

Esses vidros são rochas de origem vulcânica, ácidas (isto é, ricas em SiO_2), de cor verde escuro, algumas vezes negra, contendo 55-78% de sílica e ainda alumina, óxido de ferro e cálcio; eram usados como faca e como espelho, especialmente no México e no Peru. Nesse processo, são expelidos também enxofre, mercúrio, sulfeto ferroso, sulfeto de zinco e outros produtos.

Vulcão é uma abertura existente na crosta terrestre ou **litosfera**, por onde irrompe o **magma**, isto é, rocha fundida. Ao ascender à crosta, através de falhas e fraturas do manto, o magma forma **câmaras magmáticas**, isto é, bolsões, e a **chaminé**, que forma as paredes internas do vulcão. Quando o magma alcança a superfície, origina o vulcão. Quando extravasa à superfície, passa a chamar-se **lava**.

O **magma** é um material pastoso cuja viscosidade aumenta com o aumento do teor de sílica, a redução da temperatura e a diminuição do teor de voláteis. Contém uma parte **líquida,** de material rochoso fundido; uma parte **sólida**, de minerais já cristalizados e eventuais fragmentos de rochas, transportados pela parte líquida; e uma parte **gasosa**, de material volátil dissolvido na parte líquida, principalmente vapor d'água e dióxido de carbono. Ao resfriar, dá origem às **rochas ígneas** ou **magmáticas**.

Os magmas podem ser de três tipos: magma riolítico ou félsico, magma andesítico ou intermediário e magma basáltico ou máfico.

O **magma riolítico** ou **félsico** é menos quente (600-900 °C); mais viscoso ($10^6 - 10^7$ poise); polimérico. Extravasa com dificuldade e forma "rolhas". É ácido, tendo acima de 65% de sílica em sua composição química. Vulcões cujas erupções podem produzir materiais originados no magma riolítico são encontrados em zonas de colisão de placas continentais. O magma riolítico é comum em vulcões recentes, como os do Japão e de Java.

O **magma andesítico** ou **intermediário** é mais ou menos quente (800-1.000 °C); relativamente fluido (10^3 a 10^5 poise); menos cristalino. É formado por 60 a 70% de sílica. Encontra-se principalmente na região dos Andes.

O **magma basáltico** ou **máfico** é muito quente (1.000-1.200 °C); muito fluido (10^2 a 10^3 poise); cristalino. Extravasa facilmente, formando corridas de lava. É básico, contendo abaixo de 60% de sílica. Ocorre em erupções vulcânicas em zonas de fendas e pontos quentes, no fundo do mar. O único lugar onde se observa esse tipo de atividade na área continental é na Islândia.

As rochas magmáticas podem ocorrer na crosta de dois modos: na superfície, como **rochas extrusivas,** que formam **derrames,** ou internamente, como **rochas intrusivas**.

O magma que se encontra no interior da câmara magmática, ao ascender à superfície, em virtude de sua constituição química e da pressão a que está submetido, perde gases e constitui a **lava**.

A **lava** é um material fluido liberado dos vulcões durante uma erupção vulcânica. É constituída de uma mistura complexa de silicatos, óxidos, fosfatos e titanatos, fundidos a alta temperatura e pressão, que, por solidificação, forma as rochas. A lava contém cristais em suspensão e bolhas de gás, predominantemente vapor d'água (H_2O, 5-6%), dióxido de carbono (CO_2), oxigênio (O_2), ácido fluorídrico (HF), ácido clorídrico (HCl), dióxido de enxofre (SO_2), óxido de boro (B_2O_3), enxofre (S), ácido sulfídrico (H_2S), amônia (NH_3), metano (CH_4), cloro (Cl_2), flúor (F_2), hidrogênio (H_2) e nitrogênio (N_2). Em geral, a composição da lava está correlacionada com a temperatura do magma, sua viscosidade e o modo de erupção.

Tal como os magmas, as lavas podem ser classificadas em três grupos: lavas ácidas, riolíticas ou félsicas; lavas intermediárias ou andesíticas; e lavas básicas, basálticas ou máficas.

Lavas ácidas, riolíticas ou **félsicas** são extremamente viscosas, ricas em sílica (acima de 65%) e pobres em ferro e magnésio. Têm alto teor de silício, alumínio, potássio, sódio e cálcio, temperatura mais baixa, na faixa de 650-750 °C . São poliméricas. Não formam derrames. Acumulam-se perto da origem do extravasamento, constituindo edifícios ou estruturas vulcânicas. Formam espinhaços, domos e depósitos piroclásticos. Fragmentam-se quando extrusadas através dos tubos vulcânicos, produzindo blocos. Deslocam-se com muita dificuldade, têm maior retenção de gases dissolvidos, característica de explosões vulcânicas. As lavas riolíticas estão associadas a depósitos de fragmentos piroclásticos e escoam de modo lento, característico de líquidos muito viscosos. Fragmentam-se geralmente, à medida que são extrusadas pela boca do vulcão, produzindo blocos rochosos. A **lava piroclástica** é classificada de acordo com a dimensão dos fragmentos; os de menor dimensão são as **bombas**, ou fragmentos de lavas de aspecto esponjoso de 3 a 50 cm, e os **blocos**, que são fragmentos maiores, com dimensões entre 0,5 e 1 metro. Sua alta viscosidade e resistência são consequência de sua composição química: silício, alumínio, sódio, potássio e cálcio, formando massa polimerizada rica em feldspato e quartzo. Tem viscosidade maior do que os outros tipos de magma.

Forma-se também **lava escoriácea**, que tem aparência irregular, com protuberâncias; é normalmente viscosa, com alta percentagem de gases, que solidificam rapidamente. É polimérica.

As **lavas intermediárias** ou **andesíticas** têm características entre as lavas básica e ácida. Formam domos e blocos, e podem ocorrer em vulcões com encostas muito íngremes, como os dos Andes. São mais pobres em silício (52 a 65%) e alumínio e geralmente um tanto mais ricas em magnésio e ferro. São mais quentes (750-950 °C) e menos viscosas; exibem comportamento mais fluido e formam cristas. Quando muito quentes, acima de 950 °C, podem correr por muitas dezenas de quilômetros. Temperaturas mais altas tendem a destruir as ligações químicas, promovendo um comportamento mais fluido e favorecem a formação de cristas com maior teor de ferro e magnésio, e também cristas de piroxênios e anfibólios.

As **lavas básicas, basálticas** ou **máficas** são fluidas, cristalinas, com baixa viscosidade. Não são poliméricas. Provêm de erupções a temperatura elevada, acima de 950 °C (950 a 1.100 °C). Têm menor retenção de gases dissolvidos; ocorrem derrames que podem atingir a velocidade de alguns quilômetros por hora. Formam estruturas **almofadadas**, *pahoehoe*, *aa*, típicas das erupções submarinas. Ocorrem **lavas encordoadas**, com a aparência de cordoame de navio, com aspecto rugoso; primeiro se forma a crosta superficial, enquanto, no interior, a lava ainda escoa. Têm teores de alumínio e silício relativamente baixos (52% sílica), o que causa a redução do grau de polimerização dentro do fundido, promovendo a cristalização. Apresentam alto teor de ferro e magnésio. Movem-se muito rapidamente, o que é característica da lava do tipo efusivo. A lava corre longas distâncias a partir da origem. As viscosidades podem ser relativamente baixas, embora muito elevadas quando comparadas com a viscosidade da água. O baixo grau de polimerização e a alta temperatura permitem a formação de cristais grandes, dentro das lavas basálticas. Os vulcões têm perfis rasos, na forma de escudos. A espessura da lava basáltica, em baixas inclinações, pode ser muito maior que o fluxo da lava em movimento, porque as lavas basálticas podem aumentar pelo suprimento de lava sob a crosta solidificada, e, assim, a maioria das lavas basálticas é do tipo almofada, vazia em seu interior.

Quando as lavas provêm de erupções de 1.600 °C, temperaturas em que nenhuma polimerização é possível, são chamadas **lavas ultrabasálticas**, gerando um fluido com viscosidade baixa.

Existem poucas coisas que podem resistir ao avanço de uma escoada lávica. As árvores se incendeiam rapidamente com o calor emitido da lava em altas temperaturas e, ao serem atingidas por elas, mergulham no seu interior, desaparecendo rapidamente. Mesmo o mar não consegue se opor ao fluxo de uma corrente de lava e recua com a sua chegada. Promontórios que se estendem a distâncias consideráveis da costa são formados dessa forma.

A expulsão da lava pode se dar de maneira calma, com o magma escorrendo pelos flancos do **vulcão**, ou pode ser acompanhada de explosões, como aconteceu na erupção do Vesúvio, em 79 d.C. Em qualquer dos casos, ocorre usualmente emissão de gases aquecidos. Quando os gases ocupam volume considerável, ocorrendo explosões, o magma se divide em partículas finíssimas denominadas **cinzas vulcânicas**.

Existem vulcões submarinos, além de outros, que surgem nos continentes. Há quatro tipos de vulcão: estrato-vulcões, vulcões de escudo, domos vulcânicos e cones vulcânicos piroclásticos.

- **Estrato-vulcões** – Possuem cone enorme, perfil íngreme e assimétrico; são perigosos. Emitem camadas alternadas e sucessivas de lava e fluxo piroclástico. Ocorrem explosões violentas e nuvens incandescentes. O magma tem alta viscosidade, havendo saturação com gases. Exemplos: Vesúvio, Etna, Fuji e Santa Helena.

- **Vulcões de escudo** – Exibem cones de grandes dimensões, com dezenas de quilômetros de base e pouca altura; possuem planos com declividade suave. Quando em atividade, ocorre sucessão de derrames de lava de basalto, com baixo teor de gases e baixa viscosidade, com extravasamento mais calmo. Exemplos: Kilauea, Mauna Loa (Hawaí).

- **Domos vulcânicos** – Apresentam encostas íngremes e topo arredondado. A lava riolítica expelida se acumula com aspecto de domo. Gases retidos na lava, liberados com explosões quando a pressão aumenta muito, causam intumescência no flanco da montanha. Exemplo: Parque Yellowstone.

- **Cones vulcânicos piroclásticos** – Cones pequenos, com cerca de 300 metros de altura e flancos íngremes. Resultam da acumulação em camadas de material piroclástico.

A Figura 3.8 mostra a variação de viscosidade dos magmas com o teor de sílica e a temperatura. Pode-se observar que a viscosidade aumenta com o aumento do teor de sílica, a redução da temperatura e a diminuição do teor de voláteis.

Bibliografia recomendada

ALLARD, P.; BURTON, M.; MURÉ, F. Spectroscopic evidence for a lava fountain driven by previously accumulated magmatic gas. *Nature*, v. 433, p. 407-410, 2005.

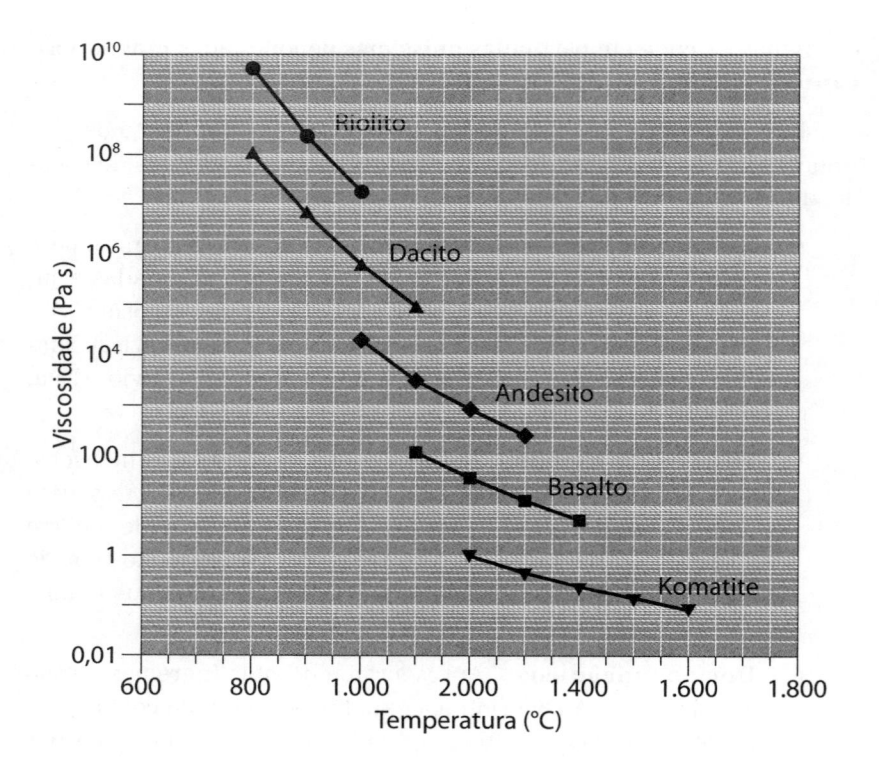

Figura 3.8
Viscosidade dos
diferentes tipos de
magma.

3.2 Polímeros

Nos polissilicatos, as cadeias poliméricas, com átomos alternados de silício e oxigênio, podem ser interligadas por grupos aniônicos ou cátions metálicos, como mostrado na Figura 3.6 para piroxênios e anfibólios, que são polissilicatos de aparência muito similar. Os piroxênios têm cadeias simples, enquanto os anfibólios têm cadeias duplas, ligadas por pontes de oxigênio. São prismáticos ou granulares, de cor quase preta, com clivagem segundo dois planos, quase perpendiculares nos piroxênios, e oblíquos, nos anfibólios.

Os polissilicatos podem ser considerados sais do ácido silícico. Os silicatos naturais podem ser divididos em cinco classes: **ortossilicatos**, derivados do ácido H_4SiO_4, e produtos da desidratação parcial dos ortossilicatos: **metassilicatos**, derivados de H_2SiO_3; **dissilicatos**, de $H_2Si_2O_5$; **trissilicatos**, de $H_2Si_3O_7$; e **silicatos básicos**.

A classificação dos silicatos mais conhecida se baseia no arranjo dos tetraedros SiO_4 e na relação $Si:O$ (Quadro 3.2). Divide os silicatos em seis classes: **nesossilicatos**, de cadeias isoladas; **sorossilicatos**, de cadeias duplas; **ciclossilicatos**, de cadeias em anéis; **inossilica-**

tos, de cadeias simples; **filossilicatos**, de cadeias compondo folhas; e **tectossilicatos**, com estrutura tridimensional. Dentre os exemplos de silicatos naturais relacionados nesta classificação, destaca-se o quartzo como um tectossilicato, em que a razão Si:O é de 1:2 .

Quadro 3.2 – Classificação dos silicatos				
N°	Classe	Arranjo dos tetraedos SiO_4	Relação Si:O	Exemplo do mineral
1	Nesossilicatos	Isolados	1:4	Olivina $(Mg \cdot Fe)_2 SiO_4$
2	Sorossilicatos	Duplos	2:7	Hemimorfita $Zn_4(Si_2O_7)(OH) \cdot H_2O$
3	Ciclossilicatos	Anéis	1:3	Berilo $Be_3AL_2(Si_6O_{18})$
4	Inossilicatos	Cadeias simples	1:3	Enstatita $Mg_2(Si_2O_6)$
		Cadeias duplas	4:11	Tremolita $Ca_2Mg_5(Si_8O_{22})(OH)_2$
5	Filossilicatos	Folhas	2:5	Talco $Mg_3(Si_4O_{10})(OH)_2$
6	Tectosilicatos	Estruturas tridimen-sionais	1:2	Quartzo SiO^2

PARTE II

POLÍMEROS DE ORIGEM VEGETAL
FITOPOLÍMEROS
POLI-HIDROCARBONETOS • POLIFENÓIS • POLIACETAIS • POLIAMIDAS • FIBRAS VEGETAIS

INTRODUÇÃO

É curioso observar que, na formação das cadeias poliméricas orgânicas de origem vegetal, são apenas quatro as principais funções químicas encontradas: hidrocarboneto, fenol, acetal e amida. Os poliacetais, isto é, os polissacarídeos, são predominantes nos vegetais, enquanto as poliamidas, isto é, as proteínas, são majoritárias nos animais.

Além de polissacarídeos, alguns vegetais, como o trigo, a soja, o milho e o amendoim, também contêm certa quantidade de proteínas, respectivamente, glúten (ácido glutâmico e arginina), glicinina (ácido glutâmico e leucina/isoleucina), zeína (ácido glutâmico, leucina/isoleucina, alanina e prolina) e araquina (cistina, metionina), o que permite a adoção da dieta vegetariana, indicada por algumas religiões.

A ordem estrutural nas macromoléculas provoca uma diversidade de suas estruturas. A **massa molar** única, que ocorre nas micromoléculas, conduz à **monomolecularidade**, em contraposição à **polimolecularidade** encontrada nas macromoléculas, que constituem uma mistura de compostos dificilmente separáveis. A **composição** molecular indica os elementos encontrados no produto e a sua proporção. A **constituição** da molécula permite classificar os compostos em **isômeros de cadeia** ou **de posição**, ou **isômeros de função**. A **configuração** molecular revela estruturas **quirais**, com taticidade, e estruturas **cis-trans**. **Quiralidade** é a característica de um objeto de não possuir imagem especular superponível, por exemplo, mão direita e mão esquerda (quiral vem do grego, *cheiral*, que significa "mão"). Cada uma dessas estruturas pode apresentar uma infinidade de **conformações**, resultando em **confôrmeros rotacionais** ou **arranjos intra- ou intermoleculares**.

Os poli-hidrocarbonetos de origem vegetal são insaturados e compreendem dois grupos: os poli-isoprenos, borracha e guta-percha, além das resinas terpênicas. Os polifenóis também se distribuem em dois grupos: as resinas lignânicas e as ligninas, de estrutura muito mais complexa, que na verdade são macromoléculas, não são polímeros. Os poliacetais incluem todos os polissacarídeos de vegetais, inclusive os provenientes de algas.

Os polímeros têm diversas funções na Natureza. Fazem parte das paredes celulares dos vegetais superiores e de algas marinhas, como celulose, hemicelulose e pectina, ou de animais, como quitina e mucopolissacarídeos. São reservas metabólicas de plantas, sob a forma de amido, dextranas efrutanas, e também de animais, na condição de glicogênio. Agem como substâncias protetoras de plantas, em razão de sua capacidade de reter grandes quantidades de água, o que faz com que os processos enzimáticos não sejam interrompidos mesmo em períodos de desidratação.

Do ponto de vista tecnológico, os polímeros de origem vegetal se destacam por sua importância industrial nos setores de borracha, fibras e alimentos, que serão destacados em capítulos subsequentes.

Bibliografia recomendada

BOBBIO F. O.; BOBBIO P. A. *Introdução à química de alimentos*. São Paulo: Livraria Varela, 1995.

MANO E. B.; MENDES, L. C. *Introdução a polímeros*. São Paulo: Editora Edgard Blücher, 1999.

MANO E. B.; MENDES, L. C. *Identificação de plásticos, borrachas e fibras*. São Paulo: Editora Edgard Blücher, 2000.

SILVA, R.; FRANCO, C. M. L.; GOMES, E. Pectinases, hemicelulases e celulases, ação, produção e aplicação no processamento de alimentos: revisão. *Boletim da Sociedade Brasileira de Ciência e Tecnologia de Alimentos,* Campinas, v. 31, n. 2, p. 249-260, 1997.

4
POLI-HIDROCARBONETOS

Todas as espécies vegetais sintetizam poliprenóis, que são compostos oligoméricos isoprenoides, com massas molares entre 400 e 1.000, os quais participam frequentemente de rotas metabólicas em plantas. Esses compostos estão envolvidos na síntese de açúcares em todos os organismos vivos.

No Brasil, sete grandes famílias botânicas englobam a maior parte das plantas produtoras de látex, incluindo árvores grandes, arbustos, trepadeiras e ervas: **Euforbiáceas, Apocináceas, Moráceas, Clusiáceas** (antes denominadas Gutíferas), **Asteráceas** (antes denominadas Compostas), **Sapotáceas** e **Asclepiadáceas**. O Quadro 4.1 apresenta uma relação das principais espécies botânicas produtoras de poli-isopreno.

O hidrocarboneto básico em todos os polímeros de origem vegetal é o **isopreno**. Dele derivam o *cis*-poli-isopreno, que é a borracha natural, o *trans*-poli-isopreno, que corresponde à resina de guta-percha, apresentados na Figura 4.1, e ainda as resinas terpênicas.

Os dois poli-hidrocarbonetos acíclicos produzidos pela Natureza no reino vegetal são isômeros geométricos: *cis*- e *trans*-poli-isopreno, com massas molares elevadas. Esses polímeros e seus oligômeros existem nas plantas sob a forma de látex, que coagula por acidulação do meio, provocada por ação enzimática ou por adição de ácidos voláteis, geralmente acético ou fórmico. Diferentemente, os produtos terpênicos resultam da oligomerização de hidrocarbonetos alicíclicos, contendo ou não grupamentos funcionais oxigenados.

Em estudo sobre plantas lactescentes do Brasil, realizado no IMA-UFRJ[1], foram focalizados os poli-hidrocarbonetos dos látices das seguintes espécies: *Allamanda cathartica* (alamanda); *Synadenium grantii*; *Euphorbia tirucalli* (aveloz); e *Achras sapota* (sapoti). Foram utilizadas técnicas instrumentais de GPC, FTIR,

---

1 A sigla IMA-UFRJ corresponde a: Instituto de Macromoléculas Professora Eloisa Mano, da Universidade Federal do Rio de Janeiro.

NMR e DSC[2], tomando como padrão de *cis*-poli-isopreno o polímero obtido da *Hevea brasiliensis*, e do *trans*-poli-isopreno, o polímero da *Mimusops globosa*. Os resultados obtidos indicaram que ocorria sempre a forma *cis,* exceto na espécie *Achras sapota*, em que havia ambos os isômeros poli-isoprênicos, *cis-* e *trans-*, o que não é um fato comum.

O líquido leitoso extraído da planta, ao coagular, por acidulação natural ou provocada, forma um bloco de polímero, borrachoso – com estrutura *cis-* – ou plástico – com estrutura *trans-*. Se não houver formação de coágulo, apenas separação de fase sobrenadante de aspecto oleoso, a emulsão contém somente oligômeros, isto é, compostos de massa molar abaixo de 1.000.

As plantas produzem seletivamente um ou outro isômero polimérico e, algumas vezes, os dois polímeros misturados. Nesse caso, a separação dos componentes pode ser feita utilizando-se solventes orgânicos apropriados. Na produção da borracha de guaiúle, cerca de 30% da massa vegetal consiste de resina, que precisa ser removida para a utilização da borracha, *cis*-poli-isopreno.

A separação dos componentes *cis-* e *trans-* da mistura de polímeros, em geral, é feita a partir dos látices vegetais. Por exemplo, no sapoti, *Achras sapota*, extraem-se os dois polímeros com benzeno e depois se precipita o isômero *trans-*, mais insolúvel, sobre acetato de etila; então, procede-se à precipitação da borracha sobre acetona.

Foram levantadas diversas hipóteses para explicar a função desempenhada pelo poli-isopreno nas plantas. A sugestão mais antiga propõe que o poli-isopreno poderia servir para proteger as plantas do ataque de animais, porém não houve comprovação dessa hipótese. Entretanto, ainda é geralmente aceito que o poli-isopreno seja uma substância sem utilidade específica para a planta. Acredita-se que o pirofosfato de isopentila seja o precursor do poli-isopreno nos vegetais.

Bibliografia recomendada

VIDAL, W. N.; VIDAL, M. R. R. *Taxonomia vegetal*. Viçosa: Imprensa Universitária, Universidade Federal de Viçosa, 1985.

SANTOS, J. M. P. *Determinação da microestrutura de poli-isopre-*

---

2 As siglas correspondem a: GPC – Cromatografia de Permeação em Gel (*Gel Permeation Chromatography*); FTIR – Espectrometria no Infravermelho com Transformada de Fourier (*Fourier Transform Infrared Spectrometry*); NMR – Ressonância Magnética Nuclear (*Nuclear Magnetic Resonance*);DSC – Calorimetria Diferencial de Varredura (*Differential Scanning Calorimetry*).

nos de látices naturais. 1988. Tese (Mestrado) – Instituto de Macromoléculas Professora Eloisa Mano da Universidade Federal do Rio de Janeiro, Rio de Janeiro, 1988. Orientadores: E. B. Mano e E. E. C. Monteiro.

	Quadro 4.1– Espécies botânicas produtoras de poli-isopreno				
N°	Família	Gênero	Espécie	Nome vulgar	Área Geográfica
1	*Anacardiaceae*	*Melanorrhea*	*laccifera*	-	Camboja
2	*Apocynaceae*	*Allamanda*	*cathartica*	Orélia	Brasil
		Allamanda	*schottii*	Alamanda-de-flor-pequena	Brasil
		Alstonia	*scholaris*	Jelutong	Java, Malásia
		Ambelania	*glandifora*	Molongó	Brasil
		Aspidosperma	*australe*	Guatambu	Brasil
		Aspidosperma	*camporum*	Pequiá	Brasil
		Aspidosperma	*pyricollum*	Peroba-vermelha	Brasil
		Carpodinus	*chylorrhiza*	-	Angola
		Catharanthus	*roseus*	Boa-tarde	Brasil
		Clitandra	*elastica*	Kasai black, Jawe	África
		Condylocarpon	*Isthmicium*	Cipó-de-leite	Brasil
		Couma	*guatemalensis*	-	Brasil
		Couma	*guianensis*	Sorveira, Sorvinha	Amazônia
		Couma	*rígida*	Mucugê	Brasil
		Couma	*utilis*	Sorveira	Brasil
		Dyera	*costulata*	Jelutong	Ásia
		Forsteronia	*leptocarpa*	Cipó-de-leite	Brasil
		Forsteronia	*thyrsoides*	Cipó-de-leite	Brasil
		Funtumia	*elastica*	-	África
		Hancornia	*speciosa*	Mangabeira ou Mangaba	Brasil, Paraguai

Quadro 4.1– Espécies botânicas produtoras de poli-isopreno (*continuação*)

N°	Família	Gênero	Espécie	Nome vulgar	Área Geográfica
2	*Apocynaceae*	*Lacmellea*	*pauciflora*	Chamarrão	Brasil
		Landolphia	*owariensis*	-	África
		Macoubea	*guianensis*	Piquiá	Brasil
		Macrosiphonia	*longiflora*	Flor-de-babado	Brasil
		Macrosiphonia	*petrea*	Flor-de-babado	Brasil
		Macrosiphonia	*velame*	Flor-de-babado	Brasil
		Macrosiphonia	*virescens*	Flor-de-babado	Brasil
		Mascarenhasia	*elastica*	Magoa	Quênia, Moçambique
		Mandevila	*erecta*	Jalapa-do-campo	Brasil
		Mandevila	*velutina*	Jalapa-do-campo	Brasil
		Nerium	*oleander*	Espirradeira	Brasil
		Peschiera	*australis*	Leiteira-dois-irmãos	Brasil
		Peschiera	*fuchsiiflora*	Leiteiro	Brasil
		Peschiera	*peltastes*	Cipó-bênção	Brasil
		Plumeria	*alba*	Pau-de-leite	Brasil
		Plumeria	*rubra*	Jasmim-manga	Brasil
		Prestonia	*coalita*	Cipó-de-paina	Brasil
		Rauwolfia	*sellowii*	Jasmim-grande	Brasil
		Rhabdadenia	*pohlii*	Jalapa-do-brejo	Brasil
		Temnadenia	*stelaris*	Cipó-de-leite	Brasil
		Thevetia	*ahouai*	Cascaveleira	Brasil
		Thevetia	*amazonica*	Mama-de-cachorra	Brasil
		Thevetia	*peruviana*	Chapéu-de-napoleão	Brasil
		Trachelospermum	*jasminoides*	Jasmim	Brasil
		Urceola	*elastica*	-	Ásia

N°	Família	Gênero	Espécie	Nome vulgar	Área Geográfica
		Dieffenbachia	*picta*	Aningapara	Brasil
3	*Araceae*	*Dieffenbachia*	*seguine*	Aningapara	Brasil
		Montricardia	*linifera*	Aningaçu	Brasil
		Philodendron	*speciosum*	Aninga	Brasil
		Asclepias	*curassavica*	Cega-olho	Brasil
		Asclepias	*mellodora*	Cega-olho	Brasil
		Asclepias	*syriaca*	Milkweed	América do Norte
		Calotropis	*procera*	Queimadeira	Brasil
		Cryptostegia	*grandiflora*	-	Madagascar
		Ditassa	*banksii*	Cipó-de-leite	Brasil
		Ditassa	*megapotamica*	Cipó-de-leite	Brasil
		Ditassa	*taxifolia*	Leiteira-brava	Brasil
4	*Asclepiadaceae*	*Funastrum*	*clausum*	Leiteirinho	Brasil
		Gomphocarpus	*fruticosus*	Paina-de-seda	Brasil
		Gonolobus	*rostratus*	Paineira-de-leite	Brasil
		Oxipetalum	*alpinum*	Cipó-de-leite	Brasil
		Oxipetalum	*arachnoideum*	Cipó-de-leite	Brasil
		Oxipetalum	*balansae*	Cipó-de-leite	Brasil
		Oxipetalum	*erianthum*	Cipó-de-leite	Brasil
		Oxipetalum	*pannosum*	Cipó-de-leite	Brasil
		Oxipetalum	*tomentosum*	Cipó-de-leite	Brasil
		Schubertia	*multiflora*	Mata-cão	Brasil
5	*Campanulaceae*	*Lobelia*	*exaltata*	Arrebenta-cavalos	Brasil
		Carica	*microcarpa*	Mamoeiro-de-fruto-pequeno	Brasil
		Carica	*papaya*	Mamoeiro	Brasil
6	*Caricaceae*	*Carica*	*quercifolia*	Umbuzeiro	Brasil
		Jacaratia	*heptaphylla*	Jaracati	Brasil
		Jacaratia	*spinosa*	Barrigudo	Brasil

Quadro 4.1– Espécies botânicas produtoras de poli-isopreno (*continuação*)

N°	Família	Gênero	Espécie	Nome vulgar	Área Geográfica
		Cichorium	*intibus*	Almeirão	Brasil
		Clusia	*fragans*	Magnólia-do-mato	Brasil
		Colliguaja	*brasiliensis*	Ibiracambi	Brasil
		Ipomoema	*operculata*	Batata-de-purga	Brasil
		Ipomoema	*stolonifera*	Campainha-branca	Brasil
7	*Clusiaceae*	*Kielmeieira*	*coryacea*	Saco-de-boi	Brasil
		Lactuca	*sativa*	Alface	Brasil
		Parthenium	*argentatum*	Guaiúle	Estados Unidos
		Sonchus	*asper*	Serralha-espinhenta	Brasil
		Sonchus	*oleraceus*	Serralha-lisa	Brasil
		Taraxacum	*officinale*	Dente-de-leão	Brasil
		Ipomoema	*batatae*	Batata-doce	Brasil
8	*Convolvulaceae*	*Ipomoema*	*glaziovi*	Flor-de-madeira	Brasil
		Ipomoema	*jalapa*	Jalapa-verdadeira	Brasil
		Cnidosculus	*quinquelobus*	Cansanção de leite	Brasil
		Euphorbia	*cotinifolia*	Maleiteira	Brasil
		Euphorbia	*heterophylla*	Leiteira	Brasil
		Euphorbia	*hirtella*	Folha-de-leite	Brasil
9	*Euphorbiaceae*	*Euphorbia*	*hyssopifolia*	Erva-andorinha	Brasil
		Euphorbia	*intisy*	–	Madagascar
		Euphorbia	*milli*	Dois-irmãos	Brasil
		Euphorbia	*papilosa*	Maleiteira	Brasil
		Euphorbia	*serpens*	Erva-de-cobre	Brasil
		Euphorbia	*tirucalli*	Aveloz	Brasil

Quadro 4.1– Espécies botânicas produtoras de poli-isopreno (*continuação*)

Nº	Família	Gênero	Espécie	Nome vulgar	Área Geográfica
		Hevea	*benthamiana*	Seringachicote	Amazônia
		Hevea	*brasiliensis*	Seringueira	Brasil
		Hevea	*camporum*	Seringueira	Amazônia
		Hevea	*guianensis*	Seringa-itaúba	Amazônia
		Hevea	*lutea*	Seringueira	Amazônia
		Hevea	*microphylla*	–	Amazônia
		Hevea	*nítida*	Seringueira	Amazônia
		Hevea	*paludosa*	Seringueira	Amazônia
		Hevea	*pauciflora*	Seringa-da-caatinga	Amazônia
		Hevea	*rigidifolia*	Seringueira	Amazônia
		Hevea	*spruceana*	Seringa-barri-guda	Amazônia
		Hura	*crepitrans*	Açacu	Brasil
9	*Euphorbiaceae*	*Jatrofa*	*aconitifolia*	Chilte	México
		Jatrofa	*curcas*	Manduri-graça	Brasil
		Jatrofa	*multifida*	Flor-de-coral	Brasil
		Manihot	*dichotoma*	Maniçoba-jequié	Brasil
		Manihot	*esculenta*	Mandioca	Brasil
		Manihot	*glaziovii*	Maniçoba-do-ceará	Brasil
		Manihot	*heptaphyla*	Maniçoba-do-são-francisco	Brasil
		Manihot	*pentaphylla*	Mandioca-brava	Brasil
		Manihot	*piauhyensis*	Maniçoba-do-remanso	Brasil
		Manihot	*rotundata*	Maniçoba	Brasil
		Manihot	*toledi*	Maniçoba-vila-nova	Brasil
		Manihot	*trifoliata*	Maniçoba	Brasil

Quadro 4.1– Espécies botânicas produtoras de poli-isopreno (*continuação*)

N°	Família	Gênero	Espécie	Nome vulgar	Área Geográfica
		Manihot	*tripartita*	Mandioca-brava	Brasil
		Micranda	*minor*	–	Brasil
		Ophtalmoblapton	*crassipes*	Canchim	Brasil
		Pachistroma	*longifolium*	Mata-olho	Brasil
		Poinsetia	*pulcherrima*	Flor-de-sangue	Brasil
		Sapium	*argutum*	Leiteira	Brasil
		Sapium	*aucuparium*	Murupita	Brasil
		Sapium	*biglandulosum*	Murupita, Curupita	Brasil
		Sapium	*haematospermum*	Fruta-de-cachorro	Brasil
		Sapium	*intercedens*	Leiteira	Brasil
		Sapium	*jenmani*	Caucho-rosado	
		Sapium	*lanceolatum*	Erva-de-flecha	Brasil
9	*Euphorbiaceae*	*Sapium*	*leptadenium*	Leiteira	Brasil
		Sapium	*longifolium*	Leiteira	Brasil
		Sapium	*longipes*	Leiteira	Brasil
		Sapium	*marginatum*	Leiteira	Brasil
		Sapium	*marmieri*	–	Brasil
		Sapium	*montevidensis*	Leiteira	Brasil
		Sapium	*obovatum*	Leiteira	Brasil
		Sapium	*ocidentale*	Leiteira	Brasil
		Sapium	*petiolare*	Leiteira	Brasil
		Sapium	*prunifolium*	Borracha-de-murupita	Brasil
		Sapium	*selowwianium*	Leiteira	Brasil
		Sapium	*sublaceolatum*	Leiteira	Brasil
		Sapium	*taburu*	Taburu	Brasil, Peru
		Sapium	*tijucense*	Leiteira	Brasil

Quadro 4.1– Espécies botânicas produtoras de poli-isopreno (*continuação*)

N°	Família	Gênero	Espécie	Nome vulgar	Área Geográfica
		Sapium	*triste*	Leiteira	Brasil
9	*Euphorbiaceae*	*Sapium*	*verum*	Murupita	Brasil
		Synadenium	*grantii*	–	Brasil
		Phthirusa	*sp*	Erva-de-passarinho	Brasil
10	*Lorantaceae*	*Struthantus*	*concinus*	Erva-de-passarinho	Brasil
		Struthantus	*marginatus*	Erva-de-passarinho	Brasil
		Struthantus	*vulgaris*	Erva-de-passarinho	Brasil
11	*Mimosaceae*	*Mimosa*	*obovata*	Jurema	Brasil
		Artocarpus	*atilia*	Fruta-pão	Brasil
		Artocarpus	*integrifolia*	Jaca	Brasil
		Brosimum	*utile*	Sorva	Brasil
		Castilloa	*elastica*	Caucho	México, Brasil
		Castilloa	*ulei*	Caucho	Amazonas
		Dorstenia	*arifolia*	Cayapi-preto	Brasil
		Dorstenia	*brasiliensis*	Liga-osso	Brasil
		Dorstenia	*cayapi*	*Caiapia*	Brasil
12	*Moraceae*	*Fícus*	*aspera*	Figueira-da-polinésia	Brasil
		Fícus	*benjamina*	Fícus	Índia
		Fícus	*calytroceras*	Figueira	Brasil
		Fícus	*carica*	Figueira-comum	Brasil
		Fícus	*elastica*	Figueira-da-índia	Ásia, Índia
		Fícus	*hirsuta*	Figueira-mata-pau	Brasil
		Fícus	*insipida*	Coajinguba	Brasil
		Fícus	*luschanathiana*	Figueira	Brasil

Quadro 4.1– Espécies botânicas produtoras de poli-isopreno (*continuação*)

N°	Família	Gênero	Espécie	Nome vulgar	Área Geográfica
		Fícus	*maxima*	Figueira-brava	Brasil
		Fícus	*nymphaeifolia*	Apuí	Brasil
		Fícus	*organensis*	Figueira-branca	Brasil
		Fícus	*pertusa*	Figueira-grande	Brasil
		Fícus	*pulchella*	Figueira-branca	Brasil
		Fícus	*pumila*	Falsa-hera	Brasil
		Fícus	*religiosa*	Figueira-religiosa	Brasil
		Fícus	*retusa*	Fícus	Índia
		Fícus	*salzmaniana*	Figueira-baiana	Brasil
12	*Moraceae*	*Fícus*	*tomentella*	Figueira-do-mato	Brasil
		Fícus	*trigona*	Apuí	Brasil
		Maquira	*calophylla*	Cauchorana	Brasil
		Maquira	*coriacea*	Muiratinga	Brasil
		Maquira	*sclerophylla*	Muiratinga-de-terra-firme	Brasil
		Naucleopsis	*caloneura*	Muiratinga-verda-deira	Brasil
		Perebea	*guyanensis*	Cauchorana	Brasil
		Perebea	*mollis*	Cauchorana	Brasil
		Sorocea	*hilarii*	Soroca	Brasil
13	*Papaveraceae*	*Papaver*	*rhoeas*	Borboleta	Brasil
		Papaver	*somniferum*	Papoula	Brasil
14	*Sapindaceae*	*Paulinia*	*rubiginosa*	Ingá-de-cobra	Brasil
15	*Sapotaceae*	*Achras*	*sapota*	Sapoti, Chicle	Brasil, México, Índia
		Chrysophyllum	*eximium*	Maçaranduba	Amazônia
		Chrysophyllum	*gonocarpum*	Aguaí	Brasil
		Chrysophyllum	*sanguinoletnum*	Abiurana	Brasil
		Chrysophyllum	*venezuelanense*	Guajar	Brasil

Quadro 4.1– Espécies botânicas produtoras de poli-isopreno (*continuação*)

Quadro 4.1– Espécies botânicas produtoras de poli-isopreno (*continuação*)					
N°	Família	Gênero	Espécie	Nome vulgar	Área Geográfica
15	*Sapotaceae*	*Ecclinusa*	*balata*	Abiurana	Amazônia
		Ecclinusa	*cyrtobotryum*	Balata-rosada	Amazônia
		Ecclinusa	*ramiflora*	Leiteira-do-mato	
		Lucuma	*gutta*	Abiurana, Abiurana-guta	Amazônia
		Manilkara	*bidentata*	Balata	Trinidad
		Manilkara	*elata*	Maçaranduba	Amazônia
		Manilkara	*excelsa*	Maçaranduba	Brasil
		Manilkara	*huberi*	Maçaranduba-verdadeira	Brasil
		Manilkara	*longifolia*	Aapaju	Brasil
		Manilkara	*paraensis*	Marapajuba	Brasil
		Manilkara	*rufula*	Maçaranduba-do-ceará	Brasil
		Manilkara	*salzmannii*	Marapajuba	Brasil
		Manilkara	*sapota*	Sapoti	Brasil
		Manilkara	*subsericea*	Maçaranduba-de-praia	Brasil
		Manilkara	*surinamensis*	–	Amazônia
		Palaquium	*gutta*	Guta-percha	Malásia, Filipinas
		Pouteria	*caimito*	Maçaranduba-de-praia	Brasil
		Pouteria	*procera*	Aprau	Brasil
		Pouteria	*ramiflora*	Leitosa	Brasil
		Pouteria	*torta*	Curiola	Brasil
		Sideroxylon	*resinorefum*	Balata-rosada	Brasil

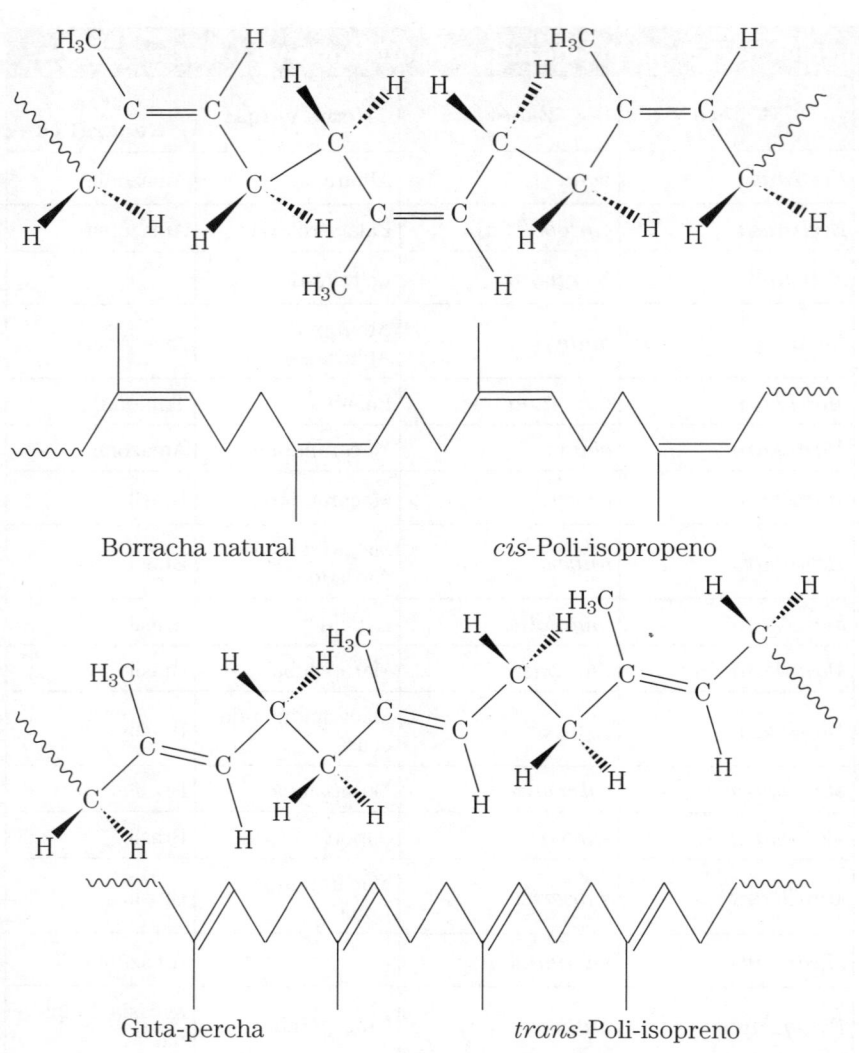

Figura 4.1
Estrutura química dos poli-isoprenos naturais.

Borracha natural

cis-Poli-isopropeno

Guta-percha

trans-Poli-isopreno

4.1 Materiais

Os principais materiais poliméricos do tipo hidrocarboneto encontrados na Natureza são as borrachas de seringueira, de maniçoba, de mangabeira, de guaiúle, de caucho e de liana. Além desses, ainda são relevantes a guta-percha, a balata e a sorva, de caráter plástico, bem como as resinas terpênicas e seu representante fóssil, o âmbar.

O látex extraído da seringueira contém cerca de 30% de sólidos. Destes, 95% são *cis*-poli-isopreno e o restante, mistura de resinas, açúcares, proteínas e cinza. Para sua aplicação industrial, o látex natural é concentrado a cerca de 60% de sólidos por diferentes técnicas, como cremagem, evaporação etc.

A forma de extração da borracha é basicamente a mesma, tanto na floresta, onde as árvores são nativas e espalhadas, quanto nas plantações, onde são cultivados clones especiais, de maior produtividade e maior resistência ao ataque das pragas, plantados em disposição geométrica regular. O tronco da seringueira é cortado com uma faca apropriada, em sulcos paralelos e inclinados em ângulo de 45°, que conduzem o látex a um sulco vertical. Na base desse sulco é fixada uma calha, para reunir o material que escorre e conduzi-lo a uma cuia, presa com arame ao tronco da árvore.

O látex, colhido na cuia, é filtrado, diluído com água e coagulado com uma substância ácida. O coágulo é passado entre placas para ser convertido em uma manta e posto a secar ao ar, ou defumado, antes de sofrer as transformações que o farão tornar-se um produto industrializado.

A cremagem é feita na Amazônia empregando produtos da própria região, como o jutaí, jataí ou jatobá, planta da família das Leguminosas, espécie botânica *Hymenaea courbaril*, que tem como sementes, dentro das favas, dois ou três caroços envolvidos por um pó branco de polissacarídeos. A semente moída contém hemiceluloses e galactoarabanas, que se dissolvem na água, formando um gel fluido que provoca a separação do látex em uma camada mais rica, sobrenadante, contendo 60-65% de hidrocarbonetos, e um soro, na camada inferior, contendo açúcares, proteínas e outros componentes não isoprênicos do látex. Com isto, o látex natural se torna mais concentrado, partindo dos 30% iniciais ao dobro dessa concentração, reduzindo o volume e o custo do transporte. Industrialmente, a evaporação é feita a vácuo, em usinas.

Para preservar o látex, evitando sua coagulação – por efeito dos ácidos, produzidos pela fermentação dos açúcares contidos na emulsão natural – é adicionada amônia, ou hidróxido de potássio, ou pentaclorofenóxido de sódio ao produto coletado. Após algumas horas, a produção de cada seringueira é transferida para um balde e transportada para as centrais, onde os látices são reunidos e tratados. Nas plantações, a coleta do látex das tigelas é facilitada pelo transporte com veículos motorizados. A coagulação controlada do látex é feita com ácido fórmico ou ácido acético diluídos.

A coagulação tradicional, realizada pelos nativos, era feita expondo as camadas de látex à fumaça resultante da queima de cavacos, sementes, casca de árvores etc. A bola defumada, ou péla, era preparada por superposição de camadas de látex à massa inicial, colocada sobre a pá de um remo de canoa, disposto horizontalmente, apoiado em uma forquilha sobre uma fogueira; o processo era acompanhado de lento movimento de rotação do remo. Esse procedimento está atualmente abandonado quase por completo, diante dos problemas causados aos olhos dos seringueiros.

As Figuras 4.2, 4.3, 4.4, 4.5 e 4.6 mostram aspectos da coleta de látex, tanto nativo, na Amazônia, quanto de plantações. A Figura 4.2 mostra um seringal nativo, com um seringueiro carregando seu material de trabalho, e na Figura 4.3 vê-se a árvore sendo cortada, em plena floresta. Na Figura 4.4 pode-se observar o látex fluindo da seringueira e recolhido em uma tijelinha. A Figura 4.5 dá uma boa ideia do aspecto de um seringal cultivado, no Estado de São Paulo. A Figura 4.6 apresenta um seringueiro sangrando a árvore na plantação. O ambiente ensombrado da área cultivada é tranquilo e agradável, sob um dossel de folhagens e o chão coberto de folhas secas e cascas das favas nas quais se alojam as sementes de seringueira. Não se ouve o pio de aves ou o zumbido de insetos; o silêncio só é quebrado, de tempos em tempos, pelo ruído da queda das sementes sobre o solo. Essas sementes são recolhidas e utilizadas na plantação de árvores novas, sobre as quais serão inseridos os clones especiais, selecionados para o plantio das futuras plantações de seringueira.

Praticamente metade da produção de borracha natural no mundo na última década, foi consumida em pneumáticos, e o restante, em artefatos.

As borrachas de maniçoba e mangabeira são consideradas **borrachas fracas**, não competindo com a borracha de seringueira, pois têm alto teor de resinas. A borracha de guaiúle apresenta dificuldades com a extração, que destrói as fontes botânicas–arbustos que precisam ser fragmentados para a extração do látex–antes da remoção da resina e depois, da borracha.

O material colhido das fontes vegetais contendo *trans*-poli-isopreno – isto é, guta-percha, balata e sorva – não é borrachoso, nem elástico. É resinoso, macio, e possui boas características de moldagem, próprias para fins odontológicos. Dentre as resinas terpênicas, alguns materiais são utilizados em composições adesivas.

A borracha natural pode ser modificada quimicamente, por ciclização (**borracha ciclizada**), cloração (**borracha clorada**), hidrocloração (**borracha hidroclorada**), isomerização (**borracha isomerizada**), epoxidação (**borracha epoxidada**) etc. É uma possibilidade de aplicação em substituição a polímeros sintéticos, que causam poluição do meio ambiente.

Bibliografia recomendada

MANO E. B., MENDES L. C. *Introdução a polímeros*. São Paulo: Editora Edgard Blücher, 1999.

MANO E. B., MENDES L. C. *Identificação de plásticos, borrachas e fibras*. São Paulo: Editora Edgard Blücher, 2000.

Figura 4.2
Seringal nativo na Amazônia.

Figura 4.3
Seringueiro sangrando a árvore na floresta amazônica.

Figura 4.4
O látex de seringueira sendo recolhido na tijelinha, na floresta.

Figura 4.5
Seringal cultivado
em plantação, em
São Paulo.

Figura 4.6
Seringueiro
sangrando a árvore
em plantação, em
São Paulo.

4.1.1 Borracha de seringueira

Regina Célia Reis Nunes
Professora do IMA – UFRJ

Os europeus tomaram conhecimento da borracha natural a partir da segunda viagem de Cristóvão Colombo à América – àquela época conhecida como Índias Ocidentais – no período de 1493 a 1496. Outros exploradores do Novo Mundo encontraram peças emborrachadas nas Américas Central e do Sul, mas a fonte desse produto permaneceu completamente desconhecida por um longo tempo. Em 1615, foi publicado um livro que dizia que os nativos obtinham o produto de uma árvore e os utilizavam como bolas em seus jogos.

Em 1736, Charles Marie de la Condamine, explorador francês das terras equatoriais, enviou vários rolos de borracha crua para a França, com uma descrição dos produtos fabricados pelos nativos, entre eles um objeto que parecia uma seringa. Os portugueses chamaram a árvore da borracha de "pau de xiringa"; daí a origem do nome de seringueiros pelo qual, posteriormente, os extratores de látex passaram a ser chamados.

É interessante observar que a palavra borracha não guarda qualquer semelhança com as denominações correspondentes em outros idiomas: em Francês, é caoutchouc, proveniente da palavra indígena *cahutchu*; em Espanhol, é caucho; em Inglês, é rubber, derivada de "Índia rubber" e do verbo "to rub", que significa friccionar, pois o produto era usado como apagador de lápis; em Italiano, é gomma, e em Alemão, é Gummi, nomes relacionados às gomas vegetais, que se assemelhavam ao coágulo do látex de borracha natural.

A palavra borracha provém do português; era o nome dado ao odre de couro usado àquela época para o transporte de vinho ou água, o qual passou depois a ser feito com látex de borracha. Por extensão, esse termo começou a ser usado para designar também o material contido no látex, isto é, o *cis*-poli-isopreno, e daí passou a designar ainda todos os materiais semelhantes à borracha natural. O termo elastômero, com igual significado, surgiu muito depois.

No Brasil, sete grandes famílias botânicas englobam a maior parte das plantas produtoras de látex, incluindo árvores grandes, arbustos, trepadeiras e ervas: Euforbiáceas, Apocináceas, Moráceas, Gutíferas, Compostas, Sapotáceas e Asclepiadáceas. Também em cogumelos foi relatada a presença de látex.

A borracha natural é encontrada em numerosas espécies botânicas, espalhadas pelo mundo (Quadro 4.1, já apresentado). Entretanto, a única espécie que produz borracha de alta qualidade e em condições econômicas é a seringueira, *Hevea brasiliensis*, uma árvore de grande porte, da família das Euforbiáceas, nativa da Amazônia. Dessa espécie provém quase toda a borracha natural consumida no planeta, produzida nas plantações do Sudeste Asiático, especialmente Malásia, Tailândia, Indonésia e Ceilão (Figura 4.7).

O gênero *Hevea* é nativo da Amazônia e ocupa a vasta área que se estende do Atlântico aos contrafortes dos Andes, e da Venezuela ao Planalto Central brasileiro. Essa área se confunde com o contorno da floresta amazônica. Esse gênero abrange 11 espécies: *H. brasiliensis, H. benthamiana, H. guianensis, H. pauciflora, H. nitida, H. rigidifolia, H. microphylla, H. spruceana* e mais três outras, menos comuns. É uma árvore de 30 m de altura e 2,5 m de circunferência, com densa folhagem, renovada uma vez por ano, no período da chuva. A planta é encontrada no delta do rio Amazonas, nas regiões não expostas às inundações.

Até o início do século XX, o Brasil tinha o monopólio do produto obtido do tronco das árvores de *Hevea*, encontradas na floresta amazônica. A borracha crua apresentava algumas características desagradáveis: não eram conhecidos solventes, o material tinha odor forte e era pegajoso, e a sua dureza variava com a temperatura, sendo elevada quando o clima estava frio e baixa quando estava quente.

Figura 4.7
Borracha natural de *Hevea brasiliensis* no mundo.

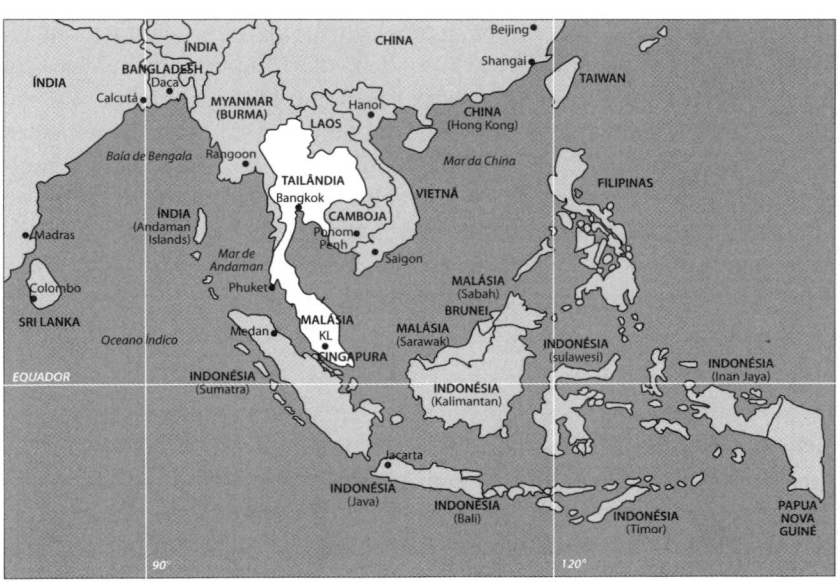

Fonte: THAILAND MAPS. Disponível em: <http://www.thailand-maps.com/southeast-asia-map.htm>. Acesso em: abr. 2012.

Os britânicos, que dominavam um vasto império e tinham ¼ da população mundial, procuravam um meio de quebrar o monopólio brasileiro. Recomendaram a criação de plantações na Ásia tropical, com sementes levadas do Brasil. Entretanto, como as sementes de borracha têm uma vida muito curta, diversas tentativas de obter sementes germinadas na Inglaterra foram malsucedidas. Finalmente, em 1876, Henry Wickham, um aventureiro inglês, levou 70.000 sementes de hévea para o Kew Garden, em Londres. Dessas, 2.400 sementes germinaram, das quais 1.900 foram levadas para o Ceilão, atual Sri Lanka, e as restantes, para jardins botânicos de Singapura. Daí foram transferidas mudas para Malásia, Sumatra e Java.

O sucesso das plantações na Ásia não foi rápido. Até 1910, a produção de borracha asiática era praticamente zero. As plantações no Brasil não foram bem-sucedidas, em razão do sério dano causado pela doença das folhas, provocada por fungos do gênero Mycrocyclus, que praticamente acabou com as tentativas de plantação na Amazônia. A propagação das pragas, que impediu o sucesso das plantações de seringueira no Brasil, não ocorreu nas plantações asiáticas, porque na mata amazônica, as árvores cresciam isoladas, enquanto, nas plantações, as folhagens se encontravam, dando continuidade e permitindo a rápida propagação das pragas nativas, com a consequente devastação das plantações. Na Ásia, como não havia os fungos da região nativa; as plantações foram bem-sucedidas e se expandiram progressivamente.

A borracha de hévea representa cerca de 1/3 da borracha total consumida no mundo. O Brasil, que já foi o maior produtor mundial no começo do século XX, contribui agora com apenas 1% dessa produção. Todas as plantas produtoras de látex de zonas temperadas ou frias têm a característica de apresentar baixo percentual de borracha. Mesmo nos trópicos e subtrópicos, somente um pequeno número das espécies que contêm látex produz quantidade apreciável de borracha. Em muitos casos, o hidrocarboneto de borracha do látex está misturado com outros materiais, especialmente resinas, de modo que a borracha obtida somente pode ser utilizada para fins menos nobres ou precisa ser submetida a um tratamento preliminar, o que prejudica a viabilidade econômica.

O exame microscópico de sistemas latíferos de diversas plantas revelou que o látex pode ocorrer tanto em células quanto em tubos e vasos. As células diferem muito pouco em tamanho e forma das células de outros tecidos da planta na qual o látex está distribuído. Como não existe conexão entre células individuais, o látex somente pode fluir se tais células forem realmente abertas por uma operação de corte. Assim, nesses casos, o látex não pode ser extraído por sangramento, como na seringueira.

No caso de tubos latíferos, que ocorrem no caucho e nas lianas, um sistema contínuo tubular corre por todo o corpo da planta; entretanto, os tubos não são articulados. Só é possível obter grande quantidade de látex dos tubos se a planta for realmente cortada.

As partículas de látex são esféricas e variam em tamanho, entre 0,1 µm e 2 µm; estão envolvidas por uma membrana. O coágulo obtido do látex contém cerca de 6% de produtos não borrachosos, como proteínas, lipídeos e carboidratos. As partículas encontram-se tanto em canais laticíferos (por exemplo, na Hevea brasilensis e no Fícus elastica, da família das Euforbiáceas), quanto sob a forma de nódulos, no tecido lenhoso dos caules e raízes (por exemplo, no Partenum argentatum, da família das Asteráceas). Na seringueira, os vasos laticíferos estão localizados nas partes mais tenras, ou seja, nas folhas, nas flores, nas sementes e na periferia das raízes e dos caules; desses últimos, o látex é extraído por sangria. No caso de o látex ocorrer em nódulos, para a extração da borracha é necessária a destruição da planta.

A borracha é um material único e considerado de importância estratégica, especialmente no transporte de pessoas, matérias-primas, produtos acabados, alimentos etc. Tem características próprias, daí sua grande importância. Quando a borracha é estirada até atingir a ruptura, o material se deforma e esquenta, isto é, libera calor. Ao cessar a ação da força, a borracha retorna à situação inicial e esfria, isto é, retira do ambiente o calor cedido. Esse comportamento singular da borracha, diferente do que é observado com outros materiais, é explicado pela ocorrência de dois efeitos simultâneos: o efeito Joule e o efeito histerese.

O efeito Joule, entrópico, é a mudança da condição desordenada das moléculas da borracha, em virtude das vibrações térmicas, para a condição de ordem parcial, em que a energia dessas vibrações escapa sob a forma de calor.

O efeito histerese, friccional, é a perda de energia mecânica sob a forma de calor, em decorrência do atrito entre as moléculas ao serem estiradas e depois retraídas, de tal modo que o caminho percorrido na ida é diferente do caminho percorrido na volta: é a perda por histerese.

A baixa durabilidade dos artigos manufaturados com borracha (travesseiros, almofadas, colchões, foles, mangueiras, tubos, sapatos, embalagens e elásticos) era um problema que só ficou resolvido quando Charles Goodyear, em 1839, fazendo pesquisas sobre misturas de borracha com várias substâncias, descobriu que o aquecimento da borracha com enxofre a temperaturas elevadas conferia ao produto uma alta resistência mecânica. Em 1844, ele patenteou o processo, que chamou de vulcanização, em homenagem a Vulcano, deus do fogo da mitologia romana.

Após a descoberta da vulcanização, o interesse industrial pela borracha aumentou consideravelmente. O custo elevado do produto e os problemas políticos e sociais, ocorridos nos países fornecedores, levou os ingleses a tentarem o plantio das árvores de borracha em territórios coloniais que apresentassem clima semelhante ao dos países de origem daquelas espécies vegetais.

Embora já sejam conhecidas mais de 30.000 utilizações diferentes para o látex, recentemente foi descoberto que a seiva da seringueira também tem propriedades curativas, colaborando na formação de tecido novo em seres humanos. Os pesquisadores descobriram que o látex é uma defesa da planta. Alguns relatos sobre um novo material, baseado em látex de borracha de *Hevea brasiliensis*, revelaram ser esse um importante indutor de cicatrização de feridas, com a regeneração da parede do esôfago de um cão e a regeneração da membrana do tímpano, por meio de mecanismos envolvendo um aumento marcante da vascularização.

A substância que estimula a cicatrização da planta também atua na cicatrização animal. O látex de borracha natural tem a capacidade de estimular o crescimento de vasos sanguíneos, isto é, a angiogênese, e de tecidos, chamada neoformação. Foram produzidos curativos, as biomembranas, para tratar de pacientes que sofriam de úlceras crônicas de diferentes origens, como diabetes e varizes, com excelentes resultados. Há um desenvolvimento muito grande de novos vasos sanguíneos na área da ferida e geração de tecido de granulação. Depois ocorre uma epitelização rápida, com a formação de pele e a cicatrização completa.

O látex natural da seringueira contém substâncias que podem ser usadas na confecção de próteses para recuperar vasos sanguíneos e apresenta vantagens em relação a outros substitutos até então adotados. O uso do látex no sistema arterial foi estudado por cirurgiões cardiovasculares em São Paulo. As artérias são tecidos de difícil substituição, com poucas alternativas de fontes doadoras no próprio organismo. Próteses sintéticas, o pericárdio bovino e vasos de cadáveres preservados congelados são os substitutos mais comumente adotados. Um diferencial da prótese extraída do látex é a capacidade de reproduzir a elasticidade das artérias, fator importante, sobretudo nas linhas de sutura. Esse material é também mais resistente a infecções e apresenta baixo custo.

Bibliografia recomendada

AIK-HWEE, E.; TANAKA, Y. Structure of natural rubber. *Trends in Polymer Science*, v. 3, p. 493-513, 1993.

HAGER, T. et al. Chemistry and structure of natural rubbers. Institute of Polymer Science, American Chemical Society, *Rubber Chemistry and Technology*, v. 52, n. 4, p. 693-707, set. 1979.

KLINGENSMITH, W.; RODGERS, B. *Natural rubber and recycled materials*. London: Taylor & Francis Group, 2004.

PUSKAS, J. E. et al. Natural rubber biosynthesis – A living cabocationic polymerization? *Progress in Polymer Science*, v. 31, p. 533-548, 2006.

REGINA, L.; FERNANDES, R. M. V. *Polímeros naturais*. Trabalho do curso MMP-861, abr. 1998.

Rubberpedia. Disponível em: <http://www.rubberpedia.com/borrachas/borracha-natural.php>. Acesso em: 2 dez. 2007.

SANTOS, J. M. P. *Determinação da microestrutura de poli-isoprenos de látices naturais*. 1988. Tese (Mestrado) – Instituto de Macromoléculas Professora Eloisa Mano da Universidade Federal do Rio de Janeiro, Rio de Janeiro, 1988. Orientadores: E. B. Mano e E. E. C. Monteiro.

4.1.2 Borracha de maniçoba

Maniçoba (do tupi, significa *folha de mandioca*)

Ainda na família das Euforbiáceas, à qual pertence a *Hevea brasiliensis*, existe o gênero *Manihot*, cuja espécie mais importante é a *M. glaziovii*, conhecida como **maniçoba**, encontrada no Nordeste do Brasil. É uma árvore de grande porte, com até 20 m de altura, que produz látex de 1,4-*cis*-poli-isopreno. As principais desvantagens da borracha produzida pela maniçoba são o alto teor de cinza e, em decorrência da presença de muita resina, a elevada deformação permanente dos produtos vulcanizados.

As maniçobas são espécies nativas bastante difundidas no Nordeste, aparecendo também na Região Centro-Oeste, até o Mato Grosso do Sul. Crescem em áreas abertas e se desenvolvem na maioria dos solos. É uma planta cianogênica; suas folhas e brotos contêm um glicosídeo que, por hidrólise, libera ácido cianídrico, venenoso.

Algumas espécies de maniçoba desfrutaram, historicamente, de um relacionamento maior com o homem rural, associação essa traduzida pela aplicação de nomes populares às plantas, especialmente três espécies: maniçoba-do-piauí (*M. caerulescens*), maniçoba-de-jequié (*M. dichotoma*) e maniçoba-do-ceará (*M. glaziovii*). Essas espécies representaram, por algumas décadas, um meio integral de vida ou ganho de renda suplementar para o nordestino, por meio da exploração do látex para a produção de borracha natural.

O início de participação das maniçobas na economia regional deu-se com a descoberta do látex dessas plantas e de sua utilização na indústria da borracha. Dezenas de milhares de famílias do Ceará, do Piauí, de Pernambuco e da Bahia tiveram sua subsistência diária custeada pela extração e pelo processamento do látex de maniçoba, aproximadamente, de 1845 a 1916, período do auge da cultura. A produção comercial sempre se baseou no extrativismo e ressurgiu durante a II Grande Guerra, quando o Brasil produziu pneus da borracha de maniçoba. Com o advento das plantações de seringueira no Sudeste asiático, processo iniciado à altura de 1880 e consolidado em 1910, o ciclo econômico da maniçoba principiava seu fim.

A espécie de maniçoba de maior dispersão geográfica é a *Manihot caerulescens,* uma pequena árvore de até 6 m de altura que ocorre no Brasil e no Paraguai. As plantas da caatinga, principalmente aquelas com potencial forrageiro, têm despertado o interesse dos pesquisadores, uma vez que, pela sua extensão e grande diversidade de espécies, a caatinga é a principal fonte de recurso alimentar para a maioria dos rebanhos da região semiárida nordestina. As plantas que produzem borracha são também árvores altas, contrastando com as espécies de *Manihot*, que produzem tubérculos ricos em amido, como a mandioca (*M. utilíssima*), as quais são do tipo arbusto.

O sistema radicular da maniçoba é bastante desenvolvido – formado por raízes tuberosas, nas quais acumula suas reservas – e proporciona à planta grande capacidade de resistência à seca, sendo uma das primeiras espécies da caatinga a desenvolver sua folhagem logo após o início do período chuvoso.

A maniçoba é uma planta que se apresenta com grande potencial para ser explorada no semiárido do Nordeste, pois apresenta mecanismos que garantem produzir eficientemente em áreas de caatinga. Essa planta apresenta, em sua composição química, teores de proteína bruta e minerais, entre outros nutrientes, que se assemelham a plantas tradicionalmente utilizadas na nutrição de ruminantes. Com relação às substancias tóxicas, essas podem ser reduzidas quando a planta é submetida à conservação, seja fenação ou ensilagem.

Tal como as demais plantas do gênero *Manihot*, a maniçoba apresenta em sua composição quantidades variáveis de glicosídeos cianogênicos intracelulares (linamarina e lotaustralina) que, ao se hidrolisarem mediante a ação da enzima linamarinase, dão origem ao ácido cianídrico (HCN), que é um gás tóxico e pode levar os animais à morte, dependendo da quantidade consumida.

Quando a planta sofre algum dano mecânico ou fisiológico e a estrutura celular é rompida, os glicosídeos intracelulares se tornam expostos à enzima extracelular, produzindo glicose e acetona-cianidrina. Esta, sob a ação de enzimas, produz acetona e HCN. A reação pode ocorrer espontaneamente quando o pH, ácido, é superior a 4 e a temperatura está acima de 30 °C; a hidrólise pode acontecer por atividade microbiana no rúmen, isto é, na primeira cavidade do estômago duplo dos ruminantes. O ácido cianídrico, entretanto, se volatiliza facilmente. Quando a planta é triturada, espalhada e revirada, e submetida a secagem ao sol, se reduz muito o nível de HCN. Nessas condições, o material desidratado pode ser utilizado na alimentação dos animais.

Em virtude do alto grau de palatabilidade, a maniçoba é bastante procurada pelos animais em pastejo, que sempre a consomem com avidez. Além disso, possui alto teor de proteína bruta (superior a 20%) e tem boa digestibilidade (superior a 60%). A maniçoba pode ser considerada uma forrageira de boa qualidade, quando comparada com outras forrageiras tropicais.

Bibliografia recomendada

Dspace. Disponível em: <http://dspace.c3sl.ufpr.br/dspace/bitstream/handle/1884/27820/D%20-%20QUEIROZ,%20TERESINHA%2DE%20JESUS%20MESQUITA.pdf?sequence=1>. Acesso em: nov. 2012.

4.1.3 Borracha de mangabeira

Mangaba (do indígena, significa "coisa boa de comer")

O *cis*-poli-isopreno pode ser obtido da mangabeira. A mangabeira pertence à família das Apocináceas e à espécie *Hancornia speciosa*; é mais conhecida pelo fruto de agradável sabor que produz, a mangaba, do que pela sua borracha, denominada borracha de mangabeira. Pela qualidade do seu látex, a mangabeira foi bastante explorada no período áureo da borracha; no entanto, o excelente desempenho da borracha de *Hevea brasiliensis* se impôs sobre todas as demais espécies botânicas laticíferas. A borracha extraída dessa árvore é denominada **borracha de mangabeira**.

A mangabeira é uma planta de clima tropical, nativa do Brasil e encontrada em várias regiões do País, desde os tabuleiros costeiros e baixadas litorâneas do Nordeste, onde é mais abundante, até os cerrados das regiões Centro-Oeste, Norte e Sudeste. É uma árvore perene, com galhos dispersos, de pequeno porte, variando entre 2 e 10 m de altura. Apresenta caule ereto e raiz pivotante profunda, circundada de raízes secundárias bem desenvolvidas. Seus caules e folhas possuem látex elástico em abundância. Além de fornecer borracha, a árvore produz frutos de excelente sabor; é ainda medicamentosa e ornamental. Tem relevante expressão socioeconômica para os pequenos produtores rurais paraibanos. Como fonte de borracha de 1,4-*cis*-poli--isopreno, a mangabeira produz látex de boa qualidade, porém borracha fraca, com alto teor de resina.

O potencial para o aproveitamento da mangabeira é bastante variado; entretanto, apenas os frutos apresentam um valor comercial significativo. É muito apreciado no Nordeste, em decorrência das excelentes características organolépticas e do elevado valor nutritivo que apresenta. Além do consumo *in natura*, o fruto é utilizado na fabricação de xarope, doces, compotas, vinho, vinagre, polpa, sucos, licores e sorvetes. Tem boa digestibilidade e apreciável valor nutritivo, com teor de proteína (1,3 a 3,0%) superior ao da maioria das frutas. Outras partes da planta são ainda utilizadas, na medicina popular. A casca, por exemplo, possui propriedades adstringentes e o látex é empregado contra a tuberculose, úlceras, herpes, dermatoses e verrugas. O chá da folha é usado para cólicas, e o decocto da raiz, para tratar luxações e hipertensão.

O látex da mangabeira possui elevada estabilidade química e permanece fluido por mais de um ano, porém sua estabilidade mecânica é muito baixa. Possuindo vasos inarticulados, a extração do látex é mutiladora. A borracha de mangabeira apresenta extrato acetônico muito alto, sendo considerada borracha muito resinosa. Tem destacada resistência à degradação térmica.

Bibliografia recomendada

PINHEIRO, C. S. R. et al. Germinação in vitro de mangabeira (*Hancornia speciosa Gomez*) em diferentes meios de cultura. *Revista Brasileira de Fruticultura*, v. 23, n. 2, 2001.

4.1.4 Borracha de guaiúle

Guaiúle (do indígena *ulli/olli*, que significa "borracha")

A borracha natural, 1,4-*cis*-poli-isopreno, também pode ser obtida do **guaiúle**, arbusto pertencente à família das Compostas, atualmente denominadas Asteráceas. Tem o nome botânico *Parthenium argentatum*, em razão da folhagem prateada, e se desenvolve bem nos planaltos desérticos do Norte do México, de onde é nativo. É planta de crescimento lento e produz borracha de propriedades essencialmente semelhantes às da borracha de seringueira.

Diferentemente do que ocorre na *Hevea brasiliensis*, no guaiúle a borracha está distribuída dentro dos ramos e raízes, e o látex não pode fluir, como na seringueira. A borracha é recuperada dessas plantas por extração ou métodos mecânicos, destruindo-se os arbustos, que demandam replantio. É necessário que se proceda à extração com solventes do material resinoso desse látex – cerca de 30% em peso (Quadro 4.2). O *cis*-poli-isopreno do guaiúle, após remoção das impurezas e resinas, é idêntico ao polímero obtido da *Hevea brasiliensis*, submetido a igual purificação, porém a massa molar do polímero no guaiúle é inferior à do polímero da seringueira. Também, a borracha obtida do guaiúle não contém antioxidantes naturais, pois são extraídos junto com as resinas, enquanto a borracha de hévea – cujo teor de resina é inferior a 5% e não precisa ser removido para a sua utilização industrial – mantém os antioxidantes naturais, importantes para preservar o material do envelhecimento prematuro. O látex do guaiúle era considerado uma fonte potencial de borracha natural, durante a II Grande Guerra.

A planta produtora de guaiúle é um arbusto de 0,30 a 1,5 m de altura, com ramificação densa e intrincada desde a base, exibindo folhas prateadas. O chamado "cinturão de guaiúle" se estende da porção central da Califórnia até o Golfo de México, crescendo nas colinas, em solos secos ou áridos, com a planta adaptada às severas condições de estiagem e calor. É espécie de rápido crescimento; em dois anos, alcança 25% de seu tamanho adulto e são necessários cinco a oito anos para que seja possível uma boa colheita.

Técnicas mecanizadas têm sido desenvolvidas ou adaptadas para o cultivo do guaiúle. Por exemplo, o custo do transplante pode ser reduzido pelo corte dos galhos da planta próximo ao solo, permitindo seu recrescimento, em vez de arrancar o arbusto e substituí-lo por outro, novo.

O processamento da borracha e de subprodutos é essencial para viabilizar a industrialização do guaiúle. A borracha no guaiúle é encontrada em células do parênquima (isto é, o tecido fundamental da planta, com células de parede fina), principalmente na casca do tronco, e precisa ser liberada durante o processamento. O método geral, mais antigo, é a flotação, em que os arbustos moídos são colocados em um grande tanque contendo solução aquosa diluída de hidróxido de sódio, e ali mantidos até que os tecidos lenhosos absorvam água e afundem, deixando livres à superfície as partes mais leves, de borracha e resina, que são removidas e, depois, extraídas com acetona, para desresinificação da borracha.

Outro método é a extração sequencial, em que os galhos cortados são, primeiro, extraídos com acetona, para remoção da resina, e, depois, tratados com hexano, para a separação da borracha, que fica em solução.

A tecnologia empregada na obtenção da borracha de guaiúle envolve a homogeneização de todo o material da planta, colhido de cercas vivas. A borracha é encontrada principalmente na casca do tronco e deve ser liberada no processamento. Os ramos são cortados em um tipo de misturador de alimentos pelo rompimento delicado das células na planta, deixando intactas as partículas de borracha e criando uma suspensão aquosa. Essa suspensão é colocada em uma centrífuga para a separação das partículas de borracha, mais leves, da suspensão. A porção de borracha é retirada da camada sobrenadante e purificada, resultando o látex.

Atualmente, a extração do látex do arbusto de guaiúle se baseia no processo de extração com água, em que a borracha extraída é mantida como uma emulsão estável. É um processo diferente daquele usado antes de 1980, no qual o látex era coagulado, passando a uma forma sólida para a fabricação dos artefatos de borracha. Após 1990, a forma látex é o material adequado para fazer filmes e produtos tubulares, usados em medicina, e produtos de higiene pessoal.

Cerca de 25% da borracha total produzida pelo guaiúle é de frações de 1,4-*cis*-poli-isopreno de baixa massa molar, que têm potencial aplicação fora da indústria de pneumáticos. A planta pode ser utilizada como fonte alternativa de látex de borracha natural, pois é hipoalergênica, diferente do que ocorre com o látex de hévea, que contém proteínas, as quais podem causar reações alérgicas severas em algumas pessoas. Os únicos produtos de guaiúle presentemente comercializados são luvas cirúrgicas e cateteres, mas há estudos em andamento para a sua utilização também em preservativos.

Bibliografia recomendada

Aggie Horticulture. Disponível em: <http://aggie-horticulture.tamu.edu/ornamentals/nativeshrubs/partheniumargent.htm>. Acesso em: 26 dez. 2011.

Answers. Disponível em: <www.answers.com/topic/guayule>. Acesso em: 30 dez. 2011.

NAKAYAMA, F. S. Guayule future development. *Industrial Crops and Products*, v. 22, n. 1, p. 3-13, 2005.

Purdue University Consumer Horticulture. Disponível em: <http://www.hort.purdue.edu/newcrop/proceedings1993/v2-338.html>. Acesso em: 26 dez. 2011.

Quadro 4.2 – Composição química da resina de guaiúle		
Fração volátil	3-5%	alfa- e beta-Pineno Canfeno alfa- e beta-Felandreno Sabineno beta-Mirceno
Fração não volátil	85-97%	Acetato de bornila Ácido cinâmico Polifenol Polissacarídeo p-Ocimeno Limoneno

Fonte: NAKAYAMA, F. S. Guayule future development. *Industrial Crops and Products*, v. 22, n. 1, p. 3-13, 2005.

4.1.5 Borracha de caucho

Caucho (do indígena, *Kautchuk*)

Plantas da família das Moráceas, pertencentes ao gênero *Castilloa*, ocorrem na região amazônica, no Norte da América do Sul e também na América Central. As principais espécies são *C. ulei* e *C. elastica*. As árvores, com o mesmo porte das seringueiras, têm folhas longas e são chamadas de caucho.

Diversas espécies do gênero *Sapium*, pertencente também à família das Euforbiáceas, produzem o chamado **caucho branco,** que é 1,4-*cis*-poli-isopreno. São árvores altas e quase exterminadas de seu hábitat natural, o Norte da América do Sul.

O gênero *Castilloa*, da família das Moráceas, comporta uma dezena de espécies distribuídas desde o México até o sul da floresta amazônica. O látex e a borracha utilizados pelas civilizações pré-colombianas nas Américas eram extraídos do caucho. A longa estabilidade desse látex permitia sua utilização nas cerimônias religiosas.

A espécie de caucho nativa da Amazônia é a *Castilloa ulei*, da família das Moráceas. Foi a segunda maior produção de borracha natural do Brasil, distribuindo-se nas terras altas da margem direita do Amazonas, desde o rio Tocantins até o rio Javari. O caucho possui vasos laticíferos inarticulados, distribuídos no córtex da planta, e sua casca é muito dura, difícil de sangrar. Na Amazônia, normalmente abate-se a árvore para coletar o látex. Abrindo sulcos no tronco, o látex escorre sobre o solo, que serve como filtro, separando a borracha do soro. Dias depois, a lâmina de borracha é coletada. Embora apresente um desempenho técnico inferior ao da borracha de hévea, por possuir extrato acetônico elevado, a borracha de caucho apresenta propriedades e características suficientes para ser colocada ao nível das boas borrachas naturais.

Uma dificuldade no trabalho com a *Castilloa* é que os ferimentos feitos nas árvores para a coleta do látex cicatrizam com dificuldade, podendo levar a árvore à morte. São muito infestadas por larvas e pragas animais, especialmente pela larva de um besouro que vive nos troncos.

Há duas variedades de caucho na Amazônia: o caucho preto ou cururu, de mais fácil produção, e o caucho branco. O látex da *C. ulei* se apresenta em forma de um líquido espesso, de coloração variável desde o castanho claro ao negro. Escurece por exposição ao ar. Ao fluir da árvore, o látex apresenta três frações distintas: a primeira é branca como o látex de hévea e bastante fluida; a segunda é viscosa, pouco fluida, de cor rósea, e a última é de cor escura, fluida como a água, parece não conter borracha. Deixado em repouso, o látex do caucho precipita com grande facilidade, separando a borracha na camada superior. O melhor sistema de preparação de borracha de caucho é a coagulação do látex com solução aquosa de sabão.

É interessante observar que o látex de caucho é ácido, ao contrário do látex de hévea, que é alcalino e a acidez causa a sua coagulação.

Bibliografia recomendada

MITSCHEIN, T.; PINHO, J.; FLORES, C. *Plantas amazônicas e seu aproveitamento tecnológico*. Belém: Editora CEJUP, 1993.

WISNIEWSKI, A. Borrachas naturais brasileiras – o caucho. *Anais das Associação Brasileira de Química*, Rio de Janeiro, v. XXXI, p. 111-121, 1980.

4.1.6 Borracha de liana

Liana (do francês *liane*)

Liana é a designação comum a diversas trepadeiras lenhosas, epífitas (isto é, que se apoiam sobre outras, sem retirar nutrientes), de caule extenso, abundantes em florestas tropicais. A borracha africana é produzida por lianas de diversas espécies da família das Apocináceas, dos gêneros *Landolphia* e *Clitandra*, principalmente *L .heudelotii.*

Os arbustos são cortados de tempos em tempos e a borracha é extraída com equipamento adequado. A capacidade de regeneração dessas plantas é muito grande e possibilita a coleta de látex das mesmas fontes, após alguns anos.

4.1.7 Resina de guta-percha

Guta-percha (do malaio, *getah percha*, que significa "árvore da goma")

A **guta-percha** é uma resina natural, extraída sob a forma de látex de plantas da espécie *Palaquium oblongifolium,* da família das Sapotáceas, existentes na Ásia, principalmente na Sumatra e nas Filipinas. São árvores de 5 a 30 m de altura e até 1 m de diâmetro do tronco. A guta-percha existe no látex em mistura com resinas e outros produtos do metabolismo da planta; cerca de 20% são o polímero *trans*-poli--isopreno.

A estrutura química do 1,4-*trans*-poli-isopreno natural e as principais plantas que produzem *trans*-poli-isopreno já foram mostradas na Figura 4.1, como representações planar e espacial, Seção 4.1, e no Quadro 4.1. Quando a cadeia é *trans*-poli-isoprênica, o produto é sólido, não borrachoso. As conformações mais importantes que ocorrem nas regiões ordenadas dos polímeros *trans*- correspondem ao sistema monoclínico.

Sua massa molecular varia de 37.000 a 200.000. O *trans*-poli--isopreno é altamente cristalino, mesmo sem estiramento. Existe em três formas cristalinas, *alfa*, *beta* e *gama*, sendo metaestável à temperatura ambiente; a forma *beta* é a mais estável, acima de 70 °C. Sua densidade é 0,945-0,955,o índice de refração é 1,523. A temperatura de transição vítrea T_g varia de –53 a –68 °C. A temperatura de fusão T_m é de 65 a 74 °C. É moldável a 100 °C.

Do ponto de vista químico, o polímero constituinte da guta-percha é um poli-hidrocarboneto, o *trans*-poli-isopreno, isômero do *cis*-poli-isopreno, que é o principal componente da borracha natural. Suas características físicas são totalmente diferentes das da borracha natural, em virtude da configuração *trans* do encadeamento macromolecular. Há duas variedades cristalinas do polímero *trans*: **a** (dura e quebradiça) e **b** (compressível e deformável), que podem coexistir e se transformar uma em outra, por aquecimento e resfriamento.

À temperatura ambiente, a guta-percha é dura e se torna plástica e moldável a 60 °C. A guta-percha comercial tem uma temperatura de moldagem mais alta, pois está misturada ao óxido de zinco para se tornar mais dura. O coeficiente de dilatação térmica é elevado. Quanto maior a quantidade de resina, menor é a temperatura em que a guta-percha é moldável. Com 60% de resina, a temperatura é de 40 °C; com 25% de resina, é 55 °C. A guta-percha se dilata com o aquecimento, característica considerada positiva. Diferentemente da borracha natural, a **guta-percha**, obtida do Sudeste Asiático, é dura e relativamente pouco extensível. O produto comercial contém de 15 a 60% de resinas, compreendendo ésteres de ácidos graxos e de outros ácidos, além de fitosteróis.

A guta-percha surgiu na Europa no século XIX, e foi usada no isolamento de cabos telegráficos submarinos. Foi o produto mais empregado para a manufatura de bolas de golfe, da metade do século XIX até meados do século XX. É isolante elétrico e impermeabilizante. Diferentemente da borracha natural, não tem elasticidade. O principal emprego da guta-percha após a remoção da resina era o revestimento das bolas de golfe e a preparação de blocos para a restauração dentária. A mesma propriedade de bioinércia, que fazia os revestimentos de cabos submarinos feitos com guta-percha serem tão resistentes ao ataque de plantas e animais marinhos, também torna a guta-percha dificilmente reativa dentro do corpo humano, e por isso é usada para uma diversidade de dispositivos cirúrgicos. Os cones de guta-percha constituem o material selante mais amplamente empregado na obturação de canais radiculares de dentes, em virtude de seu bom desempenho e da facilidade de uso.

Para atingir as características desejadas de dureza, radiopacidade, flexibilidade e estabilidade dimensional, a guta-percha, é misturada a outros componentes, como óxido de zinco, carbonato de cálcio, sulfato de bário, sulfato de estrôncio, ceras, resinas, corantes, óleo de cravo etc., na proporção média de 20%. As vantagens do seu emprego como material obturador de dentes são as seguintes:

- flexibilidade, com fácil adaptação às irregularidades do canal principal;

- biocompatibilidade, com boa tolerância aos tecidos periapicais;

- radiopacidade;

- fácil plastificação por meios físicos;

- estabilidade dimensional;

- não absorção pelos tecidos vivos, com inalterabilidade da cor da coroa dentária;

- fácil remoção eventual do canal.

As principais desvantagens da guta-percha são:

- baixa rigidez;

- pouca adesividade.

Além da guta-percha, as principais plantas produtoras de *trans*-poli-isopreno são a **balata** e a **sorva**.

Bibliografia recomendada

LORENZI, H. Árvores *brasileiras*. v. 2. Nova Odessa: Instituto Plantarum de Estudos da Flora Ltda., 2002.

RIBEIRO, I. L. S.; LIMA, G. A. Propriedades físicas, químicas e biológicas dos cones de guta-percha. *Revista do Conselho Regional de Odontologia de Pernambuco*, Recife, v. 1, 1998.

ROFF,W. J.; SCOTT, J. R. *Fibers, films, plastics and rubbers*. London: Butterworths Scientific Publications,1971.

4.1.8 Resina de balata

Balata (do caribe, *bálata*)

A **balata** é uma resina não elástica, semelhante à guta-percha, porém inferior, em virtude de seu alto teor de resina (35-50%) e de menor massa molecular. É obtida de uma árvore da família das Sapotáceas, *Manilkara*[3] *balata* ou *M. bidentata*, encontrada na América do Sul

---

3 O gênero *Manilkara* era anteriormente denominado *Mimusops*.

e na América Central. É uma árvore grande, que atinge 50 metros de altura e produz frutos comestíveis. Outras plantas dessa família botânica que produzem balata são: *M. huberi* (**maçaranduba**, no Brasil) e *M. bidentata* (**ausubo**, em Porto Rico).

A madeira dessas árvores é avermelhada, muito densa e dura; é usada em construção naval. Por causa de sua dureza, é conhecida como "madeira de tiro" (*bulletwood*). A madeira é bonita, parecendo mogno, e resistente a cupim. É empregada em dormentes para ferrovias, pontes, construções pesadas, móveis, pisos, instrumentos musicais, como violinos, bastões de bilhar, equipamentos para fábricas de polpa de madeira e de tecidos. A resina é utilizada no revestimento de bolas de golfe. O látex de algumas espécies de *Manilkara* é usado como substituto do leite de vaca, pois tem a consistência e o sabor de creme.

Quando seu caule é sangrado, as espécies produtoras de balata expelem um látex que fornece goma visguenta. Os blocos desse látex são aquecidos em banho-maria no momento da confecção de peças artesanais. Dessa forma, são moldadas miniaturas de animais da fauna brasileira, como o boto, o pirarucu, a tartaruga, o macaco, o cavalo, o boi, a cobra etc. Os objetos de balata apresentam textura semelhante ao couro.

Bibliografia recomendada

Answers. Disponível em: <http://www.answers.com/topic/balat-2>. Acesso em: 27 dez. 2011.

Answers. Disponível em: <http://www.answers.com/topic/balata>. Acesso em: 27 dez. 2011.

FAO. Disponível em: <http://www.fao.org/docrep/v9236e/V9236e09.htm>. Acesso em: 11 set. 2001.

LORENZI, H. *Árvores brasileiras*. v. 2. Nova Odessa: Instituto Plantarum de Estudos da Flora Ltda., 2002.

NA - Northeastern Area State & Private Forestry. Disponível em: <http://www.na.fs.fed.us/pubs/silvics_manual/volume_2/manikara/bidentata.htm>. Acesso em: 27 dez. 2011.

4.1.9 Resina de sorva

Sorva (do latim, *sorbum*)

Sorva é uma planta arbórea amazônica brasileira, da família das Apocináceas, de nome botânico *Couma utilis*. Tem uma série de nomes populares: sorva, sorvinha, sorva-miúda, sorva-pequena, cumã etc. É planta lactescente, com frutos tipo baga, com polpa carnosa e adocicada, muito apreciados e considerados a uva tropical. É encontrada no Acre e na Amazônia Central e cultivada nos arredores de Manaus em sítios e quintais.

É uma espécie botânica de valor econômico, produtora de látex não elástico e de fruto comestível, além de ser uma belíssima árvore, com potencial ornamental ainda inexplorado. A madeira é moderadamente pesada, com densidade 0,66 g/cm^3, muito suscetível ao apodrecimento devido ao alto teor de açúcar no látex. A árvore exsuda látex não elástico de todas as suas partes. O látex é branco, abundante, espumoso, doce e perfumado; é utilizado para a fabricação de goma de mascar, no preparo de mingaus, sorvetes, sucos e cremes, assim como na calafetação de pequenas embarcações.

A produção do látex de sorva na Amazônia alcançou 66.000 t/ano na época pós-guerra, provavelmente de todas as espécies de *Couma* misturadas, mas atualmente está ao redor de 1.000 t/ano. Por falta de manejo adequado, a espécie está quase em extinção econômica em muitas áreas de sua distribuição natural.

Bibliografia recomendada

FALCÃO, M. A.; CLEMENT, C. R.; GOMES, J. B. M. Fenologia e produtividade da sorva. *Acta Botanica Brasilica*, v. 19, n. 2, p. 283-286, 2003.

LORENZI, H. *Árvores brasileiras*. v. 2. Nova Odessa: Instituto Plantarum de Estudos da Flora Ltda., 2002.

4.1.10 Resinas terpênicas

Terpeno (do alemão *terpentin*, que significa 'terebintina')

Um líquido claro, amarelado, viscoso, escorre dos troncos de plantas de diversas famílias botânicas, principalmente espécies do gênero *Pinus,* e forma gotículas pegajosas, as quais endurecem posteriormente. Trata-se de uma reação natural de defesa do ser agredido, quando ocorre a escarificação da superfície, provocada por insetos, pássaros, instrumentos cortantes, como facas e machados, ou outros modos. Esse líquido é conhecido como **terebintina**, e é uma óleo-resina da qual, por aquecimento, evapora uma fase volátil, que condensa, e um resíduo sólido, resinoso, que é uma **resina terpênica**.

Todas as terebintinas comerciais são obtidas de pinheiros, principalmente *slash pine* e *longleaf pine.* As terebintinas são classificadas segundo o método de obtenção em: óleo-resina de terebintina, obtida a partir da escarificação do *Pinus* (em mistura de breu); **terebintina ao sulfato**, um subproduto da indústria que usa o processo sulfato de fabricação de polpa e papel; **terebintina destilada**, obtida por arraste, com vapor d'água, dos óleos essenciais retidos nos tocos de pinheiro; e **terebintina**, obtida por destilação, pelo fracionamento da terebintina comercial (Quadro 4.3).

As terebintinas, são misturas de monoterpenos, substâncias dímeras do isopreno e que ocorrem sobretudo em plantas da classe das Coníferas, família das Pináceas. A terebintina comercial é constituída, em média, de 60 a 80% de *alfa*-pineno, o restante sendo representado por *beta*-pineno; com catalisadores, principalmente do tipo catiônico, produz resinas lineares, oligoméricas (massas molares variando de 500 a 2.000) e ponto de amolecimento de cerca de 115 °C.

Quadro 4.3 – Fracionamento da terebintina comercial			
Fração	Componente	Ponto de ebulição (°C)	n_D^{25}
1	*alfa*-Pineno (92%) e canfeno (8%)	154-160	1,4654
2	*beta*-Pineno (90%) e mirceno (10%)	162-170	1,4705
3	Limoneno (80%) e *beta*-felandreno (20%)	172-180	1,4780

Obs.: n_D^{25} – Índice de refração a 25 °C.

A resina assim obtida é quebradiça, extremamente resistente ao envelhecimento; apresenta boa estabilidade térmica, retendo a pegajosidade e a cor. É usada principalmente na fabricação de adesivos, revestimentos protetores e composições de borracha. Os adesivos por pressão (*pressure-sensitive*) são os mais importantes: neste caso, as resinas terpênicas são misturadas com borrachas naturais ou sintéticas, modificadores e antioxidantes adequados, de modo que a composição adesiva resultante tenha boa estabilidade à luz, ao calor e ao ar.

O pinheiro-do-paraná, *Araucaria angustifolia*, que é uma árvore da família das Araucariáceas, além das madeiras, fornece a resina terpênica e os nós. A resina, tal como ocorre em outros tipos de árvore, exsuda da planta como resultado de incisões provocadas por insetos, pássaros ou o próprio homem. É um líquido viscoso, terpênico, que endurece ao contato com o ar, ao fim de algum tempo, sendo conhecido como "resina de pinheiro". Sua composição se encontra no Quadro 4.4.

Um dos mais importantes produtos dessa resina é o **breu** (*rosin*), que é um material sólido, mistura complexa de ácidos resinosos (*rosin acids*) e de pequena quantidade de componentes não ácidos. A cor varia desde o amarelo muito pálido até o quase negro, passando pelo vermelho vivo. A resina é translúcida e quebradiça, com odor de terebintina. É solúvel na maioria dos solventes orgânicos e insolúvel em água. O pinheiro europeu, *Pinus elliottis*, da classe das Coníferas, possui 2 a 3% de breu em sua madeira. O **breu** é usado na fabricação de verniz de sabão. Violinistas esfregam breu na crina de cavalo em seus arcos, para fazê-los correr suavemente ao longo das cordas. Ginastas e jogadores de baseball utilizam breu para melhorar o seu agarramento com a mão.

Do ponto de vista químico, o breu é constituído principalmente de substâncias terpenoides, dentre as quais o ácido abiético (Figura 4.8)

Quadro 4.4 – Composição da resina terpênica exsudada do pinheiro-do-paraná	
Resina terpênica	**Teor (%)**
Umidade	13,1
Goma e matérias mucilaginosas	39,7
Breu	37,2
Essência de terebintina	5,0
Impurezas	5,7
Total	100,0

é o mais abundante (cerca de 30%). É um monoácido tricíclico, alicíclico, insaturado, com três ciclos hexânicos condensados. Os outros ácidos constituintes incluem isômeros do ácido abiético, como o ácido levopimárico, o ácido neoabiético e o ácido palústrico. O ácido abiético e seus isômeros, em razão de sua insaturação e de grupos carboxílicos, são intermediários químicos de interesse tecnológico. Assim, a adição de anidrido maleico às duplas ligações do ácido levopimárico produz um aduto usado como ácido polibásico na preparação de resinas alquídicas, como veículos de resinas. O uso geral de glicerol com anidrido maleico e o ácido abiético produz um éster usado em revestimentos protetores e formulações para tintas de impressão.

Bibliografia recomendada

BARBOSA, L. C. F. *Nó-de-pinho do Paraná como matéria-prima de resinas termorrígidas*. 1981. Tese (Mestrado)– Instituto de Macromoléculas Professora Eloisa Mano, Universidade Federal do Rio de Janeiro, Rio de Janeiro,1981. Orientador: E. B. Mano.

JACOB, M. M. *Resinas furfural-lignânicas de nó-de-pinho do Paraná*. 1980. Tese (Mestrado) – Instituto de Macromoléculas Professora Eloisa Mano, Universidade Federal do Rio de Janeiro, Rio de Janeiro,1980. Orientador: E. B. Mano.

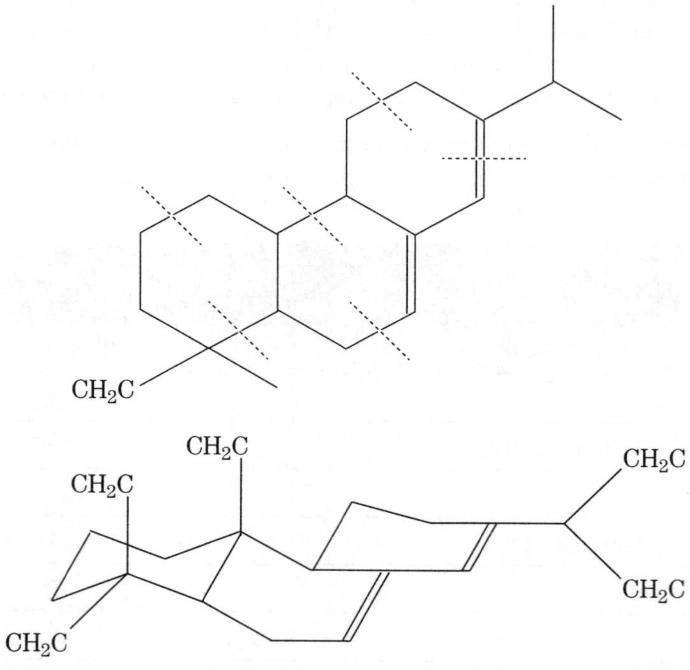

Figura 4.8
Ácido abiético, principal componente do breu.

N. K. SIMAS et al. Produtos naturais para o controle da transmissão da dengue – atividade larvicida de Myroxylon balsamum (óleo vermelho) e de terpenoides e de fenilpropanoides. *Química Nova*, v. 27, n. 1, p. 46-49, 2004.

PHILLIPS, M. A.; BOHLMANN, J.; GERSHENZON, J. Molecular regulation of induced terpenoid biosynthesis in conifers. *Phytochemistry Reviews*, v. 5, p. 179-189, 2006.

SETH, M. K. Trees and their economical importance. *The Botanical Review*, v. 69, n. 4, p. 321-376, 2004.

The guardian. Disponível em: <http://www.guardian.co.uk/environment/2008/oct/31/forests-climatechange>. Acesso em: 27 dez. 2011.

4.1.11 Âmbar

Âmbar (do árabe, *anbar*)

O **âmbar** é uma resina fóssil dura, transparente ou translúcida. Embora possa ter diversas cores, geralmente é amarela, variando de claro a dourado, alaranjado ou acastanhado, e pode ser fluorescente. É um material orgânico proveniente da exsudação viscosa, pegajosa, liberada por árvores de diversas famílias botânicas, como Pináceas e Leguminosas, e depois fossilizada por milênios. Quando fortemente colorido, o âmbar é considerado um material valioso, como uma pedra semipreciosa. Após alguns anos de exposição ao ar e à luz, o âmbar geralmente se torna vermelho escuro por oxidação e apresenta algumas rachaduras na superfície.

Âmbar é o nome genericamente usado para incluir todas as resinas fósseis, embora a palavra tenha sido restrita por alguns autores apenas à resina fóssil que compõe a maior parte dos depósitos da costa do Mar Báltico (Figura 9.9). Para ser considerada âmbar, a resina deve ter alguns milhões de anos. A resina que foi endurecida em tempos geológicos recentes é chamada **copal**.

O âmbar báltico, também chamado âmbar verdadeiro, âmbar prussiano, âmbar **succínico** ou **succinita,** libera ácido succínico por destilação seca, na proporção de 3 a 8% da massa total. As fumaças de odor irritante, emitidas pelo âmbar quando ocorre queima, são devidas ao ácido succínico, daí o nome de **succinita**, de uso comum, proposto por **J. Dana**. A diferença entre esse e outros âmbares, provenientes de outros lugares do planeta, é a quantidade emanada de ácido succínico (ácido butano-dioico, sólido incolor, P. F.: 185 °C). Outras resinas fós-

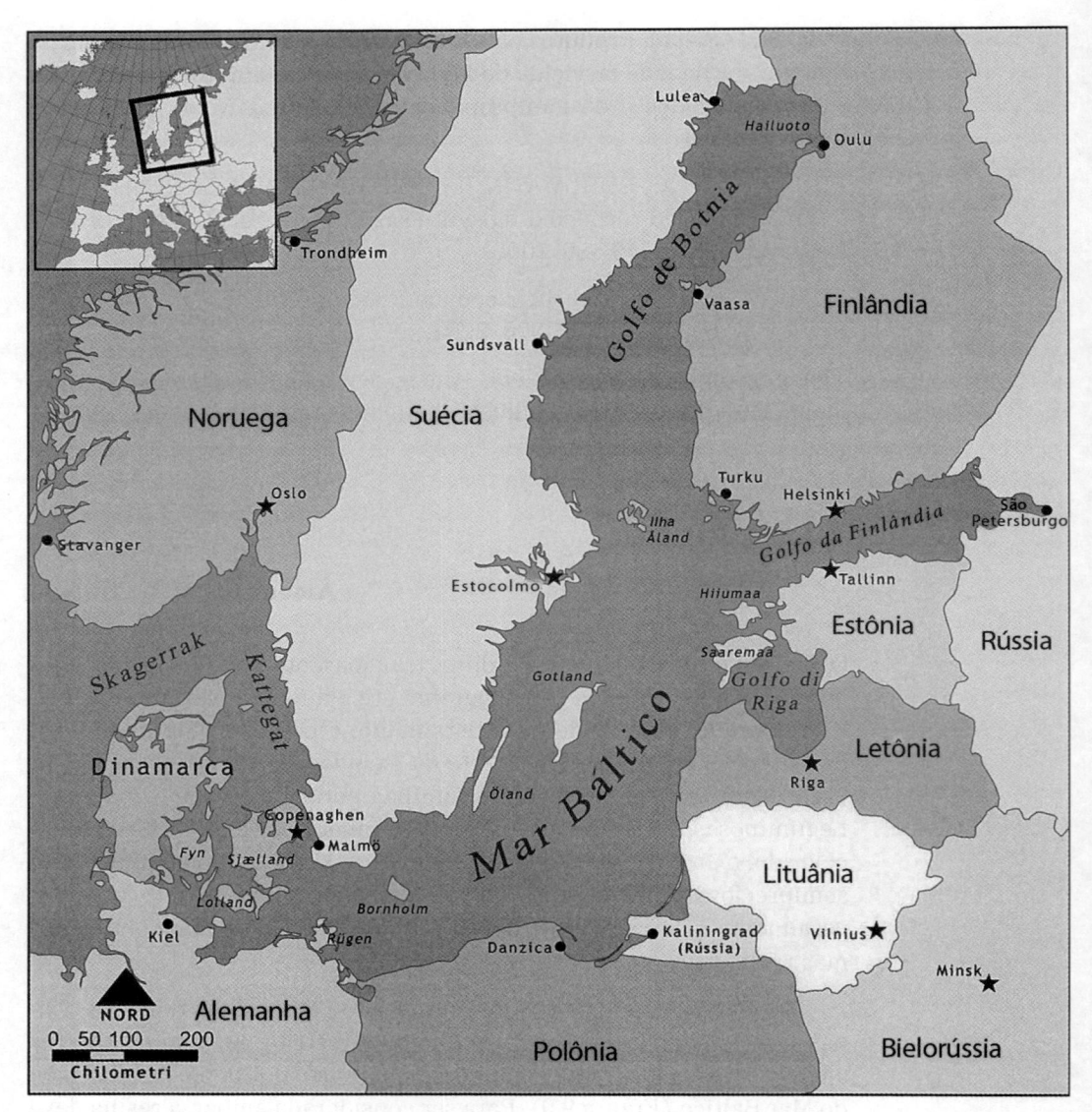

Fonte: Europa Turismo. Disponível em: <http://www.europa-turismo.net/mapas/mar-baltico.htm>. Acesso em: abr. 2012.

Figura 4.9
Mapa da Europa, região do Mar Báltico.

seis frequentemente denominadas âmbar não contêm ácido succínico, ou somente contêm quantidades muito pequenas. A maior parte do âmbar do Mar Báltico provém da resina de pinheiros. Quando o âmbar não contém ácido succínico é classificado como **não báltico** ou âmbar retinita, que é uma resina fóssil encontrada no linhito (carvão marrom). A espectroscopia no infravermelho permite distinguir entre âmbar báltico e não báltico, em virtude da absorção da carbonila, que também permite detectar a idade relativa da amostra.

Encontrado como nódulos irregulares em uma areia marinha conhecida como **terra azul,** o âmbar báltico é explorado até a atualidade. Aquecido pouco abaixo de 300 °C, sofre decomposição que gera o óleo de âmbar, deixando um resíduo marrom escuro ou negro chamado **colofônia de âmbar** ou **piche de âmbar**. Quando dissolvido em terebintina ou em óleo de linhaça, forma-se um produto chamado **verniz de âmbar** ou **laca de âmbar**.

A composição do âmbar é mistura complexa de vários materiais resinosos, terpênicos, inclusive tetraterpenos, com três grupos alqueno por unidade repetida, disponíveis para polimerização. A composição química do âmbar é dada pela fórmula geral $C_{10}H_{16}O$. Com o passar do tempo, a polimerização prossegue, ao lado de reações de isomerização, reticulação e ciclização.

A estrutura exata e a composição do âmbar dependem da composição da resina original, da idade do âmbar, do ambiente em que foi depositado, das condições térmicas e das condições geológicas às quais ele foi exposto.

O âmbar tem as características físicas de uma resina: é amorfo, forma nódulos irregulares com o aspecto de bastões, gotas, placas etc. A densidade do âmbar é 1,05-1,12, isto é, ligeiramente superior à da água. Quando transparente, apresenta índice de refração de 1,53 a 1,55. Sua dureza varia de 2 a 3 na escala Mohs (Quadro 1.1, já visto no Capítulo 1), bem maior do que outras resinas naturais e pouco superior à do gesso; não é suscetível de ser riscado com a unha. Como não é muito quebradiço, pode ser esculpido ou perfurado com pouca dificuldade. Amolece a 150 °C e funde a temperaturas de 280 a 290 °C. É material de baixa condutividade térmica e grandes mudanças de temperatura podem causar sua fratura.

Ao ser formado pela árvore, o âmbar era insolúvel em água e solúvel em álcool, éter e clorofórmio. As resinas de árvores coníferas e de plantas leguminosas, enterradas durante milhões de anos, sofreram um processo de polimerização, que é uma das formas de fossilização, formando uma substância betuminosa, insolúvel, associada às frações solúveis. O âmbar do período Cretáceo, com mais de 144 milhões de anos, é muito quebradiço e exibe fraturas pois, em decorrência da longa exposição ao tempo, ele teve sua estrutura química modificada e se tornou sensível à desintegração. As espécies de árvore que produziram âmbar eram cedros, coníferas e árvores de folhas grandes, e estão atualmente extintas.

A seiva de árvores fossilizada, feita de polímeros resinosos, pôde transformar-se em âmbar amarelo, alaranjado ou acastanhado.

Por muito tempo, o âmbar era usado na confecção de joias e outros objetos ornamentais, como contas, pingentes, amuletos, piteiras, bocal de cachimbos. Entretanto, hoje, o âmbar é valorizado principalmente pela extraordinária variedade de fósseis preservados em seu interior. Como as árvores exsudavam resina pegajosa, animais e minerais eram aprisionados nela. Quando a resina endurecia, esses fósseis, chamados **intrusões**, eram mantidos em perfeito estado, fornecendo aos cientistas modernos informações valiosas sobre espécies extintas.

Alguns pensam até que as minúsculas bolhas de ar presas no âmbar possam reter as últimas amostras remanescentes do ar respirado pelos dinossauros há mais de 60 milhões de anos. As bolhas de ar grandes, aprisionadas no âmbar, resultam em um tipo de âmbar espumoso. Bolhas microscópicas dão ao âmbar aspecto semelhante ao de osso seco. Às vezes, ocorrem gotas de água. Inclusões de resíduos de animais e plantas indicam as condições existentes ao tempo em que ocorreu a exsudação do âmbar. O âmbar muito turvo é chamado **bastardo**.

Acredita-se que o âmbar tenha surgido no período Terciário, isto é, há mais de 66 milhões de anos. Sabe-se que existem resquícios de uma flora abundante que ocorreu na época da formação do âmbar, sugerindo relações com a flora da Ásia oriental e da parte sul da América do Norte. O pinheiro formador do âmbar, comum nas florestas do mar Báltico, é da espécie *Pinites succinifer*. A madeira encontrada fossilizada não parece diferir geneticamente da atualmente existente, também chamada *Pinus succinifera*. A ocorrência predominantemente tropical ou subtropical das plantas produtoras de âmbar tem levado a estudos da evolução do objetivo natural das resinas e seu possível papel defensivo para as árvores contra as agressões e doenças, causadas pela grande diversidade de insetos e fungos encontrados naqueles ambientes. As impurezas são, em geral, mais recentes, quando a resina caiu sobre a terra, de modo que o material foi contaminado.

No México e na República Dominicana, o âmbar começou a se formar há 20-30 milhões de anos, a partir da resina de espécies extintas de algaroba, planta da família das Leguminosas, gênero *Hymeneae*. Essas plantas floresceram sob a abóbada das extensas florestas tropicais e produziram imensas quantidades de resina a qual, finalmente, enrijeceu e se transformou em âmbar. Chuvas torrenciais levaram o âmbar para deltas de rios, onde era coberto com resíduos. À medida que o nível do mar se deslocava, o âmbar, mais leve do que a água salgada, se depositava sobre o soalho do mar, e os sedimentos endureciam, surgindo rochas. Mais tarde, a formação de montanhas empurrou essas rochas para o alto.

Sabe-se que os pinheiros, cuja resina se transformou em âmbar, viveram há milhões de anos, em regiões de clima temperado. Nas zonas cujo clima era tropical, o âmbar foi formado por plantas leguminosas. As árvores, já extintas, existiam nas densas florestas dos períodos Cretáceo e Terciário, entre 10 e 100 milhões de anos atrás. Essas árvores caíam e eram transportadas pelos rios para regiões costeiras. Lá, as árvores e suas resinas se tornavam recobertas com sedimentos e, após milhões de anos, a resina endurecia e formava o âmbar. Embora muitos depósitos de âmbar permaneçam como resíduos oceânicos, muitas vezes eram reposicionados em outros lugares em decorrência de eventos geológicos.

O âmbar é extraído de diversas maneiras, dependendo de sua localização. O âmbar báltico se espalha pelas praias do Mar Báltico até a Dinamarca, Noruega e Inglaterra. Nos Estados Unidos, os maiores depósitos de âmbar são encontrados na superfície de minas de argila, abertas no Arkansas. Em Nova Jersey, âmbar do período Cretáceo é extraído da areia ou argila, em poços de minas abandonadas. O material é peneirado, lavado e examinado, procurando inclusões. Na Ásia, âmbar é encontrado em minas de carvão. Até a metade do século XX, âmbar de alto valor era retirado de poços profundos em minas ao norte de Myanmar.

Os principais depósitos de âmbar no mundo são encontrados no litoral norte da Alemanha. O âmbar pode ser levado pelas águas do leito do mar Báltico até as praias da Grã-Bretanha. Outros lugares em que o âmbar é encontrado são: Holanda, Dinamarca, Suécia, Finlândia, Romênia, República Tcheca, França, Itália, Myanmar, Canadá, República Dominicana e Estados Unidos.

Âmbar trabalhado, datado de 11.000 a. C., tem sido encontrado em sítios arqueológicos na Inglaterra. Era usado para fazer vernizes já em 250 a. C.; o âmbar pulverizado era valioso como incenso. Era comercializado através do planeta. Para identificar o tipo de âmbar usado em artefatos antigos, pode-se verificar a fonte geográfica do material e tirar conclusões quanto às rotas comerciais daquela época. No Hemisfério Ocidental, os Aztecas e os Maias esculpiam o âmbar e o queimavam como incenso. Os índios Taino da ilha Hispaniola ofereceram presentes de âmbar para Cristóvão Colombo. O uso decorativo do âmbar culminou em 1712, com a preparação de um salão de banquete completo feito com painéis de âmbar, construído para o rei Frederico I, da Prússia. No século XIX, o âmbar ganhou novo significado quando cientistas alemães começaram a estudar os fósseis nele incluídos.

Desde a pré-história, as regiões banhadas pelo Mar Báltico constituem a principal fonte de âmbar. Acredita-se que o material foi utilizado desde a Idade da Pedra. Foram encontrados objetos de origem báltica nos túmulos egípcios datando de 3.200 a. C. Também objetos de âmbar, utilizados por vikings nos anos 800 até 1000 d. C., foram achados na Escandinávia. Durante o século XIII, os Cavaleiros Teutônicos controlavam a produção de âmbar na Europa, proibindo sua coleta desautorizada nas praias da costa do Báltico, sob sua jurisdição, punindo os infratores com a morte.

Entre os inúmeros itens já encontrados dentro de fragmentos de âmbar, os quais ficaram retidos na resina pegajosa antes que ela se solidificasse, estão bolhas de ar, flores, folhas, pinhas, pedaços de madeira e também, belamente preservados, numerosos insetos, aranhas, minhocas, rãs, lagartos, crustáceos e outros minúsculos organismos, que foram envoltos quando a exsudação era fluida. Muitos desses corpos estranhos aumentam o valor da peça de modo considerável, especialmente se dentro dela estiver uma espécie rara ou extinta. Na maioria das vezes, a estrutura orgânica desapareceu, deixando somente uma cavidade oca, porém foram encontrados em perfeito estado penas, pelos, peles de cobra, fragmentos de madeira, flores e frutos. Diferentemente de outros fósseis, os de âmbar são tridimensionais, com cores e padrões semelhantes aos seres vivos. Mesmo a estrutura interna das células pode estar intacta. Muitas vezes, insetos foram presos na resina em posições ativas, ao lado de seus predadores e parasitas, internos e externos. Gêneros previamente desconhecidos de insetos fossilizados têm sido descobertos no âmbar.

As bolhas de ar empanam o brilho do âmbar, sendo em geral removidas por tratamento térmico. O âmbar melhor e mais valioso é transparente. Para produzir joias, pequenos pedaços claros de âmbar são amolecidos e fundidos a vácuo, com vapor a 204 °C ou mais, e prensados através de uma tela de aço fina, misturados e endurecidos em blocos. Podem conter bolhas alongadas, em razão do calor e da pressão usados no processo de fabricação. Esse material é conhecido como **amberoide** e geralmente é tingido de vermelho escuro. Às vezes, inclusões de insetos modernos são feitas dentro do âmbar, falsificando peças autênticas.

As resinas produzidas pelos vegetais agiam como proteção contra a ação de bactérias e contra o ataque de insetos que perfuravam a casca até atingir o cerne da árvore. A resina que saia da madeira acabava por perder o ar e a água de seu interior. Com o passar de milênios, as substâncias orgânicas formadoras do âmbar acabavam se reticulando, formando assim uma resina endurecida e resistente ao tempo e à água.

Ainda hoje, o âmbar pode ser recolhido com rede de pescar nas praias da costa do Mar Báltico, tal como se fazia por muitos séculos. É encontrado na forma de nódulos irregulares de coloração amarelo pardo. Bolhas de ar aprisionadas podem causar turvação ou mesmo opacidade ao âmbar. Às vezes, o âmbar retém a forma de gotas e de estalactites, ou a forma como ele saiu dos dutos e dos receptáculos nas árvores feridas.

Conta-se que, na Antiguidade, no século VI a. C., o filósofo grego Thales de Miletus (625-54C a. C.) notou que o âmbar, ao ser atritado com um pedaço de seda, adquiria a "estranha" propriedade de atrair objetos leves. Foi a primeira observação de uma atração eletrostática. A eletricidade estática foi considerada uma propriedade única do âmbar até o século XVI, quando o cientista inglês William Gilbert (1544-1603) retomou a experiência de Thales, verificando que a propriedade do âmbar era comum a várias outras substâncias. Gilbert chamava o fenômeno de "elétrico", derivado da palavra *elektron*, que significa âmbar em grego. O nome **elétron** foi usado pela primeira vez em 1891 pelo físico irlandês George Stoney (1826-1911), quando calculou a quantidade mínima de carga elétrica, e verificou que essa característica era comum a numerosos materiais. O termo passou a ser referência a todos os fenômenos elétricos. O nome âmbar vem do arábico *anbar*, provavelmente por meio do espanhol, porém esta palavra originalmente se referia a âmbar gris, que é uma substância cinzenta, encontrada em cetáceos como a baleia, completamente distinta do âmbar amarelo. O âmbar verdadeiro tem sido, às vezes, chamado de *karabe*, uma palavra de derivação oriental, que significa "o que atrai a palha", em alusão ao poder que o âmbar possui de adquirir carga elétrica pela fricção. Em alemão, a palavra é *Bernstein.*

O âmbar é clarificado por aquecimento com óleo de sementes de colza, planta da família das Brassicáceas, *Brassica rapa (*índice de refração: 1,46-1,47), que é um tipo de couve comestível. O óleo penetra nas bolhas próximas à superfície da peça de âmbar e reduz a turvação, tornando o material mais transparente. A clarificação também pode ser feita por aquecimento sob pressão com nitrogênio e depois aquecimento em forno. A clarificação escurece o âmbar e produz marcas de tensão que lembram lantejoulas. Âmbar do México e da República Dominicana é geralmente de cor clara e transparente e não necessita de clarificação.

Bibliografia recomendada

American Museum of Natural History. Disponível em: <http://www.amnh.org/exhibitions/amber>. Acesso em: 4 dez. 2009.

ANDERSON, K. B.; CRELLING, J. C. *Amber, resinite and fossil resins.* Washington: American Chemical Society, 1995.

Answers. Disponível em: <www.answers.com/topic/amber>. Acesso em: 15 nov. 2006.

Como Tudo Funciona. Disponível em: <http://ciencia.hsw.uol.com.br/fossil3.htm>. Acesso em: 3 nov. 2008.

MANO, E. B.; PACHECO, E. B. A. V.; BONELLI, C. M. C. *Meio ambiente, poluição e reciclagem*. São Paulo: Editora Edgard Blücher, 2005.

Wikipedia. Disponível em: <http://pt.wikipedia.org/w/index.php?title=%C3%82mbar&printable=yes>. Acesso em: 12 jun. 2005.

4.2 Polímeros

Os polímeros do tipo hidrocarboneto de origem vegetal são, basicamente, derivados do isopreno, que é o 2-metil-1,3-butadieno, C_5H_8. São geradas cadeias poliméricas lineares insaturadas, com encadeamento regular cabeça-cauda 1,4-*cis* ou 1,4-*trans*, ou cadeias mais complexas, provenientes da polimerização de monoterpenos, como *alfa*-pineno e *beta*-pineno. Como os produtos naturais em geral apresentam extra-ordinária regularidade estrutural, surgem propriedades únicas – daí a sua grande importância. Por exemplo, a elasticidade das borrachas, dificilmente conseguida por meios sintéticos.

A correlação da borracha com o isopreno é conhecida desde 1826, quando **Michael Faraday** provou que a borracha era um hidrocarboneto. Depois, em 1860, **Charles Williams** sugeriu que esse material, que fornecia isopreno, C_5H_8, como principal produto de pirólise, tivesse em sua composição a unidade básica isopreno. Somente quase um século depois, em 1955, foi conseguida em laboratório por **Maurice Morton**, nos Estados Unidos, a síntese de um material semelhante à borracha natural, isto é, o *cis*-1,4-poli-isopreno.

A borracha é um poli-hidrocarboneto de fórmula química correspondente ao *cis*-1,4-poli-isopreno; tem cadeia de configuração muito regular, com massa molar de cerca de 200.000. As configurações de cada um dos isômeros geométricos poliméricos*cis*- e *trans*- do isopreno estão representadas na Figura 4.1, já vista anteriormente. A elas correspondem características físicas diferentes: isômero *cis*, borrachoso, T_m: 28 °C, T_g: –69 °C; isômero *trans*, duro, T_m: 65 °C, T_g: –53 °C. A borracha é macia, tem fusão cristalina à temperatura ambiente, enquanto o isômero *trans*- é rígido e resiste a temperaturas mais elevadas. As conformações que ocorrem nas regiões ordenadas correspondem a sistemas cristalinos diferentes, sendo as mais importantes as do sistema monoclínico.

Existem seis constituições possíveis do poli-isopreno, conforme o encadeamento seja 1,4-cabeça-cauda ou 1,4-cabeça-cabeça, ou então 3,4-cabeça-cauda ou 3,4-cabeça-cabeça, ou ainda com grupamentos vinílicos pendentes 1,2-cabeça-cauda ou 1,2-cabeça-cabeça, ou mesmo grupamentos vinílicos 3,4-cabeça-cauda ou 3,4-cabeça-cabeça. Há ainda quatro configurações possíveis das estruturas isotática e sindiotática do 1,2-poli-isopreno e outras quatro configurações correspondentes, do 3,4-poli-isopreno. As 14 fórmulas dessas diversas estruturas químicas de poli-isopreno se encontram nas Figuras 4.10, 4.11, 4.12 e 4.13.

Das plantas conhecidas que pertencem ao reino *Plantae*, cerca de 5% produzem látex isoprenoide, porém dentre elas, menos de 0,8%

Figura 4.10 – Constituições possíveis do poli-isopreno: 1,4-cabeça-cauda, 1,4-cabeça-cabeça, 1,2-cabeça-cauda, 1,2-cabeça-cabeça, 3,4-cabeça-cauda, 3,4-cabeça-cabeça.

a) 1,4-cabeça-cauda

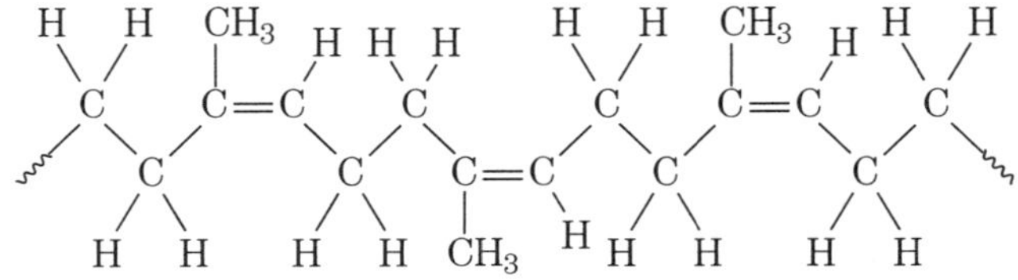

cis

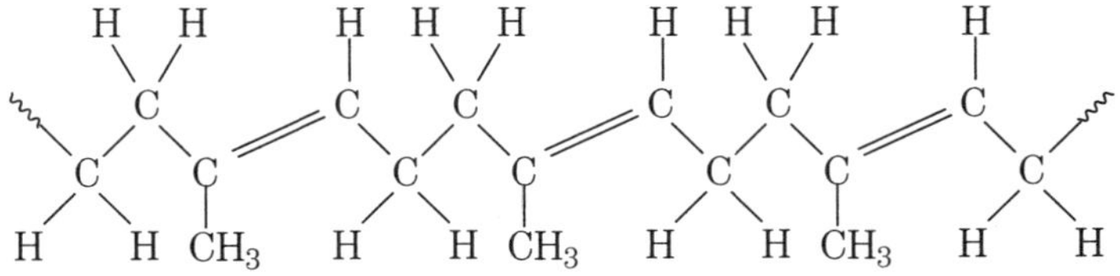

trans

b) 1,4-cabeça-cabeça

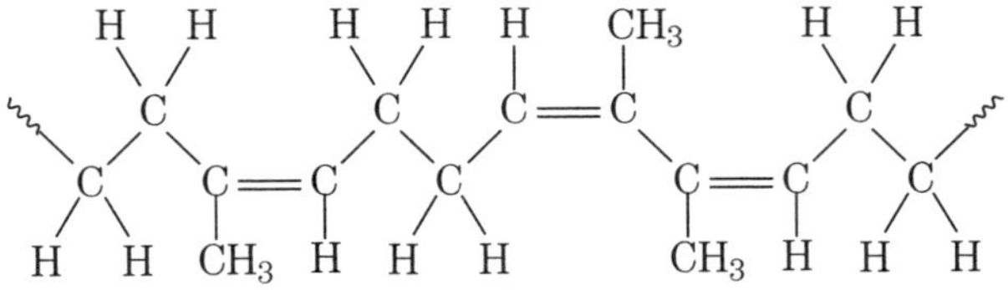

cis

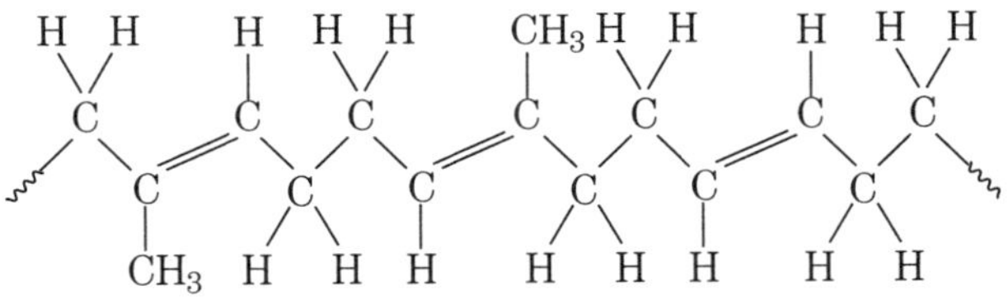

trans

a) 1,2-cabeça-cauda

$$\begin{cases} R_1 = \text{—HC}\!=\!CH_2 \\ R_2 = \text{—CH}_2 \end{cases}$$

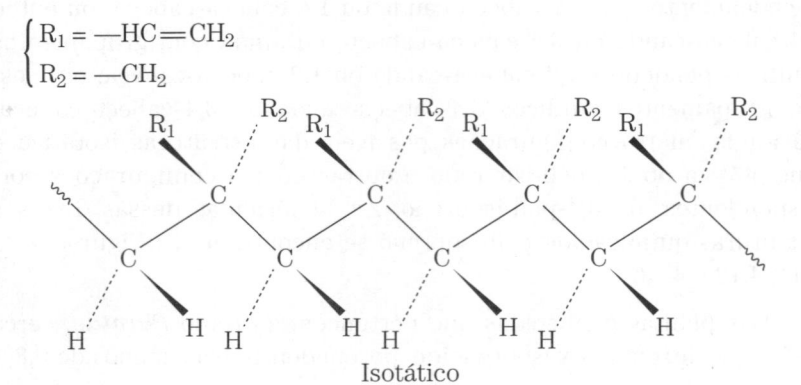

Isotático

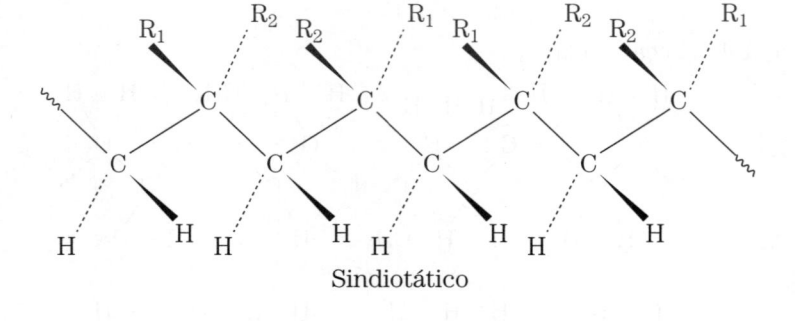

Sindiotático

b) 1,2-cabeça-cabeça

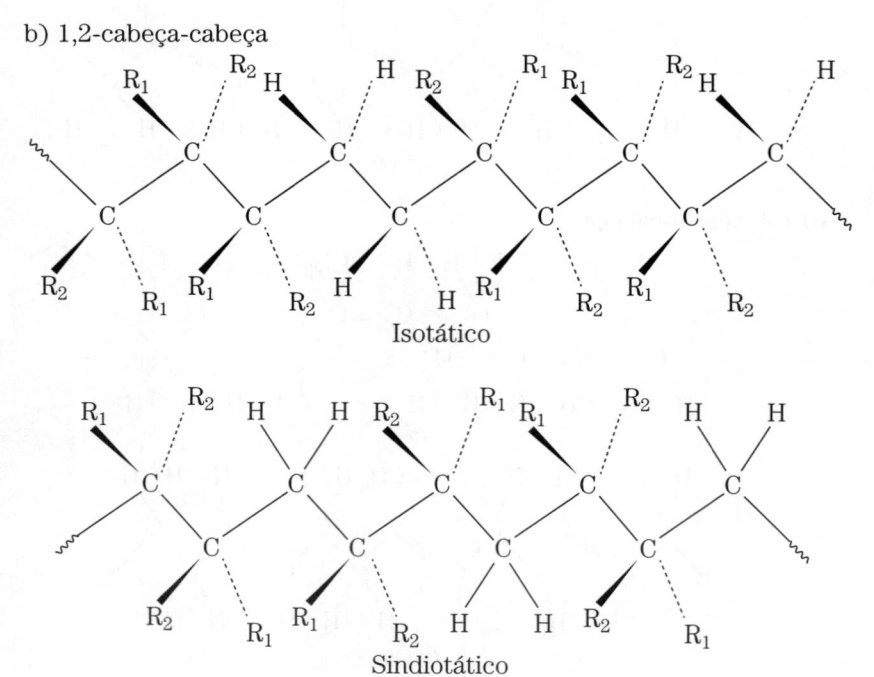

Isotático

Sindiotático

Figura 4.11
Configurações *cis*-e *trans*- do poli-1,4-isopreno: *cis*-1,4-cabeça-cauda, *trans*-1,4-cabeça-cauda, *cis*-1,4-cabeça-cabeça, *trans*-1,4-cabeça-cabeça.

Figura 4.12 – Configurações isotática e sindiotática de poli-1,2-isopreno: 1,2-cabeça-cauda isotático, 1,2-cabeça-cauda sindiotático, 1,2-cabeça-cabeça isotático, 1,2-cabeça-cabeça sindiotático.

1,2,cabeça-cauda

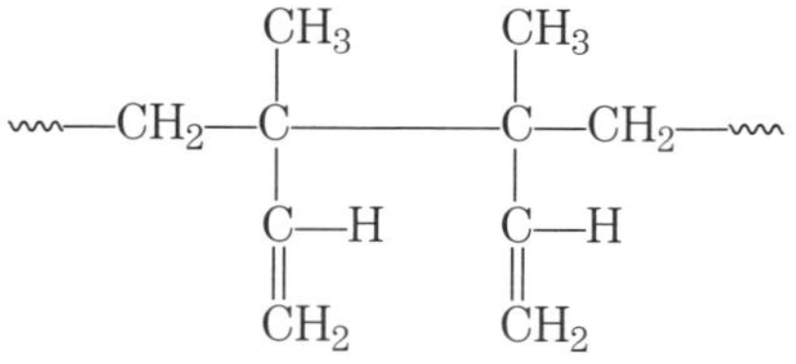

1,2,cabeça-cabeça

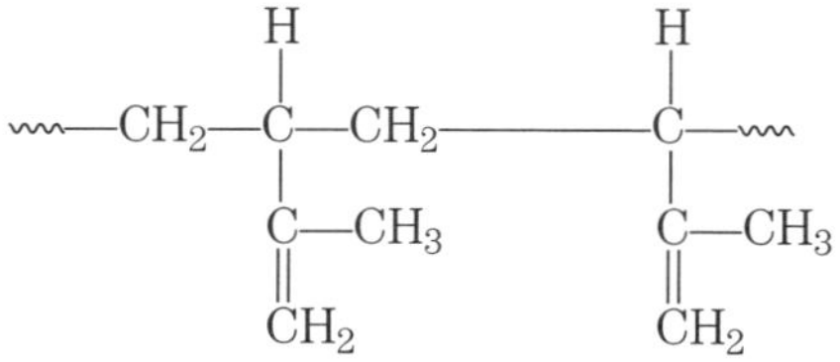

3,4,cabeça-cauda

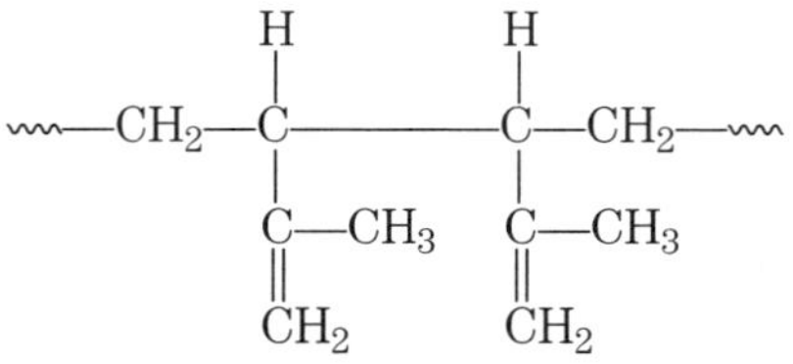

a) 3,4-cabeça-cauda

$$\begin{cases} R_1 = \overset{\displaystyle CH_3}{\underset{\displaystyle |}{—C}} = CH_2 \\ R_2 = H \end{cases}$$

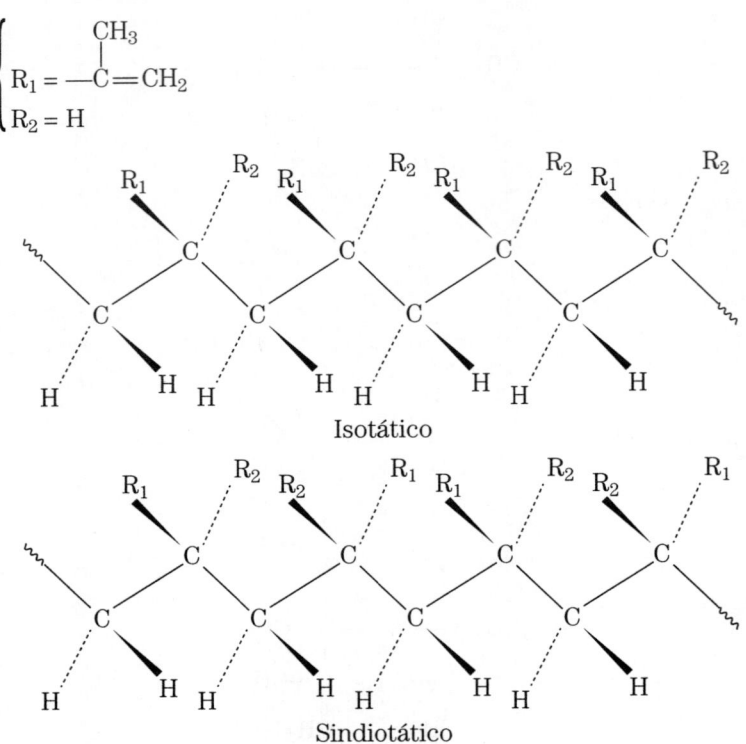

Isotático

Sindiotático

Figura 4.13 – Configurações isotática e sindiotática de poli-3,4-isopreno: 3,4-cabeça-cauda isotático, 3,4-cabeça-cauda sindiotático, 3,4-cabeça-cabeça isotático, 3,4-cabeça-cabeça sindiotático.

b) 3,4-cabeça-cabeça

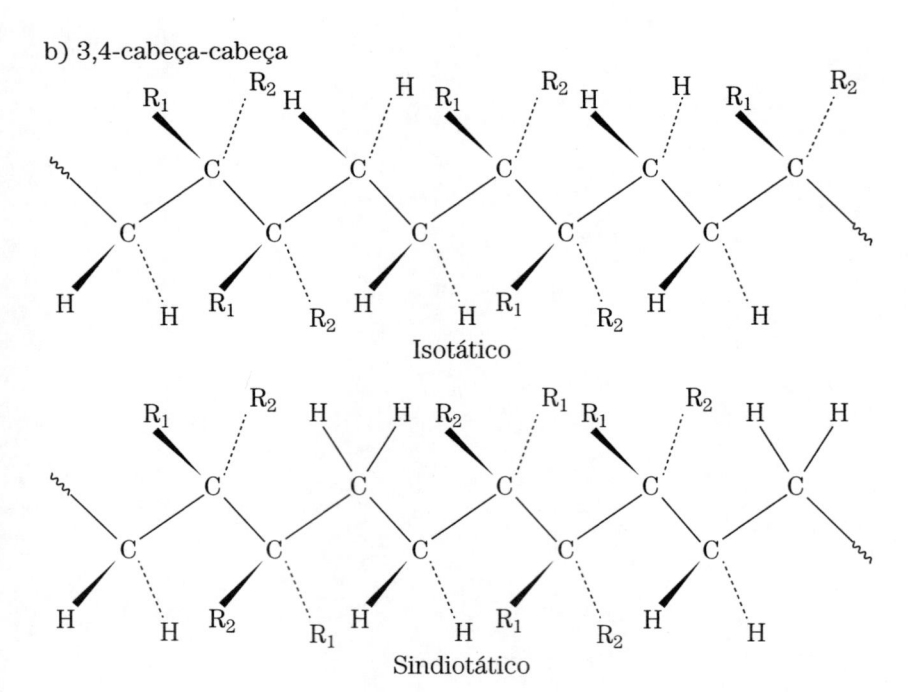

Isotático

Sindiotático

das dicotiledôneas produzem quantidades relativamente grandes de **cis-poli-isopreno**, isto é, látex de borracha. Algumas espécies produzem **trans-poli-isopreno**, que não é um elastômero, e apenas algumas poucas espécies produzem ambos os isômeros, *cis-* e *trans--poli-isoprenos*. Existem mais de 2.000 espécies de plantas lactíferas já estudadas (Quadro 4.1). É surpreendente que, com tantas estruturas possíveis de poli-isoprenos, haja uma tal regularidade estrutural dos polímeros naturais do isopreno, conforme a fonte botânica.

Bibliografia recomendada

ALLINGER, N. L. et al. *Química orgânica*. Rio de Janeiro: Guanabra Dois, 1978.

4.2.1 1,4-*cis*-Poli-isopreno

Embora existam 14 fórmulas possíveis, apresentadas na **Seção 4.2**, para estruturas químicas dos poli-isoprenos, as espécies botânicas são **seletivas**: ou geram cadeias carbônicas 1,4-*cis*, borrachosas, como na seringueira, *Hevea brasiliensis*, ou produzem estruturas 1,4-*trans*, plásticas, como na guta-percha, *Palaquium oblongifolium*. As demais possibilidades não estão registradas na literatura como ocorrência na Natureza. Comumente, ou a planta produz borracha, ou gera resina/plástico. Em alguns casos, o vegetal produz ambos os isômeros, *cis* e *trans*, na mesma planta, como no sapoti, *Achras sapota*. A biossíntese do *cis*-poli-isopreno é representada na Figura 4.14.

É curioso observar no Quadro 4.1, já visto, a maciça predominância das espécies botânicas pertencentes à família das Euforbiáceas, produtoras de látex de *cis*-poli-isopreno, espalhadas pelo território brasileiro, especialmente na Amazônia. Dessas plantas, destacam-se algumas, relacionadas no Quadro 4.5.

As regiões produtoras de borracha de *Hevea brasiliensis* são apresentadas na Figura 4.15. Nota-se que estão localizadas principalmente no Hemisfério Sul, destacando-se a América do Sul e o Sudeste Asiático. As áreas plantadas de *Hevea* estão relacionadas no Quadro 4.6. O consumo mundial *per capita* de borracha de seringueira em 2001 é apresentado no Quadro 4.7.

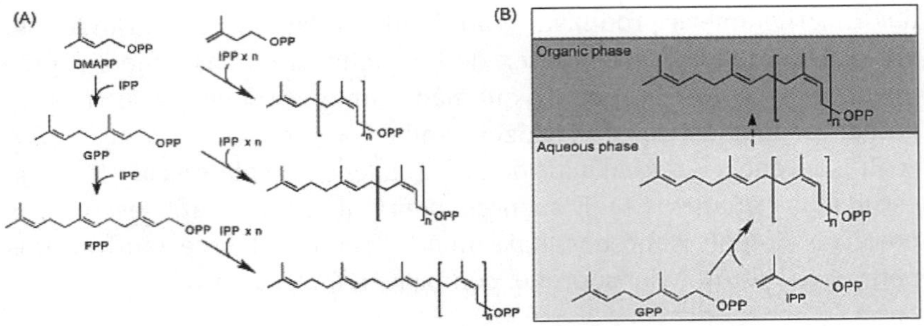

Obs.: DMAPP (difosfato de dimetil-alila); IPP (pirofosfato de isopentenila); GPP (difosfato de geranila); FPP (difosfato de farnesila).

Fonte: ScienceDirect. Disponível em: <http://www.sciencedirect.com/science/article/pii/S0168165609002752 01-06-2012>.

Figura 4.14 – Representação esquemática das reações envolvendo a biossíntese do *cis*-poli-isopreno, considerando um sistema bifásico.

Fonte: YAMADA Y., et al. Effficient in vitro synthesis of cis-polyisoprene using a termostable cis-prenyltransferase from a hyperthermophilic archaeon Thermococcus kodakaraensis. *Journal of Biotechnology*, v. 143, p. 151-156, 2009.

Quadro 4.5 – Principais plantas que produzem *cis*-poli-isopreno		
Família	**Gênero**	**Espécie**
Euforbiácea	Hevea	*brasiliensis* (seringueira)
		benthamiana
		lútea
		guaianensis
	Manihot	*glaziovii* (maniçoba)
		trifoliata
		rotundata
	Sapium	*prunifolium* (murupita)
Morácea	Castilloa	*ulei* (caucho)
	Ficus	*retusa*
		benjamina
Apocinácea	Hancornia	*speciosa* (mangabeira)
	Funtumia	*elástica*
	Landolphia	
Composta	Parthenium	*argentatum* (guaiule)
	Taraxacum	*officinale* (dente-de-leão)

Quadro 4.6 – Área plantada de *Hevea brasiliensis* no mundo (2001)		
N°	País	Percentual (36%)
1	Indonésia	36
2	Tailândia	23
3	Malásia	19
4	China	6
5	Índia	5
6	Brasil	3
7	Nigéria	3
8	Libéria	2
9	Sri Lanka	2
10	Filipinas	1
Total		100

Fonte: *Anuário Brasileiro da Borracha – 2002*. Campinas: Editora Borracha Atual, 2002.

Figura 4.15 – Regiões produtoras de borracha de *Havea brasiliensis* no mundo.

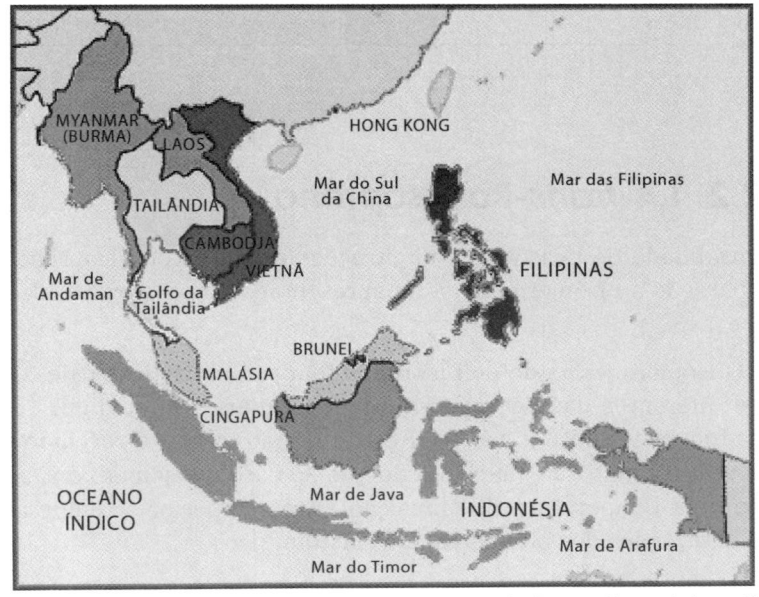

Fonte: Google. Disponível em: <http://www.google.com.br/imgres?imgurl=http://www.cebu-philippines.net/images/MapTier2SouthEastAsia.gif&imgrefurl=http://www.cebu-philippines.net/south-east-asia>. Acesso em: 22 jun. 2012.

Quadro 4.7 – Consumo mundial *per capita* de borracha de seringueira em 2001		
N°	País	Percentual (36%)
1	Malásia	15,9
2	Coreia do Sul	6,0
3	Japão	4,5
4	Canadá	4,0
5	E. U. A	3,5
6	Grã-Bretanha	2,5
7	França	2,5
8	Alemanha	2,5
9	Tailândia	2,5
10	Espanha	2,0
11	Itália	1,0
12	Brasil	0,5
13	Indonésia	0,5
14	Índia	0,5
15	China	0,5

4.2.2 1,4-*trans*-Poli-isopreno

A pluralidade de possíveis configurações do *trans*-poli-isopreno, em comparação ao isômero *cis*, já foi apresentada nas Figuras 4.10, 4.11, 4.12 e 4.13.

O isômero *trans* do poli-isopreno tem características físicas bastante diferentes das do isômero *cis*. A regularidade configuracional do polímero permite a sua fácil cristalização, o que é revelado pela temperatura de fusão, mais alta do que no caso do isômero *cis*, assim como pela temperatura de transição vítrea, superior à temperatura ambiente, típica dos polímeros não elastoméricos.

A solubilidade do isômero *trans*, mais cristalino, é menor do que a do *cis* – tal como esperado – o que permite a purificação a partir de misturas naturais. A densidade do *trans*, mais compacto, é superior à do isômero *cis*, embora ambas sejam abaixo da densidade da água, como poli-hidrocarbonetos acíclicos que são: densidade do *cis*-poli--isopreno: 0,92; densidade do*trans*-poli-isopreno: 0,95.

As principais espécies botânicas produtoras de *trans*-poli-isopreno estão relacionadas no Quadro 4.8.

Quadro 4.8 – Principais plantas que produzem *trans*-poli-isopreno		
Família	**Gênero**	**Espécie**
Sapotácea	Mimusops	bidentata (balata)
		elata (maçaranduba)
	Palaquium	oblongifoliu (guta-percha)
	Ecclinusa	balata (coquirana)
	Achras	sapota (sapoti)
Apocinácea	Couma	utilis (sorva)
		macrocarpa
		guianensis

4.2.3 Politerpenos

Terpenos, também chamados terpenoides ou isoprenoides, constituem a maior classe de produtos naturais, conhecida principalmente pelo seu odor, agradável e intenso. As funções ecológicas de terpenoides vegetais incluem: atraentes para insetos de polinização, dispersantes de animais frugívoros, defensivos anti-herbívoros, defensivos contra fungos, agentes de competição entre plantas.

Todas as espécies vegetais sintetizam poliprenóis, que são compostos oligoméricos isoprenoides, com massas molares entre 400 e 1.000. Esses compostos estão envolvidos na síntese de carboidratos nos organismos vivos.

Politerpenos são resinas obtidas pela polimerização de terpenos, que são monômeros do tipo hidrocarboneto insaturado, constituintes de vários óleos essenciais vegetais. Os exemplos mais comuns dessas essências são as de pinheiro, de eucalipto e de limão. Os terpenos mais simples são os monoterpenos, dímeros do isopreno, que têm fórmula empírica $C_{10}H_{16}$, isto é, o dobro de C_5H_8, fórmula do isopreno – estes, de massa molar baixa, inferior a 1.000, não são polímeros.

As **resinas** são substâncias complexas que incluem compostos oleosos chamados **terpenos**. Ao longo do tempo, alguns terpenos evaporam, enquanto outros condensam e se tornam reticulados entre si, formando polímeros duros. Diferentes espécies de árvores produzem diversos tipos e variadas quantidades dessas resinas. São uma secreção formada nas plantas especialmente em vasos condutores, como nas árvores coníferas. Essa secreção escoa lentamente, em gotas macias, endurecendo ao ar em massas contínuas. Também podem ser obtidas fazendo-se talhos na casca ou na madeira das árvores. As resinas cicatrizam as feridas da planta, matam insetos e fungos. Quando as resinas são flexíveis, são conhecidas como óleo-resinas, e quando contêm ácido benzoico ou cinâmico, são chamadas **bálsamos**. Uma resina típica é uma massa transparente ou translúcida, com uma fratura vítrea, de cor amarela ou marrom. Com baixa massa molar, entre 1.000 e 10.000, e baixa resistência mecânica, as resinas terpênicas, de cor clara, são indicadas para a composição de ceras, colas e adesivos, como substitutas de resinas sintéticas.

No Quadro 4.9 se encontram a representação química e as principais características físicas dos terpenos mais importantes:*alfa*-pineno, *beta*-pineno, limoneno, canfeno, mirceno e *beta*-felandreno.

As plantas da classe das Coníferas são a principal fonte de terpenos. Os pinheiros, do gênero *Pinus,* são particularmente ricos nesses compostos, que são extraídos como uma mistura, conhecida na indústria como **terebintina** (ver Seção 4.1.10, "Resinas terpênicas").

Quadro 4.9 –Propriedades de monoterpenos encontrados na terebintina				
Terpeno	**Estrutura**	**P. E. (°C)**	n_D^{20}	**Densidade**
alfa-Pineno		156	1,4658	0,8595
beta-Pineno		165	1,4790	0,8722

Limoneno		176	1,4730	0,8411
Canfeno		158	-	-
Mirceno		167	1,4780	0,7880
beta-Felandreno		172	-	-

Obs.: P. E. – Ponto de ebulição; n_D^{20} – Índice de refração a 20 °C.

5 - POLIFENÓIS

No reino vegetal, é comum a ocorrência de produtos de cor escura, castanha ou negra, especialmente em partes externas de árvores de vida longa. A coloração se deve à presença de produtos fenólicos no sistema vascular das plantas. Durante o metabolismo, esses produtos sofrem reações químicas, ocorrendo a oxidação das hidroxilas fenólicas a grupos quinônicos, que são cromóforos de alto poder de absorção na região visível do espectro eletromagnético. Essas reações são responsáveis pela modificação gradual da cor até atingir o negro.

Esse efeito é observado nas resinas lignânicas e nas ligninas, que são produtos macromoleculares polifenólicos, e principalmente nos carvões, que são derivados fósseis, formados pelo soterramento de plantas. Esses materiais serão abordados nas próximas seções.

5.1 Materiais

Dentre os materiais polifenólicos de origem vegetal, destaca-se o **carvão**, combustível fóssil de imensa importância industrial, que será abordado na seção a seguir. Outro material é o **nó-de-pinho**, que será abordado na Seção 5.1.2, e que proveniente das araucárias, típicas da Região Sudeste do Brasil, que já teve bastante interesse para o País antes da devastação das florestas.

5.1.1 Carvão

Carvão (do latim, *carbone*)

O carvão pode ser definido como um material combustível sólido, poroso, em geral negro, formado por uma mistura de componentes, podendo ser tanto de origem natural quanto fabricado a partir de madeira. Quando não se especifica o material, dizendo-se simplesmente "carvão", é em geral implícito que se trata de carvão natural. Depois do petróleo, o carvão é a fonte de energia mais empregada no mundo.

O **carvão mineral**, ou **carvão de pedra**, ou **hulha**, é uma rocha orgânica, sedimentar, heterogênea, geralmente estratificada, porosa, negra ou negro-acastanhada, originada do acúmulo e soterramento de vegetação, parcialmente decomposta em eras anteriores. É resultante de plantas fossilizadas e consiste de carbono amorfo e diversos outros componentes, orgânicos e inorgânicos. O carvão mineral não é carbono, nem hidrocarboneto; contém quantidades variáveis de carbono, hidrogênio e oxigênio e, em menor proporção, nitrogênio e enxofre. É geralmente aceito que a parte insolúvel do carvão é uma estrutura macromolecular tridimensional reticulada, contendo material orgânico dissolvido, que pode ser removido por extração com solventes. O principal precursor do carvão é, provavelmente, a lignina, que é o material estrutural das plantas. Os polissacarídeos – celulose e amido – são menos resistentes, devem ter sido destruídos nos estágios iniciais de deposição e decomposição das plantas.

O carvão é o mais abundante combustível fóssil encontrado na Natureza, espalhado em muitas partes do globo terrestre. É formado por processos geológicos – que envolvem temperatura, pressão, tempo – a partir de material vegetal, pela ação de micro-organismos em presença de água, sob condições primeiro aeróbicas, depois anaeróbicas, consistindo largamente de material carbonáceo e quantidades menores de substâncias inorgânicas. Como o carvão é uma mistura complexa e não pode ser purificado para análise, em virtude do fato de ser insolúvel e infusível, sua estrutura química é avaliada por meio dos seus produtos de degradação. A estrutura proposta para o carvão de hulha é complexa. Conforme o material e a profundidade em que é retirado, o teor de cinzas varia, assim como o poder calorífico e os teores de carbono, hidrogênio, enxofre, nitrogênio e oxigênio. A fórmula apresentada na Figura 5.1 mostra um trecho da molécula de carvão em que se notam anéis aromáticos condensados carbocíclicos e heterocíclicos, com grupamentos diversos, principalmente hidroxila, quinona, éter, amina, tioéter e sulfeto.

Carvão vegetal é um material geralmente negro, poroso, contendo 85-95% de carbono, obtido pela destilação destrutiva da madeira a 500-600 °C, em ausência de ar. A grande superfície interna lhe confere a propriedade de adsorção, que permite aos materiais aderirem à superfície dos poros. Seus principais usos são: desodorização do ar além de descoloração e purificação da água. Por tratamentos químicos, sua capacidade de adsorção pode ser aumentada para servir como agente de filtração de ar em máscaras contra gases, para remoção de odores e de vapores tóxicos.

O carvão é usado principalmente para combustão, como fonte de calor para produção de vapor, necessário à geração de eletricidade. Alguns tipos de carvão podem ser usados para a fabricação de coque metalúrgico, requerido como redutor na produção do ferro a partir do minério, óxido de ferro. O carvão é ainda a base da fabricação de

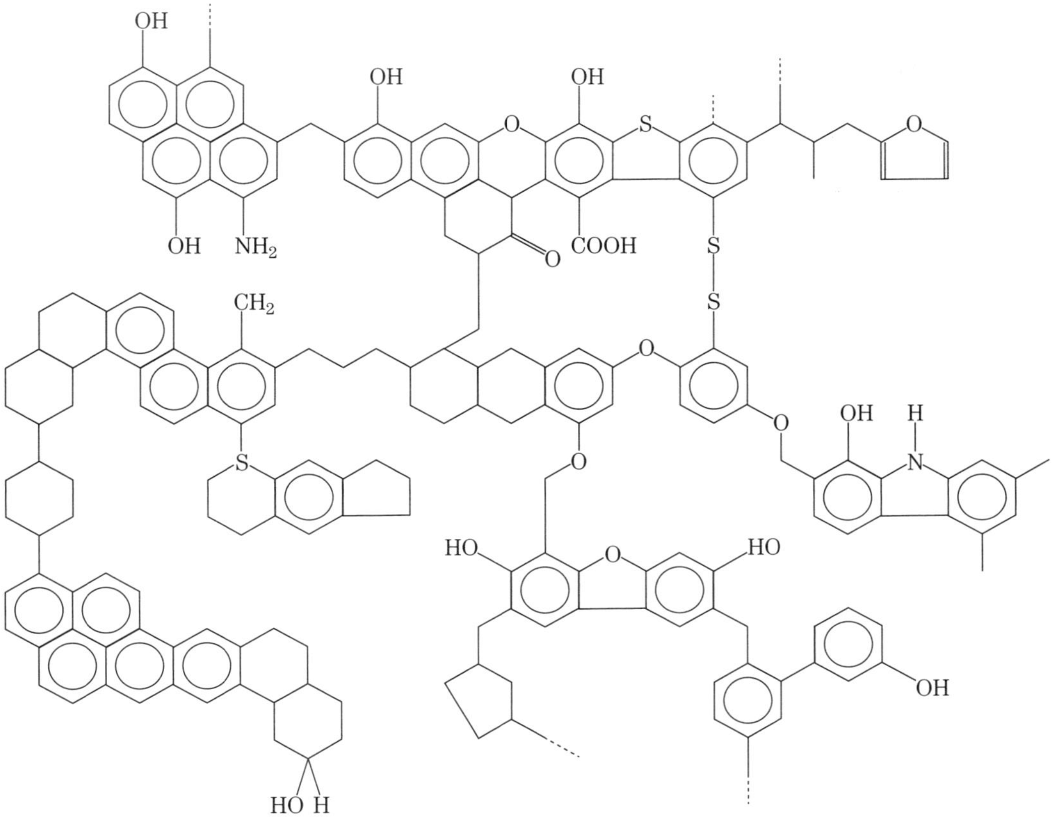

Figura 5.1
Estrutura proposta
para representação
de um trecho da
macromolécula
reticulada
encontrada no
carvão de hulha.

Fonte: Wikipedia. Disponível em:<http://en.wikipedia.org/wiki/Coal em 2-6-2012>.
Acesso em: 2 jun. 2012.

combustíveis líquidos e de toda uma indústria de compostos químicos aromáticos.

Na Natureza, a transformação do material em carvão obedece à sequência: madeira, turfa, limito, hulha e antracito. A conversão da turfa em carvão é estimada em centenas de milhares de anos. O Quadro 5.1 mostra o poder calorífico, isto é, a quantidade de calor produzida quando a unidade de peso de um combustível é completamente queimada e os produtos de combustão são resfriados à temperatura original. Os valores se referem aos diferentes tipos de carvão mineral e são comparados ao valor médio da madeira (lenha). Nota-se a superioridade calorífica crescente dos carvões mais antigos, mais ricos em estruturas de hidrocarbonetos cíclicos polinucleares: a **turfa**, com 56-63% de carbono e poder calorífico de 4.950-5.600 kcal/kg, é o extremo inferior, e o **antracito**, com 92-94% de carbono e poder calorífico de 8.350-9.170 kcal/kg, está no extremo superior.

Quadro 5.1 –Poder calorífico dos diferentes tipos de material carbonáceo		
Material carbonáceo	Poder calorífico (kcal/kg)	Teor de carbono (%)
Madeira seca	4.710 – 5.085	49 - 50
Carvão vegetal	6.120 – 7.500	85 - 95
Turfa marrom	4.950 – 5.600	---
Turfa negra	5.300 – 5.630	56 - 63
Linhito marrom	5.720 – 6.280	65 - 69
Linhito negro	6.230 – 7.260	71 - 73
Hulha	8.210 – 8.400	82 - 89
Antracito	8.350 – 9.170	92 - 94

Fonte: HOUAISS, A. *Enciclopédia mirador internacional.* v. 15. Rio de Janeiro: Encyclopaedia Britannica do Brasil Publicações, 1995.

Os depósitos mundiais de carvão, tal como conhecidos em 1980, estão avaliados em mais de 10 bilhões de toneladas. Atualmente, a estimativa das reservas de carvão está acima de 8 trilhões de toneladas, das quais 97% estão no Hemisfério Norte. No Brasil, que não é um grande produtor, o carvão de melhor qualidade é encontrado no Estado de Santa Catarina, com poder calorífico de 5.600 kcal/kg. A idade geológica do carvão brasileiro é de 230-280 milhões de anos, na era Paleozoica, período Carbonífero.

O carvão é formado de vegetais parcialmente decompostos, cuja composição foi posteriormente modificada pela ação de diversos agentes, físicos e químicos. Essas mudanças ocorrem em dois estágios diferentes, um bioquímico e outro dinâmico-mecânico ou geoquímico. Diferenças no material vegetal e no grau de sua decomposição durante o primeiro estágio determinam nos carvões a formação de tipos de rocha macroscópica, geralmente em camadas petrologicamente distinguíveis, que são os litotipos do carvão, denominados vitrênio, clarênio, durênio e fusênio.

O **vitrênio** resulta da decomposição parcial da lignina em águas estagnadas. Ocorre sob a forma de tiras ou lentículas, mantendo muitas vezes a estrutura celular da planta que deu origem ao fragmento. O material se apresenta com estrutura finamente estratificada e brilhante. O **clarênio** tem a mesma natureza do vitrênio, do qual se distingue visualmente ao microscópio óptico. O **durênio** é o carbono duro, proveniente de carvões formados em águas menos estagnadas, em condições aeradas, em que os tecidos vegetais são mais macerados e, assim, decompostos em maior grau. Os tecidos vegetais com alta concentração de esporos, cutículas e resinas favorecem a formação eventual de durênio. O **fusênio** é resultante de plantas lenhosas, por atividade seletiva química e bioquímica, provavelmente em ambiente seco.

A **turfa** tem como precursores os resíduos das plantas, como galhos, ramos, folhas, cascas, esporos e grânulos de pólen. Forma-se nos pântanos, que são o único ambiente natural em que não ocorre a decomposição completa de um vegetal. O grau de preservação depende de dois fatores: a resistência à decomposição, inerente a cada componente da planta, e a natureza da água do pântano. Se o material estiver exposto à atmosfera ou a águas muito aeradas, a ação destrutiva de fungos e bactérias é contínua e completa, mas é apenas parcial na água estagnada dos pântanos, que são o hábitat natural das bactérias anaeróbicas. Nessas condições, as proteínas, o amido da planta e, em certo grau, a celulose são prontamente decompostos, mas a lignina, que é uma macromolécula fenólica reticulada, resiste. O metamorfismo da turfa em carvão ocorre graças à pressão e a um vagaroso aumento da temperatura por longos períodos de tempo. Esse tipo de metamorfismo é chamado **carbonificação**.

O linhito é o estágio de carbonificação que sucede à turfa. É um tipo de carvão jovem, com alto teor de oxigênio e baixo poder calorífico.

A hulha é o carvão mais abundante; é empregado geralmente para a produção de energia, aquecimento e usos industriais. Tem 82 a 89% de carbono e 10 a 30% de matéria volátil.

O antracito é o tipo de carvão de melhor qualidade, com teor de material volátil inferior a 10%. A sua formação decorre de metamorfismos produzidos pelo aumento da temperatura e da pressão durante o processo de geração das montanhas. É o carvão mais rico em carbono (92 a 94%) e de maior poder calorífico.

O **coque** é um sólido negro, fundido, poroso, rico em carbono, que resulta da decomposição do carvão por aquecimento em ausência de ar ou oxigênio.

O azeviche é uma variedade de carvão; foi formado há milhões de anos, originário da madeira imersa em água estagnada e depois comprimida e fossilizada por camadas posteriores do mesmo material, que sobre ele se acumularam. Como o âmbar, o azeviche gera eletricidade estática quando friccionado. Sabe-se que o homem extrai o azeviche desde 1400 a. C. e durante a ocupação da Grã-Bretanha, os romanos davam-lhe tanto valor que carregamentos desse material eram frequentemente enviados para Roma. A beleza do azeviche é acentuada pelo polimento; por causa de sua cor negra, era muito procurado no século XIX para fazer adornos, usados em ocasiões de luto.

Os **asfaltenos** também podem ser extraídos do carvão mineral, além do petróleo, que é sua fonte principal. Os dois tipos principais de carvão são o carvão vegetal e o carvão mineral. As classes de compostos identificadas foram hidrocarbonetos, resinas, asfaltenos e asfaltóis, sendo que os hidrocarbonetos podem ser separados em saturados, monoaromáticos, diaromáticos, triaroremáticos e aromáticos polinucleares.

Bibliografia recomendada

Answers. Disponível em: <http://www.answers.com/topic/coal>. Acesso em: 11 jun. 2007.

HOUAISS, A. *Enciclopédia mirador internacional*. v. 10. Rio de Janeiro: Encyclopaedia Britannica do Brasil Publicações, 1995.

LARSEN, J. W.; GORBATY, M. L. *Encyclopedia of physical science and technology*. v. 3. Orlando: Academic Press, 1987.

MANO, E. B.; PACHECO, E. B. A. V.; BONELLI, C. M. C. *Meio ambiente, poluição e reciclagem*. São Paulo: Editora Edgard Blücher, 2005.

5.1.2 Nó-de-pinho

Materiais de origem vegetal contendo ligninas são encontrados no Brasil em uma diversidade de plantas. Entre elas, destaca-se o pinheiro--do-paraná, *Araucaria angustifolia*, da família das Araucariáceas, classe das Gimnospermas. É uma árvore resistente e de porte majestoso, com os ramos dispostos em forma de taça, típica da Região Sudeste do Brasil, embora em progressivo processo de destruição (Figura 5.2).

Uma característica interessante dessa espécie botânica é a presença de estruturas altamente lignificadas, de elevada resistência mecânica, podendo suportar a geometria caprichosa dos galhos desse tipo de pinheiro. Essas formações, escuras, se encontram inseridas nos troncos das árvores e constituem os chamados **nós-de-pinho**; delas emergem os galhos. Esses nós, de forma geral aproximadamente cônica, podem atingir até 50 cm de diâmetro e 5 kg de peso (Figura 5.3). Suas seções transversais são quase circulares e, após a secagem ao ar

Fonte: Wikipedia. Disponível em:<http://pt.wikipedia.org/wiki/Pinheiro-do-paran%c3%a1>. Acesso em: 5 jun. 2012.

das tábuas do chamado "pinho de terceira", destacam-se facilmente como discos de cor castanha escura (Figura 5.4).

A sua resistência decorre da estrutura interna do tronco, com um eixo central de resina lignânica, ao qual se ligam os eixos centrais dos ramos laterais, formando os nós-de-pinho. A composição química da resina desses nós, obtida por extração com etanol, revela tratar-se de um material lignânico. Nessa resina, a estrutura básica mais abundante é a

Figura 5.3
Nó-de-pinho do
pinheiro-do-paraná.

Fonte: Wikipedia. Disponível em: <http://pt.wikipedia.org/wiki/N%C3%B3_de_pinho>. Acesso em: 5 jun. 2012.

do seco-isolarici-resinol, em que existem dois hidroxilas fenólicas livres, em posições *para-* aos substituintes alifáticos, e dois grupos metoxila, em posição *meta-* àqueles grupos, representados na Figura 5.5.

Portanto, em cada molécula lignânica desse tipo existem duas posições *orto-* ao grupo fenólico, disponíveis para reações do tipo substituição eletrofílica (Quadro 5.2). Essa estrutura permite a utilização da resina natural em aplicações semelhantes à resina fenólica, sintética.

Os nós-de-pinho dos pinheiros-do-paraná não apodrecem, em virtude de sua estrutura química altamente aromática; são empregados no sul do País em lareiras, para queima. Na indústria, são utilizados correntemente como matéria-prima para a preparação de carvão ativo. Deles também é extraída uma resina com etanol, cerca de 35%, empregada na fabricação de vernizes, restando insolúveis a lignina (cerca de 40%) e a celulose (cerca de 20%)(Quadro 5.3). Os constituintes principais dessa resina são **lignanas** do tipo **secoisolarici-resinol**

Figura 5.4
Tábua de pinho-do-
paraná, com os nós
escuros.

(Figura 5.5), precursoras do material reforçador da madeira representado pelas ligninas.

Bibliografia recomendada

ABREU, H. S. ORTEL, A. C. Estudo químico da lignina de Paulinia
rubiginosa. *CERNE*, v. 5, n. 1, p. 52-60, 1999.

BARBOSA, L. C. F. *Nó-de-pinho do Paraná como matéria-prima
de resinas termorrígidas*. 1981. Tese (Mestrado) – Instituto de Macromoléculas Professora Eloisa Mano, Universidade Federal do Rio de
Janeiro, Rio de Janeiro,1981. Orientador: E. B. Mano.

Quadro 5.2 – Composição química do extrato etanólico da resina de nó de pinho-do-paraná	
Componente	Teor (%)
Diterpenos, alcaloides, cinza e precipitáveis com formaldeído	zero
Açúcares redutores	3,1
Taninos	1,4
Ácidos graxos	1,0
Ésteres graxos	0,9
Esteroides livres	0,05
Hinoki-resinol (IV)	4,1
(+) Éter dimetílico do pino-resinol (III)	2,0
(+) Éter metílico do pino-resinol (II)	1,2
(+) Pino-resinol (I)	3,2
(+) Isolarici-resinol (V)	0,8
(-) Secoisolarici-resinol (VI)	7,2
Lignanas derivadas do secoisolarici-resinol	70

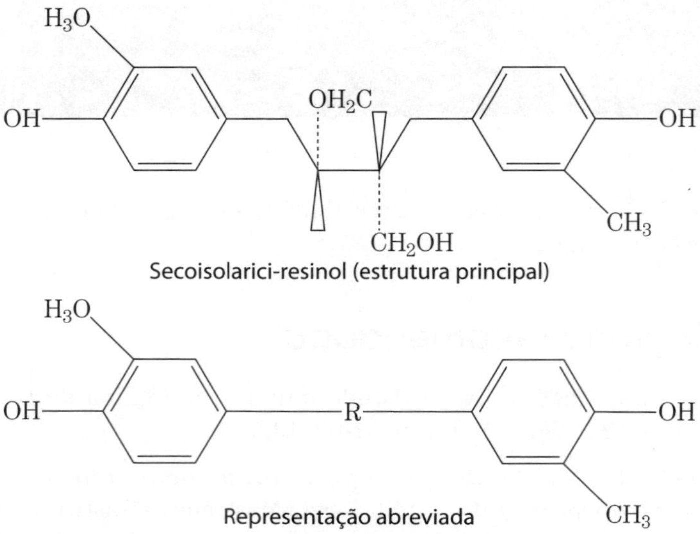

Secoisolarici-resinol (estrutura principal)

Representação abreviada

Figura 5.5
Estrutura química básica da resina de nó-de-pinho.

BRITT, K. H. Handbook of Pulp and Paper Technology. New York: Van Nostrand Reinhold Co., 1970.

JACOB, M. M. *Resinas furfural-lignânicas de nó-de-pinho do Paraná*. 1980. Tese (Mestrado) – Instituto de Macromoléculas Professora Eloisa Mano, Universidade Federal do Rio de Janeiro, Rio de Janeiro,1980. Orientador: E. B. Mano.

JIRGENSONS, B. *Natural organic macromolecules*. New York: Pergamon Press, 1962.

KRAMER, O. *Biological and synthetic polymer networks*. Santa Maria: Elsevier Applied Science Publishers – Department of Chemistry, 1988.

Quadro 5.3 –Composição do nó de pinho-do-paraná – Análise imediata			
Fração	**Componente**	**Teor (%)**	**Aspecto**
Extrato benzênico	Hidrocarbonetos, ceras, esteroides	(3)[a]	Material ceroso, avermelhado, odor adocicado; funde a 55 °C
		(6)[b]	(Idem)
Extrato aquoso	Glicosídeos, açúcares, taninos	(20)[a]	Material seco, pulverulento, castanho amarelado, inodoro
		(17)[b]	(Idem)
Extrato etanólico	Lignanas, resinas	13[a]	Material seco, pulverulento, castanho avermelhado, leve odor adocicado; funde a cerca de 130 °C
		(12)[b]	(Idem)
Solúveis em H_2SO_4 a 72%	Celulose	21[c]	Material fibroso, levemente amarelado
		(18)[d]	(Idem)
Insolúveis em H_2SO_4 a 72%	Ligninas	43[e]	Material seco, pulverulento, avermelhado
		(46)[c]	(Idem)
Cinza	Resíduos minerais	Desprezível	Pó branco
Total	---	100	---

Obs.: a – Extratos sucessivos na ordem benzeno-água-etanol; b – Extratos sucessivos na ordem água-benzeno-etanol; c – Determinado por diferença; d – Determinação direta pelo tratamento com hipoclorito de sódio; e – Determinação direta pelo tratamento com ácido sulfúrico a 72%.
Fonte: SARKANEN, K. V. Lignin. In: Britt, K. H. *Handbook of pulp and paper technology*. New York: Van Nostrand Reinhold Co., 1970.

SALIBA, E. O. S. et al. Lignins: isolation methods and chemical characterization. *Cienc. Rural*, v. 31, n. 5, p. 917-928, 2001.

SANTOS, H. F. Análise conformacional de modelos de lignina. *Química Nova,* v. 24, n. 4, p. 480-490, 2001.

WALTON, A. G.; BLACKWELL, J. *Biopolymers*. New York: Academic Press, 1973.

5.2 Polímeros

Compostos aromáticos poliméricos são comuns no Reino Vegetal. As resinas lignânicas e as ligninas, que serão comentadas a seguir, têm estruturas baseadas nos fenóis. O modelo de hidroxilação dos núcleos aromáticos é quase sempre do tipo 3,4-dissubstituído, e é grande a variedade dos estados de oxidação em que o fragmento C_3 pode ser encontrado (Figura 5.6). A presença de unidades fenol-propânicas e de lignanas em diferentes famílias de plantas parece indicar que ambos os tipos de estrutura estão associados aos processos metabólicos gerais da planta, bem como aos processos de lignificação.

5.2.1 Resinas lignânicas

O termo **lignana** foi aplicado por **R. D. Haworth**, em 1936, para designar compostos de ocorrência natural que parecem ser formados pela junção de dois compostos de esqueleto n-propil-benzênico, ligados pelos átomos de carbono-2 das cadeias laterais. Tal como as ligninas, as lignanas são encontradas em resinas exsudadas de plantas, em raízes, troncos, folhas e frutos.

É interessante registrar que as lignanas são produtos diméricos intermediários entre os propilfenóis e as ligninas, são, portanto, precursores das ligninas – e que as estruturas trímeras e tetrâmeras não são comuns em lignanas de origem natural. O termo **lignana** foi inicialmente aplicado apenas a dímeros de unidades fenilpropânicas ligadas pelos átomos de carbono *beta* da cadeia lateral. Mais recentemente, o termo **neolignana** foi criado por **O. R. Gottlieb** para designar dímeros de fenilpropanoides ligados por átomos de carbono em outras posições exceto *beta*.

As lignanas apresentam, em sua estrutura, pelo menos dois grupamentos fenólicos, livres ou bloqueados por eterificação ou acetilação. Representam um tipo de associação das estruturas precursoras I, II e

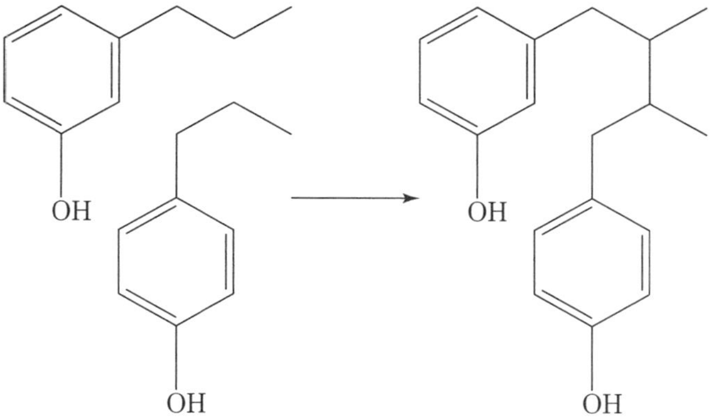

Figura 5.6
Estrutura dímera
fenol-propânica das
lignanas.

III, respectivamente p-hidroxifenila, guaiacila e siringila, encontradas nas plantas nas etapas finais do complicado processo biogenético que resulta em macromoléculas complexas como as ligninas (Quadro 5.4). Têm massas moleculares relativamente baixas e algumas lignanas têm comprovada atividade biológica.

Assim, pode-se dizer que as lignanas são derivados diméricos da classe de compostos C_6C_3.

Bibliografia recomendada

BARBOSA, L. C. F. *Nó-de-pinho do Paraná como matéria-prima de resinas termorrígidas.* 1981. Tese (Mestrado) – Instituto de Macromoléculas Professora Eloisa Mano, Universidade Federal do Rio de Janeiro, Rio de Janeiro, 1981. Orientador: E. B. Mano.

JACOB, M. M. *Resinas furfural-lignânicas de nó-de-pinho do Paraná.* 1980. Tese (Mestrado) – Instituto de Macromoléculas Professora Eloisa Mano, Universidade Federal do Rio de Janeiro, Rio de Janeiro, 1980. Orientador: E. B. Mano.

Quadro 5.4 – Proporção das diferentes unidades lignânicas em ligninas		
Unidade fenolpropânica	Angiospermas	Gimnospermas
	5	14
I	49	80
III	46	6
Total	100	100

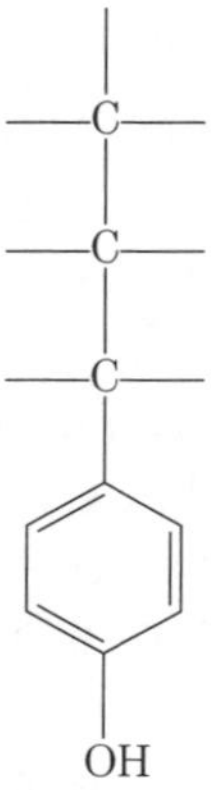

I
Unidade
p-hidroxifenila

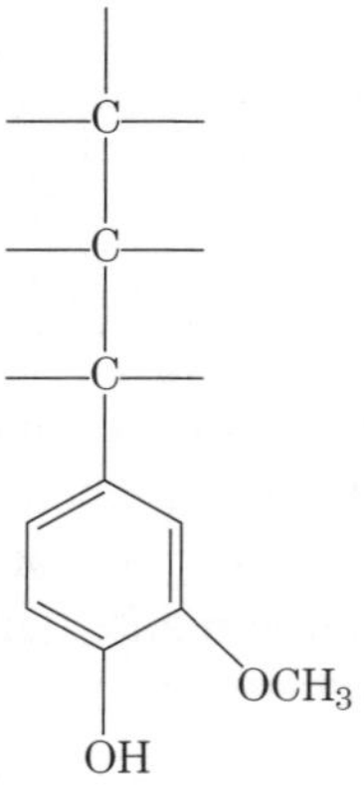

II
Unidade
guaiacila

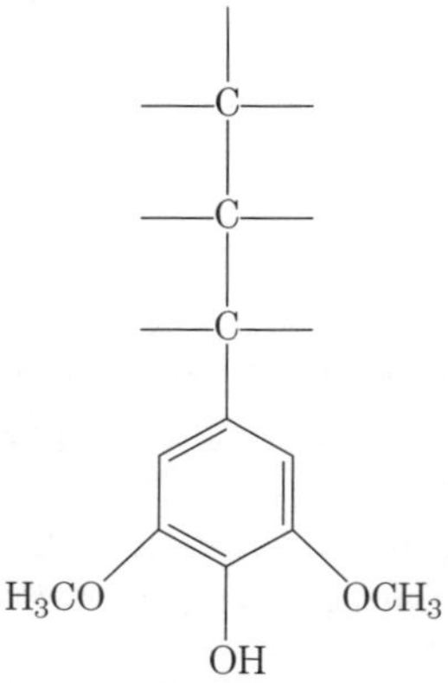

III
Unidade
siringila

Obs.: Gimnospermas são um grupo de plantas floríferas providas de sementes encerradas no pericarpo. **Pericarpo** é o fruto em si, com exclusão das sementes. **Angiospermas** são um grupo de vegetais que possuem óvulos e sementes expostos.

5.2.2 Resina de lignina

Lignina (do latim *lignum*, que significa "lenho")

Os vegetais superiores são formados basicamente por três grupos de substâncias, representadas pela celulose, a hemicelulose e a lignina. A celulose e a hemicelulose constituem o arcabouço estrutural das células vegetais, enquanto a lignina atua como um adesivo entre as células, mantendo a coesão. A lignina é o segundo material mais abundante no reino vegetal; é uma substância química que confere rigidez à parede celular e atua como composto de ligação entre celulose e polioses, gerando estruturas resistentes ao impacto, a compressão e a dobras.

O termo **lignina** é conhecido desde meados do século XIX. Conforme sua origem etimológica indica, a lignina é largamente encontrada em vegetais (Quadro 5.5), e sua conceituação depende do enfoque, conforme exemplificado por **Schubert** (1968):

- Para um botânico, lignina é um metabólito de uma planta jovem, ou um componente estrutural de uma planta adulta, detectável por meio de certas reações coradas com fenóis ou aminas, primárias ou secundárias, em meio ácido, resultando em intensas colorações que variam do amarelo ao violeta-avermelhado, conforme o reagente usado.

- Para um **químico especialista em solos**, lignina é um produto residual da decomposição da madeira.

- Para um químico de produtos naturais, lignina é um componente reticulado da madeira e de outros tecidos lenhosos das plantas, que impregna os polissacarídeos e os espaços entre as células, reforçando assim os tecidos.

- Para um enzimologista, lignina é o produto final de uma série de reações de desidrogenação, enzimaticamente controladas, em monômeros de estrutura do tipo fenilpropano.

- Para um químico analítico, lignina é a substância insolúvel que resta após tratamento de produtos vegetais com ácido sulfúrico a 72%, seguido de diluição, ebulição e filtração.

- Para um **químico de polímeros**, lignina é um copolicondensado de produtos de desidrogenação dos precursores fenil-propânicos.

- Para um tecnologista de polpa de madeira, lignina é um componente da madeira que deve ser removido da polpa.

As ligninas são constituintes polifenólicos da parede da célula, ocorrendo exclusivamente no reino vegetal. São formadas pela polimerização desidrogenativa, catalisada por enzima, de três precursores básicos: álcool coniferílico, álcool sinapílico e álcool cumarílico. O processo de polimerização resulta na formação de uma estrutura ramificada e reticulada que tem como característica frequentes ligações carbono–carbono entre unidades fenil-propânicas (Figura 5.7). A lignina está presente em todas as plantas vasculares, isto é, com vasos onde circula a seiva; nas plantas maduras, hastes, raízes, troncos, folhas, frutos, casca de frutos e pelos de sementes são todos lignificados em algum grau. A ligina não é encontrada em algas não vasculares, fungos, cogumelos, líquens etc.

Quadro 5.5 – Lignina em vegetais					
Nome comum	**Nome científico**			**Parte da planta (%)**	**Lignina**
	Família	**Gênero**	**Espécie**		
Milho	Gramínea	*Zea*	*mays*	Sabugo	13
Aveia	Gramínea	*Avena*	*sativa*	Casca	14-22
Cevada	Gramínea	*Hordeum*	vulgare	Casca	16-22
Juta	Tiliácea	*Corchorus*	capsularis	Haste	20
Cana-de-açúcar	Gramínea	*Saccharum*	officinarum	Bagaço	20
Eucalipto	Mirtácea	Eucalyptus	sp.	—	22
Alfafa	Gramínea	*Medicago*	sativa	—	23
Pinheiro europeu	Pinácea	*Pinus*	sp.	Agulha	24
Bambu	Gramínea	*Bambusa*	vulgaris	—	29-35
Coco-da-bahia	Palmácea	*Cocos*	nucifera	Casca	32
Arroz	Gramínea	*Oryza*	sativa	Casca	40
Pinheiro-do-paraná	Araucariácea	*Araucaria*	angustifolia	Nó	43

As ligninas são classificadas nos seguintes grupos: **tipo G**; **tipo G-S**; e **tipo H-G-S**, segundo a presença dessas unidades, representadas na Figura 5.8. As ligninas de madeiras moles, os gimnospermas, são formadas fundamentalmente de unidades G; as ligninas de madeiras duras, os angiospermas, são formadas principalmente de unidades G e S; as ligninas de gramíneas compreendem G-S-H. Existem, porém, ligninas de certas espécies de gimnospermas e de gramíneas que apresentam abundância de G e S. As ligninas de plantas herbáceas são do tipo S-G, sendo mais parecidas com a ligninas de angiospermas que de gimnospermas.

Assim, pode-se dizer que ligninas são substâncias complexas, encontradas nos vegetais superiores; são macromoléculas reticuladas, constituídas de unidades de p-hidroxifenilpropano, guaiacilpropano e siringilpropano, repetidas de forma irregular, ocupando cerca de 30% do carbono da biosfera e são produzidas exclusivamente dentro da parede celular.

Técnicas modernas de ressonância magnética nuclear, principalmente NMR ^{13}C, têm sido aplicadas na identificação e caracterização de subestruturas presentes na molécula de lignina. Nesses estudos,

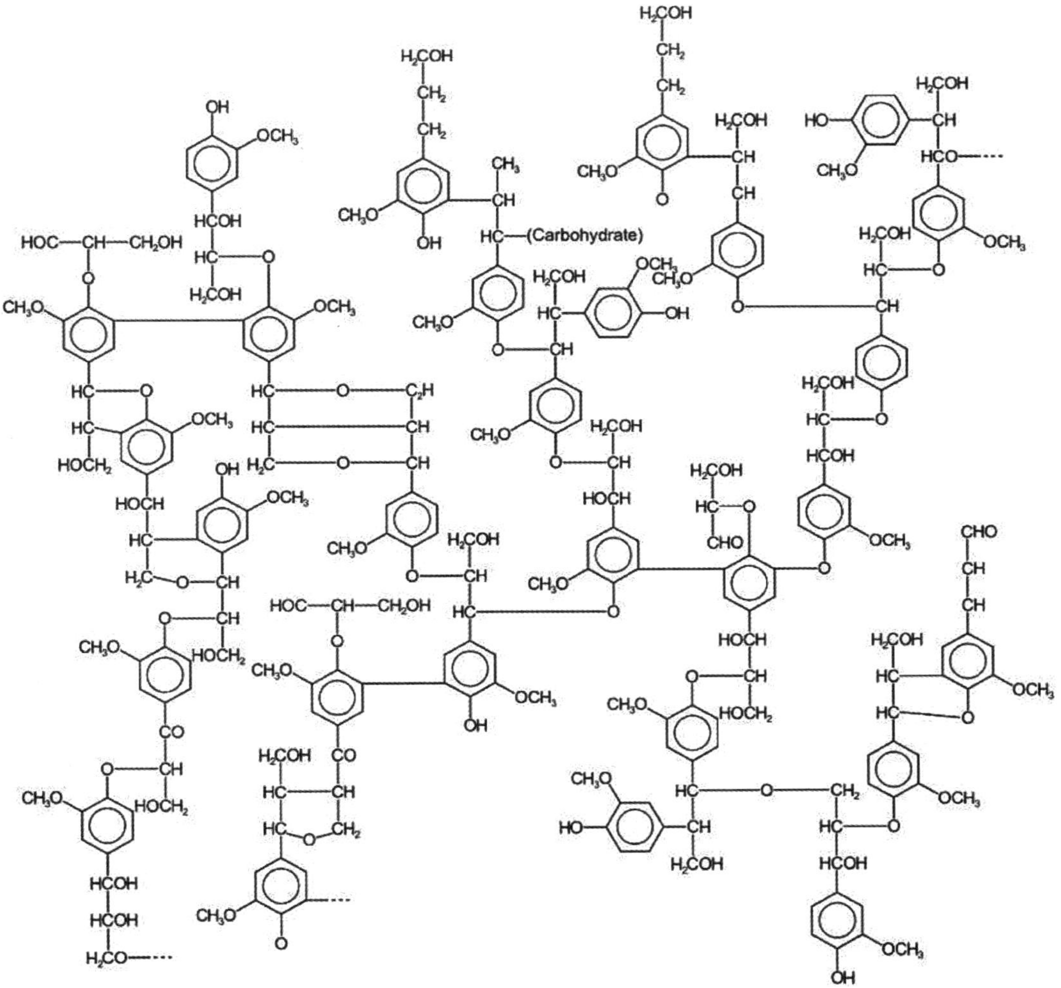

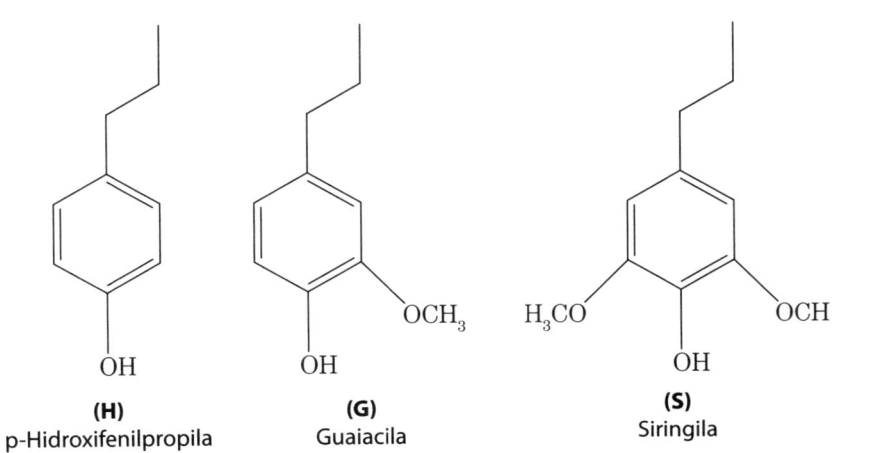

Figura 5.7
Estrutura da lignina.

Figura 5.8
Unidades tipo H, G e S presentes nas ligninas.

(H)
p-Hidroxifenilpropila

(G)
Guaiacila

(S)
Siringila

pequenos fragmentos representativos do sistema macromolecular têm sido utilizados como compostos-modelo.

O espectro de absorção da lignina no ultravioleta indica a presença de grupos aromáticos. A lignina possui alta massa molecular e contém carbono (62-65%), hidrogênio e oxigênio. Tem como base estrutural unidades de fenil-propano, com um número variável de grupos hidroxila e metoxila ligados ao anel benzênico, dependendo da origem da lignina, seja de coníferas ou de árvores folhosas, e do processo de obtenção. Na lignina que ocorre em madeiras de gimnospermas, como os pinheiros, predominam grupamentos guaiacil-propano, e em angiospermas, como o jacarandá, além do guaiacil-propano, também siringil-propano (Figura 5.6 e Quadro 5.4, já vistos). Como material fenólico, amorfo, escuro, facilmente oxidável, a lignina, apresenta coloração escura e se destaca nas madeiras, diferentemente da celulose, que é clara. Vegetais primitivos, como fungos, algas e liquens, não são lignificados.

O processo de lignificação, ou seja, o processo de deposição da lignina, teve um papel primordial na evolução das plantas terrestres. A presença de lignina nas paredes celulares, aumentando-lhes a resistência e a rigidez, permitiu que as plantas aumentassem seu porte e desenvolvessem sistemas ramificados, capazes de suportar ampla folhagem e, portanto, grandes superfícies fotossintetizantes. Como a lignina também impermeabiliza a parede celular, facilita o transporte de água para cima nas células condutoras da seiva inorgânica, já que limita o movimento da água para fora das células.

Outra função da lignina é a sua deposição em resposta a vários tipos de agressão, por parte de insetos, pássaros e outros animais, e também pelo ataque de fungos. A lignina de cicatrização protege a planta ao aumentar a resistência à penetração mecânica, defendendo-a da atividade das enzimas dos fungos e reduzindo a difusão dessas enzimas para dentro da planta.

Bibliografia recomendada

ABREU, H. S.; ORTEL, A. C. Estudo químico da lignina de Paulinia rubiginosa. *CERNE*, v. 5, n. 1, p. 52-60, 1999.

BRITT, K. H. *Handbook of pulp and paper technology*. New York: Van Nostrand Reinhold Co., 1970.

BURANOV, A. U.; MAZZA, G. Lignin in straw of herbaceous crops. *Industrial Crops and Products*, v. 28, n. 3, p. 237-259, nov. 2008.

GLASSER, W. G.; SARKANEN, S. (Eds.). *Lignin* – properties and materials. Washington: American Chemical Society, 1989.

GOTTLIEB, O. R. Lignóides de plantas amazônicas: investigações biológicas e químicas. *Acta Amazônica*, v. 18, n. 1/2, p. 333-344, 1988.

JIRGENSONS, B. *Natural organic macromolecules*. New York: Pergamon Press,

KRAMER, O. *Biological and synthetic polymer networks*. Santa Maria: Elsevier Applied Science Publishers – Department of Chemistry, 1988.

NASCIMENTO, E. A.; MORAIS,S. A. L. Isolamento e análise estrutural de ligninas. *Química Nova*, v. 16, p. 435-448, 1993.

SALIBA, E. O. S. et al. Lignins: isolation methods and chemical characterization. *Cienc. Rural*, v. 31, n. 5, p. 917-928, 2001.

SANTOS, H. F. Análise conformacional de modelos de lignina. *Química Nova,* v. 24, n. 4, p. 480-490, 2001.

WALTON, A. G.; BLACKWELL, J. *Biopolymers*. New York: Academic Press, 1973.

6 - POLIACETAIS

Os principais poliacetais encontrados na Natureza possuem um anel oxigenado como parte da cadeia principal: são os **polissacarídeos**, que provêm, em geral, de vegetais superiores. Os mais importantes são: amido, celulose, pectina e guar. Nos vegetais inferiores, destacam-se os polissacarídeos ágar, alginato de sódio, carragenana, xantana, gelana e dextrana. Dos polissacarídeos de origem animal, os principais são glicogênio e quitina.

Extraídas das plantas, têm particular importância as **fibras**, todas de constituição celulósica, que são produtos poliméricos.

Os polissacarídeos são poliéteres naturais que apresentam, em sua constituição química, grupamentos hemiacetal repetidos, separados por segmentos de anel piranosídico. O encadeamento, em geral, é linear e pode ocorrer por meio de ligações *alfa*- ou *beta*-acetálicas, conforme mostrado na Figura 6.1. Resultam polímeros completamente diferentes em suas propriedades, como a amilose e a celulose; as estruturas químicas da amilose e da celulose são diaestereômeras, diferindo apenas nos átomos de carbono anomérico da ligação hemiacetálica.

Os polissacarídeos também são conhecidos como **açúcares** ou **carboidratos**. A nomenclatura dos polissacarídeos deve ser unifor-

Figura 6.1
Encadeamento de grupamentos por meio de ligações *alfa* ou *beta*-acetálicas.

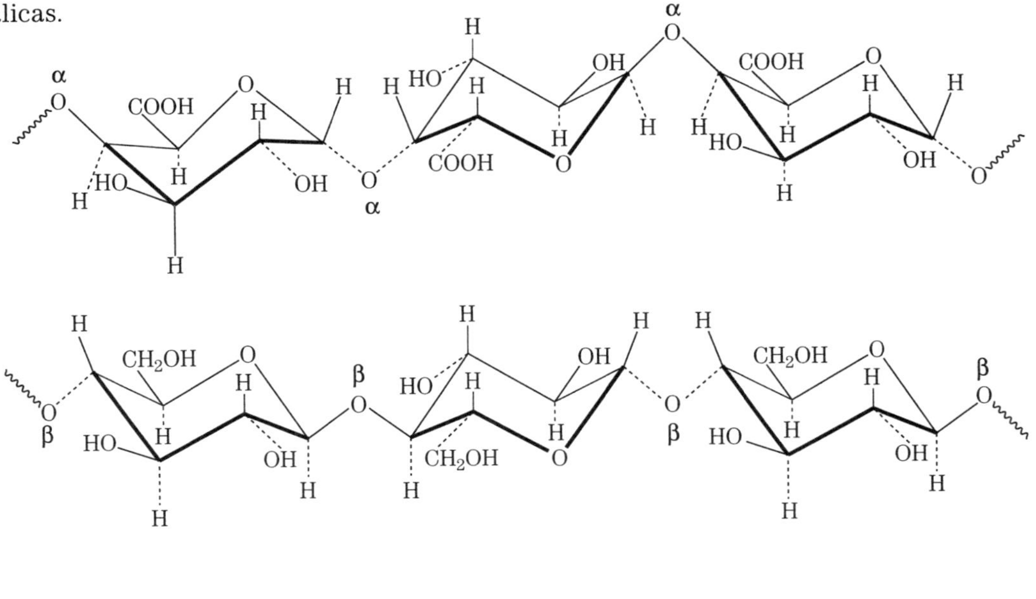

mizada para facilidade de comunicação técnica ou científica. As denominações mais comuns são apresentadas na Quadro 6.1 e exigem uma revisão de conhecimentos anteriores.

A representação, no plano, das estruturas espaciais dos açúcares se baseia em uma convenção, proposta por **Emil Fischer**. É importante ressaltar a importância do centro quiral gerado a partir da carbonila, pela formação dos hemiacetais, pois daí resultam os isômeros *alfa* e *beta*.

As projeções no plano das configurações são designadas por maiúsculas D ou L, seguidas do sinal do desvio da luz polarizada, entre parênteses: (+) ou (–).

D(+) Aldeído glicérico   L(–) Aldeído glicérico

Esta representação – por sorte – estava correta. Embora essas projeções fossem relativas, mostraram ser também absolutas, conforme foi verificado por Bijvort (1951), com raios-X, partindo da configuração absoluta do ácido tartárico, obtido a partir do aldeído D-glicérico: resultaram isômeros *meso* e L-tartárico.

Não há aparentemente qualquer conexão entre o sinal da rotação e a configuração, absoluta ou relativa. A configuração é teoricamente muito mais importante do que o verdadeiro sinal da rotação. É, por isso, revelada pelo uso das maiúsculas **D** ou **L** como prefixo, o **D** denotando relação estrutural ao D(+) aldeído glicérico, e o **L**, ao L(–) aldeído glicérico.

Assim, as formas tautoméricas opticamente ativas dos polissacarídeos são ditas pertencentes à série **D** ou à série **L**. A configuração do átomo de carbono penúltimo, ligado ao átomo de carbono simétrico terminal, é que determina se a fórmula escrita se refere a uma ose da série **D** ou da série **L**.

A convenção adotada por Emil Fischer ao propor suas projeções deve ser lembrada:

Quadro 6.1 – Nomenclatura dos polissacarídeos	
Glic(o) – do grego *glykys*, doce; equivalente a glic(o) ou gluc(o)	
Polissacarídeo	**Nomenclatura**
Amilose ou Celulose	Poli(glicose)
	Glicana
	Anidro-glicana
Celulose	Poli[*beta*-(1→4)-anidro-D-glicose]
	Poli(1,4-*beta*-D-glicose)
	Poli(1,4-*beta*-D-anidro-glicopiranose)
	Poli(1,4-*beta*-D-anidro-celobiose)
	Poli[(→4)-*beta*-D-anidro-glicopiranose-(1←)]
Amilose	Poli[*alfa*-(1→4)-anidro-D-glicose]
	Poli(1,4-*alfa*-D-glicose)
	Poli(1,4-*alfa*-D-anidro-glicopiranose)
	Poli(1,4-*alfa*-D-anidro-celobiose)
	Poli[(→4)-*alfa*-D-anidro-glicopiranose-(1←)]

Fonte: ELIAS, H. G. *Macromoleculas*, New York: Plenum, 1984.

Ao fazer a projeção do modelo, aldeído glicérico, este deve ser torcido de modo que dois substituintes fiquem em posição para cima e para baixo em relação ao átomo de carbono assimétrico central, enquanto os dois outros substituintes ficam no mesmo plano do referido carbono.

Desde que as fórmulas das projeções estejam sempre representadas do mesmo modo e vistas sempre do mesmo lado, elas guardam a mesma relação umas com as outras.

Não deve haver confusão com as estruturas α e β da D(+)glicose; estas são duas configurações, ambas (+), que decorrem do aparecimento de mais um átomo de C assimétrico na molécula da D(+)glicose, por tautomerismo do grupo carbonila à estrutura hemiacetálica. Como se trata de um aldeído poli-hidroxilado, o hemiacetal resultante será heterocíclico. Os anéis de seis e de cinco membros são os mais estáveis; os hemiacetais correspondentes terão ciclos respectivamente pirânico ou furânico.

Deve-se recordar que a reação de acetalização é comum em Química Orgânica. Conforme estejam envolvidas uma ou duas moléculas de álcool para cada molécula de aldeído, resultam respectivamente um hemiacetal ou um acetal, propriamente dito:

$$
R-C\underset{H}{\overset{O}{\big\|}} +
\begin{cases}
\xrightarrow{1\ R'OH} R-\underset{H}{\overset{OH}{\big|}}C-OR' & \text{Hemiacetal} \\[2em]
\xrightarrow[(-H_2O)]{2\ R'OH} R-\underset{H}{\overset{OR'}{\big|}}C-OR' & \text{Acetal}
\end{cases}
$$

A formação de hemiacetais nos polissacarídeos é de fundamental importância para compreender o tautomerismo, que causa a multiplicidade de estruturas químicas diferentes, acíclicas, piranosídicas e furanosídicas, de estabilidade maior ou menor, encontradas nesses compostos, interconversíveis através da estrutura acíclica, aldeídica.

Em solução aquosa, ambas as formas α e β da D-glicose sofrem alteração da rotação específica, vagarosamente; nos dois casos, o valor da rotação se estabiliza em +52,6°. Esse fenômeno é chamado mutarrotação e é atribuído à interconversão das duas formas cíclicas, por meio da forma carbonilada.

As características físicas de alguns dos tautômeros das hexoses mostram sua diferença química, que pode ser compreendida pela estabilidade maior ou menor das configurações correspondentes. Os anéis pirânico e furânico devem ser levados em consideração na avaliação da estabilidade dos polissacarídeos. A representação dos tautômeros da glicose em equilíbrio por meio da forma carbonilada aldeídica é vista a seguir.

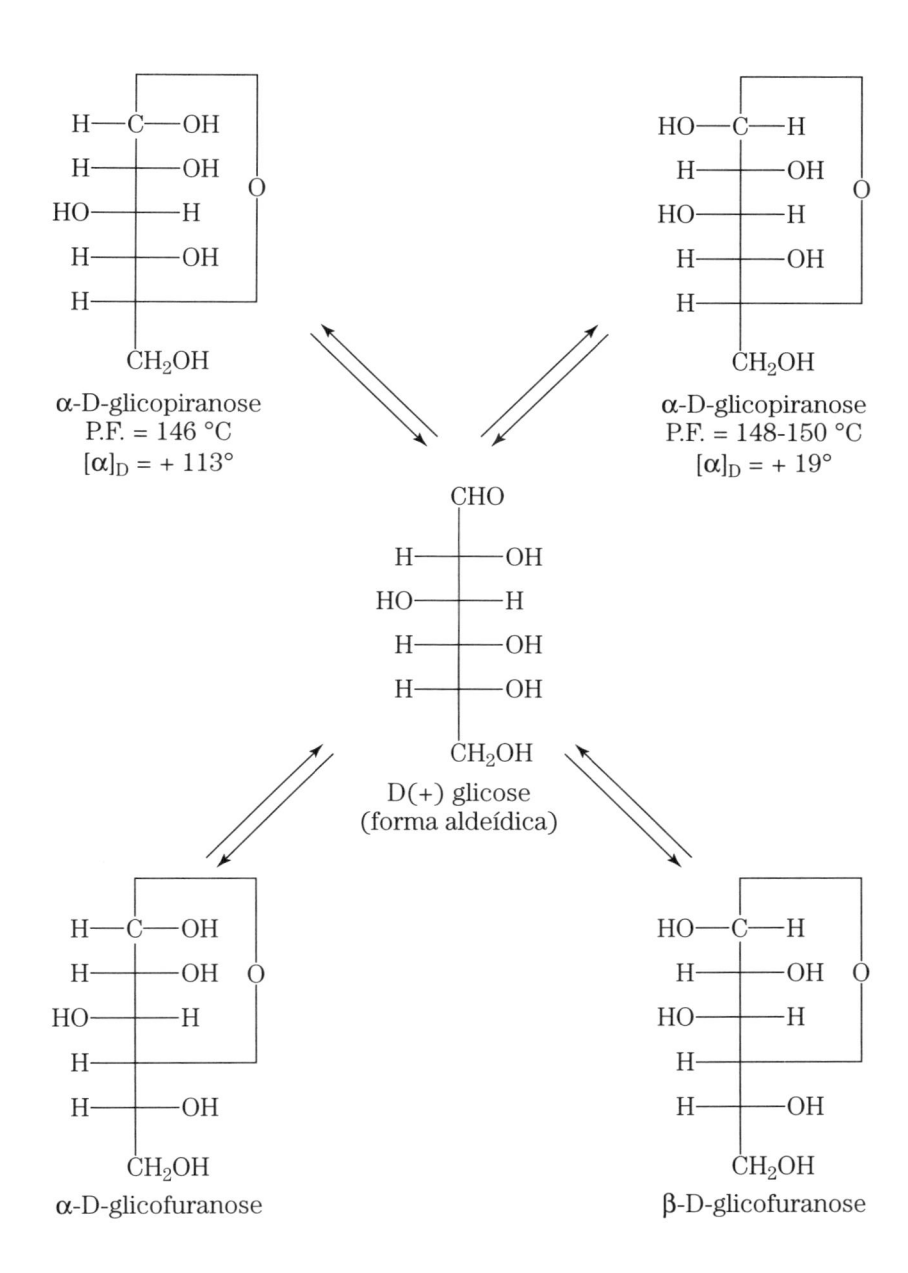

α-D-glicopiranose
P.F. = 146 °C
$[\alpha]_D$ = + 113°

α-D-glicopiranose
P.F. = 148-150 °C
$[\alpha]_D$ = + 19°

D(+) glicose
(forma aldeídica)

α-D-glicofuranose

β-D-glicofuranose

As projeções de Fischer para as D-aldo-pentoses são quatro:

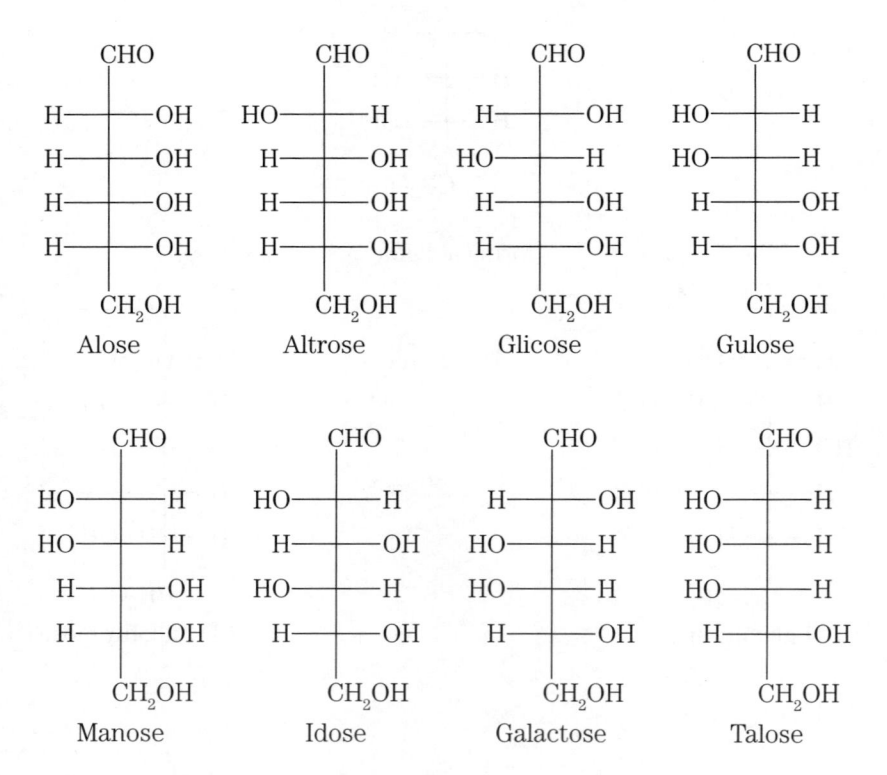

As projeções de D-aldo-hexoses são oito:

A representação de Haworth para as hexoses é também muito usada:

β-D-glicose   α-D-glicose

Uma representação conformacional bastante comum da D-glicose é a seguinte:

β-D-glicose   α-D-glicose

ou:

β-D-glicose   α-D-glicose

As formas α e β, no átomo de carbono anomérico, levam a substituintes em posição **equatorial** (mais estável, mais livre) ou **axial** (menos estável, mais aglomerada); isso se reflete nos diastereômeros correspondentes:

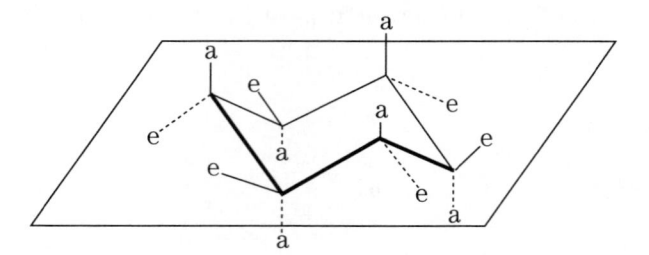

O anel pirânico pode ser comparado ao anel ciclo-hexânico, embora o átomo de O traga maior rigidez à molécula:

A preferência pela configuração α ou β da hexose está relacionada à melhor distribuição espacial dos átomos das hidroxilas nas conformações de cada ose.

Nas indústrias alimentícias, as oses são utilizadas para cumprir determinadas funções, conforme apresentado no Quadro 6.2.

No amido, as ligações glicosídicas são *alfa*; na celulose, são *beta*. O Quadro 6.3 mostra os principais polímeros naturais utilizados na indústria.

Em alguns casos, em polímeros extraídos de algas ou bactérias, ocorrem ligações dos dois tipos no mesmo polissacarídeo, por exemplo, no ágar, no alginato de sódio, na carragenana, na gelana e na xantana.

Nos polissacarídeos lineares, o encadeamento das unidades glicosídicas é sempre por grupamentos hemiacetálicos; nos polissacarídeos ramificados, as ligações a partir da cadeia principal podem não ser acetálicas, embora do tipo éter. É interessante observar que, via de regra, nos polímeros naturais, a configuração do átomo de carbono anomérico é **D**, isto é, predomina a ação enzimática relativa a essa configuração.

A forma mais simples de denominar um polissacarídeo natural é informar, de início, se é um homopolímero ou um copolímero, e se é

Quadro 6.2 – Função dos polímeros geleificantes em preparações alimentícias industriais	
Função	**Aplicação**
Adesivo	Brilho superficial de bolos
Agente aglutinante	Salsichas
Agente encorpante	Alimentos dietéticos
Inibidor de cristalização	Sorvetes, xaropes açucarados
Agente clarificante	Cervejas e vinhos
Agente de turbidez	Sucos de fruta
Agente de revestimento	Confeitos
Emulsificante	Molhos de saladas
Agente encapsulante	Pós aromatizantes
Formador de filme	Invólucros de salsichas
Agente de floculação	Vinhos
Estabilizador de espuma	Coberturas batidas ("suspiros"), colarinhos de cerveja
Agente geleificante	Pudins, *mousses* e sobremesas
Agente de desmoldagem	Balas, *drops*
Coloide protetor	Emulsões aromatizantes
Estabilizante	Cervejas e maioneses
Agente de suspensão	Achocolatados
Agente de inchamento	Carnes processadas
Inibidor de sinerese	Queijos e alimentos congelados
Agente de espessamento	Geleias, recheios de tortas, molhos
Agente de espumação	Coberturas

Fonte: GLIKSMAN, M. Gelling hydrocolloids in food products applications. In: BLANSHARD, J. M. V.; MITCHELL, J. R. *Polysaccharides in food*. London: Butterworths, 1979.

linear ou ramificado, qual é a ose (ou as oses) dominante, e depois, se as ligações hemiacetálicas são *alfa* ou *beta*. A nomenclatura mais completa é também mais complicada para entendimento imediato e retenção na memória. O Quadro 6.4 reúne os nomes das principais oses e sua abreviação.

Quadro 6.3– Polímeros geleificantes naturais empregados em tecnologia de alimentos

Goma	Origem	Natureza química
Ágar	Algas	Polissacarídeo
Alginato de sódio	Algas	Polissacarídeo
Amido	Plantas	Polissacarídeo
Carragenana	Algas	Polissacarídeo
Gelana	Micro-organismos	Polissacarídeo
Gelatina	Animais	Proteína
Pectina	Plantas	Polissacarídeo

Fonte: GLIKSMAN,M. Gelling hydrocolloids in food products applications. In: BLANSHARD, J. M. V.; MITCHELL, J. R. *Polysaccharides in food.* London: Butterworths, 1979.

Quadro 6.4 – Relação das oses e suas abreviações oficiais

Ose	Abreviação
Alose	All
Altrose	Alt
Arabinose	Ara
Galactose	Gal
Glicose	Glu
Gulose	Gul
Idose	Ido
Lixose	Lix
Manose	Man
Ramnose	Rha
Talose	Tal
Xilose	Xyl

O Quadro 6.5 apresenta as fontes botânicas dos principais polissacarídeos obtidos de vegetais superiores, isto é, o amido, a celulose, a pectina e o guar.

Quadro 6.5 –Principais fontes botânicas dos polissacarídeos obtidos de vegetais superiores

Polissacarídeo		Estrutura química	Fonte botânica			
			Nome vulgar	Família	Gênero	Espécie
Amido	Amilose	Poli (anidro-maltose) (linear)	Feijão	Leguminosas	*Phaseolus*	*vulgaris*
	Amilo-pectina	Poli(anidro-maltose) (ramificada)	Arroz	Gramíneas	*Oryza*	*sativa*
			Trigo	Gramíneas	*Triticum*	*vulgare*
			Milho	Gramíneas	*Zea*	*mays*
			Cevada	Gramíneas	*Hordeum*	*vulgare*
			Centeio	Gramíneas	*Secale*	*cereale*
			Mandioca	Euforbiáceas	*Manihot*	*utilissima*
			Batata doce	Convolvuláceas	*Ipomoea*	*batatas*
			Batata inglesa	Solanáceas	*Solanum*	*tuberosum*
Celulose		Poli(anidro-celobiose) (linear)	Algodão	Malváceas	*Gossypium*	*SP*
			Linho	Lineaceae	*Linum*	*usitatissimum*
			Juta	Tiliáceas	*Corchorus*	*capsularis*
			Sisal	Agaveáceas	*Agave*	*silosana*
			Rami	Urticáceas	*Bohemeria*	*nivea*
			Cânhamo	Moráceas	*Cannabis*	*sativa*
			Piaçava	Palmáceas	*Attalea*	*funifera*
Pectina		Poli (ácido galacturônico) (linear)	Maçã	Rosáceas	*Malus*	*silvestris*
			Laranja	Rutáceas	*Citrus*	*aurantium*
Guar		Galacto-manana (ramificada)	Feijão guar	Leguminosas	*Cyamopsis*	*tetragonolobus*

Bibliografia recomendada

KARLSON, P. et al. Abbreviated terminology of oligosaccharide chains. International Union of Pure and Applied Chemistry (IUPAC) & International Union of Biochemistry (IUB). *Pure and Applied Chemistry*, v. 54, n. 8, p.1517-1522, 1982.

6.1 Materiais

Os materiais poliméricos de origem vegetal constituem a principal fonte de subsistência dos seres vivos. Destacam-se os materiais celulósicos, como folhas, essenciais aos animais herbívoros e parte importante da dieta dos carnívoros e onívoros, e os materiais amiláceos, energéticos alimentares dos seres humanos.

Também materiais celulósicos, como as madeiras, são fundamentais para fornecer proteção e abrigo, em casas, e sob a forma de fibras, no vestuário e no papel.

Além dos celulósicos e amiláceos, outros materiais poliacetálicos serão abordados, tais como a pectina, a jarina e, ainda, os poliacetais produzidos por algas e os de origem microbiana.

6.1.1 Amido

Amido (do grego *amylon*)

O termo amido compreende mistura de dois polissacarídeos, amilose e amilopectina, em proporções variáveis conforme a fonte botânica, as condições de cultivo, a idade da planta, a época do ano etc. Constitui material de reserva dos vegetais e se encontra amplamente distribuído na Natureza: nos cereais, como trigo, milho, arroz; nos tubérculos, como a batata inglesa; nas vagens, como o feijão, a ervilha; nas raízes, como a mandioca e a batata doce etc.

O amido é formado nas plantas a partir de dois componentes simples, a água e o dióxido de carbono, presente na atmosfera, por meio da clorofila (corante verde das folhas), sob a ação da luz solar. Como o amido é um material de reserva, precisa ser transferido das folhas e outras partes verdes das plantas, onde é formado, para locais mais permanentes. Para facilitar esta migração, o amido é decomposto em outros açúcares que sejam solúveis no suco celular, aquoso, passando através das paredes das células para, finalmente, se reconverter em amido, nos frutos ou nas sementes, ou nos bulbos e tubérculos, conforme o caso. É assim que ele se torna disponível como uma forma de sustento para as plantas jovens, até que elas estejam suficientemente desenvolvidas para elaborar seu próprio processo de formação do amido.

Aquecido com água, o amido não se dissolve, porém absorve a água e se hidrata. Os grânulos primeiro incham, depois se rompem para formar uma pasta. A consistência da pasta varia muito, dependendo da severidade e intensidade dos tratamentos de aquecimento e agitação. Essas modificações se devem principalmente a meios mecânicos – isto é, somente rasgando os grânulos sem alteração de sua constituição química. Entretanto, na presença de agentes químicos, particularmente ácidos, e enzimas, a molécula é degenerada e os produtos formados representam a sua quebra. O tipo de produto de degeneração e o grau em que ocorrem as modificações da molécula original dependem da natureza da substância química, da concentração, da temperatura etc. Dessa forma são feitos os amidos de baixa viscosidade, dextrinas, xaropes e açúcares. A degeneração por hidrólise também é provocada por certas enzimas, na saliva, no suco pancreático, nas sementes germinadas, convertendo o amido em materiais suscetíveis de fermentação por leveduras.

Uma reação muito sensível para a identificação de amido é a formação imediata de um complexo de intensa coloração azul quando se coloca em contato com o amido uma gota de solução de iodo. O teor de amido em diversas fontes botânicas é apresentado no Quadro 6.6.

Quadro 6.6 – Amido em diversas fontes botânicas			
N°	Amido (teor médio) (%)	Fonte botânica	Temperatura de gelatinização (°C)
1	Batata	*Solanum tuberosum*	63
2	Trigo	*Triticum vulgare*	66
3	Cevada	*Hordeum vulgare*	63
4	Centeio	*Secale cereale*	55
5	Milho	*Zea mays*	63
6	Arroz	*Oryza sativa*	61
7	Mandioca	*Manihot utilíssima*	69

A amilose tem massa molar de 30.000 a 300.000, e a amilopectina, muito maior, tem massa molar de 1.000.000 a 10.000.000. São homopolímeros da glicose, isto é, **glicanas**: a amilose, de cadeia linear, e a amilopectina, de cadeia ramificada, presentes na planta, em geral, na razão de 1:3. A macromolécula que compõe a amilose é a poli(anidro-glicopiranose), e poderia ser considerada poli(anidro-maltose);a cadeia resulta da policondensação nas posições 1,4-*alfa*. Na amilopectina, a cadeia principal tem ramificações nas posições 1,6-*alfa*. A Figura 6.2 representa a estrutura química desses dois polímeros naturais.

O amido ocorre sob a forma de grãos elipsoidais, incolores, cujas dimensões dependem do local de ocorrência no vegetal. No caso de cereais, os grãos são menores – tendo o eixo maior do elipsoide com dimensão da ordem de 3 a 30 µm; nas raízes, essa dimensão é de 10 a 100 µm. Os grãos de amido têm estrutura esferulítica e seu crescimento parece ocorrer por superposição de camadas concêntricas, esféricas, em torno do núcleo central, tal como representado na Figura 6.3.

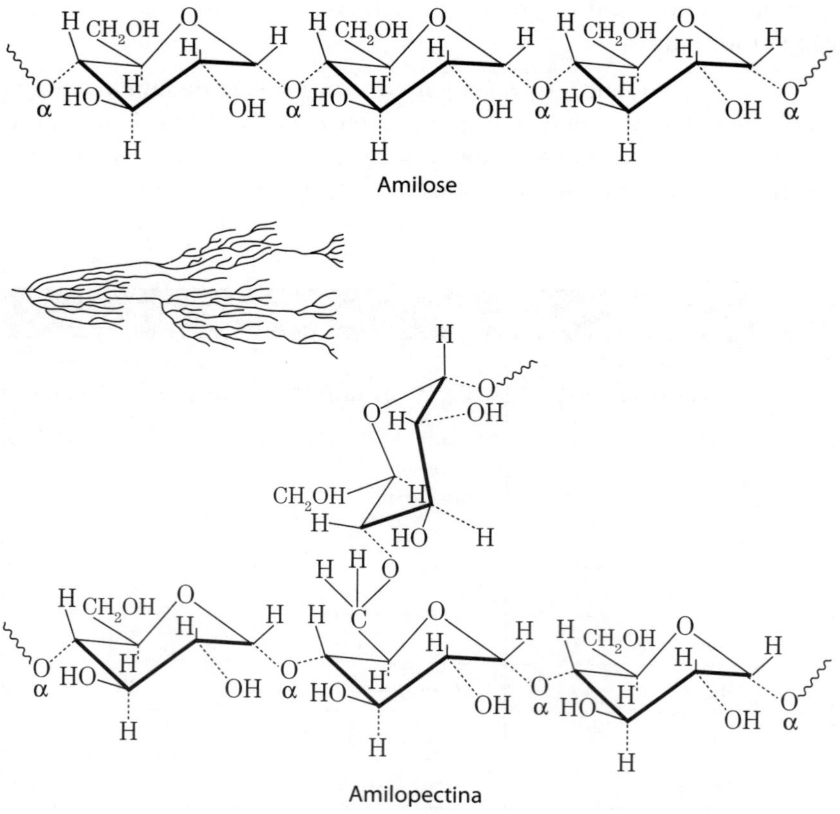

Amilose

Figura 6.2
Estrutura química dos componentes do amido.

Amilopectina

Figura 6.3
Morfologia do grão de amido.

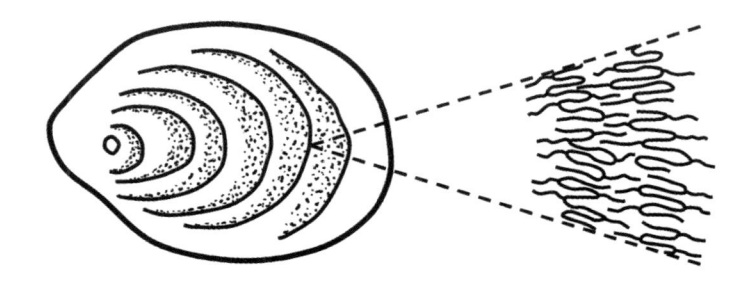

A assimetria de forma dos grãos de amido é atribuída à deposição de camadas ou lamelas incompletamente formadas, gerando elipsoides ao invés de esferoides.

Além dos polissacarídeos, o amido do trigo contém cerca de 12% de uma proteína, o **glúten**, que influi na qualidade do pão, dando coesão à massa e tornando-a macia e de fácil levedação. O glúten é uma mistura complexa e variável de proteínas vegetais (glutina, fibrina e caseína vegetal), óleos etc., que ocorre em grãos de cereais como o trigo e o milho. Na farinha de trigo, os polissacarídeos, amilose e amilopectina, podem ser separados do glúten sobre uma peneira, por água corrente, que arrasta o amido e retém o glúten, sob a forma de grumo, elástico e tenaz.

Bibliografia recomendada

Carbs Information. Disponível em:<http://www.carbs-information.com/starch.htm>. Acesso em: 15 nov. 2006.

London South Bank University. Disponível em:<http://www.lsbu.ac.uk/water/hysta.html>. Acesso em: 15 nov. 2006.

TESTER, R. F.; KARKALAS, J.; QI, X. Starch – composition, fine structure and architecture. *Journal of Cereal Science*, v. 39, p. 151-165, 2004.

The University of British Columbia Library. Disponível em:<http://www.library.ubc.ca/ereserve/hunu201/fdmanual/page46.htm>. Acesso em: 15 nov. 2006.

6.1.2 Papel

> **Papel** (do Latim *papyrus*, arbusto do Egito
> de cuja casca se fazia o papel para escrever)

O papel, como suporte para escrita, foi inventado na China em princípios da era cristã (cerca de 105 d. C.),chegando à Europa somente no século XII, levado pelos árabes para as terras mais próximas, isto é, Espanha, França e Itália.

O material básico que forma o papel é a celulose (ver Seção 6.1.3). O entrelaçamento das fibras celulósicas é reforçado pelas interações de ligações hidrogênicas. As fibras de celulose do papel estão mostradas na Figura 6.4. Essas fibras são completamente diferentes, em aspecto, das fibras do algodão, do linho, da juta etc.

As fibras de maior importância na fabricação do papel são as fibras de madeira de árvores do grupo das dicotiledôneas arbóreas, *Angiospermae*, e das coníferas, *Gymnospermae*. Essas plantas são conhecidas, respectivamente, como folhosas (madeiras porosas, duras) e resinosas (madeiras não porosas, macias).

Desde os tempos mais remotos, o homem utilizou diferentes materiais para registrar sua história. Os primeiros suportes empregados foram as cascas e folhas de algumas plantas, rochas e argilas, além de peles e ossos de animais. Placas de madeira, recobertas ou não por uma fina camada de cera, e placas de metais, como o bronze e o chumbo, também foram utilizados para os mais variados fins.

Dos produtos vegetais empregados para a escrita, o papiro foi o que alcançou maior importância histórica; acredita-se que esse emprego date de 3.500 anos, utilizado por egípcios, fenícios e gregos, e também por povos da Europa na Idade Média. Entretanto, a sua escassez levou à procura por novos materiais para a escrita, sendo o pergaminho o material mais amplamente empregado durante os séculos IV a XVI.

A principal matéria-prima para obtenção industrial das fibras que compõem o papel é a **madeira**, proveniente do tronco das árvores; também podem ser utilizadas as fibras de bambu, bagaço de cana, algodão, linho e sisal, entre outros.

No Brasil, a produção de celulose e papel utiliza essencialmente espécies de eucalipto, que levam de seis a sete anos para atingir a idade do corte (muito menos do que em qualquer outro lugar do mundo) (Figura 6.5). Para produzir uma tonelada de papel são consumidas cerca de 20 árvores de eucalipto. O Brasil é o maior produtor mundial de celulose branqueada de eucalipto, também chamada de celulose de fibra curta,

Figura 6.4
Seção transversal
e longitudinal das
fibras de celulose do
papel.

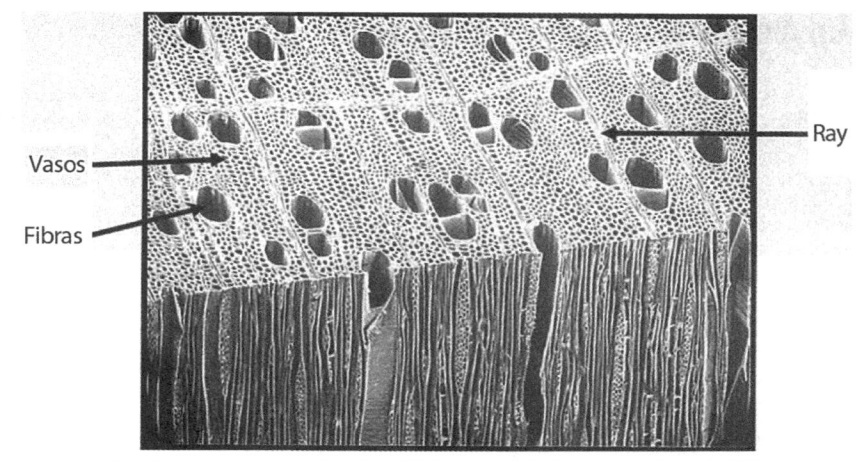

Fonte: USP. Disponível em: <http://pcc5726.pcc.usp.br/Trabalhos%20dos%20
alunos/_Madeiras_Texto.pdf>. Acesso em: jun. 2012.

o sétimo produtor mundial de celulose (fibras longas e curtas, as longas provenientes de *Pinus*) e o décimo segundo produtor de papel.

A fabricação do papel está associada a alguns problemas ambientais, especialmente os odores desagradáveis dos compostos voláteis de enxofre, formados durante a remoção da lignina da madeira pelo processo Kraft. Embora as empresas produtoras utilizem equipamentos de desodorização, com monitoramento contínuo das emissões gasosas, o problema ainda não está completamente resolvido.

Figura 6.5 –
Plantação de
eucalipto no Brasil.

Fonte: Embrapa. Disponível em: <http://www.cnpf.embrapa.br/publica/seriedoc/
edicoes/doc54.pdf> Acesso em: jun. 2012.

Bibliografia recomendada

SANTOS, C. P. Papel: como se fabrica? *Química Nova na Escola*, n. 14. 2001.

6.1.3 Madeira

Madeira (do latim, *materia*)

A **madeira** foi o primeiro material de engenharia usado pelo homem. É um compósito vegetal de grande complexidade. O componente de resistência, isto é, o agente reforçador, é representado pelas fibras de **celulose**, e o material aglutinante, a matriz, pela **lignina**. A unidade elementar da madeira é a **microfibrila**, representada esquematicamente nas Figuras 6.6 e 6.7.

Celulose (Seção 6.2.3) e lignina (Seção 5.2.2) são macromoléculas naturais, de estruturas muito diferentes. O teor desses constituintes da madeira é variável e permite distinguir umas madeiras das outras. A celulose se encontra embebida em outros polissacarídeos, designa-

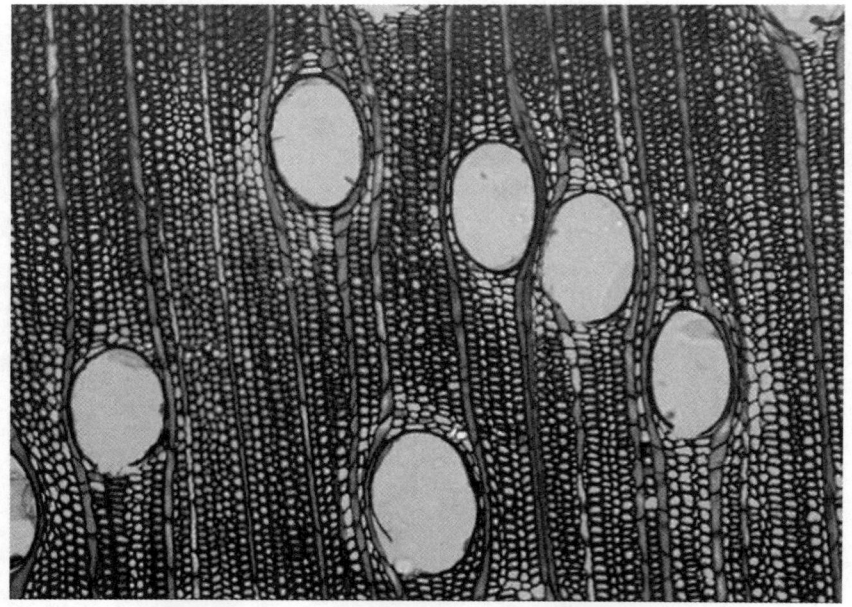

Figura 6.6 – Microfibrila da madeira – seção transversal.

Fonte: USP. Disponivel em: <http://pcc5726.pcc.usp.br/Trabalhos%20dos%20 alunos/_Madeiras_Texto.pdf> Acesso em: jun. 2012.

Figura 6.7 –
Microfibrila da
madeira – seção
longitudinal.

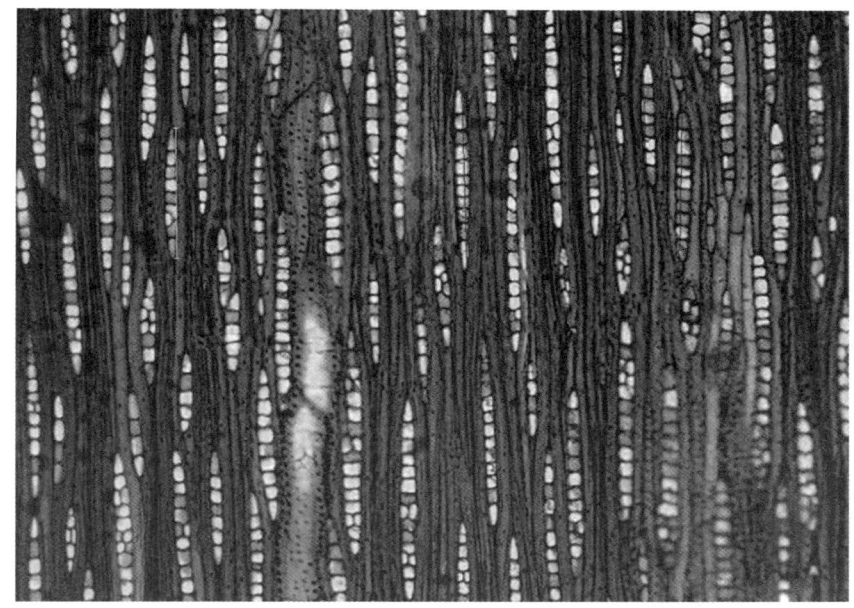

Fonte: USP. Disponível em <http://pcc5726.pcc.usp.br/Trabalhos%20dos%20alunos/_Madeiras_Texto.pdf> Acesso em: jun. 2012.

dos genericamente por hemicelulose, além de lignina, breu, proteínas, traços de substâncias minerais e outros componentes.

A madeira é um dos produtos mais valiosos que as árvores oferecem. Constitui a maior parte do **tronco arbóreo**, que se compõe de duas porções, fundamentais: uma viva, externa, o **alburno**, e outra morta e interna, o **cerne**. Sob o aspecto comercial, entretanto, a madeira propriamente dita é apenas o cerne, em virtude de suas qualidades de resistência, durabilidade e beleza. Há madeiras ditas moles ou brancas, nas quais o cerne é pouco desenvolvido ou se confunde com o alburno, razão pela qual elas se mostram macias e pouco resistentes. Existem, ao contrário, as **madeiras de lei** ou madeiras duras, cujo cerne é fortemente individualizado e altamente resistente, durável e rígido.

Em 1832, cerca de 80% do território brasileiro era coberto pela vegetação da Mata Atlântica, sendo que, no Estado do Rio de Janeiro, essa área chegava a 90%. Entretanto, em 1998, a floresta nativa cobria apenas 21% da área. A peroba rosa, *Aspidosperma polyneuron*, árvore de madeira vermelho-rosada e dura, pesada e durável, que alcança 35 m de altura e 1,5 m de diâmetro, nativa das matas da Bahia até o Paraná, já não é mais facilmente encontrada nas lojas de materiais de construção.

Nas plantas, os tecidos podem ser divididos em **meristemáticos** e **permanentes**. Os primeiros estão envolvidos na formação de novas células; os segundos formam as regiões dentro da planta, nas quais o crescimento é temporariamente interrompido e as células e tecidos já estão diferenciados. O crescimento das plantas não é uniformemente distribuído, mas restrito a certas zonas, que contêm células recentemente produzidas pela divisão celular.

As zonas meristemáticas principais são três, uma encontrada perto da raiz e dos ápices, outra no câmbio vascular, e outra exatamente acima do nó nas monocotiledôneas (que constituem uma classe da subordem dos angiospermas, ordem dos fanerógamos, as quais contêm as plantas que se reproduzem por flores e sementes). Os meristemas podem ser **primários**, gerados durante o desenvolvimento embrionário, formando a raiz e o broto, e **secundários**, que não se diferenciam, mesmo depois da germinação, presentes no câmbio vascular e em certas zonas das folhas, nas gramíneas.

Para elaborar o seu próprio alimento por meio do processo da fotossíntese, a planta necessita somente de água, dióxido de carbono e luz. A água, juntamente com os nutrientes, é absorvida nas raízes através da **epiderme**, do **córtex** e da **endoderme** até o tecido vascular da raiz, e desloca-se pela parte exterior do xilema (**alburno**) por meio de elementos condutores, até as folhas, onde finalmente é transpirada para a atmosfera através de estruturas chamadas **estômatos**. O dióxido de carbono é absorvido através de minúsculas aberturas na superfície da folha. Com a ajuda dos raios solares, a água é combinada com o gás carbônico em presença da clorofila, para formar o oxigênio e os açúcares, que fornecem energia para a árvore em crescimento. Parte dos açúcares produzidos vai para locais especiais na madeira, onde são armazenados para uso posterior, sendo o restante consumido pela respiração. A seiva – solução contendo açúcares, água, reguladores de crescimento e outras substâncias –desce pelo floema até o câmbio, que é responsável pela produção de novos tecidos. A movimentação horizontal da seiva em direção ao centro da árvore é realizada por meio dos raios medulares, que funcionam também como armazenadores de carboidratos.

Para a formação do tronco, a zona meristemática no ápice do caule principal, denominada **meristema apical**, produz novas células, que sofrem em seguida um processo de alongamento, resultando no crescimento da árvore em altura. À medida que o tronco é desenvolvido, a gema terminal se move para cima, deixando para trás as células em expansão. Um ponto marcado no tronco dois metros acima do nível do solo estará sempre nessa distância, independentemente da altura que a árvore atingir.

O Brasil é particularmente rico em árvores produtoras de **madeiras** úteis, ou **euxilóforas**, havendo cerca de 200 árvores nativas que reconhecidamente fornecem madeiras aceitas na indústria. Nem sempre uma madeira útil é uma madeira de lei, expressão que vem do século XVIII, quando as árvores que produziam madeira nobre, de boa qualidade, só podiam ser derrubadas pelo governo do então Brasil Colônia. O ipê, *Tabebuia serratifolia*, é comercializado como madeira de lei desde o século XIX. As madeiras de lei são mais abundantes na região amazônica, mas as diversas espécies se encontram espalhadas, o que dificulta o corte e encarece o produto, já prejudicado pelo custo dos transportes.

A **canela**, *Ocotaea pretiosa*, madeira pardo-avermelhada, odorífera, moderadamente dura e pesada, é abundante em Santa Catarina, onde também se extrai seu óleo essencial, o óleo de sassafrás. O **freijó**, *Cordia goeldiana*, que atinge 30 metros, é próprio da floresta amazônica e bastante usado em aplicações decorativas. O **ipê**, conhecido como **pau d'arco**, espalhado entre a Bahia e a Amazônia, é uma madeira pardo-olivácea, muito pesada, duríssima e imputrescível, útil para construções pesadas e estruturas externas. A **maçaranduba**, *Manilkara elata*, que se estende do sul da Bahia ao Rio de Janeiro, é vermelho-pardacenta, pesada, dura, compacta e das mais resistentes.

As florestas de pinheiros dominam o planalto meridional, calculando-se em 350 milhões o número de árvores nativas. O pinheiro-do--paraná, *Araucaria angustifolia*, também era plantado em grandes áreas do sudeste e do sul do País, e pode ser considerado tão importante quanto outras espécies mais valiosas.

O **pinheiro-do-paraná**, *Araucaria angustifolia*, conífera que atinge 50 metros de altura e 2,30 metros de diâmetro, era fonte de 80% da produção de madeira no País em 1981, tendo forte importância na produção de celulose e papel. Em virtude do fato de sua fibra ser bem mais longa (4,5 mm) e resistente que a fibra europeia, sofre menos no processo de desfibragem, o que torna o papel de jornal nacional menos sujeito à quebra nas máquinas rotativas de impressão.

Em relação às madeiras de construção, distinguem-se duas categorias principais pela estrutura celular dos troncos: as **madeiras duras**, em que o cerne é fortemente individualizado e altamente resistente, durável e rígido, que são provenientes de árvores frondosas como a peroba, o ipê e o carvalho, e as **madeiras macias**, nas quais o cerne é pouco desenvolvido ou se confunde com o alburno, encontradas, em geral, nas árvores coníferas, como o pinheiro. Quanto aos produtos comerciais obtidos, as madeiras de construção são classificadas basicamente em **madeiras maciças** e **madeiras industrializadas**. Dentre as primeiras, estão a **madeira bruta** ou roliça, empregada na forma de tronco, servindo para estacas, escoramentos, postes e colunas, a **madeira falquejada**, que tem as faces laterais aparadas, formando seções maciças para a utilização em estacas e pontes, e a **madeira serrada**, proveniente do corte do tronco em dimensões padronizadas.

Na planta, o processo de formação da lignina (lignificação) ocorre após a formação dos precursores monoméricos, que se difundem na célula inchada. Esses precursores, por meio de várias reações de desidrogenação e oxidação, catalisadas por enzimas, dão origem a espécies macromoleculares altamente ramificadas e contendo ligações cruzadas, que conferem à estrutura insolubilidade e infusibilidade. As ligninas então formadas possuem estrutura complexa, de difícil investigação. A resistência apresentada pelas ligninas ao ataque enzimático é, entretanto, vencida em meio fortemente alcalino ou fortemente ácido, empregados no tratamento industrial das madeiras.

Os **nós** são imperfeições da madeira nos pontos dos troncos onde existiam galhos. Os galhos ainda vivos na época do abate da árvore produzem nós firmes, enquanto os galhos mortos originam nós soltos. A indústria madeireira utiliza largamente os resíduos de madeira, tais como lâminas, lascas e partículas, para a fabricação de produtos de madeira reconstituída, tais como vigas laminadas, sarrafeados, laminados, aglomerados e chapas (Quadro 6.7). Nesses produtos, os componentes são, respectivamente, meias-vigas, blocos, lâminas, partículas e fibras, unidos por resina ureica (quando se trata de uso em interiores) ou fenólica (quando se destina a exteriores); no caso da indústria naval, os compensados estruturais exigem o uso de resinas epoxídicas.

Produtos industriais de madeira reconstituída podem ser obtidos a partir de **pranchões**, **tábuas**, **blocos**, **laminados**, **partículas** ou **fibras**. Quando se parte de tábuas, obtêm-se peças de variadas dimensões, denominadas vigas laminadas. Os laminados são obtidos por tornos desfolheadores e faqueadeiras, resultando em compensados de uso comum ou estrutural, nos quais se aplicam diferentes adesivos. Quando as peças são para uso em interiores, empregam-se adesivos de resina de ureia-formaldeído ou resinas melamínicas, incolores e de menor custo. Se os compensados se destinam a estruturas exteriores, expostas às intempéries, os adesivos devem ser mais resistentes, podendo mesmo apresentar colorações escuras, como resinas de fenol-formaldeído ou tanino-formaldeído. Para estruturas de maior responsabilidade, como o compensado naval, empregam-se resinas ainda mais resistentes e dispendiosas, como as resinas epoxídicas. Quando a reconstituição da madeira utiliza partículas, essas são aglutinadas

Quadro 6.7 – Produtos industriais de madeira reconstituída		
Produto	**Sigla**	**Característica**
Painel com fibra de alta densidade (*high density fiberboard*)	HDF	Aglomerado produzido a partir de resíduo de serraria. As fibras são aglutinadas randomicamente, com resina fenólica ou uretânica, e moldadas sob a ação de calor e pressão. Aplicação na indústria moveleira e marcenaria.
Painel com fibra de média densidade (*medium density fiberboard*)	MDF	Aglomerado produzido a partir de.resíduo de serraria. As fibras são aglutinadas randomicamente, com resina fenólica ou uretânica, e moldadas sob a ação de calor e pressão. Aplicação na indústria moveleira e marcenaria.
Painel com partícula de média densidade (*medium density particleboard*)	MDP	Painel estrutural constituído de três camadas superpostas em que as partículas fibrosas são aglomeradas pela ação de resina fenólica ou uretânica e moldadas sob a ação de calor e pressão. Aplicação na indústria moveleira e marcenaria.
Painel de madeira estrutural e orientado (*oriented strand board*)	OSB	Painel estrutural produzido a partir de árvores de pequeno porte e baixo valor comercial. As lâminas de madeira são mantidas superpostas pela ação de um adesivo. Aplicação na indústria moveleira e na construção civil.

Fontes: BNDES. Disponível em: <http://www.bndes.gov.br/SiteBNDES/export/sites/default/bndes_pt/Galerias/Arquivos/conhecimento/relato/relato02.pdf>. Acesso em: nov. 2012. LojaMais. Disponível em: <http://www.lojamais.com.br/Loja/Emp_MostraProd.aspx?codProduto=210446&codemp=7596>. Acesso em: nov. 2012.

por meio de adesivos fenólicos ou ureicos, obtendo-se os chamados **aglomerados**, muito empregados na indústria moveleira. Se são empregadas fibras de madeira, na reconstituição, são fabricadas chapas de fibras, de excelente qualidade. Nesse caso, o elemento aglutinante é a própria resina lignânica natural, podendo ser ainda empregados outros aglutinantes para reforço dessas chapas.

Em um lenho, é importante a ornamentação ou desenho, o qual, quanto mais acentuado, tanto mais a madeira é apreciada e valiosa. Os desenhos mais claros das madeiras de lei originam-se da presença de faixas de parênquima situadas em torno dos vasos.

O Brasil é território particularmente rico em árvores euxilóforas, isto é, produtoras de madeiras úteis. O Quadro 6.8 mostra características importantes de algumas das mais conhecidas madeiras do Brasil.

A madeira é essencialmente um material estrutural. Outros usos dependem da separação de produtos úteis, geralmente feita por meio de processos químicos.

A celulose é o material característico das células da madeira. A celulose é composta por longas cadeias lineares de unidades anidroglicopiranósicas, sendo classificada quimicamente como uma glicana. Contém 10.000 unidades de glicose. Um grupo de polissacarídeos, que são chamados coletivamente de hemiceluloses, sempre acompanha a celulose nas plantas. As hemiceluloses das madeiras são as mais complexas, destacando-se as glicuronoxilanas, arabinoglicuronoxilanas, glicomananas, arabinogalactanas e galactoglicomananas.

O Quadro 6.9 apresenta a quantidade relativa dessas hemiceluloses em plantas do grupo das coníferas e em outros tipos de planta, folhosos.

Bibliografia recomendada

BRITT, K. H. *Handbook of pulp and paper technology*. New York: Van Nostrand Reinhold Co., 1970.

D'ALMEIDA, M. L. O. *Celulose e papel* – tecnologia de fabricação de pasta celulósica. v. 1. São Paulo: SENAI– IPT, 1988.

GUADAGNINI, M. A. *Madeiras plásticas como materiais alternativos para madeiras naturais*. 2001. Tese (Mestrado)– Instituto de Macromoléculas Professora Eloisa Mano, Universidade Federal do Rio de Janeiro, Rio de Janeiro, 2001. Orientador: E. B. Mano.

KLOCK,U. et al. Química da madeira. 3. ed., Curitiba: Universidade Federal do Paraná, 2005.

MANO, E. B. *Polímeros como materiais de engenharia*. São Paulo: Editora Edgard Blücher, 1991.

Quadro 6.8 – Características importantes das madeiras mais conhecidas do Brasil					
N°	Madeira	Nome botânico	Família	Altura (m)	Diâmetro (m)	Características
1	Mogno	*Swietenia macrophylla*	Meliácea	50	2	madeira pardo--avermelhada
2	Canela-parda ou canela-sassafrás	*Ocotea pretiosa*	Laurácea	25	1	madeira pardo--amarelada, odorífera
3	Caviúna ou pau-ferro	*Machaerium scleroxylon*	Leguminosa	-	-	madeira de bege a vermelho--pardacenta, aromática
4	Freijó	*Cordia goeldiana*	Borraginácea	30	-	madeira semelhante ao louro-pardo
5	Gonçalo-alves	*Astronium macrocalyx*	Anacardiácea	40	1,5	madeira amarelo--pardacenta-rosada, com grandes manchas e veios escuros
6	Ipê ou pau-d'arco	*Tabebuia sp*	Bignoniácea	-	-	madeira pardo--olivácea ou pardo--castanho-esverdeada
7	Jacarandá-da-bahia	*Dalbergia nigra*	Leguminosa	50	2,30	madeira pardo--escuro-violácea
8	Louro-pardo	*Cordia trichotoma*	Borraginácea	25	0,60	madeira pardo--amarelada
9	Maçaranduba	*Manilkar elata*	Sapotácea	-	-	madeira vermelho--pardacenta
10	Peroba-do-campo	*Paratecoma peroba*	Bignoniácea	40	2	madeira bege--amarelada
11	Peroba-rosa	*Aspidosperma polyneuron*	Apocinácea	35	1,5	madeira vermelho--rosada
12	Pinho-do-paraná	*Araucaria angustifolia*	Araucariácea	50	2,30	madeira amarelada
13	Sucupira	*Bowdichia sp*	Leguminosa			madeira pardo--escuro-amarelada, com estrias mais claras
14	Vinhático	*Plathymenia foliolosa*	Leguminosa	30	1	madeira amarelo--pardacenta

Fonte: HOUAISS, A. *Enciclopédia mirador internacional*. v. 13. Rio de Janeiro: Encyclopaedia Britannica do Brasil Publicações, 1995.

Quadro 6.9 – Quantidade relativa das hemiceluloses em plantas		
Hemicelulose	**Planta folhosa**	**Conífera**
Glucuronoxilanas	Muito grande	Pequena
Arabinoglucuronoxilanas	Traços	Pequena a média
Glucomananas	Pequena	Grande
Galactoglucomananas	Muito pequena	Pequena a média
Arabinogalactanas	Pequena	Muito pequena
Outras galactanas	Traços a pequena	Traços a pequena

Fonte: D'ALMEIDA, M. L. O. *Celulose e papel* – tecnologia de fabricação de pasta celulósica. v. 1. São Paulo: SENAI– IPT, 1988.

6.1.4 Madeira petrificada

Madeira petrificada ou **permineralizada** é um fóssil; é madeira que se transformou em pedra. O produto petrificado consiste de matéria orgânica, celulose e lignina (1 a 15%) e principalmente matéria mineral, sílica (85 a 99%); é, portanto, um compósito polimérico. É quebradiço e lasca, porém é mais duro que o aço. É formado pela penetração de minerais, geralmente dióxido de silício, SiO_2, ou carbonato de cálcio, $CaCO_3$, nas cavidades entre e dentro das células da madeira natural. Pode conter ainda outros materiais, como sulfatos, sulfetos, óxidos e fosfatos. Todos eles podem permineralizar a madeira para formar madeira petrificada, que retém a estrutura original das células. Quando o substituinte mineral da madeira é sílica sob a forma de opala ou calcedônia, o material é denominado **madeira silicificada**.

A madeira petrificada (Figura 6.8) ocorre em uma diversidade de cores, refletindo a composição química da água do terreno durante o processo de petrificação. Material de coloração verde/azulada indica presença de cobalto, cromo e/ou cobre; coloração vermelha, castanha e/ou amarelada revela óxidos de ferro; coloração rosa, manganês; coloração negra sugere carbono e/ou óxidos de manganês; coloração branca ou cinza, sílica. Cristais de quartzo e de outros minerais tornam brilhante a superfície da madeira petrificada.

A maior parte da madeira encontrada na Natureza termina apodrecida e desintegrada com o tempo, sendo queimada ou digerida por insetos, bactérias ou animais maiores. A madeira petrificada escapa

Figura 6.8
Madeira petrificada.

Fonte: Wikipédia. Disponível em: <http://pt.wikipedia.org/wiki/Madeira_petrificada> Acesso em> jun. 2012.

desse destino, já que é preservada em um meio livre de oxigênio: na fase inicial da petrificação, foi rapidamente sepultada, por exemplo, em um deslizamento de terra, ou um escoamento de lava vulcânica, ou uma deposição de cinzas após erupções vulcânicas. Quando água rica em minerais sofre percolação por meio dos detritos, começa o processo de formação da réplica da madeira feita em pedra, isto é, da madeira petrificada. Ao longo do tempo, as células de celulose da madeira enterrada perdem seus fluidos, enquanto a água, de fora, penetra nas frestas, entre células e dentro de células vazias. Com o tempo, à medida que a água evapora, ela deixa como resíduo os minerais, que gradualmente preenchem a estrutura esvaziada da madeira. E, como endurecem ao longo dos séculos, a madeira original é substituída, célula por célula, por uma cópia em pedra.

A petrificação da madeira de florestas ocorreu, através dos tempos, durante o período Trifásico, 225 milhões a 190 milhões de anos atrás, e se iniciou quando havia três componentes básicos: madeira, água e lodo. As coníferas primitivas tombaram sobre o solo e sobre os riachos. Os fragmentos foram levados pelas correntes de água em mistura com sedimentos e outros resíduos, e depositados ao longo do caminho. Às vezes, os rios se originavam de montanhas de regiões vulcânicas, e as toras eram depositadas no plano e sepultadas com lama e resíduos. A lama que as recobria continha cinza vulcânica, que é um ingrediente essencial para o processo. Quando a cinza começava a se decompor, produtos químicos eram liberados na água e na lama. Os resíduos das florestas, troncos e toras flutuantes à deriva foram finalmente enterrados em cinza vulcânica ou outros sedimentos, e o processo de permineralização teve início. As águas que penetravam nos sedimentos eram ricas em sais minerais, que reagiam com o material das plantas dentro das paredes das células das árvores. A sílica provinha da dissolução do material vulcânico pela água do solo. A sílica dissolvida, na forma de ácido silícico, ligava-se, por meio das hidroxilas, às moléculas de lignina e de celulose da madeira. Com o tempo, uma camada de ácido silícico se formava sobre os tecidos da madeira. O ácido silícico se desidratava, formando um polímero, o gel de sílica. Camadas adicionais de ácido silícico se prendiam a esse gel de sílica, encapsulando a madeira. Uma rápida perda de água convertia o gel de sílica em sílica amorfa (opala).

Em virtude da grande proporção de minerais, a madeira petrificada é muito mais dura, pesada e resistente à destruição do que a tora original. Madeira recente tem densidade 0,5-1,0 g/cm^3, enquanto na petrificada os valores são 2,7-3,5 g/cm^3. Para fins de comparação, o quartzo tem densidade 2,6-2,7 g/cm^3.

A estrutura original da madeira petrificada pode ser preservada em todos os seus detalhes, até o nível microscópico. Anéis de crescimento da árvore e vários outros tecidos podem ser minuciosamente observados. A madeira petrificada é usada em joalheria e artes decorativas em diversos ambientes, produzindo efeitos de grande beleza. É aplicada na confecção de aquários, pois seu componente predominante – sílica – é substância estável e não interage com o meio nem se decompõe. São importantes a sua dureza e o seu grau de cristalização, que permitem polimento, dando brilho excelente, além de exibir a textura da madeira em cores as mais variadas. Encontram-se peças desde alguns centímetros a alguns metros de comprimento, chegando a pesar mais de uma tonelada.

Resumidamente, o processo de petrificação da madeira pode ser descrito como ocorrendo em cinco etapas:

- A madeira é permeada pela solução ou sílica coloidal.

- Os poros das paredes celulares são impregnados.

- A dissolução progressiva das paredes das células retém a estrutura da madeira, sob a forma mineral.

- A sílica se deposita em vazios e espaços intercelulares.

- Como a água é perdida, resulta a litificação (isto é, a conversão de sedimentos em rocha consolidada).

Os principais depósitos de madeira petrificada estão na Argentina e nos Estados Unidos. Na República Tcheca e na Grécia há também importantes remanescentes de bosques fossilizados. No Brasil, troncos petrificados podem ser encontrados no Maranhão, em Tocantins e na Bahia.

Bibliografia recomendada

Casa das Pedras Brasileiras. Disponível em: <http://www.casadaspedrasbrasileiras.com.br/propriedadesdaspedras.htm>. Acesso em: 27 dez. 2011.

Desert USA. Disponível em: <www.desertusa.com>. Acesso em: 2 jan. 2012.

Design Inteligente. Disponível em: <http://designinteligente.blogspot.com/2007/09/florestas-petrificadas-fossilizao-rpida.html>. Acesso em: 27 dez. 2011.

Inovação Tecnológica. Disponível em: <http://www.inovacaotecnologica.com.br/noticias/noticia.php?artigo=010160050310>. Acesso em: 9 out. 2009.

Intersurf. Disponível em: <http://www.intersurf.com/~chalcedony/Petwood.html>. Acesso em: 2 jan. 2012.

Lenda Viva. Disponível em: <http://www.lendaviva.com.br/site/madeirapetrificada.html>. Acesso em: 9 out. 2009.

Mineral gallery. Disponível em: <http://www.mineralgallery.co.za/woodopal.htm>. Acesso em: 2 jan. 2012.

Phys. Org. Disponível em: <www.physorg.com/news2801.html>. Acesso em: 27 dez 2011.

Shannontech. Disponível em: <http://www.shannontech.com/ParkVision/PetForest/PetWood.html>. Acesso em: 2 jan. 2012.

SOMMER, M. G.; SCHERER, C. M. S. Sítios Paleobotânicos do Arenito Mata nos Municípios de Mata e São Pedro do Sul, RS. Uma das mais importantes florestas petrificadas do planeta. In0: SIGEP. (Org.). *Sítios geológicos e palenteológicos do Brasil.* v. 1. Brasília: Sigep, 1999. p. 3-10.

6.1.5 Pectina

Pectina (do grego *pektikós*, que significa "que coagula")

Pectina é um termo genérico, aplicado a um grupo de polissacarídeos, presentes nas paredes celulares primárias das plantas que produzem sementes; localizam-se principalmente na lamela média. É uma mistura de carboidratos complexos, heteropolissacarídeos não amiláceos relativamente solúveis, encontrados nas fibras. É formada principalmente por um derivado da galactose, o ácido galacturônico. Produz uma espécie de cimento nas células das paredes das plantas superiores, sendo particularmente abundante em frutas, como maçãs, ameixas e laranjas; forma os gomos e peles brancas, macias, que restam após a retirada do suco.

A pectina é vastamente empregada na indústria de alimentos, principalmente na preparação de géis. É o agente aglutinante em uma geleia; ela forma um gel com açúcar sob condições ácidas. Frutas macias, como morango, amoras e cerejas, têm baixo teor de pectina; ameixas, maçãs e laranjas são ricas. A polpa de maçã (*Malus silvestris*, família das Rosáceas) e o bagaço de laranja (*Citrus aurantium*, família das Rutáceas) são as fontes comerciais de pectina. O Quadro 6.10 relaciona o teor de pectina em algumas plantas.

Esses polissacarídeos funcionam em combinação com celulose e hemicelulose, como material de cimentação celular. A substância de origem é insolúvel, mas se converte facilmente em pectina por hidrólise parcial. É um coloide hidrofílico natural, constituído principalmente por ácidos poligalacturônicos parcialmente metoxilados; o principal componente é uma galacturonana com ligação 1,4. Muitos dos grupos carboxila da galacturonana estão esterificados com metanol. Além disso, foram isolados os polissacarídeos neutros arabinana, galactana e arabinogalactana, em quantidades que variam conforme a espécie botânica. A massa molar da pectina varia entre 100.000 e 250.000. A pectina contém, pelo menos, 6,7% de grupos metoxila e, pelo menos, 74% de ácido galacturônico.

O poder geleificante e a viscosidade das soluções dependem do número de unidades de ácido galacturônico na molécula. Grande parte da pectina comercializada é extraída como subproduto da indústria de frutos cítricos. A casca desses frutos é grande fonte de pectina e sua quantidade varia segundo a estação e a variedade do fruto. Cerca de metade da pectina produzida nos Estados Unidos deriva da casca do limão.

A quantidade e a estrutura da pectina diferem entre plantas e também dentro da planta ao longo do tempo, conforme as diferentes

| Quadro 6.10 – Teor de pectina de alguns vegetais ||
Origem	Pectina (%)
Batata	2,5
Tomate	3,0
Maçã	5,0-7,0
Beterraba	15,0-20,0
Frutas cítricas	30,0-35,0

partes da planta. Partes resistentes contêm mais pectina do que partes macias da planta. Durante o amadurecimento, a molécula da pectina é quebrada e, nesse processo, a fruta se torna mais macia à medida que as paredes das células se rompem.

Com pectinas de baixo teor de éster e pectinas amidadas, é necessário menos açúcar, de modo que podem ser feitos produtos dietéticos. A pectina também pode ser usada para estabilizar bebidas proteicas ácidas, como iogurte líquido, e como um substituto da gordura. Níveis típicos de pectina usados como aditivos de alimentos são 0,5-1,0%, o que é mais ou menos a mesma quantidade de pectina presente em uma fruta fresca.

Os tecidos das plantas contêm polímeros do ácido galacturônico, hemiceluloses conhecidas como **protopectinas**, que cimentam as células das plantas, mantendo-as juntas umas às outras. Conforme o fruto vai amadurecendo, a protopectina presente passa por um máximo, e depois sofre decomposição, resultando pectina, ácido pectínico e ácido péctico – a fruta amolece à medida que o cimento entre as células se rompe.

As substâncias pécticas são formadas por duas frações interligadas: a ramnogalacturonana e a homogalacturonana. A primeira é um heteropolímero cuja estrutura principal é formada por unidades repetidas de ácido galacturônico ligado a ramnose, e cadeias laterais consistindo de arabinose e galactose, e não interagem com íon cálcio. A segunda é um homopolímero formado por unidades de ácido galacturônico e/ou seu éster metílico, unidos por ligações glicosídicas beta-1,4.

Nas pectinas com alto grau de metilação (acima de 60%), a velocidade de geleificação é maior, o que as torna úteis na elaboração de produtos com pedaços de fruta em suspensão, bem distribuídos na massa, evitando a decantação ou o afloramento dos pedaços. A pectina presente nas frutas é geralmente de alto grau de metilação.

Na Natureza, pectina sob a forma de protopectina, complexa e insolúvel, é parte da porção não lenhosa das plantas terrestres. Na lamela intermediária entre as células das plantas, a pectina ajuda a manter as células juntas e regula a água na planta.

As moléculas de pectina são constituídas de uma cadeia principal linear de unidades repetidas de 1,4-alfa-D-ácido galacturônico, sendo parte dessas moléculas esterificada como éster metílico. As cadeias de resíduos galacturonato são, porém, interrompidas por unidades de 1,2-alfa-L ramnose, às quais estão ligadas cadeias laterais, formadas por açúcares neutros. Essas cadeias laterais são responsáveis pela união de moléculas de pectina à matriz polissacarídica da parede celular vegetal.

Bibliografia recomendada

CAFFALL, K. H.; MOHNEN, D. The structure, function, and biosynthesis of plant cell wall pectic polysaccharides. *Carbohydrate Research*, v. 344, p. 1879-1900, 2009.

UNESP – Faculdade de Ciências Farmacêuticas. Disponível em: <http://www.fcfar.unesp.br/alimentos/bioquimica/introducao_carboidratos/polissacarideos.htm>. Acesso em: 10 dez. 2008.

Uniersidade Federal do Rio Grande do Sul. Disponível em: <http://www.pgie.ufrgs.br/portalead/unirede/tecvege/feira/prfruta/geleia/pectina.htm>. Acesso em: 10 dez. 2008.

University of Georgia. Disponível em: <http://www.uga.edu/aboutUGA/research-mohnen_pectin.html>. Acesso em: 20 out. 2009.

6.1.6 Guar

O guar é obtido do feijão guar, *Cyamopsis tetragonolobus*, da família das Leguminosas. É um polissacarídeo copolimérico, do tipo galacto--manana, formado por cadeias lineares de 1,4-*beta*-D-manana, com ramificações de 1,6-*alfa*-D-galactose em anéis alternados (Figura 6.1, já apresentada). É um polissacarídeo não-iônico. Tem massa molar elevada, da ordem de 2.000.000, e é solúvel em água.

A planta é nativa da Índia e do Paquistão. É própria de regiões semiáridas, e usada para a alimentação de homens e animais. As vagens têm grãos de cerca de 8 mm de diâmetro. A composição das sementes de feijão guar em uma análise imediata é mostrada no Quadro 6.11.

Quadro 6.11 – Composição do feijão guar						
Semente	Proteína (%)	Extrato etéreo (%)	Cinza (%)	Umidade (%)	Fibra (%)	Polissacarídeo
Casca (14-17%)	5	0,3	4	10	36	Poli(D-glicose)
Endosperma (35-42%)	5	0,6	0,6	10	1,5	Poli(galactomanana)
Germe (43-47%)	55,3	5,2	4,6	10	18,0	Poli(D-glicose)

Fonte: WHISTLER, R. L.; BeMILLER, J. N. *Industrial gums*. New York: Academic Press, 1973.

Além de alimento em regiões áridas, encontra aplicação industrial como espessante. Como produto químico capaz de formar ligações hidrogênicas, é empregado em indústrias de mineração e de produção de papel. A goma guar é incluída em *Food and Drug Administration Standards* para identificação de queijos, sobremesas congeladas e molhos de salada.

A goma guar é usada como aglutinante de água livre e como estabilizador de sorvetes. Também encontra aplicação no espessamento de vários cosméticos e produtos farmacêuticos. O maior uso da goma guar se dá na indústria de papel.

Bibliografia recomendada

WHISTLER, R. L.; BeMILLER, J. N. *Industrial gums*. New York: Academic Press, 1973.

6.1.7 Jarina

Jarina (do tupi)

Jarina é o material que constitui as sementes amadurecidas de uma variedade de palmeira amazônica incomum, *Phytelephas macrocarpa*, e da **tágua** (*Phytelephas aequatorialis*), palmeira encontrada nas montanhas tropicais e úmidas do Equador. Essas sementes têm cor que varia de branca a amarelada e textura semelhante à do marfim, sendo por isso chamadas de **marfim vegetal**. Esse material tem os nomes comerciais de **jarina**, **tágua**, *corozo* e *Steinnuss*.

Essas plantas possuem morfologia semelhante à das palmeiras, ainda que botanicamente não sejam Palmáceas. Pertencem à família das Ciclantáceas. Etimologicamente, a palavra *Phytelephas* provém do grego, *phyton* = planta e *elephas* = elefante; quer dizer, planta do elefante ou marfim vegetal. A jarina é uma palmeira pequena, de tronco grosso, com numerosas raízes adventícias (isto é, fora do lugar habitual) e flores de forte perfume. É nativa da região equatorial das Américas Central e do Sul. Ocorre espontaneamente em várias regiões tropicais do mundo. O marfim vegetal cresce de forma silvestre em solo de aluvião úmido (depósito de cascalho, areia e argila que se forma junto às margens dos rios), em bosques chamados taguais. A Figura 6.9 apresenta um exemplar da planta que produz a jarina.

No Brasil, distribui-se por toda a região amazônica, a partir de 150 até 1.000 m de altitude, na submata inundável, à sombra das árvores altas, nos lugares arejados, em temperaturas de 22 a 28 °C. Normalmente, são encontradas em bosques, formando aglomerados homogêneos. Na Amazônia, a palmeira é encontrada principalmente no sudoeste do Estado do Amazonas e no Estado do Acre, nos vales dos rios Purus, Acre, Antimari, Iaco, Caeté, Maracanã e Gregório. Esses estados são os principais produtores de marfim vegetal da região. Em inventários florestais recentes, realizados no Acre, foram encontrados até 2,8 indivíduo/hectare. Não existe na Amazônia plantio ou cultivo industrial de jarina. Informações sobre o assunto poderão ser pesquisadas na província de Manabi, no Equador, onde alguns grupos indígenas vêm se dedicando a esses trabalhos.

A jarina possui crescimento lento, sendo comum encontrar espécimes com mais de 100 anos de idade. As sementes ou castanhas, levam meses, ou mesmo anos, para germinar, e as plantas demandam de 7 a 25 anos para iniciar a frutificação. Essas plantas são vagarosas em atingir a maturidade e não começam a floração antes de 15 anos de idade. Porém, uma vez começada a floração, florescem o ano todo e podem produzir castanhas pelos 100 anos seguintes.

A jarina tem flores masculinas ou femininas, em plantas separadas. Se as flores são polinizadas, produzem um aglomerado globular de forma cônica, com 15 ou mais frutos. Os frutos, lenhosos, são espinhosos e geralmente têm, cada um, cinco grandes sementes ou castanhas (2,5 a 5 cm), que são protegidas por uma casca marrom, além da concha externa, dura.

Essa árvore tem belas frondes que brotam diretamente do chão. Durante os primeiros anos, não se vê o tronco. Um marfim vegetal com tronco de dois metros de altura tem, pelo menos, 35 a 40 anos de idade. Logo abaixo das folhas, nascem grandes aglomerados fibrosos que, em

Figura 6.9
A planta produtora
de jarina.

Fonte: Lexic.us. Disponível em: <http://www.lexic.us/definition-of/jarina>. Acesso em: jun. 2012.

geral, pesam 10 kg e consistem de frutos lenhosos, bem compactos. De início, as cavidades das sementes contêm um líquido refrescante, parecido com água de coco. Depois, o líquido se transforma em uma gelatina doce e comestível. Por fim, a gelatina amadurece e se transforma em uma substância branca e dura, muito parecida com o marfim de origem animal: é o marfim vegetal. É nessa fase que ocorre a policondensação do açúcar manose em manana.

Cada árvore fêmea produz seis a oito cachos de frutos ao ano, com o tamanho de uma cabeça humana, crivados de pontas, pesando 9 a 12 kg, com oito a 12 sementes cada fruto. Quando novas, as sementes são líquidas, claras e insípidas, tal como no coco-da-Bahia. Cada semente tem aproximadamente 2 cm de diâmetro, pesando em média 35 g. No processo de amadurecimento do fruto, tornam-se leitosas e doces. Nesse estágio, muitos animais, inclusive o homem, utilizam-na para alimentação. Quando amadurecidos, os frutos caem e soltam as sementes, permitindo que elas sequem, o que requer de quatro semanas a quatro meses, dependendo das condições climáticas. As sementes são industrializadas para a confecção de objetos.

As sementes amadurecidas tornam-se duríssimas, brancas e opacas como marfim, tendo sobre este a vantagem de não serem quebradiças e permitirem maior facilidade de trabalho. A regeneração natural é aleatória, sendo as sementes facilmente coletadas em grande quantidade, entre os meses de maio e agosto. As sementes variam em tamanho de uma cereja a uma bola de tênis, com o tamanho médio de uma castanha. Antes de amadurecerem, elas têm um líquido leitoso, adocicado, no centro, composto principalmente de manose, e, quando colhidas, são comestíveis. Quando maduras, as sementes caem no solo e são colhidas e secas, geralmente em cabanas, durante quatro a oito semanas, depois do que elas se tornam extremamente duras. Não são tóxicas. Em cada coco se reúnem cerca de 20 sementes ou castanhas.

A estrutura celular e a textura da semente de jarina são semelhantes às do marfim de elefante. Ela muitas vezes se assemelha ao marfim fino em aspecto e cor, e é ligeiramente mais macia do que o marfim dos mamíferos. As sementes geralmente contêm um espaço vazio no centro, muitas vezes com a forma de "T". A cor varia de branco azulado a âmbar, com a maioria do marfim vegetal de cor âmbar.

Embora a jarina tenha utilidade para as populações locais, como alimento para o homem e animais (polpa não amadurecida), na construção civil para a cobertura de casas (folhas) e na confecção de cordas (fibras), a parte mais usada da planta é tradicionalmente a semente.

A jarina e a tágua pertencem à subfamília das *Phytelephantoideae*, uma das seis subfamílias das *Arecaceae* (antiga denominação *Palmae*). Há três gêneros: *Aphandra*, com uma espécie; *Ammandra*, com duas espécies; e *Phytelephas*, com diversas espécies, nas quais essas palmeiras são mais frequentemente encontradas. *Phytelephas macrocarpa* e *P. aequatorialis* produzem a maior parte do marfim vegetal usado para a fabricação de ornamentos, peças de joalheria, teclas de piano, pequenas estatuetas, botões, biojoias, peças de xadrez, dominós, dados, dedais, cachimbos, cabos de bengala e cabos de guarda-chuva, em substituição ao marfim animal.

O marfim vegetal é uma alternativa prática, pois se parece com o marfim de origem animal; é extremamente duro, permite bastante polimento e absorve os corantes. O marfim vegetal e o animal são tão parecidos que os artesãos, em geral, deixam um pouco da casca marrom nos seus produtos para provar que não usaram marfim de elefante, que é proibido em todo o mundo.

O endosperma, que é a parte nutritiva da castanha de jarina, é composto de polissacarídeos de cadeia longa (mananas), celulose e outros componentes celulares. As castanhas da jarina imatura têm um endosperma líquido, claro. À medida que a semente amadurece, o endosperma geleifica. Quando a semente está completamente madura e seca, o endosperma é branco e duro. O endosperma é o que dá à jarina seu nome científico. É esse endosperma que parece marfim e é trabalhado como o marfim. Diferentemente do marfim do elefante, o marfim de jarina amolece quando imerso em água e endurece quando seco. É importante salientar que, se for deixado imerso em água por tempo suficiente, ele será completamente dissolvido.

A **jarina** é a amêndoa polissacarídica complexa da semente da *Phytelephas*, de cor branca, ebúrnea, duríssima, pesada, lisa e opaca, que adquire brilho com o polimento, inodora, insípida, porém não é elástica nem inalterável, como o verdadeiro marfim. O marfim vegetal não é uma descoberta recente. Já em 1750, o frei sul-americano Juan de San Gertrudis mencionou-o em suas crônicas, comparando as sementes a bolas de mármore, usadas para entalhar estatuetas. No início dos anos 1900, o Equador, a principal fonte de marfim vegetal, exportava milhares de toneladas de sementes todo ano, principalmente para a produção de botões. Depois da II Guerra Mundial, o surgimento de plásticos novos e de baixo custo praticamente acabou com o comércio de marfim vegetal.

No início do século, quando o plástico ainda não era conhecido ou não era comum, as indústrias de botões usavam-na como matéria--prima. Existiam no Brasil pequenas indústrias de botões e souvenires, que trabalhavam exclusivamente com jarina. Atualmente, com os riscos de extinção de animais fornecedores de marfim – a população de elefantes na África foi reduzida em 50% nos últimos 100 anos, passando de 1,3 milhão para 609 mil animais –, a jarina aparece como alternativa ao marfim verdadeiro, apresentando sobre ele algumas vantagens, como maior facilidade no manuseio e tratamento.

Bibliografia recomendada

COSTA, M. L.; RODRIGUES,S. F. S.; HOLM, H. Jarina: o marfim das biojoias da Amazônia. *Revista Escola de Minas*, Ouro Preto, v. 59, n. 4, p. 367-371, 2006.

6.2 Polímeros

Pelo processo da fotossíntese, a Natureza sintetiza amido, celulose e sacarose a partir de dióxido de carbono e água, dos quais, por hidrólise dos produtos intermediários, são obtidas a glicose e a frutose. O monossacarídeo que existe em maior quantidade na Natureza é a D--glicose, o único constituinte químico dos polissacarídeos amido, celulose e glicogênio.

Os polissacarídeos podem conter cadeias macromoleculares com a mesma unidade química repetida, isto é, **mero**, e nesse caso são denominados **homopolissacarídeos**, ou diversas unidades repetidas, e então passam a constituir os **heteropolissacarídeos**. Os tipos de ligação envolvidos na formação da cadeia, linear ou ramificada, a denominação comum e as fontes naturais de onde provêm os polissacarídeos se encontram nos Quadros 6.12 e 6.13.

Quadro 6.12 – Homopolissacarídeos				
Polissacarídeo	**Tipo de ligação acefálica**	**Tipo de cadeia**	**Nome comum**	**Fonte**
Glicana	β-(1→2)	Linear	----	Agro bactéria
	α-(1→3)	Linear	Nigerana	Aspergillus niger
	α-(1→4)			
	β-(1→3)	Linear	Laminarana Diversos	Alga Laminaria spp Algas, fungos, leveduras
	β-(1→3)	Linear	----	Cereais
	β-(1→4)			
	α-(1→4)	Linear	Amilose	Amidos de plantas superiores
	α-(1→4)	Ramificada	Amilopectina	Amidos de plantas superiores
	α-(1→6)	Linear	Pululana	Fungos (Pullulariaspp)
	α-(1→4)			
	α-(1→6)			
	β-(1→4)	Linear	Celulose	Paredes celulares de vegetais superiores
	α-(1→6)	Ramificada	Dextrina	Bactérias (Leuconostocspp)
	α-(1→3)	Linear	Pustulana	Líquen (Umbilicariapustulata)
	β-(1→6)			
Galacturana	α-(1→4)	Linear	Ácido péctico	Algas superiores
Glicosaminana	β-(1→4)	Linear	Quitina	Casca de lagosta e caranguejo, fungos

Fonte: BOBBIO F. O.; BOBBIO, P. A. *Introdução à química de alimentos*. São Paulo: Livraria Varela, 1995.

Analisando o Quadro 6.5, verifica-se a tendência ao encadeamento linear dos anéis de glicose – isto é, as **glicanas** – por meio de ligações α-$(1\rightarrow3)$ e α-$(1\rightarrow4)$ e β-$(1\rightarrow2)$, β-$(1\rightarrow3)$ e β-$(1\rightarrow4)$, tendo como fonte dos homopolímeros uma grande diversidade de seres vivos, tais como bactérias, leveduras, fungos, líquens, algas, plantas superiores, crustáceos e outros.

A observação minuciosa do Quadro 6.6 revela a imensa variedade de unidades repetidas, lineares ou ramificadas, provenientes de vegetais e animais, tanto de organismos superiores quanto de micro-organismos. Essa heterogeneidade tem como causa a grande dificuldade de reprodução de resultados em análises de amostras de uniformidade duvidosa.

Observa-se que a **amilose** e a **amilopectina**, componentes do amido, assim como a **celulose,** somente são encontrados em plantas superiores, como uma forma mais avançada de arranjo químico macromolecular, e sua unidade química repetida é a glicose.

Pode-se imaginar que seja mais fácil à Natureza elaborar as moléculas complexas mais utilizadas pelos seres vivos partindo de rotas químicas envolvendo a glicose.

Bibliografia recomendada

WHISTLER, R. L.; BeMILLER, J. N. *Gums, industrial.* v. 7. Purdue University, 1993. p. 589-613.

Quadro 6.13 – Heteropolissacarídeos				
Polissacarídeo	Tipo de ligação	Tipo de cadeia	Nome comum	Fonte
D- e L- Galactana	O-Sulfato	Linear	Ágar	Algas vermelhas
Arabinoxilana	-------	Ramificadas	-------	Paredes celulares de plantas
Glicuronoxilana	-------	Ramificadas	-------	Paredes celulares de plantas
Arabinogalactana	-------	Ramificadas	-------	Madeiras de coníferas
Glicomanana	-------	Linear	--------	Madeiras de coníferas, sementes, bulbos
Galactomanana	-------	Ramificadas	Diversos	Sementes de leguminosas
Guluronomanurana	-------	Linear	Ácido algínico	Algas pardas
Galactosami-noglicoronana	O-Sulfato	Linear	Sulfato de condroitina	Cartilagens
Frutana	$\alpha\text{-}(2 \rightarrow 1)$	Linear	Inulina	Dália e alcachofra
Levulana	$\beta\text{-}(2 \rightarrow 6)$ $\beta\text{-}(2 \rightarrow 1)$	Ramificadas	-------	Várias bactérias
Manana	$\alpha\text{-}(1 \rightarrow 2)$	Ramificadas	-------	Leveduras, diversos microrganismos
	$\alpha\text{-}(1 \rightarrow 6)$ $\beta\text{-}(1 \rightarrow 4)$	Linear	-------	Algumas plantas terrestres e algas marinhas
Galactana	$\beta\text{-}(1 \rightarrow 3)$	Linear	Carragenana	Algas vermelhas
	$\alpha\text{-}(1 \rightarrow 4)$ $\beta\text{-}(1 \rightarrow 4)$	Linear	-------	Substâncias pécticas de plantas superiores
	$\beta\text{-}(1 \rightarrow 5)$	Linear	-------	Mofo (*Penicillium charlesii*)
Arabinana	$\alpha\text{-}(1 \rightarrow 3)$ $\alpha\text{-}(1 \rightarrow 5)$	Ramificadas	-------	Substâncias pécticas de plantas superiores
Xilana	$\beta\text{-}(1 \rightarrow 3)$	Linear	-------	Algas verdes (*Calerpa filiformis*)
	$\beta\text{-}(1 \rightarrow 3)$ $\beta\text{-}(1 \rightarrow 4)$	Linear	Rodimenana	Algas vermelhas (*Rodhymenia palmata*)
	$\beta\text{-}(1 \rightarrow 4)$	Linear	-------	Paredes celulares de plantas superiores
Fucana	$\alpha\text{-}(1 \rightarrow 2)$ $\alpha\text{-}(1 \rightarrow 4)$	Ramificadas	-------	Algas marinhas (*Fucus spp*)
Glicosamina-glicuronana	------	Linear	Ácido hialurônico	Tecido animal
	N- e O-Sulfato	Linear	Heparina	Sangue de mamíferos

Fonte: BOBBIO F. O.; BOBBIO P. A. *Introdução à química de alimentos*. São Paulo: Livraria Varela, 1995.

6.2.1 Amilose

A **amilose** é um homopolímero linear, uma glicana, formada de cadeias de 1,4-*alfa*-D-glicose. É vastamente encontrada na Natureza como um dos componentes do grão de amido. Tem massa molecular que varia de 3×10^4 a 3×10^5.

A amilose recebe também as denominações químicas polianidroglicose, poli(1,4-anidro-*alfa*-D-glicopiranose) e poli(1,4-anidromaltose). A sua estrutura química foi representada na Figura 6.2.

Bibliografia recomendada

BERNAL, L.; BARAJAS, E. M. Una nueva vision de la degradacíon del amidón. *Revista del centro de investigación*, Universidade La Salle, México, v. 7, n. 25, p. 77-90, 2006.

BULÉON, A. et al. Starch granules: structure and biosynthesis. *International Journal of Biological Macromolecules*, v. 23, p. 85-112, 1998.

Elmhurst College. Disponível em: <http://www.elmhurst.edu/~chm/vchembook/547starch.html>. Acesso em: 27 dez. 2011.

Google. Disponível em: <http://sites.google.com/site/sanabriaj/compo si%C3%A7%C3%A3oqu%C3%ADmica>. Acesso em: 16 dez. 2008.

Infopedia. Disponível em: <http://www.infopedia.pt/$amido>. Acesso em: 16 dez. 2008.

Wikipedia. Disponível em: <http://pt.wikipedia.org/wiki/Amido>. Acesso em: 16 dez. 2008.

6.2.2 Amilopectina

A **amilopectina** é um dos dois componentes polissacarídicos que constituem o amido – o material de reserva alimentar das plantas e o principal alimento dos seres humanos. O outro componente é a amilose, já comentada na Seção 6.2.1.

Do ponto de vista químico, a amilopectina é um homopolímero ramificado, uma glicana ou polianidroglicose, com cadeias pendentes partindo do átomo de carbono 6. É a poli(1,4-*alfa*-D-glicose) com ramificações em 6,4 de grupos poli(1,4-*alfa*-D-glicose) a cada 15-30 unidades glicosídicas da cadeia principal, formando uma estrutura dendrítica (arborescente). Tem massa molar muito alta, 10^6 a 10^8 ou mais.

A amilopectina pode ser também denominada poli[(1,4-anidro-*alfa*-D-glicopiranose)-g-(1,4-anidro-*alfa*-D-glicopiranose)]ou poli[(1,4'-anidromaltose)-g-(1,4'-anidromaltose)]. A estrutura química da amilopectina foi mostrada na Figura 6.2.

A análise de grupos terminais revelou que 4% das unidades de glicose da amilopectina estão na extremidade das cadeias. Assim, em média, há uma ramificação para cada 25 unidades de glicose. Para ambos, amilose e amilopectina, há somente um grupo redutor hemiacetálico por molécula. Os polímeros lineares e as cadeias mais longas de polímeros não lineares mostram acentuada tendência de se orientar e associar uns com os outros. Essa propriedade é característica de muitas moléculas fibrilares que contêm um grande número de grupos hidroxila, ou outro grupo com capacidade de formação de pontes hidrogênicas ao longo da cadeia. Essa atração leva a áreas altamente associadas dentro do grão de amido.

6.2.3 Celulose

Celulose (do francês, *cellulose*)

A **celulose** é um polímero natural particularmente importante porque é a fonte orgânica mais abundante, amplamente distribuída no reino vegetal e renovável por fotossíntese. Além disso, possui propriedades multifuncionais.

A celulose é um polímero sindiotático linear polidisperso. Sua unidade monomérica básica é a D-glicose, que se liga sucessivamente, por meio de uma ligação glicosídica na configuração *beta*, entre o átomo de carbono 1 e o átomo de carbono 4 de unidades adjacentes, para formar uma longa cadeia de **1,4-*beta*-glicana**. Por causa da *beta*-configuração das ligações entre os monômeros, as unidades de glicose se alternam para cima e para baixo da cadeia. Assim, **celobiose** é considerada a unidade repetida da celulose sobre a qual a configuração sindiotática da macromolécula é formada.

Outras denominações da celulose são: polianidroglicose, ou poli(1,4-anidro-β-D-glicopiranose), ou poli(1,4-anidrocelobiose). Tem massa molar na ordem de 300.000; é isômera da amilose do amido. Uma ponte β-glicosídica une os anéis glicopiranosídicos (Figura 6.10). A cadeia polimérica é linear, encurvada, e assume conformação helicoidal.

O tamanho da molécula da celulose formada na Natureza, indicada pelo grau de polimerização ou pelo comprimento da cadeia, é fortemente dependente da sua fonte. Em alguns casos, pode exceder o grau de

Figura 6.10
Estrutura química
da celulose.

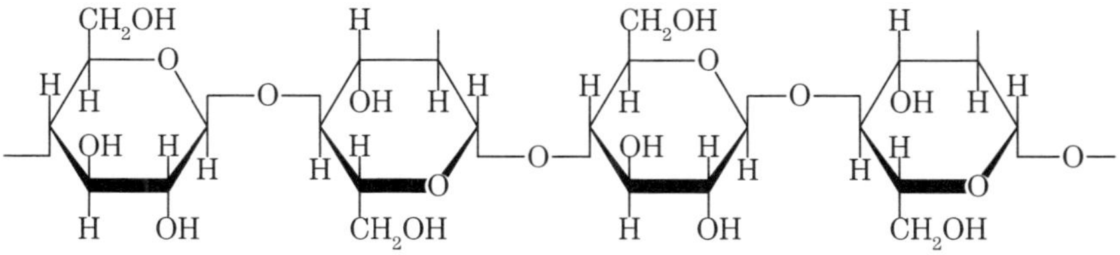

polimerização de 10.000 (Quadro 6.14). A agregação dessas longas moléculas, por meio de pontes hidrogênicas inter e intramoleculares envolvendo seus três grupos hidroxila, forma as fieiras tipo fita chamadas **microfibrilas**, superiores a 6 nm, em que o mais fino grau de aglomeração corresponde à **fibrila elementar** (3,5 nm em largura). Diversas dessas fibrilas então se associam para formar **macrofibrilas**, mais espessas e longas, que, por sua vez, se agregam formando a **fibra** de celulose.

A celulose nunca ocorre em forma pura. Nas madeiras, macias ou duras, ela constitui 40-50% do peso. No linho, 70-85%, enquanto no algodão, produzido como fios crescidos sobre a superfície de sementes – que são a mais pura forma de celulose natural –, se encontra acima de 90% (Quadro 6.15).

Um grupo de polissacarídeos, que são chamados coletivamente de **hemiceluloses**, sempre acompanha a celulose nas plantas. O termo "hemicelulose" não designa um composto químico definido; abrange uma série de componentes poliméricos presentes em vegetais fibrosos, possuindo cada um propriedades próprias. Refere-se a uma mistura

Quadro 6.14 – Grau de polimerização de celulose de diversas fontes vegetais	
Fonte	**Grau de polimerização**
Fibras de algodão	8.000 - 14.000
Bagaço de cana-de-açúcar	700 - 900
Línter de algodão	1.000 - 5.000
Fibras de linho	7.000 - 8.000
Fibras de rami	9.000 - 11.000
Palha de arroz	700 - 800
Fibras de madeira	8.000 - 9.000

Fonte: HORN, D. N. S. Cellulose: A wonder material with promising future. *Polymer News*, v. 13, p. 134-140, 1988.

Quadro 6.15– Fontes naturais de celulose	
Fonte	**Teor de celulose (%)**
Bagaço de cana-de-açúcar	35 - 45
Bambu	40 - 55
Algodão	90 - 99
Linho	70 - 75
Cânhamo	75 - 80
Juta	60 – 65
Paina	70 - 75
Rami	70 - 75
Sisal	40 - 50
Palha	40 - 50
Madeira	40 - 50

Fonte: HORN, D. N. S. Cellulose: A wonder material with promising future. *Polymer News*, v. 13, p. 134-140, 1988.

de polissacarídeos de baixa massa molecular, nas quais participam pelo menos dois tipos de unidades de açúcar. Seu grau de polimerização é muito menor do que o da celulose: somente 200 a 500 unidades de açúcar por molécula. Distinguem-se da celulose porque são mais facilmente hidrolisáveis do que a celulose em soluções aquosas diluídas ácidas quentes. O teor e a proporção desses diferentes componentes nas hemiceluloses de madeira variam grandemente com a espécie e, provavelmente, de árvore para árvore. Estão intimamente associados com a celulose nos tecidos das plantas. São polímeros em cuja composição podem ser encontradas, condensados em proporções variadas, as seguintes unidades de açúcar: D-xilose, D-manose, D-glicose, D-arabinose, D-galactose, ácido D-glucurônico e ácido D--galacturônico, cujas fórmulas químicas se encontram na Figura 6.11. Pode-se observar que esses polímeros são todos hexosanas, exceto o derivado da L-arabinose, que é uma pentosana.

Bibliografia recomendada

D'ALMEIDA, M. L. O. *Celulose e papel* – tecnologia de fabricação de pasta celulósica. v. 1. São Paulo: SENAI – IPT, 1988.

igura 6.11
nidades de açúcar
ncontradas em
olicondensações
as cadeias
oliméricas
resentes na
emicelulose.

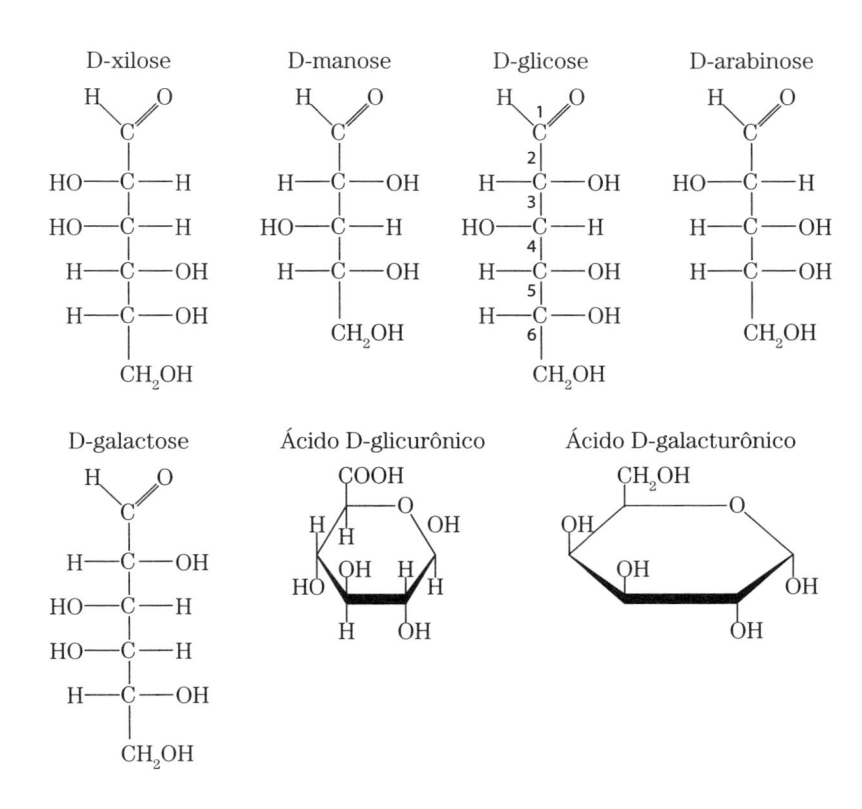

HORN, D. N. S. Cellulose: A wonder material with promising future. *Polymer News*, v. 13, p. 134-140, 1988.

NISSAN, A. H.; HUNGER, G. K. *Encyclopedia of polymer science and technology*. 1. ed. v. 3. New York: Willey-InterScience, 1965. p. 131-226

Toda Biologia. Disponível em: <http://www.todabiologia.com/botanica/celulose.htm>. Acesso em: 27 dez. 2011.

6.2.4 Galacturonana

A **galacturonana**, cuja denominação correta é 1,4-*alfa*-D-galacturonana, também chamada poli (1,4-*alfa*-D-ácido galacturônico) ou poli [1,4-*alfa*-D-anidro-(ácido galactopiranosil-urônico)], tem sua estrutura química mostrada na Figura 6.12. É o polímero básico das chamadas **pectinas**. A pectina isolada tem massa molar de 60.000 a 130.000, variando muito com a origem e as condições de extração.

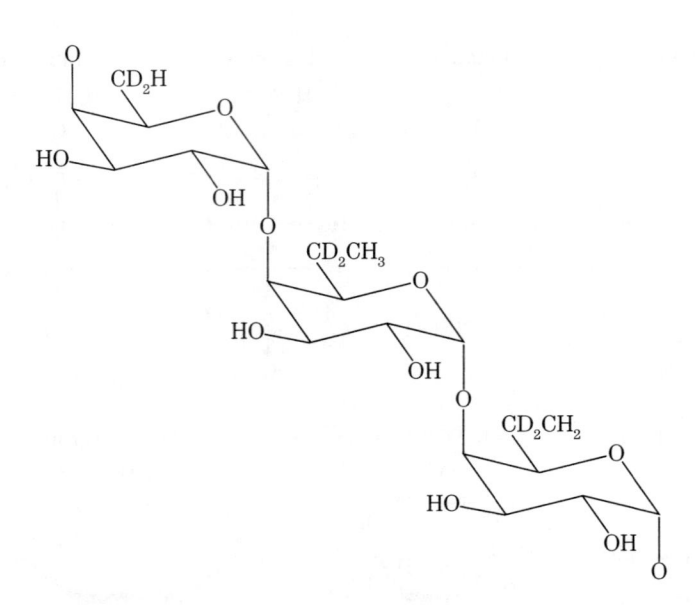

Figura 6.12
Estrutura química
da galacturonana.

A galacturonana é um polissacarídeo, homopolímero, de cadeias lineares, essencialmente um poli (ácido carboxílico), ácido péctico, parcialmente esterificado por grupos metila. É encontrado em frutas (maçã, laranja) e empregado em alimentos como geleificante e estabilizador, componente usual de geleias, marmeladas etc. Tratando-se de uma molécula com muitos grupos carboxila, dependendo do valor do pH, liga-se a cátions positivamente carregados, e tem sido usada para auxiliar a excreção de metais pesados do corpo humano.

Há três tipos estruturais desses polissacarídeos da pectina: galacturonana, ramnogalacturonana I e ramnogalacturonana II.

A estrutura característica da pectina é a **galacturonana**, com uma cadeia linear de ácido D-galacturônico, ligado pelas posições 1-4, formando o esqueleto (Figura 6.12). Dentro do esqueleto, há regiões em que o ácido galacturônico é substituído pela L-ramnose, ligada pelas posições 1-2. Da ramnose, cadeias laterais de vários açúcares neutros se originam. Esse tipo de pectina é chamado **ramno-galacturonana I**. Ao todo, na cadeia polimérica, a cada 25 grupos ácido irônico ocorre uma substituição por grupo ramnose. Alguns trechos consistem de regiões "cabeludas", em que há alternância de grupamentos de ácido galacturônico e de ramnose; outros trechos, regiões "macias", têm menor densidade de ramnose. Os açúcares neutros são principalmente D-galactose, L-arabinose e D-xilose; os tipos e as proporções desses açúcares variam com a origem da pectina. Um terceiro tipo estrutural de pectina é a **ramno-galacturonana II**, menos frequente, que é um polissacarídeo complexo, altamente ramificado.

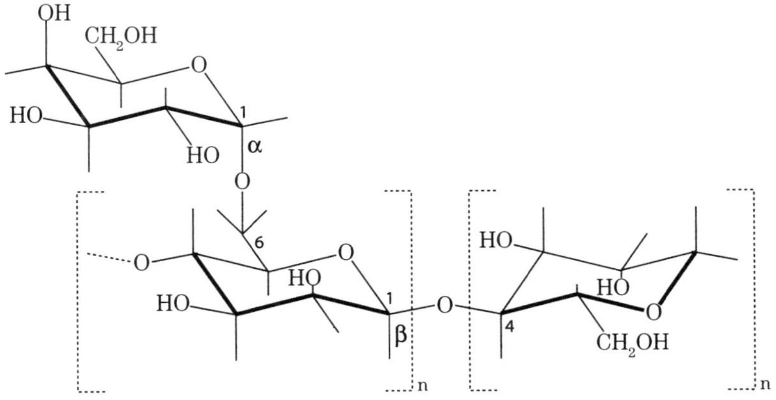

Figura 6.13
Estrutura química
da galactomanana:
unidade manose
(linear); unidade
galactose
(ramificação).

6.2.5 Galactomanana

As **galactomananas** são polissacarídeos de cadeias lineares de 1,4-*beta*-D-manana, com ramificações de 1,6-*alfa*-D-galactose em anéis alternados. Não possuem grupos ionizáveis. Sua estrutura química é mostrada na Figura 6.13. Têm massa molecular da ordem de $2,5 \times 10^6$. A principal fonte natural desse copolímero é o **feijão guar**, *Cyamopsistetragonolobus*, da família botânica das Leguminosas. Daí a denominação de **guarana** encontrada na literatura para galactomanana. A razão D-galactose/D-manose no guar é de 1:2, com unidades simples D-galactopiranosila ligadas a cada segundo grupo de unidades D-manopiranosila da cadeia lateral.

O íon borato atua como agente de ligações cruzadas com goma guar hidratada para formar géis estruturais coesivos, cuja formação e resistência dependem do pH, da temperatura e da concentração dos reagentes. O pH ótimo se situa na faixa de 7,5 a 10. A transformação de solução em gel é reversível; o gel pode ser liquefeito levando o pH abaixo de 7 ou por aquecimento. Polissacarídeos com numerosos grupos hidroxila adjacentes em posição *cis* podem formar esses géis boratados tridimensionais. Géis boratados podem também ser liquefeitos pela adição de polióis de baixa massa molecular, como o glicerol ou o manitol, capazes de reação com o íon borato.

Bibliografia recomendada

LOPES, L. *Caracterização viscosimétrica de mistura de gomas xantana e guar*. Rio de Janeiro: Instituto de Macromoléculas, 1989.

NutriTotal. Disponível em: <http://www.nutritotal.com.br/perguntas/?acao=bu&categoria=1&id=261>. Acesso em: 20 out. 2009.

WHISTLER, R. L.; BeMILLER, J. N. *Industrial gums*. New York: Academic Press, 1973.

6.2.6 Galactana

As **galactanas,** encontradas no ágar-ágar e na carragenana, são sacarídeos poliméricos de cadeia linear, com unidades alternadas de 1,3-*beta*-D-galactose e 1,4-*alfa*-(3,6-anidro)-galactose, representados na Figura 6.14. A nomenclatura química pode ser apresentada da seguinte forma: copoli[1,3′(4′)-anidro-(2(4)-sulfato ácido-D-galactose)/1,4′-anidro-(3,6-anidro-D-galactose)].

O **ágar-ágar** (da palavra malaia *agar-agar*) é obtido de algas marinhas vermelhas, *Gelidium sp.*, da família das Rodofíceas. É aplicado industrialmente em cremes e loções para a pele, como geleificante, e na preparação de placas de cultura microbiológica.

O teor de ágar-ágar nas algas varia de acordo com as condições do mar, a concentração de dióxido de carbono, a disponibilidade de oxigênio, a temperatura da água e a intensidade da radiação solar. É uma mistura complexa de polissacarídeos composta por duas frações principais: a agarose, um polímero neutro, e a agaropectina, um polímero com carga sulfatada. A proporção varia de acordo com a espécie de alga. A agarose é a estrutura básica do polissacarídeo típico do ágar-ágar, representando normalmente pelo menos 2/3 do produto natural.

A **agarose** é uma galactana, isto é, composto de subunidades de galactose; é a **fração geleificante** do ágar-ágar. Consiste de um copolímero de cadeias lineares, com segmentos alternados de re-

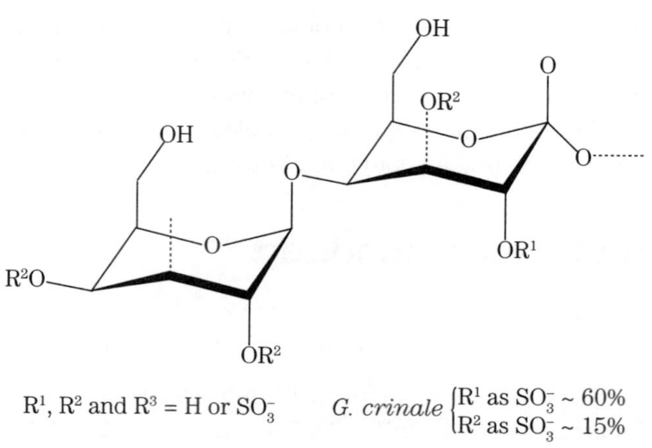

Figura 6.14
Estrutura química da galactana.

R^1, R^2 and R^3 = H or SO_3^- *G. crinale* $\begin{cases} R^1 \text{ as } SO_3^- \sim 60\% \\ R^2 \text{ as } SO_3^- \sim 15\% \end{cases}$

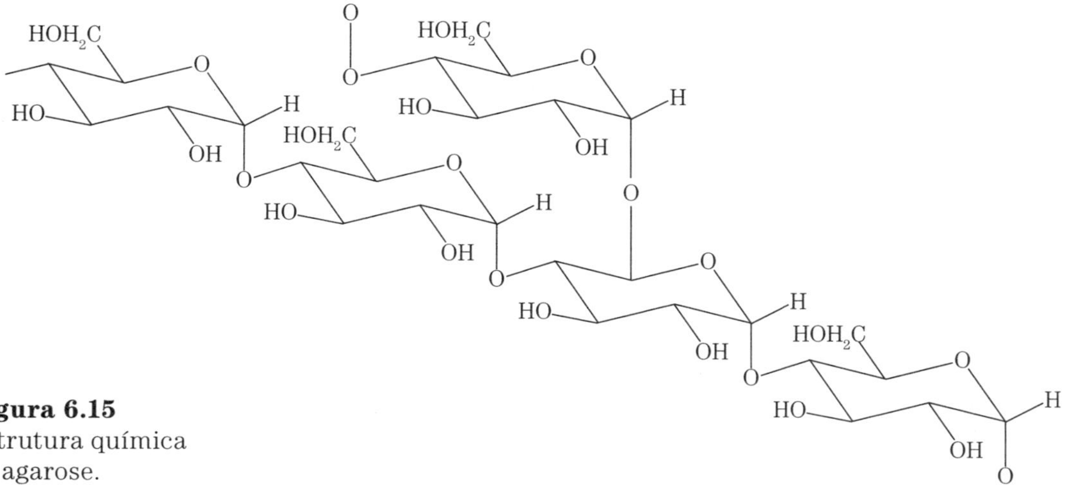

Figura 6.15
Estrutura química
da agarose.

síduos 1,3′-(*beta*-D-galactopiranose) e 1,4′-(3,6-anidro-*alfa*-L-ga-lactopiranose). É molécula neutra, essencialmente livre de sulfatos (Figura 6.15). A nomenclatura correta é: copoli[1,3′-anidro-(*beta*-D-galactose)/1,4′-anidro-(*alfa*-L-3,6-anidro-galactose)].

A **agaropectina**, **fração não geleificante** do ágar-ágar, é um polissacarídeo sulfatado (3 a 10% sulfato) composto de agarose e per-centagens variadas de éster sulfato, ácido D-glicurônico e pequenas quantidades de ácido pirúvico (Figura 6.16). O ágar-ágar ocorre como carboidrato estrutural da parede celular das algas sob a forma de sais de cálcio ou mistura de sais de cálcio e magnésio. A agaropectina tem uma estrutura química semelhante à da amilopectina, porém muito mais ramificada.

A agarose possui uma estrutura de dupla hélice que se agrega para formar uma configuração tridimensional, a qual retém as moléculas de água em seus interstícios, formando géis termorreversíveis. A proprie-dade de geleificação do ágar-ágar é devida aos três átomos de hidro-

Figura 6.16
Estrutura química
da agaropectina.

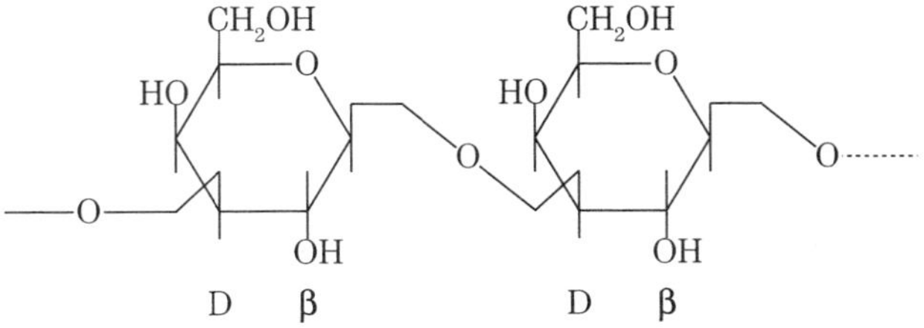

gênio em posição equatorial nos resíduos de 3,6-anidro-L-galactose, que limitam a molécula, os quais se dispõem em hélice. A interação das hélices causa a formação do gel. Os géis de ágar-ágar apresentam o fenômeno de sinérese (encolhimento do gel e exsudação de água), conforme sua fonte.

A **carragenana** é uma mistura complexa de galactanas lineares, sulfatadas, proveniente de algas marinhas vermelhas, da família das Hipneáceas; são polieletrólitos. Há uma diversidade de estruturas, com vários graus e sítios de sulfatação. A principal carragenana é a *kappa*-carragenana, produzida pela espécie *Hypneamusciformis*; é um copolímero linear apresentando unidades de D-galactose, alternadamente 1,3-*beta*-4-sulfatadas e 1,4-*alfa*-3,6-cicloanidrizadas. Sua nomenclatura química correta écopoli [1,3-*beta*-D-(4-sulfato)-galactose/1,4-*alfa*-D-(3,6-anidro)-galactose], ou aindacopoli [1,3-*beta*-D-(4-sulfato)-anidro-galactopiranose/1,4-*alfa*-D-(3,6-anidro)-anidro-galactopiranose].

A estrutura química das carragenanas varia com a espécie, a estação do ano e o ambiente marinho onde se desenvolvem. Além da *kappa*, são ainda conhecidas as seguintes estruturas: *mi*, *ni*, *iota*, *lambda*, *ksi* etc. As combinações possíveis dessas estruturas se encontram na carragenana, tal como apresentado na Figura 6.17.

Bibliografia recomendada

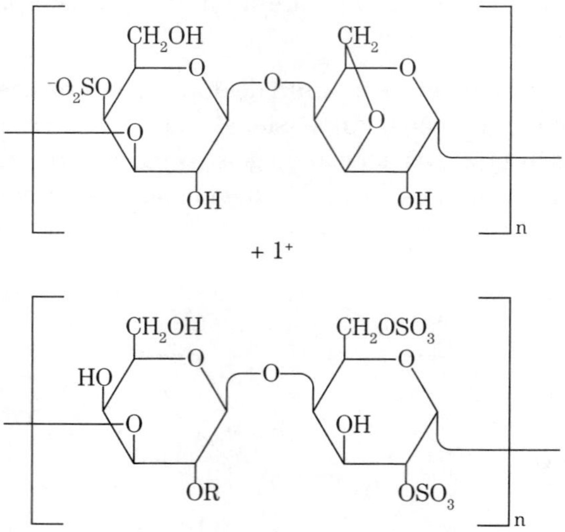

Figura 6.17
Representação das unidades repetidas, encontradas na estrutura química da carragenana.

AGARGEL. Disponível em: <http://www.agargel.com.br/agar.html>. Acesso em: 27 dez. 2011.

AGARGEL. Disponível em: <http://www.agargel.com.br/agar-tec. html>. Acesso em: 04 dez. 2007.

AGARGEL. Disponível em: <http://www.agargel.com.br/carragena. html>. Acesso em: 09 dez. 2008.

BHAKUNI, D. S.; RAWAT, D. S. *Bioactive marine natural products.* Índia: Ed. Springer, 2005. p. 365.

WATSON, D. B. Public health and carrageenan regulation: a review and analysis. *Journal of Applied Phycology*, v. 20, p. 505-513, 2008.

Wikipedia. Disponível em: <http://pt.wikipedia.org/wiki/Ag%C3%A1r- -ag%C3%A1r>. Acesso em: 4 dez. 2007.

6.2.7 Ácido algínico

Alga (do latim, *alga*)

O ácido algínico, sob a forma de sais, **alginatos**, é um copolímero linear, em blocos, de ácidos urônicos da 1,4-*beta*-D-manose e da 1,4-*alfa*-D- -gulose, separados por segmentos de copolímero alternado desses áci- dos. Tem massa molecular de cerca de 150.000. É encontrado em algas marinhas marrons, do gênero *Laminaria*, família das Feofíceas.

A denominação mais exata do alginato de sódio é sal de sódio de copoli(1,4-*beta*-D-ácido manurônico)-b-(1,4-*alfa*-L-ácido glucurôni- co), ou ainda copoli(1,4-*beta*-D-ácido manopiranosil-urônico)-b-(1,4- -*alfa*-L-ácido glucopiranosil-urônico). Sua estrutura química está re- presentada na Figura 6.18.

O alginato de sódio encontra aplicação industrial como geleifican- te em alimentos, cremes e loções para a pele, xampus etc. Quando ex- postos ao ar, liberam água para o meio ambiente, por um processo de evaporação e de **sinérese** (isto é, exsudação espontânea da água de um gel que está em repouso), e, como consequência, apresentam uma diminuição de volume, sofrendo alterações dimensionais, que depen- dem da umidade ambiente. O alginato é constituído de 80% de água.

O componente químico principal do hidrocoloide irreversível, para moldagem, é um alginato solúvel. O ácido algínico é insolúvel em água, mas alguns de seus sais, não. O ácido pode ser transformado facilmente em um éster salino. Os sais de sódio, potássio, amônia e

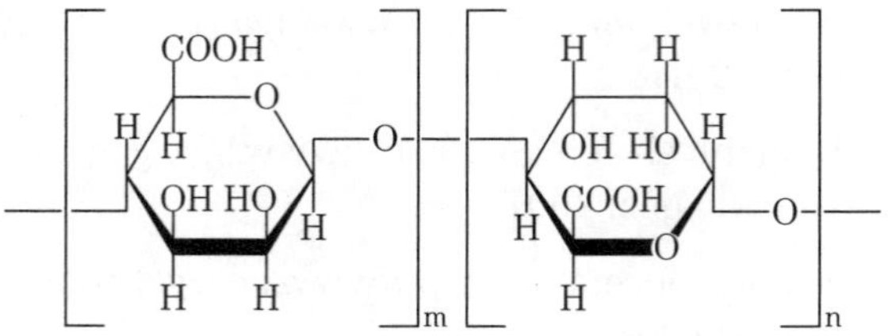

Figura 6.18
Estrutura química do alginato de sódio.

trietanol-amina são usados na composição de materiais de impressão. Quando um alginato solúvel é misturado com água, ele forma um sal semelhante ao obtido com ágar-ágar no hidrocoloide reversível. É um sal altamente viscoso, mesmo em baixas concentrações. A massa molar dos componentes do alginato varia muito, e depende do tratamento durante a fabricação. Quanto maior for a massa molar, mais viscoso será o sal.

Se um sal solúvel de cálcio, como o cloreto de cálcio, é usado como reagente, as ligações cruzadas se formarão em poucos segundos e todo o sal será transformado em um alginato insolúvel de cálcio, como uma massa disforme e assemelhada a uma clara de ovo. Esse material seria totalmente inadequado para ser utilizado em moldagem.

Um alginato solúvel reage com o sulfato de cálcio para produzir um alginato insolúvel de cálcio, que é o gel. As fibrilas do gel de um alginato mantêm-se unidas por ligações primárias, em vez de forças intermoleculares que caracterizam as ligações nos hidrocoloides reversíveis. Quando o ácido algínico é transformado em um sal solúvel, como o alginato de sódio, o cátion se liga ao grupo carboxílico para formar um éster ou um sal. No momento em que o sal insolúvel é formado, pela reação do alginato de sódio em solução com um sal de cálcio, gera-se uma ligação cruzada. Com a continuidade da reação, forma-se um complexo molecular reticulado que irá formar a estrutura enovelada do gel.

Bibliografia recomendada

BRANDÃO, E. M.; ANDRADE C. T.Influência de fatores estruturais no processo de gelificação de pectinas de alto grau de metoxilação. *Polímeros: Ciência e Tecnologia* v. 9, n. 3, 1999.

MAIA, L. H.; PORTE, A.; SOUZA. V. F. Filmes comestíveis: Aspectos gerais, propriedades de barreira a umidade e oxigênio. *Boletim Centro de Pesquisa de Processamento de Alimentos*, v. 18, n. 1, 2000.

Mundo Helado. Disponível em: <www.mundohelado.com/materiasprimas/estabilizantes/estabilizantes-alginatos.htm>. Acesso em: 2 jan. 2012.

TEIXEIRA, J. A.; ARAÚJO, M. M. Remoção de cromo de efluentes industriais utilizando géis de alginato. v.2. CONFERÊNCIA NACIONAL SOBRE A QUALIDADE DO AMBIENTE. Aveiro: Universidade de Aveiro, 1996.

Universidade Federal do Rio Grande do Sul. Instituto de Ciência e Tecnologia de Alimentos. Disponível em: <www.ufrgs.br/alimentus/med/2004-01/seminarios/espessantes.doc>. Acesso em: 30 jul. 2010.

6.2.8 Manana

A manana tem cadeia polimérica linear constituída de resíduos de ose, com ligações 1,4-*beta*-D-manose, tal como mostrado na Figura 6.19. É o componente dominante do material **jarina**, o chamado **marfim vegetal**, que foi apresentado na Seção 6.1.8.

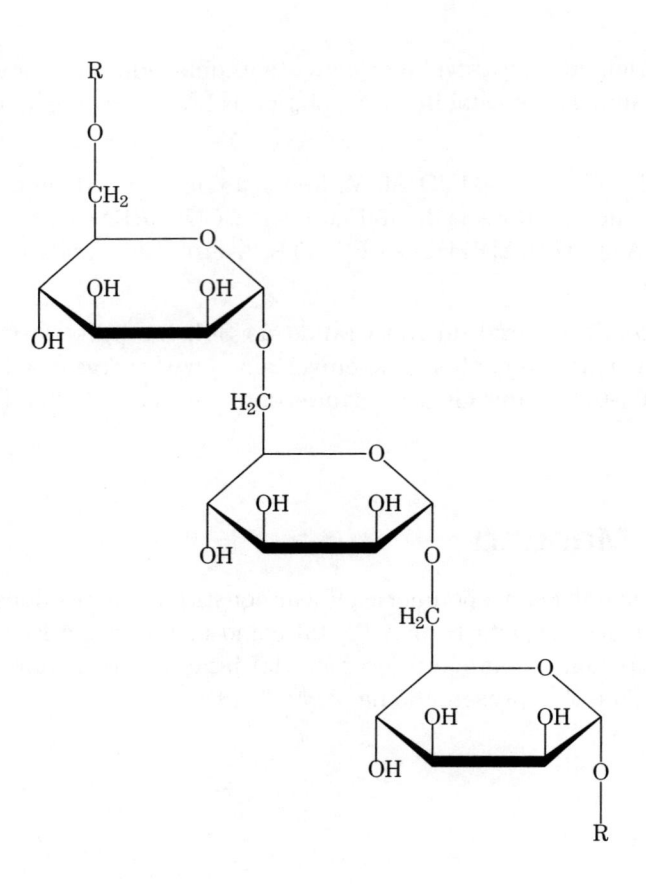

Figura 6.19
Estrutura química da manana.

7 - POLIAMIDAS

As **poliamidas** naturais de origem vegetal são representadas pelas **proteínas**, componentes minoritários de materiais amiláceos e de outros alimentos. Já as proteínas de origem animal são de extrema importância como constituintes básicos da vida; serão comentados no Capítulo 11, Seção 11.2.1,"Proteínas".

As proteínas são caracterizadas pela cadeia principal linear, com o grupo NRCO no átomo de carbono 2 – isto é, são poliamidas-2. Não há equivalente sintético das poliamidas naturais. A poliamida sintética mais simples é a policaprolactama, poliamida-6. Quando o número de átomos de carbono é menor, o material não apresenta resistência mecânica satisfatória.

A complexidade da macromolécula proteica provém do grupo R, ligado ao átomo de nitrogênio.

As folhas, talos, raízes e tubérculos das plantas contêm teor variável de proteína. Nas sementes, encontram-se maiores percentuais. No Quadro 7.1, são apresentados exemplos do teor de proteínas em diversas plantas.

7.1 Materiais

O reino vegetal apresenta uma série de materiais compósitos contendo como constituinte nitrogenado uma poliamida. Em geral, a poliamida – proteína – não é o componente dominante nos fitopolímeros, porém é muito importante pelo seu alto significado nutritivo, conforme será comentado no Capítulo 13, "Alimentos".

Em folhas, talos, raízes, tubérculos, sementes e frutos de numerosas plantas, encontra-se uma diversidade de proteínas, cuja participação nos alimentos é extremamente importante, porque podem substituir em boa parte as proteínas de origem animal, muito mais valiosas e difíceis de obter. O Quadro 7.1, já referido, mostra uma série de exemplos de plantas comumente encontradas na Natureza e o correspondente teor de proteínas.

Dentre os materiais proteicos de origem vegetal, destacam-se o **glúten**, do trigo; a **zeína**, do milho; a **glicinina**, da soja; e a **araquina**, do amendoim.

Nº	Planta	Família	Nome botânico	Parte da planta	Teor de proteína (%)
	Quadro 7.1 – Teor de proteína em diversas plantas				
1	Alface	Composta	*Lactuca sativa*	Folha	1,2
2	Amêndoa	Rosácea	*Amygdalus communis*	Semente	27,0
3	Amendoim	Leguminosa	*Arachis hypogaea*	Semente	25,0
4	Arroz	Gramínea	*Oryza sativa*	Semente	7,4
5	Aspargo	Liliácea	*Asparagus officinalis*	Talo	1,8
6	Aveia	Gramínea	*Avena sativa*	Semente	12,6
7	Batata inglesa	Solanácea	*Solanum tuberosum*	Tubérculo	2,0
8	Beterraba	Quenopodiácea	*Beta vulgaris*	Raiz	1,6
9	Centeio	Gramínea	*Secale cereale*	Semente	11,6
10	Cevada	Gramínea	*Ordeum vulgare*	Semente	10,6
11	Feijão	Leguminosa	*Phaseolus vulgaris*	Semente	28,0
12	Feijão-soja	Leguminosa	*Glycine hispida*	Semente	37,0
13	Maçã	Rosácea	*Malus silvestris*	Fruto	0,4-1,5
14	Milho	Gramínea	*Zea mays*	Semente	9,2
15	Pera	Rosácea	*Pyrus communis*	Fruto	0,4-1,5
16	Pêssego	Rosácea	*Prunus persica*	Fruto	0,4-1,5
17	Repolho	Crucífera	*Brassica oleracea*	Folha	1,6
18	Trigo	Gramínea	*Triticum vulgare*	Semente	11,7

7.1.1 Proteínas de grãos

Na **semente** de muitos **cereais**, juntamente com o **amido**, encontra-se um material proteico: o glúten. O glúten representa 80% das proteínas do trigo e é composto por duas proteínas, a **gliadina** e a **glutenina**. O glúten é responsável pela elasticidade da massa da **farinha** crua, o que permite sua **fermentação**, assim como a consistência elástica esponjosa dos **pães** e bolos. Está presente no trigo, na cevada, no centeio, na aveia e no malte, como farinha, farelo, gérmen etc. O glúten é obtido quando se adiciona água à farinha. Os seus dois componentes se aglomeram para formar a massa. Durante o processamento da massa, o glúten provê elasticidade, plasticidade e adesividade, permitindo o crescimento do pão, sua maciez e boa textura.

O fubá, bem como as farinhas de milho, arroz, batata, mandioca e soja, não contém gliadina e glutenina, os componentes que formam o glúten. Assim, o pão – tal como é conhecido – somente é obtido com farinha de trigo. Também por isso, as farinhas de trigo variam de características conforme a procedência e, mesmo com formulação idêntica e técnica semelhante de preparação dos pães, estes apresentam características diferentes.

No caso do **milho**, *Zea mays*, da família das Gramíneas, o material proteico (cerca de 9,2%) encontrado no fubá é chamado **glúten de maís**. A proteína principal que o constitui é a **zeína**, que é solúvel em misturas de álcool e água e pode ser processada sob a forma de fibras, que sofrem reticulação em presença de formol.

No caso do **amendoim**, *Arachis hypogaea*, da família botânica das Leguminosas, o grão contém cerca de 25% de proteínas, sendo a principal a **araquina**, de massa molecular 20.000 a 30.000.

O **feijão-soja** (*Glycine híspida*, família das Leguminosas) é constituído de cerca de 40% de componentes proteicos, dos quais um dos mais importantes é a **glicinina**, cuja massa molecular varia de 320.000 a 350.000.

A **cevada** (*Ordeum vulgare*), uma Gramínea, é uma semente e tem cerca de 10,6% de proteínas.

O **centeio** (*Secale cereale*), que é também uma semente da família das Gramíneas, apresenta cerca de 11,6% de proteína.

O **arroz** (*Oryza sativa*), semente da família das Gramíneas, apresenta cerca de 7,4% de proteínas.

A **aveia** (*Avena sativa)*, também semente da família das Gramíneas, tem 12,6% de proteína.

Bibliografia recomendada

EBAH. Disponível em: <http://www.ebah.com.br/content/ABAAAA-bdgAE/resumo-sobre-proteina-cereais acesso em novembro/2012>. Acesso em: nov. 2012.

SÓ NUTRIÇÃO. Disponível em: <http://www.sonutricao.com.br/conteudo/guia/cereais.php>. Acesso em: nov. 2012.

7.2 Polímeros

Para a síntese das **proteínas** na Natureza, são necessários 20 **amino-ácidos**, dos quais nove são aminoácidos essenciais, isto é, indispensáveis ao metabolismo dos seres humanos. A composição de algumas proteínas importantes se encontra no Quadro 7.2.

Os aminoácidos podem ser classificados segundo sua estrutura química. Os 20 aminoácidos encontrados na constituição das poliamidas proteicas são representados genericamente pela expressão:

$$NH_2\text{—}CH\text{—}C\text{—}OH$$
$$\overset{|}{Ri} \quad \overset{||}{O}$$

Quadro 7.2 – Composição de algumas proteínas comuns									
Aliphatic	–H	Glicina	41-2	5-5	25-5	1-9	2-0	0-2	30
	$-CH_3$	Alanina	33-0	4-3	3-7	3-5	3-0	4-1	10-0
	$-CH_2OH$	Serina	16-2	10-6	3-3	5-9	6-4	6-0	1-0
	$-CH(CH_3)2$	Valina	3-6	5-7	2-9	6-0	3-4	4-5	4-0
	$-CH(OH)\cdot CH_2$	Treonina	1-55	7-15	2-0	4-5	2-5	12-4	20-0
	$-CH_2\cdot CH\cdot)CH_3)_2$	Leucina	2-0	12-6	7-1	15-8	6-5	12-4	20-0
	$-CH(CH_2)\cdot CH_2\cdot CH_3$	Isoleucina							
Aromatic	$-CH_2C_6H_5$	Fenilalanina	3-35	4-1	3-7	6-5	4-7	5-3	7-6
	$-CH_2\cdot C_6H_4OH(1,4)$	Tirosina	11-4	5-5	1-0	6-3	6-0	4-3	5-0
Sulphur-containing	$-CH_2\cdot S\cdot S\cdot CH_2-$	Cistina	0-2	13-0	0-2	0-4	1-6	1-0	0-9
	$-CH_2\cdot CH_2\cdot S\cdot CH_3$	Metionina	0	0-55	0-9	3-5	1-0	2-0	2-3
	$-CH_2\cdot C:CH\cdot NH\cdot C_6H_4(1,2)$	Triptofano	0-65	0-95	0	1-4	1-2	1-5	0-2
Heterociclic	$-CH_2\cdot CH_2\cdot CH_2-(cyclic)\dagger$	Prolina	0-7	6-8	10-7	10-5	5-3	3-9	9-0
	$-CH_2\cdot CH(OH)\cdot CH_2-(cyclic)\dagger$	Hidroxiprolina	0	0	14-4	-	-	-	-
Acid	$-CH_2\cdot COOH$	Ácido aspártico	2-75	6-8	5-6	6-7	5-0	3-9	3-4
	$-CH_2\cdot CH_2\cdot COOH$	Ácido glutâmico	2-15	14-5	11-2	22-0	21-0	20-0	25-6
	$-CH_2\cdot C:CH\cdot NH\cdot CH:N$	Histidina	0-4	1-2	0-8	3-2	2-0	2-5	1-0
Basic	$-(CH_2)_3NH\cdot C(:NH)\cdot NH_2$	Arginina	1-0	9-8	8-7	3-9	13-1	5-8	1-6
	$-(CH_2)_4\cdot NH_2$	Lisina	0-5	3-3	5-9	8-3	3-0	5-4	0

Fonte: ROFF, W. J.; SCOTT, J. R. *Fibres, films, plastics, and rubbers*. London: Butterworths, 1971.

Os substituintes R_i podem ser distribuídos em grupos, resultando em sete tipos de aminoácidos: alifáticos, aromáticos, sulfurados, heterocíclicos, ácidos, básicos e amídicos. A natureza e a proporção em que ocorrem esses ácidos aminados são bastante variadas e caracterizam as proteínas.

No 1° grupo, encontram-se **aminoácidos alifáticos**: glicina, alanina, serina, valina, treonina e leucina/isoleucina; no 2° grupo, estão os **aminoácidos aromáticos**:fenil-alaninaetirosina; no 3° grupo, localizam-se os **aminoácidos sulfurados**: cistinaemetionina; no 4° grupo, ocorrem os **aminoácidos heterocíclicos**: triptofano, prolinaehidroxiprolina; no 5° grupo, estão os **aminodiácidos**: ácidos aspártico e glutâmico; ao 6° grupo pertencem os **aminoácidos polinitrogenados**: histidina, arginina, lisina e hidroxilisina. Finalmente, no 7° grupo estão os **aminoácidos amidados**: asparagina e glutamina.

8 - FIBRAS VEGETAIS

Fibra (do latim, *fibra*)

Fibra é um termo geral que designa um corpo flexível, cilíndrico, pequeno, de reduzida secção transversal e elevada razão entre o comprimento e o diâmetro (superior a 100), podendo ou não ser polimérico. As fibras industriais, naturais e sintéticas, representam uma vasta proporção do total de polímeros consumidos no mundo. Atualmente, a cada ano, no mundo, são comercializados cerca de 18 milhões de toneladas de fibras naturais e 16 milhões de toneladas de fibras sintéticas.

As **fibras naturais** se distribuem amplamente pela Natureza. As mais importantes são de origem vegetal ou animal; as fibras minerais, como asbesto, que é um polissilicato, têm uso muito restrito. As fibras vegetais representam mais da metade do total de fibras consumidas pelo homem; são de natureza celulósica. As fibras animais são mais complexas, de caráter proteico, e serão discutidas na Parte III deste livro.

As fibras vegetais têm grande importância do ponto de vista do desenvolvimento sustentável. São colhidas de diferentes partes da planta: caule, folhas, semente. As mais puras e delicadas são obtidas dos fios que recobrem a casca de sementes, como o algodão e a paina. As mais grosseiras são provenientes do tronco de palmeiras, como a piaçava. Sua maior utilização se dá na indústria têxtil; as fibras mais rústicas encontram emprego na fabricação de cordas, barbantes, tapetes, escovas e vassouras. A composição química de algumas fibras vegetais é apresentada no Quadro 8.1.

A microscopia óptica, com aumentos de até 500 vezes, é um procedimento simples para o imediato reconhecimento da origem natural ou sintética da fibra. A observação visual do fio e de seu corte transversal, com aumentos de 200 e 400 vezes, permite verificar se a fibra é sintética ou natural, de origem mineral, vegetal ou animal, e mesmo a espécie botânica ou zoológica. Uma regularidade geométrica indica produto fabricado industrialmente; uma quase regularidade de forma sugere origem natural. Ensaios químicos revelam se o material é polissacarídico, isto é, de origem vegetal, ou proteico, indicando a origem animal. A ausência de carbonização por aquecimento direto à chama demonstra, de imediato, a presença de material mineral. A solubilidade e a fusibilidade confirmam as conclusões obtidas. Detalhes sobre

Quadro 8.1 – Composição química de algumas fibras vegetais					
Fibra	**Constituintes químicos (%)**				
	Celulose	**Hemicelulose**	**Pectina**	**Lignina**	**Solúveis**
Coco	32-43	0,3	4,0	40-45	7,7 – 23,7
Algodão	94,0	2,0	2,0	0	2,0
Paina	43,2	32,4	6,6	15,1	2,7
Linho	71,2	18,5	2,0	2,2	6,0
Cânhamo	74,3	17,9	0,9	3,7	3,1
Rami	76,2	14,5	2,1	0,7	6,4
Juta	71,5	13,3	0,2	13,1	1,8
Abacá	70,0	21,8	0,5	5,7	1,8
Sisal	73,2	13,3	0,9	11,0	1,6

Fonte: MARK H. F. et al. *Encyclopedia of polymer science and engineering*. New York: Wiley – InterScience, 1996.

a estrutura química podem ser conseguidos por meio de espectros de absorção no infravermelho.

O Quadro 8.2 mostra as características gerais das fibras vegetais nativas e modificadas mais comuns. É interessante observar que, enquanto as fibras vegetais, celulósicas, provêm de diversas famílias botânicas, bem como de várias partes das plantas, as fibras animais, proteicas, se limitam a dois tipos, a seda e a lã, encontrados em espécies zoológicas bem diferentes. Verifica-se que a maior parte dos vegetais que fornecem fibras são arbustos ou ervas de caule curto – algodão, linho, juta, sisal e rami – e pertencentes a diversas famílias tais como Lináceas, Malváceas, Agaváceas e Urticáceas e as fibras são obtidas ou das sementes, no caso do algodão, ou do caule ou folha, nos demais casos.

A **celulose** é o polímero mais encontrado na Natureza. É a polianidroglicose, ou poli (1,4-anidro-β-D-glicopiranose), ou poli (1,4-anidrocelobiose), com massa molecular na ordem de 300.000 (ver Seção 6.2.3); é isômero da amilose do amido. A ponte β-glicosídica une os anéis glicopiranosídicos. A cadeia polimérica é linear, encurvada, e assume conformação helicoidal.

A **celulose** mais pura, empregada na indústria têxtil, provém principalmente do **algodão**, *Gossypium herbaceum*, arbusto da fa-

Nome Comum	Origem	Classificação sistemática		Tipo de fonte	Parte da Fonte
		Gênero e espécie	Família		
Algodão	Vegetal	*Gossipium herbaceum*	Malváceas	Arbusto	Semente
Linho	Vegetal	*Linum usitatissimum*	Lináceas	Erva	Talo
Juta	Vegetal	*Corchorus capsularis, C. olitorius*	Tiliáceas	Arbusto	Caule
Sisal	Vegetal	*Agave sisalana*	Agaváceas	Planta de caule curto	Folha
Rami	Vegetal	*Bohemeria nívea*	Urticáceas	Arbusto	Caule
Viscose	Vegetal com modificação química	Algodão (*Gossipium herbaceum*)	Malváceas	Arbusto	Semente (línter)
Acetato de celulose	Vegetal com modificação química	Algodão (*Gossipium herbaceum*)	Malváceas	Arbusto	Semente (línter)

Quadro 8.2 –Características gerais das fibras vegetais nativas modificadas

mília das Malváceas; o algodão emerge como fios da casca das sementes, em estado muito puro. As fibras crescem como tubos muito finos, de comprimento cerca de 1.000 vezes maior do que o diâmetro, emergindo da superfície das sementes sob a forma espiralada, formando convoluções, características das fibras de algodão (Figura 8.1). É de fácil reconhecimento ao microscópio óptico (200x) porque os fios se apresentam como tubos cilíndricos, achatados, de largura irregular, assemelhando-se a um cadarço com dobras largas, sucessivas. No corte transversal (200x), o tubo colapsado tem o formato de "C", como um grão de feijão, apresentando lúmen, isto é, um orifício central, também com forma de "C". Notam-se, com a idade do fio, variações de tamanho e de curvatura.

As fibras maiores (*staple*) são retiradas das sementes por processos mecânicos. As fibras curtas, que restam sobre as sementes como uma penugem, são chamadas **línter**; são também removidas, para utilização na fabricação de raion, viscose e de acetato de celulose.

Figura 8.1
Semente de algodão
com detalhes das
fibras.

A **fibra de algodão** é constituída de uma cutícula externa, cerosa, seguida da parede primária, da secundária e do lúmen. A fibra cresce como um tubo oco até o comprimento total, antes que a parede secundária comece a se formar. A parede secundária é feita por camadas que se depositam continuamente, porém com densidades diferentes conforme o período, diurno ou noturno, formando anéis concêntricos, visíveis, na seção transversal. As camadas de celulose se compõem de fibrilas, formadas por feixes de cadeias poliméricas, dispostas em espiral. Em alguns pontos, de modo irregular, as fibrilas revertem a orientação. Essas espirais reversas são um importante fator na torção, na recuperação elástica e no alongamento das fibras. É possível que essa reversão do enrolamento das fibras de algodão seja causada por um erro genético, em que haja a inversão da configuração de um dos átomos de carbono da cadeia celulósica.

As fibras se tornam maduras em 20-30 dias, até que o lúmen quase desapareça. O canal central colapsa e as espirais reversas fazem a fibra torcer, como um cadarço, permitindo a sua fácil identificação por microscopia óptica.

A celulose para fins de industrialização é também produzida por outras fontes botânicas, que oferecem fibras de características diferentes dos tecidos e malhas, como sacaria, cordoalha etc. A forma da seção transversal e a apresentação externa da fibra variam com a fonte, natural ou sintética, vegetal ou animal.

O **linho** é a mais nobre das fibras vegetais. Provém de talos de uma planta herbácea, *Linum usitatissimum*, da família das Lináceas; as fibras são liberadas por maceração em água, com tecnologia apropriada. Longitudinalmente, as fibras se mostram como tubos de largura quase regular, segmentados como um bambu. Transversalmente, são polígonos de ângulos arredondados, com lúmen assemelhando-se a um pequeno traço reto (400x).

A **juta** é a segunda fibra vegetal em importância na indústria têxtil. É colhida de plantas do gênero *Corchorus*, sendo as espécies mais cultivadas a *Corchorus capsularis* e a *C. olitorius*, que são arbustos da família das Tiliáceas. As fibras são obtidas do caule, por maceração em água. Ao microscópio (200x), parecem bastões cilíndricos rústicos, como um graveto, com irregularidades típicas de produto natural. O aspecto do corte transversal lembra chumaços brancos de tamanhos variáveis, com numerosas manchas escuras, de forma e distribuição irregulares, que correspondem aos lúmens das fibras (200x). Com aumento maior (400x), as fibras de juta rústicas, não submetidas a tratamento adequado de maceração, são visíveis como aglomerados, com as seções transversais aderidas umas às outras por material polissacarídico.

Outra fibra de interesse industrial é o **sisal**, *Agave sisalana*, da família das Agaváceas. É planta de caule vegetativo curto, sem estruturas secundárias, com folhas longas, pontiagudas, carnudas, de bordas serreadas, dispostas em rosácea. As fibras de sisal são obtidas das folhas; são utilizadas em cordas, barbantes e tapetes; não é empregada em fios têxteis. Seu aspecto longitudinal (200x) revela tratar-se de fibra natural, pela irregularidade de detalhes e dimensões, lembrando um graveto. A forma da seção transversal (200x) é curiosamente semelhante ao corte transversal de uma folha de sisal, em "U"; com aumento maior (400x), pode-se observar nitidamente um agregado de fibras aderidas, com lúmen grande, de forma circular.

O **rami** é obtido do caule de um arbusto, *Bohemeria nivea*, de folhas e caule carnudos, pilosos, da família das Urticáceas. As fibras são cilíndricas, segmentadas, de aspecto quase regular, com estrias longitudinais e irregularidades típicas de produto natural. O corte transversal tem a forma de tubo um pouco colapsado, algo semelhante ao algodão, porém menos acentuado, com lúmen pequeno, como um traço reto.

Para a fabricação de papel, empregam-se fibras obtidas de madeira, geralmente pinho (*Pinus*) ou eucalipto (*Eucaliptus*). As fibras são bastante irregulares, como se vê na Figura 6.4, já apresentada.

Quadro 8.3 – Identificação de fibras naturais por microscopia óptica		
Nome comum	**Microscopia óptica**	
	Longitudinal (200x)	**Transversal (400x)**
Algodão	Tubo colapsado, com dobras largas e estrias longitudinais.	Corte com formato de "C", com lúmen também em forma de "C".
Linho	Tubo segmentado, com estrias longitudinais.	Corte poligonal com ângulos arredondados, com lúmen em forma de traço.
Juta	Bastão rústico, assemelhando-se a um graveto.	Corte poligonal, aglomerados irregulares de fibras, com lúmen circular (200x: corte com forma irregular, com manchas escuras irregulares, correspondentes ao lúmen).
Sisal	Bastão rústico, assemelhando-se a um graveto.	Corte poligonal, aglomerados irregulares de fibras, com lúmen elíptico (200x: corte com forma de "U", com manchas escuras irregulares, correspondentes ao lúmen).
Rami	Tubo rústico quase regular, segmentado, com estrias longitudinais.	Corte poligonal, aglomerados irregulares de fibras, com lúmen em forma de traço (200x: corte irregular, apresentando traços escuros correspondentes ao lúmen).
Lã	Bastão escamoso, segmentado.	Círculos de dimensões variadas, alguns mostrando linha divisória; ausência de lúmen.
Seda	Bastão quase regular, estrias longitudinais.	Triângulos arredondados, aos pares, ausência de lúmen (200x: formações irregulares, aglomerados de fibras ligadas a uma matriz de goma sericina).
Viscose	Bastões regulares, com estrias longitudinais.	Formações de tamanho regular, bordas serreadas, agudas, irregulares; ausência de lúmen.
Acetato de celulose	Bastões regulares, com estrias longitudinais.	Formações de tamanho regular, bordas onduladas, irregulares; ausência de lúmen.

No Quadro 8.3, a identificação dessas fibras vegetais pode ser feita por microscopia óptica com informações provenientes da observação do corte longitudinal ou transversal, com aumentos adequados (200-400x). É fácil perceber a diferença dos produtos gerados pela Natureza e resultantes de processamento tecnológico, em que a fibra revela vestígios das interações ocorridas durante o processo de dissolução e precipitação. As características de toque das fibras resultantes da industrialização das fibras vegetais guardam relação direta com a sua morfologia. Assim, por exemplo, a fibra de algodão – que se assemelha a um tubo colapsado, com estrias longitudinais, apresentando um lúmen em seu interior – é um material facilmente amassável, que proporciona grande conforto ao usuário, devido a sua característica altamente hidrofílica e sua forma oca, que facilita o transporte e a evaporação da umidade resultante da transpiração humana. Por outro lado, a fibra de linho se apresenta como um tubo segmentado, como se fosse um pequeno cilindro semelhante a um bambu, com estrias longitudinais; o corte transversal revela um polígono de ângulos arredondados, com pequeno lúmen com a forma de traço. Essa morfologia é coerente com o toque do linho – pouco flexível e pouco adaptável ao corpo do usuário, daí causar uma sensação menos confortável do que a fibra de algodão. As fibras de juta, sisal e rami são menos importantes. Os cortes longitudinais da fibra de juta e de sisal lembram um bastão rústico, como um pequeno graveto, enquanto o corte transversal mostra uma curva poligonal em aglomerados irregulares de fibras, com lúmen circular para a juta.

É também possível identificar as fibras naturais, isoladas ou em mistura, por meio de reações químicas muito simples, como se vê no Quadro 8.4. Dentro de um tubo de ensaio seco, coloca-se a fibra com óxido de cálcio e aquece-se com bico de Bunsen até carbonização. Sobre a boca do tubo, coloca-se uma folha de papel de filtro e uma gota de solução de acetato de anilina, preparada no momento de usar. Se a fibra for celulósica, pode-se observar imediatamente uma mancha vermelha intensa sobre o papel de filtro, resultante da reação do acetato de anilina com os vapores de hidroximetilfurfural, formados por pirólise do material celulósico. Se a fibra for proteica, basta verificar durante a pirólise se há presença de nitrogênio, pelorápido aparecimento de coloração azul em papel indicador de tornassol rosa, úmido, exposto aos vapores. Esses dois ensaios, ao lado das observações por microscopia óptica, permitem concluir, sem qualquer dúvida, sobre a natureza das fibras examinadas.

A investigação da morfologia das fibras industriais obtidas de algodão, linho, juta, sisal, rami, lã e seda, comparadas a fibras artificiais como a viscose e o acetato de celulose, resultantes da modificação química de produtos celulósicos, permitiu as seguintes conclusões:

- A microscopia ótica com aumentos de até 500x é técnica valiosa para o reconhecimento de fibras naturais e de sua origem, mineral, vegetal ou animal.

- As fibras naturais se diferenciam das fibras artificiais porque apresentam irregularidade de dimensões e forma, visível ao microscópio óptico. A observação longitudinal pode ser feita diretamente, com 200 aumentos, enquanto a observação transversal exige uma lâmina fina, cortada da fibra, e ampliações de 200 e 400x para possibilitar o exame da forma e do aspecto no interior da fibra.

Quadro 8.4– Identificação das fibras naturais por meio de reações químicas		
Nome comum	Reação com acetato de anilina	Pirólise com óxido de cálcio
Algodão	Mancha de cor vermelha intensa, indicando polissacarídeo.	Carbonização.
Linho	Mancha de cor vermelha intensa, indicando polissacarídeo.	Carbonização.
Juta	Mancha de cor vermelha intensa, indicando polissacarídeo.	Carbonização.
Sisal	Mancha de cor vermelha intensa, indicando polissacarídeo.	Carbonização.
Rami	Mancha de cor vermelha intensa indicando polissacarídeo.	Carbonização.
Lã	Aspecto inalterado.	Coloração azul, indicando proteína.
Seda	Aspecto inalterado.	Coloração azul, indicando proteína.
Viscose	Mancha de cor vermelha intensa, indicando polissacarídeo.	Carbonização.
Acetato de celulose	Mancha de cor vermelha intensa, indicando polissacarídeo.	Fusão.

- Todas as fibras vegetais examinadas possuem lúmen, isto é, um orifício no seu interior, resultante da secagem dos fluidos vegetais existentes na planta jovem, na fase inicial da formação da fibra. Os fluidos secam à medida que a planta se torna adulta, causando o colapso do canal e a forma característica do lúmen. As fibras minerais e animais não têm lúmen.

Bibliografia recomendada

MANO E. B.; MENDES, L. C. *Identificação de plásticos, borrachas e fibras*. São Paulo: Editora Edgard Blücher, 2000.

MARK, H. F. et al. *Encyclopedia of polymer science and engineering*. v. 7. New York: Wiley – InterSciense, 1987.

PARTE III

POLÍMEROS DE ORIGEM ANIMAL ZOOPOLÍMEROS
POLI-HIDROCARBONETOS • POLIFENÓIS • POLIACETAIS • POLIAMIDAS • FIBRAS VEGETAIS

INTRODUÇÃO

A complexidade crescente da estrutura molecular dos polímeros, a partir do mais simples, sintético – o polietileno linear – até as mais sofisticadas conformações dos polímeros ligados à vida, já foi comentada na **Apresentação** deste livro. Essa complexidade se manifesta de maneira mais evidente nos polímeros de origem animal, isto é, nos **zoopolímeros**.

Os zoopolímeros são constituídos, predominantemente, por poliamidas, principalmente proteínas, ocorrendo também poliacetais do tipo polissacarídeo e alguns poliésteres. As poliamidas precursoras das proteínas são todas do tipo poliamida-2, isto é, polímeros de condensação de 2-aminoácidos carboxílicos, com substituintes no átomo de carbono em posição 2. Não existem poliamidas sintéticas desse tipo como produtos de importância industrial.

O polímero mais abundante na Natureza é a **celulose**, produzida por vegetais. A segunda maior presença é de **quitina**, de origem animal, cuja estrutura química é a de uma celulose modificada, e que é encontrada na carapaça de animais invertebrados. O papel de ambos esses polímeros é formar o esqueleto das plantas e árvores, ou o exoesqueleto, isto é, a camada externa protetora dos insetos e de outros seres invertebrados. É curioso observar que a maior abundância dos polímeros naturais corresponde àqueles que têm melhores características de **resistência mecânica,** condição básica para a sobrevivência da espécie, animal ou vegetal.

Da mesma forma que a abordagem feita nas Partes I e II desta obra, os assuntos desta parte, tão diversificados e numerosos, foram tratados segundo a ordem crescente de sua complexidade química: **poliacetais, poliésteres, poliamidas** e **ácidos nucleicos**. Alguns temas, que englobavam materiais tanto de origem animal quanto vegetal, foram apresentados em capítulos separados, ao final da Parte III: **asfaltenos e alimentos**. Em cada capítulo, as apresentações são separadas em dois grupos gerais: os aspectos científicos, sob a denominação **Polímeros**, e os aspectos gerais, sob o nome de **Materiais**. Dentro de cada grupo, os assuntos específicos estão expostos em detalhe.

Para evitar repetição de textos, sempre que necessário, encaminha-se o leitor a uma seção, anterior ou posterior ao local da citação.

9 - POLIACETAIS

Tal como nos polímeros de origem vegetal, também dentre os zoopolímeros se encontram aqueles em cuja estrutura química se apresentam grupos acetal, mais especificamente hemiacetal, repetidos, separados por segmentos de anéis piranosídicos – são os **polissacarídeos** (Capítulo 6, "Poliacetais").

No presente Capítulo, constam os polímeros **glicogênio** e **quitina**, e seu produto de hidrólise, **quitosana**, bem como os materiais, encontrados no **exoesqueleto** e na **carapaça** de invertebrados, como crustáceos (camarão, lagosta, caranguejo), moluscos (ostra, lula) e insetos (barata, besouro, mosca, gafanhoto, aranha, borboleta, bicho-da-seda).

9.1 Materiais

Os **materiais** que têm como componente fundamental polissacarídeos de origem animal são muito frequentes na Natureza. São fontes de energia para a manutenção dos organismos. Constituem material de suporte estrutural e defensivo, encontrado no exoesqueleto de animais invertebrados, formando carapaças e películas protetoras.

9.2 Polímeros

Os **polímeros de origem animal** mais importantes, com unidades repetidas hemiacetálicas, são o glicogênio e a quitina. Em ambos os casos, trata-se de polissacarídeos, homopolímeros de cadeia principal longa, constituída de anéis piranosídicos. Serão abordados especificamente nos itens subsequentes.

O metabolismo do glicogênio nos mamíferos é complexo e regulado por hormônios. O controle de todo o processo envolve uma intrincada combinação de enzimas para a transformação do polissacarídeo em unidades monoméricas, por meio de sua degradação até glicose, para ser utilizada de acordo com as necessidades do organismo, ou como um meio de elevar os níveis no sangue, cujo total é de cerca de 20 g. Por esse motivo, o açúcar deve ser reposto continuamente, por meio da quebra da molécula de glicogênio. A enzima ***alfa*-glicosidase** é responsável pela degradação do glicogênio em glicose.

Em virtude da pouca capacidade do organismo humano para produzir glicose, a ingestão de carboidratos é essencial. Dietas rigorosas ou com baixo teor de calorias ou de carboidratos, bem como programas de exercícios intensos, esgotam as reservas de glicogênio, afetando o teor de proteínas do corpo e ocasionando redução da massa não gordurosa dos tecidos (músculos) por meio da gliconeogênese.

O hormônio **insulina**, segregado pelo pâncreas, cumpre uma importante função no fígado e na armazenagem do glicogênio muscular pelo controle que efetua nos níveis de glicose no sangue. Se esses níveis estiverem altos, o pâncreas segregará mais insulina, e o excesso será absorvido pelas células. Esse processo regulador mantém os níveis da glicose sanguínea adequados e seguros. Por outro lado, se o nível da glicose sanguínea diminuir além do normal, o hormônio **glucagon**, cuja função é contrabalançar os níveis de insulina, é segregado pelas células *alfa* do pâncreas, elevando os níveis de glicose no sangue e estimulando a glicogenólise e a gliconeogênese, no fígado. A insulina é um hormônio segregado pelas células *beta* do pâncreas, estimulando o movimento dos nutrientes em direção à maioria das células, facilitando a dissolução da glicose e também dos aminoácidos.

Os carboidratos digeridos são decompostos em moléculas menores por enzimas encontradas na saliva, no suco pancreático e no intestino delgado. O amido é digerido em duas etapas. Sofrendo a ação da saliva e do suco pancreático, o amido é decomposto em moléculas menores de maltose. Em seguida, uma enzima encontrada no intestino delgado, a **maltase**, degrada a maltose em moléculas de glicose. A glicose pode ser absorvida para a corrente sanguínea através da mucosa do intestino. Uma vez na corrente sanguínea, a glicose vai para o fígado, onde é armazenada ou utilizada para promover energia para o funcionamento do corpo.

O açúcar comum também é um carboidrato que precisa ser digerido para ser utilizado. Uma enzima encontrada no intestino delgado degrada o açúcar em glicose e frutose, ambos absorvidos pelo intestino. O leite contém outro açúcar, chamado lactose. A lactose sofre a ação da **lactase** no intestino delgado, transformando-se em moléculas absorvíveis.

9.2.1 Glicogênio

Glicogênio (do grego, *glyko*, que significa "doce", e *gene*, que indica "produção")

O **glicogênio** é uma grande molécula, formada por unidades de glicose aparelhadas em longas cadeias. É a poli(1,4-*alfa*-D-glicose) com ramificações em 6,4 de grupos poli(1,4-*alfa*-D-glicose), tal como a amilopectina do amido, porém a molécula é muito mais ramificada e de massa molar mais elevada. Em animais, a glicose é polimerizada em uma estrutura altamente ramificada, o glicogênio, que é chamado "amido animal", com as mesmas ligações químicas da amilopectina, porém mais altamente ramificada.

Do ponto de vista químico, tal como a amilopectina, o glicogênio é uma glicana ou polianidroglicose, ramificada, com cadeias pendentes partindo do átomo de carbono 6. Pode ser também denominada poli[(1,4-anidro-*alfa*-D-glicopiranose)-g-(1,4-anidro-*alfa*-D-glicopiranose)] ou poli[(1,4'-anidromaltose)-g-(1,4'-anidromaltose)]. Tem massa molar muito alta, 10^8 ou mais. A estrutura química do glicogênio é mostrada na Figura 9.1. Os ésteres 1- e 6-fosfato da glicose são moléculas importantes no mecanismo da utilização do glicogênio pelo organismo animal.

O glicogênio, que é o polissacarídeo de reserva dos animais, está presente em todas as células, mas é mais abundante nos músculos do esqueleto e no fígado, onde ocorre sob a forma de grânulos citoplasmáticos. A estrutura primária do glicogênio assemelha-se à da amilopectina, mas o glicogênio é mais ramificado, com pontos de inserção ocorrendo em cada oito a 12 resíduos de glicose. Na célula, o glicogênio é degradado para uso metabólico pela enzima desramificadora, a **glicogênio-fosforilase**, que cliva sequencialmente as ligações *alfa*-1,4 do glicogênio, em direção à extremidade não redutora da molécula. A estrutura altamente ramificada do glicogênio, com muitas pontas não redutoras, permite a rápida mobilização da glicose, em períodos de necessidade metabólica.

Não seria bom para as células armazenar glicose como monossacarídeo livre, pois a pressão osmótica da glicose seria excessiva em soluções aquosas altamente concentradas. A pressão osmótica de uma solução é proporcional ao número de moléculas do soluto na solução. Por isso, se há um grande número de moléculas de glicose ligadas para formar uma única macromolécula, insolúvel, a pressão osmótica, exercida pelo armazenamento de resíduos de glicose, é correspondentemente reduzida. A macromolécula resultante pode tornar-se insolúvel,

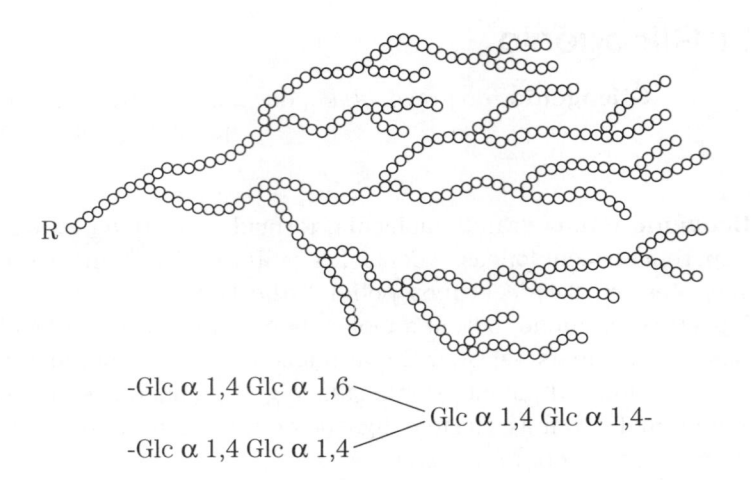

Figura 9.1
Representação
da estrutura de
uma molécula de
glicogênio.

como um grânulo. O conteúdo de glicogênio, como grânulos nas células hepáticas, chega a 10% do peso do fígado.

O glicogênio é encontrado em animais, em muitos fungos e algumas leveduras. Nos animais, está localizado principalmente no fígado, nos músculos e tecidos, de um modo geral. O glicogênio armazena unidades de glicose até que sejam necessárias como fonte de energia; atua como regulador da concentração da D-glicose no sangue. O glicogênio não é a principal fonte de energia das células humanas, pois a gordura constitui mais de 90% da energia armazenada. Entretanto, o glicogênio é fundamental, nos mamíferos, como regulador da glicose no sangue.

Não há glicogênio em quantidades consideráveis nos alimentos que ingerimos. Assim, quando a glicose dos alimentos chega aos músculos e ao fígado, é fixada e armazenada sob a forma de glicogênio, que será utilizado posteriormente. Os músculos do esqueleto também têm grande capacidade de armazenamento de glicogênio. O processo de transformação da glicose em glicogênio no fígado é conhecido como **glicogênese**. Quando a glicose é necessária como fonte de energia, o glicogênio hepático é reconvertido em glicose, e esta, dissolvida, é transportada pelo sangue para ser utilizada pelos músculos em atividade. O processo de reconversão do glicogênio hepático em glicose é conhecido como **glicogenólise**.

Os músculos são os locais onde há maiores reservas de glicogênio do que no fígado e guardam aproximadamente 325 g de glicogênio muscular. Apenas de 15 a 20 g de carboidrato permanecem livres e circulantes no sangue sob a forma de glicose. Quando o glicogênio se esgota por regime dietético ou por exercício, o fígado e os rins podem produzir um pouco da nova glicose. Com o auxílio do hormônio **cortisol**, também chamado **hidrocortisona**, produzido pelas glândulas suprarrenais, essa nova glicose é extraída dos compostos e outros nutrientes, especialmente das proteínas, por um processo denominado **gliconeogênese**. O cortisol é o principal hormônio esteroidal. Regula várias funções do metabolismo, incluindo a síntese da glicose pelos aminoácidos (gliconeogênese).

Bibliografia recomendada

ALLINGER, N. L. et al. *Química orgânica*. Rio de Janeiro: Ed. Guanabra Dois, 1978.

Anatpat – Unicamp. Disponível em: <http://anatpat.unicamp.br/taglicogenio.html>. Acesso em: 12 dez. 2008.

MARK, H. F.; GAYLORD, N. G.; BIKALES, N. M. *Encyclopedia of polymer science and technology*. v. 7. New York: Wiley-InterScience, 1972. p. 462-465.

OTHMER, D. F.; KIRK, R. E. *Encyclopedia of chemical technology*. v. 3. New York: Wiley-InterScience, 1969.

SILVA, A. E. L. et al. Metabolismo do glicogênio muscular durante o exercício físico: mecanismos de regulação. *Revista Nutrição*, Campinas, v. 20, n. 4, 2007.

USBERCO, J.; SALVADOR, E. *Química orgânica*. v. III. São Paulo: Ed. Saraiva, 1995.

VOET, D.; VOET, J. G.; PRATT, C. W. *Fundamentos de bioquímica*. São Paulo: Ed. Artmed, 2006.

9.2.2 Quitina

Quitina (do Grego, *chiton*, que significa 'túnica')

A **quitina** é o segundo polissacarídeo mais abundante na Natureza, depois da celulose; é um mucopolissacarídeo, ou aminoaçúcar. É um análogo da celulose em que o grupo OH do átomo de carbono-2 de cada unidade glicídica foi substituído por um grupo NH_2 monoacetilado. Assim, a quitina é um polímero formado de unidades de 2-acetoamino-2-desoxiglicose, unidas por ligações *beta*-1,4, tal como na celulose. Sua denominação química completa é *beta*-1,4-poli(2-acetamido-2-desoxi--D-glicose) (Figura 9.2).

Nos aminoaçúcares, um ou mais grupos hidroxila de carboidratos são substituídos por grupos amina, geralmente acetilados, isto é, são poli-D-glicosaminas acetiladas. Constituem material de suporte estrutural e defensivo, encontrado no exoesqueleto de animais invertebrados, formando carapaças e películas protetoras.

A quitina é a substância que reveste os animais artrópodos, estando presente, junto com a proteína esclerotina, no exo-esqueleto córneo de crustáceos (isto é, caranguejo, lagosta, camarão, marisco), insetos (besouro, cigarra), aracnídeos (aranha, escorpião), miriápodes (lacraia). Nos crustáceos, a quitina se apresenta impregnada de um revestimento contínuo e rígido de sais de cálcio. Para o animal crescer, o revestimento rígido se quebra, soltando a casca, que é espontaneamente renovada. As cascas de cigarra, soltas sobre o tronco de árvores, são um exemplo comum da ocorrência de renovação da carapaça de quitina. O teor de quitina em alguns animais invertebrados é apresentado no Quadro 9.1.

Depois da extração do carbonato de cálcio e da proteína, a quitina é deixada como resíduo das cascas de crustáceos. A resistência mecânica muito alta permite a utilização da quitina na fabricação de fibras. A imunogenicidade da quitina, excepcionalmente baixa, apesar da presença de átomos de nitrogênio, permite que as fibras sejam empregadas na fabricação de pele artificial e de suturas absorvíveis.

O polissacarídeo de fonte animal cuja industrialização tem despertado mais interesse é a **quitina**, empregada como base de preparações dietéticas. A desacetilação da quitina, que é insolúvel, por

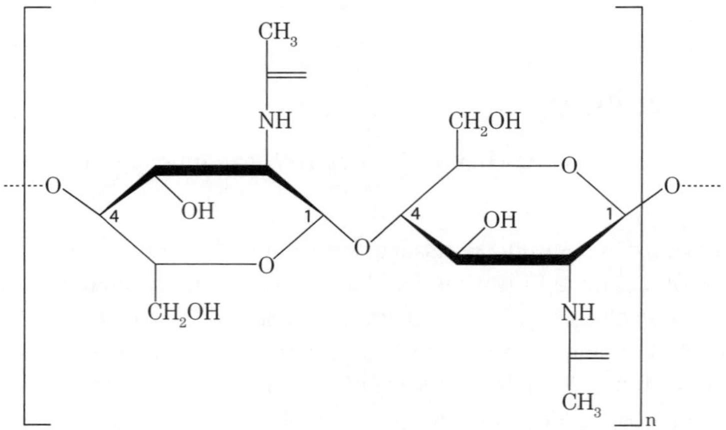

Figura 9.2
Estrutura química da quitina.

Quadro 9.1 – Quitina em invertebrados			
Crustáceos			
Nome vulgar	**Gênero**	**Observação**	**Quitina (%)**
Caranguejo	*Cancer*	c	72,1
Caranguejo	*Carcinus*	a	3,3
Caranguejo azul	*Callinectes*	a	14,0
Caranguejo Matsuba	*Chionecetes*	d	25,9
Caranguejo	*Erimacrus*	d	18,4
Caranguejo-rei	*Paralithodes*	d	10,6
Caranguejo vermelho	*Pleuroncodes*	b	35,0
Caranguejo vermelho	*Pleuroncodes*	a	10,4
Camarão do Alaska	-	d	28,0
Camarão	*Crangon*	c	69,1
Camarão de água doce	*Macrobrachium*	e	25,3
	Metapenaeus	d	32,4
Lagosta	*Nephrops*	c	69,8
Lagosta	*Homarus*	c	77,0
	Peneus	d	25,0
	Lepas	c	58,3
Krill	-	d	42,0
Insetos			
Barata	*Blatella*	c	18,4
Barata	*Blatella*	c	35,0
Barata	*Blatella*	b	10,0
Barata	*Periplaneta*	c	2,0
Bicho-da-seda	*Bombix*	c	44,2
Besouro	*Coleoptera*	b	15,0
Mosca verdadeira	*Díptera*	c	54,8

Quadro 9.1 – Quitina em invertebrados (*continuação*)			
Insetos			
Nome vulgar	**Gênero**	**Observação**	**Quitina (%)**
Minhoca	*Galleria*	c	33,7
Gafanhoto	-	a	4,0
Besouro de Maio	-	b	16,0
Borboleta	*Pieris*	c	64,0
Aranha	-	d	38,2
Fungos			
-	*Aspergillus niger*	f	42,0
-	*Lactarius vellereus*	-	19,0
-	*Mucor rouxii*	-	44,5
-	*Penicillium chrysogenum*	f	20,1
-	*Penicillium notatum*	f	18,5
-	*Saccharomyces cerevisiae*	f	2,9

Obs.: a – massa úmida do corpo; **b** – massa seca do corpo; **c** – fração orgânica da cutícula; **d** – massa total seca da cutícula; **e** – massa seca do abdômen; **f** – massa seca da parede celular.

hidrólise deixa livre a base, **quitosana**, solúvel em água (Figura 9.3). A quitosana tem aplicação em preparações farmacêuticas.

A quitina não deve ser confundida com a queratina: a **quitina** é um **poliacetal**, aminoaçúcar, de origem animal, enquanto a **querati-na** é uma **poliamida**, proteína, também de origem animal.

Bibliografia recomendada

AZEVEDO, V. V. C. et al. Quitina e quitosana: aplicações como biomateriais. *Revista Eletrônica de Materiais e Processos*, v. 2, p. 27-34, 2007.

RAVI KUMAR, M. N. V. A review of chitin and chitosan applications. *Reactive & Functional polymers*, v. 46, p. 1-27, 2000.

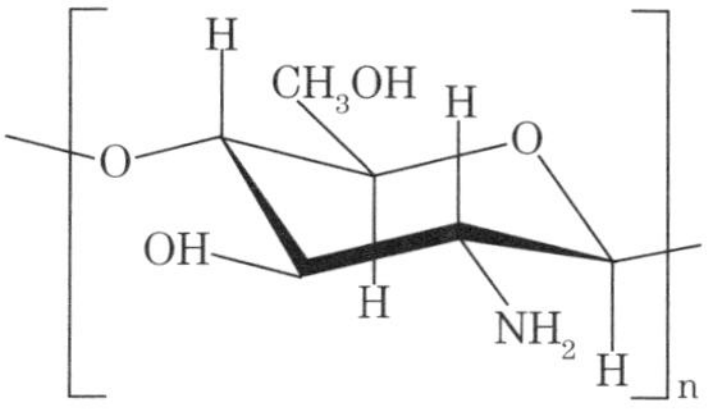

Figura 9.3
Estrutura química
da quitosana.

10 - POLIÉSTERES

Dentre os polímeros de origem animal, os poliésteres são um dos menores grupos. Limitam-se aos materiais resinosos encontrados na goma laca, derivados dos **ácidos aleurítico** e **lacaico** e do **eritrolacieno**.

É curioso observar que também no reino vegetal os poliésteres naturais estão pouco representados, limitando-se praticamente aos polialcanoatos. No reino mineral, não se encontram poliésteres.

10.1 Goma laca

Goma laca (do inglês, *shellac*)

A **goma laca** é um poliéster natural, resultante da secreção de um pequeno inseto, um piolho peludo, a **cochonilha** (*Coccus lacca*, *Tacchardia lacca*, ou *Laccifer lacca*, da família dos Coccídeos), encontrado no sul da Ásia, principalmente na Tailândia, Índia, Burma e Malásia. As fêmeas se prendem aos galhos de árvores de diversas espécies existentes em países tropicais, sendo a mais comum a figueira, *Ficus benjamina*. O inseto é parasita da árvore, pois se alimenta de sua seiva. Ele secreta uma resina pegajosa, através dos poros do corpo, sob a forma de um número muito grande de partículas, que se incrustam nos galhos da árvore ou arbusto onde ele vive, como uma cobertura protetora. A resina adere à superfície dos galhos, formando uma crosta que também retém os ovos e larvas do inseto, bem como o próprio inseto. Quando a crosta endurece, é retirada dos galhos por raspagem e, ainda, é submetida a um tratamento posterior, para separar a resina dos detritos e resíduos do inseto.

Para a preparação do verniz, os galhos são colhidos e quebrados em pequenos pedaços de onde é extraída e purificada a resina, que depois é dissolvida em álcool etílico para formar o verniz de goma laca. O verniz, aplicado manualmente com bucha de estopa envolvida em tecido fino de algodão (boneca), penetra nos poros da madeira. São necessárias sucessivas aplicações para se conseguir a textura e o brilho desejados.

Essa resina é apresentada no comércio em torrões escuros e em finas escamas, semitransparentes, com diversas tonalidades, do âmbar escuro ao amarelo pálido. Essa variação de cores é resultado da presença de substâncias coloridas naturais da árvore. Quando purificado, o produto toma a forma de pelotas amarelo-acastanhadas. Encontra-se no mercado a goma laca indiana, nas cores limão, laranja, asa-de-barata, ou ainda goma laca transparente. A goma laca indiana deve ser dissolvida em álcool a 99%, em proporções variáveis, conforme a sua utilização; em geral, para cada quilo de goma laca, usam-se dez litros de álcool.

A forma refinada da resina de laca é a goma laca, que amolece a 40-50 °C e funde a 75-80 °C. A goma laca refinada é solúvel em álcool, álcalis (inclusive solução aquosa de bórax, carbonato de sódio ou amônia) e piridina, e bem como em ácidos fórmico e lático; é insolúvel, ou pouco solúvel, em hidrocarbonetos, hidrocarbonetos clorados, a maioria dos ésteres e óleos secativos. É amolecida com plastificantes do tipo ftalato ou fosfato. A goma laca consiste de uma mistura de componentes complexos do tipo polihidroxiácidos alifáticos, insaturados, existentes principalmente como lactonas e ésteres. Quando a goma laca é aquecida acima de seu ponto de fusão, ela começa rapidamente a polimerizar por um processo de policondensação, acompanhado de perda de água. A mistura é gradualmente convertida em um produto duro, insolúvel em álcool.

A goma laca é constituída por três componentes: a resina (cerca de 94%), a cera (cerca de 5%) e o corante (cerca de 1%). A resina bruta pode ser facilmente separada por extração com éter etílico, resultando resina pura, dura, insolúvel (70%) e resina macia, solúvel (30%), que age como um plastificante natural da resina dura. A massa molar da resina dura é 2.000 e da resina macia, 500. A densidade da goma laca é 1,15-1,20 g/cm^3, e das resinas dura e macia é menor, de 1,03. A fórmula química da goma laca e de seus precursores, embora sem a localização dos pontos de insaturação, são vistas na Figura 10.1.

A cera obtida da goma laca é uma mistura de ésteres de ácido aleurítico, dihidroxiácido alifático linear, com 25 átomos de carbono na cadeia e ácidos/álcoois semelhantes, além de um hidrocarboneto, $C_{25}H_{52}$. O corante da goma laca é formado por dois componentes, ambos de estrutura antraquinônica: um, solúvel em água – o ácido lacaico – e o outro, insolúvel – o eritrolacieno.

A goma laca é conhecida há, pelo menos, 2.500 anos; alcançou a Europa através da Índia no século X. Foi usada a partir da metade do século XIX para produzir pequenos objetos, como moldura de retratos, artigos de toalete, joalheria, tinteiros e, mesmo, placas dentárias. É solúvel em soluções alcalinas como amônia, borato de sódio, carbonato de sódio e hidróxido de sódio, e também em diversos solventes orgâni-

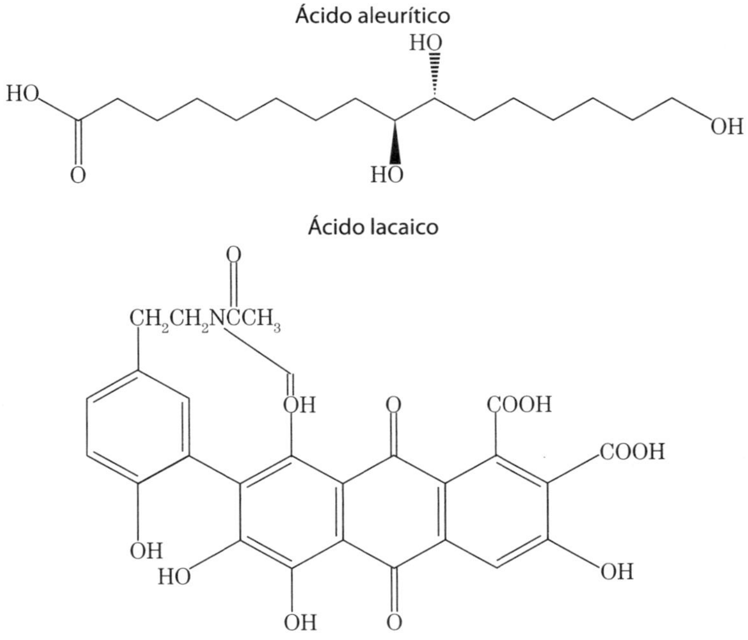

Figura 10.1
Representação
química dos
componentes da
goma laca.

Ácido aleurítico

Ácido lacaico

cos, como acetona e álcool. Quando dissolvida nesses dois solventes, a goma laca forma um revestimento de durabilidade e dureza superiores e é disponível em diversos tipos. Pode ser usada no acabamento de móveis, bem como no de violas e guitarras delicadas. A goma laca laranja é descorada com solução de hipoclorito de sódio, resultando a goma laca branca. É compatível com a maioria dos demais acabamentos, sendo aplicada sobre madeira como barreira ou primeiro revestimento, para evitar o escurecimento da superfície e manchas. Preparações de goma laca levemente coloridas são vendidas como tinta base.

A goma laca tem uma combinação única de várias propriedades desejáveis, em virtude de sua estrutura química complexa. A laca laranja e a goma laca branca ou alvejada são comercializadas em forma de escamas ou flocos laranja-marron finos e translúcidos. Tanto a goma laca laranja quanto a branca são solúveis em álcool. Constituem um recurso tradicional para selar madeiras, cerâmicas, papelão e gesso. Também são utilizadas como isolante de moldes de gesso. A goma laca é durável, elástica e flexível, embora não seja à prova d'água, nem de calor ou de substâncias alcalinas. O resultado estético resultante da aplicação da goma laca sobre madeira é peculiar, diferente, e dá uma textura em que os desenhos dos veios das madeiras permanecem mais visíveis; além disso, não esconde o relevo da superfície, o desgaste e as acomodações que acontecem com o tempo. Outra característica é que a goma laca pode receber periodicamente uma nova camada, que recupera pequenos arranhões e áreas de desgaste, com o mínimo de alterações nas características da madeira. A goma laca indiana é a mais recomendada para móveis.

A goma laca é um polímero natural e é quimicamente semelhante a outros polímeros sintéticos; assim, é considerada um plástico natural. Pode ser moldada por calor e pressão, de modo que é classificada como um termoplástico. Pode ser usada como material formador de filme termoplástico, brilhante e aderente, como adesivo, selante, isolante etc. Produtos de goma laca têm ação cortante forte e são usados para moer e cortar metais muito duros e sensíveis ao calor. Foi empregada na fabricação de discos de gramofone até, aproximadamente, a década de 1950. Agora, é considerado material de moldagem obsoleto, com poucas aplicações. Entretanto, é ainda usada como revestimento de frutos para impedir o apodrecimento após a colheita. A proteína do milho, zeína, é produto concorrente da goma laca para algumas aplicações. Como a goma laca é comestível, foi usada como agente de revestimento para vitrificação de superfície em pílulas e doces, e aditivo de alimentos. A goma laca pode também ser empregada como corante vermelho em cosméticos. Outras aplicações da goma laca são as seguintes:

- Tintas flexográficas à base de álcool.
- Impregnação de papéis utilizados na elaboração de fogos de artifício.
- Cimento de pega na fabricação de lâmpadas.
- Verniz de fixação e proteção na fabricação de espelhos.
- Isolante elétrico, em cabos e cimento.
- Misturada à goma laca indiana, no acabamento de móveis.
- Impermeabilizante, na fabricação de produtos frigoríficos.

Bibliografia recomendada

Faz Fácil. Disponível em: <http://www.fazfacil.com.br/GomaLacca.htm>. Acesso em: 27 mar. 2006.

MAITI, S.; RAHMAN, S. Application of shellac in polymers. *Macromolecular Chemistry Physics*, v. C26, n. 3, p. 441-481, 1986.

MARK, H. F.; GAYLORD, N. G.; BIKALES, N. M. *Encyclopedia of polymer science and technology*. v. 1. New York: Wiley-InterScience, 1964. p. 37-38.

ROFF, W. J.; SCOTT, J. R. *Fibers, films, plastics and rubbers*. London: Butterworths Scientific Publications, 1971.

11 - POLIAMIDAS

As poliamidas encontradas em materiais de origem animal são as proteínas, que também ocorrem nas poliamidas de fonte vegetal, já abordadas no Capítulo 7.

As **proteínas** são as moléculas orgânicas mais abundantes e essenciais, encontradas na Natureza em todas as células vivas, vegetais e animais. São fundamentais sob todos os aspectos de estrutura e função celulares. Perfazem 50% ou mais do peso seco das células. Existem muitas espécies diferentes de proteínas, cada uma para uma função biológica diversa. A maior parte da informação genética é expressa pelas proteínas.

A abordagem deste importante capítulo dos polímeros naturais de origem animal será feita considerando aspectos gerais, na Seção 11.1 "Materiais", e aspectos estruturais, na Seção 11.2 "Polímeros".

Bibliografia recomendada

EQA – UFSC. Disponível em: <www.enq.ufsc.br/labs/probio/disc_eng_bioq/trabalhos_pos2003/const_microorg/proteinas>. Acesso em: 26 mar. 2009.

11.1 Materiais

Os materiais poliméricos de origem animal são compósitos proteicos muito importantes e numerosos.

Nas seções subsequentes, serão comentados os materiais fibrosos, córneos, ósseos, carnosos etc.

Encontra-se queratina em **pelos** de animais, **cabelos** humanos, **penas** de aves; fibroína na **seda** produzida pelo bicho-da-seda; espidroína nos fios das **teias** de aranha; colágeno nas **carnes**, nos **músculos**, nas **vísceras**, no **couro**; caseína no **leite**; albumina no **ovo**; e assim por diante.

11.1.1 Seda

> **Seda** (do latim *saeta*, que significa "cerda de porco"); palavra
> derivada de *serica*, criada na Antiguidade pelos chineses

A **seda** é uma fibra lustrosa, macia, obtida como um filamento do casulo do **bicho-da-seda** (*Bombyx mori*), o qual é, na verdade, uma lagarta, que gera uma espécie de mariposa da família dos Bombicídeos.

A lagarta se alimenta de folhas de amoreira (*Morus alba*, da família das Moráceas), sendo cultivada em prateleiras de tela sobre as quais as folhas são depositadas e avidamente devoradas pelas lagartas. A sericultura é desenvolvida em países do Oriente; no Brasil, existem culturas no Estado de São Paulo. À medida que a lagarta se transforma em crisálida (forma intermediária entre larva e mariposa), gera, em torno de si mesma, um casulo, feito com fios duplos de um material viscoso, secretado de duas glândulas, que se solidifica ao ar. Esse material é uma proteína, a **fibroína**, e os fios são revestidos por outra proteína, a **sericina**, solúvel em água, que mantém os fios unidos. Após o desenvolvimento completo do casulo, é feita a sua imersão em água fervente para matar os insetos e remover a sericina. O fio duplo de seda é, então, cuidadosamente desenrolado e submetido ao tratamento adequado para uso na indústria têxtil.

A secreção provém de duas glândulas localizadas na parte posterior do corpo da mariposa, gerando dois filamentos cilíndricos, contínuos, de fibroína. Esses filamentos têm superfície irregular e seção triangular, e são recobertos por uma camada de uma proteína globular, gelatinosa, a sericina, que representa 20% do conjunto e mantém os filamentos unidos, produzindo um fio duplo de seda, com um comprimento de 2.500 m e diâmetro de 0,020-0,025 mm (Figura 11.1).

O elevado custo da seda faz com que essa fibra, conhecida desde a Antiguidade, tenha produção e consumo restritos. Vistos ao microscópio óptico, os fios duplos mostram vestígios de sua formação pelo diâmetro e estrias longitudinais quase regulares, e pelo corte transversal, em aglomerados de placas aos pares ou dispersas (200x), ou pares de triângulos arredondados, cuja forma curiosamente lembra mariposas (400x). Tal como observado na lã, as fibras de seda também não apresentam lúmen.

O bicho-da-seda é criado em fazendas de seda e alimentado com folhas de amora. Os chineses descobriram, há mais de 4.500 anos, que poderiam desembaraçar a seda, um polímero, proveniente dos casulos das lagartas, e tecê-la, produzindo tecidos macios. Inacreditavelmente, um único casulo produz 300 a 900 metros de seda. Por séculos, a

Figura 11.1
Aspecto
longitudinal e
transversal das
fibras da seda do
bicho-da-seda.

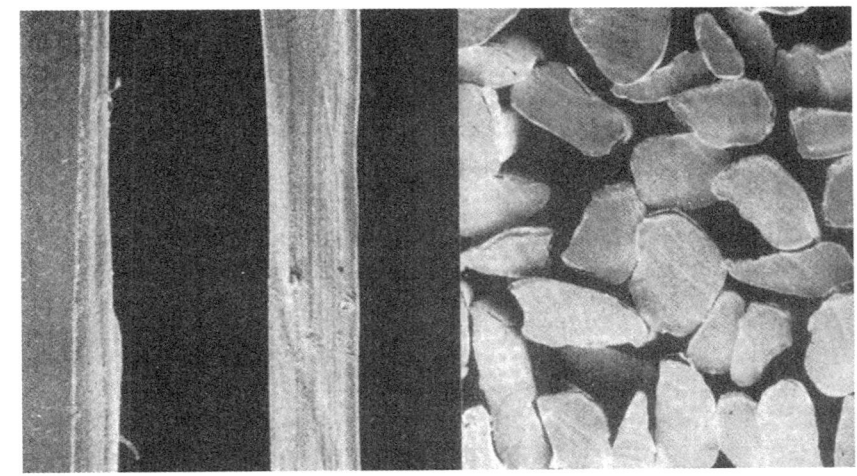

Fonte: EACH-USP. Disponível em: <http://dc238.4shared.com/doc/fFi27V12/preview. html> Acesso em: nov. 2012.

seda era tão valiosa que, na China, a exportação de sementes da amora ou de ovos de lagarta era punida com a morte.

Bibliografia recomendada

HOUAISS, A. *Enciclopédia mirador internacional*. v. 18. Rio de Janeiro: Encyclopaedia Britannica do Brasil Publicações, 1980.

11.1.2 Teia de aranha

Teia (do latim *tela*)*;* **aranha** (do latim *aranea*; do grego *arakne*)

A **teia de aranha** é um tecido fino, sedoso, proteico, produzido por aranhas e pelas larvas de alguns insetos. A **aranha** é um artrópodo terrestre da classe dos Aracnídeos, ordem dos Araneídeos, dotado de **fiandeiras**, localizadas sobre seu abdômen. As aranhas se distribuem por todo o globo terrestre.

A classe dos **Aracnídeos** (*arachnida*) é constituída de artrópodes predadores, com várias dezenas de milhares de espécies e subespécies, cujo comprimento varia de menos de 1 até 200 milímetros. São frequentes em países tropicais e subtropicais e vales quentes de zonas temperadas. Os aracnídeos se subdividem em ordens (escorpiões, aranhas, ácaros etc.) e subordens. Aracnídeos peçonhentos, que em uma picada podem pôr em risco a saúde humana, existem nas ordens dos escorpiões e das aranhas. O veneno injetado em uma picada varia de espécie a espécie. Todas as aranhas são predadoras e alimentam-se principalmente de insetos.

A ordem dos **Araneídeos** tem duas subordens importantes: as aranhas **caranguejeiras** e as aranhas **verdadeiras**. A peçonha das caranguejeiras é pouco estudada. Na subordem das aranhas verdadeiras existem dezenas de famílias, centenas de gêneros e milhares de espécies.

As espécies mais perigosas de aranha são encontradas no grupo das **Araneomorfas**: viúva-negra, *Lactrodectus;* aranha-marrom, *Loxosceles*; e aranha-banana, *Phoneutria*. Essas espécies são responsáveis por muitos casos de envenenamento grave e registros de óbitos.

As aranhas são facilmente distinguidas dos insetos pela subdivisão de seu corpo em somente duas porções: o **céfalo-tórax** e o **abdômen**, ligados por um pedículo delgado. A característica mais importante, que diferencia as aranhas, não somente de outros aracnídeos, mas também de todos os outros animais, é a presença de fiandeiras, supridas por glândulas produtoras de "seda", situadas no abdômen. Os dutos dessas glândulas abrem na extremidade de finíssimos tubos de fiação, situados sobre as fiandeiras. A "seda" é produzida como um fluido proveniente dos tubos de fiação e se solidifica imediatamente ao contato com o ar (ver Seção 11.2.1.2). O fio da "seda" da teia de aranha é na realidade um cabo, composto por muitos fios individuais, finíssimos. A "seda" da teia de aranha é mais fina, mais leve e mais forte do que a seda do bicho-da-seda. Para uso da teia com diferentes propósitos, a aranha não emprega as mesmas glândulas. Cada aranha tem em seu abdômen numerosas glândulas, de tipos diferentes. Há vários tipos de teia, mais ou menos característicos de cada família.

Existem aranhas de seis, quatro e duas fiandeiras, em cuja superfície há fúsulas de diferentes tipos, de acordo com a glândula por onde escoa o produto.

Na parte de trás do abdômen da aranha existem glândulas chamadas **sericígenas**, que secretam um tipo de proteína. Dentro da glândula, ela está líquida, mas assim que entra em contato com o ar torna-se um fino fio de "seda" com o qual será construída a teia.

A teia de aranha não é um material único. Algumas espécies de aranha possuem até sete glândulas diferentes, cada uma produzindo um tipo de fio. Cada aranha, entretanto, possui apenas algumas dessas glândulas e não todas, ao mesmo tempo. As glândulas conhecidas como **ampuláceas**, maior e menor, vão formar os fios pelos quais a aranha anda. A **glândula piriforme** gera fios conectivos. A **glândula aciniforme** fornece fios para o encapsulamento da presa. A **glândula tubiliforme** produz fios para os casulos. A **glândula coronata** é usada para a formação de fios adesivos.

O diâmetro médio de um fio de "seda" em uma teia de aranha esférica é de cerca de 0,15 μm. Graças à reflexão da luz do sol nos fios, é possível ver a teia, pois o olho humano, a uma distância de 10 cm, só consegue detectar objetos com um diâmetro de 25 μm.

Uma das características extraordinárias do fio da aranha é sua **resistência**. Um fio com espessura mínima seria capaz de reter um besouro, voando a plena velocidade. Se o fio tivesse a espessura de um lápis, seria capaz de fazer parar um Boeing 747 em pleno voo. Esses fios são não apenas fortes, mas também elásticos. Um fio comum de teia de aranha é capaz de estender-se por até 70 km sem se quebrar sob seu próprio peso. E pode ser esticado em até 30 ou 40% de seu comprimento, sem romper, enquanto o náilon suporta apenas 20% de estiramento.

Ao se observar uma teia de aranha, distinguem-se a **moldura**, os **raios** e a **espiral**. Existem muitas variações na construção da teia, conforme a espécie da aranha. Algumas aranhas constroem no centro da teia outra pequena espiral, ou uma rede de malhas, que funciona como "refúgio". A espiral de "captura" é especialmente construída para as presas e é feita com fios viscosos, adicionados paralelamente um ao outro. A espiral de captura deixa, às vezes, dois raios livres, dos quais parte um fio especial, chamado "fio telefônico", que conduz ao refúgio da aranha, quando este é construído fora da teia. A aranha pode captar as vibrações desse fio para informar-se sobre o tamanho e o tipo de presa que caiu na armadilha.

Os diferentes fios possuem propriedades físicas únicas, tais como força, dureza e elasticidade, mas são todos muito fortes, comparados a outros materiais naturais e sintéticos. O fio de "seda" inicial combina dureza e força em um grau extraordinário. Esse fio é diversas vezes mais forte que o aço, com base em peso por peso, e é apenas um décimo do diâmetro de um fio de cabelo.

O fio principal é composto por duas proteínas diferentes, cada uma contendo três tipos de região com propriedades distintas. Uma delas, uma matriz amorfa (não cristalina) que é extensível, dá elasticidade à teia. Quando um inseto a atinge, a elasticidade da matriz permite à teia absorver a energia cinética do voo do inseto.

A teia tem de ser renovada frequentemente. Muitas aranhas tecedeiras reciclam suas teias; como elas consomem muitas reservas de nitrogênio da aranha, esta se realimenta da sua própria teia.

A aranha estende, primeiro, os grandes eixos de sustentação da teia e, a partir daí, vai unindo esses fios de suporte e preenchendo os espaços vazios com fios radiais, rapidamente, dando origem a uma estrutura de impressionante geometria, além de grande resistência.

Existem quatro tipos principais de teia (Figura 11.2). As **teias de captura** são as vistas com mais facilidade, porque são tecidas em locais abertos, por onde os insetos passam. As **teias de refúgio** são a casa das aranhas, formadas por um grande emaranhado de fios, muitas vezes parecendo tubos. As **teias de cópula** formam uma espécie de copinho nos quais o macho deposita o esperma para, depois, colocá-lo na fêmea. Algumas espécies de aranha substituem seu exoesqueleto (externo, como o das cigarras), deixando-o pendurado em fios. São as chamadas **teias de muda**.

Para construir a teia, uma aranha leva entre 20 e 30 minutos. A durabilidade de cada uma varia de algumas horas até mais de uma semana. Existem 4.000 espécies de aracnídeos conhecidos no mundo e todos eles produzem, pelo menos, um dos quatro tipos de teia.

Muitas fibras sintéticas atingem módulos de elasticidade e tensões de estiramento elevadíssimos, em razão da cristalinidade muito alta. Em virtude disso, essas fibras tendem a ser quebradiças, sendo muito resistentes quando sob compressão. O fio da teia de aranha, entretanto, apesar de não atingir os módulos de elasticidade extremamente elevados de algumas fibras sintéticas, possui um alto alongamento na ruptura, e é mais forte sob compressão. A tenacidade, a resistência e a elasticidade do fio da teia de aranha continuam a intrigar os cientistas. Varias aplicações deste "novo" material surgem na mente dos pesquisadores, engajados em obter fios de teias de aranha em grande quantidade, que possam ser entrelaçados ou compactados para produzir, entre outros produtos, roupas e sapatos à prova de bala, suturas médicas, linhas de pesca, cordas de alpinismo, cintos de segurança, paraquedas, para-choques de automóveis, tendões e ligamentos artificiais.

Os fios da teia de aranha já foram usados antigamente nos retículos de lunetas astronômicas, em micrômetros e outros instrumentos ópticos. Algumas tribos da América do Sul empregavam as teias de aranha como hemostático em feridas. Pescadores da Polinésia usavam o fio da aranha *Nephila*, que é exímia tecedeira, como linha de pescar. Em Madagascar, nativos capturavam as aranhas *Nephila* e obtinham rolos de fios, que usavam para fabricar tecidos de cor amarelo-dourada. Também já se tentou produzir tecido a partir de fios obtidos de casulos de aranha, porém sem viabilidade econômica.

Obs.: Quitinóforo ou **artrópode** – filo de animais enterozoários de simetria bilateral; **Aracnídeo** – classe de artrópodes terrestres; **Araneídeo** – ordem de artrópodes aracnídeos terrestres, popularmente chamados **aranhas**.

igura 11.2
ranhas e suas
eias.

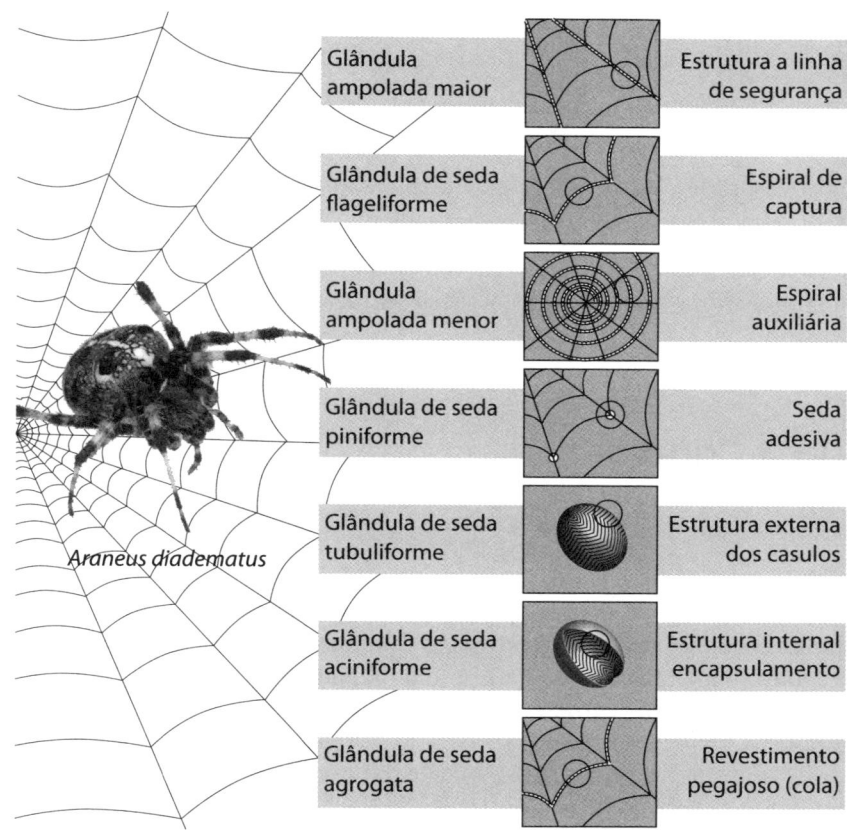

Glândula ampolada maior	Estrutura a linha de segurança
Glândula de seda flageliforme	Espiral de captura
Glândula ampolada menor	Espiral auxiliária
Glândula de seda piniforme	Seda adesiva
Glândula de seda tubuliforme	Estrutura externa dos casulos
Glândula de seda aciniforme	Estrutura internal encapsulamento
Glândula de seda agrogata	Revestimento pegajoso (cola)

Araneus diadematus

Fonte: MENEZES, G. M. *Investigações estruturais de fibras sintéticas de aranha produzidas por meio de expressão recombinante*. 2010. Tese (Mestrado) – Programa de Pós-Graduação em Biologia Molecular - Embrapa-Brasília, Brasília, 2010.

Bibliografia recomendada

ARANHA faz a teia com fios de proteína. *Revista Superinteressante*, São Paulo, n. 103, 1996.

Australian Museum. Disponível em: <http://www.amonline.net.au/spiders/toolkit/silk/structure.htm>. Acesso em: 12 nov. 2007.

BITTENCOURT, D. M. C. *Caracterização molecular de proteínas de sedas de aranhas da biodiversidade brasileira*. 2007. Tese (Doutorado) – Universidade de Brasília, Brasília, 2007. Orientador: Professor E. L. Rech Filho.

GeoCities. Disponível em: <http://www.geocities.com/~esabio/aranha/teia_e_a_seda.htm>. Acesso em: 12 nov. 2007.

HOUAISS, A. *Enciclopédia mirador internacional*. v. 21. Rio de Janeiro: Encyclopaedia Britannica do Brasil Publicações, 1980.

MONTENEGRO, R. V. D. A teia de aranha. *Ciências das Origens*, n. 6, p. 1-6, 2003.

Paraná Online. Disponível em: <http://www.paranaonline.com.br/canal/tecnologia/news/121223/>. Acesso em: 23 nov. 2008.

Pragas on line. Disponível em: <http://www.pragas.com.br/noticias/destaques/teia_aranha.php>. Acesso em: 12 nov. 2007.

11.1.3 Cabelo

Cabelo (do latim, *capillu*)

O **cabelo** é um tipo de pelo que se localiza na cabeça de todos os seres humanos. No sentido longitudinal, é composto por uma **haste** externa ao couro cabeludo, a qual é um prolongamento da **raiz**, originada no **bulbo** ou **folículo piloso** ou **capilar**, que existe na derme, no couro cabeludo.

Com uma visão ampla do fio de cabelo, tem-se sucessivamente, de fora para dentro, as seguintes camadas: **cutícula** (epicutícula, camada A, exocutícula e endocutícula), **córtex** (macrofibrila, microfibrila, protofibrila e macromolécula de queratina) e, no centro, a **medula**, às vezes inexistente.

A parte central do fio é a medula, que é envolvida pelo córtex, composto por um agregado complexo de células, formado de **microfibrilas**, às quais se associam outras microfibrilas, compondo as **macrofibrilas**; o conjunto é, então, envolvido pela cutícula, parte exterior do cabelo. A cutícula forma placas retangulares, como escamas, parcialmente superpostas, lembrando as telhas de um telhado. As Figuras 11.3, 11.4 e 11.5 permitem a visualização dessa distribuição estrutural do fio de cabelo.

Cada microfibrila é formada por três **protofibrilas**, cada uma das quais é constituída de uma *alfa*-hélice de **queratina**, que consiste de uma haste fibrosa cujo diâmetro varia, dependendo da raça. A queratina é formada por células mortas, produzidas nos bulbos pilosos por células, os **queratinócitos**; essas células são a única parte viva do fio de cabelo. A queratina é também encontrada em animais, no pelo, na lã, na unha, na garra, no bico, no chifre, no casco, no espinho etc., que

Figura 11.3
Vista transversal do
fio de cabelo.

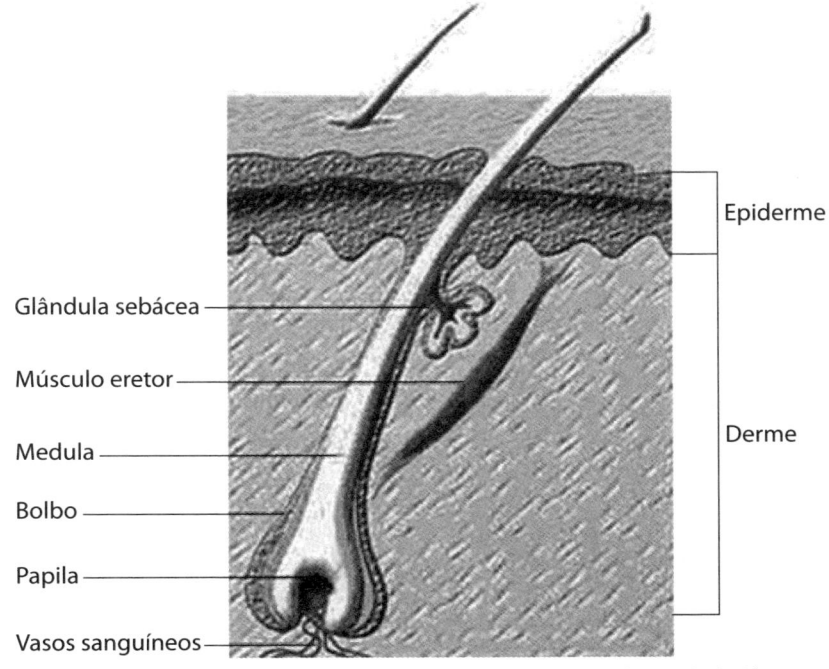

Fonte: Química Nova Interativa. Disponível em: <http://qnint.sbq.org.br/qni/popup_
visualizarMolecula.php?id=95LXcMlKIsBKr9xwnz0HH4vukNU0uTBAQsO6gs6-NKaZ
QBveLtydBpgNPMELHUJfWuuv7EDDrrneZ1YSWoMIsQ>. Acesso em: nov. 2012.

Figura 11.4
Elementos
estruturais
componentes da
microfibrila do fio
de cabelo.

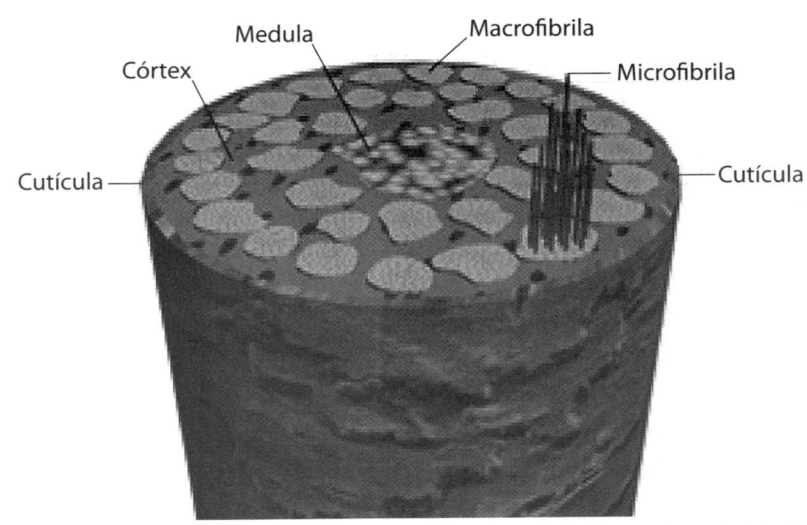

Fonte: Eu Amo Cabelo. Disponível em: <http://euamocabelo.blogspot.com.br/2008/12/
tricologia.html>. Acesso em: nov. 2012.

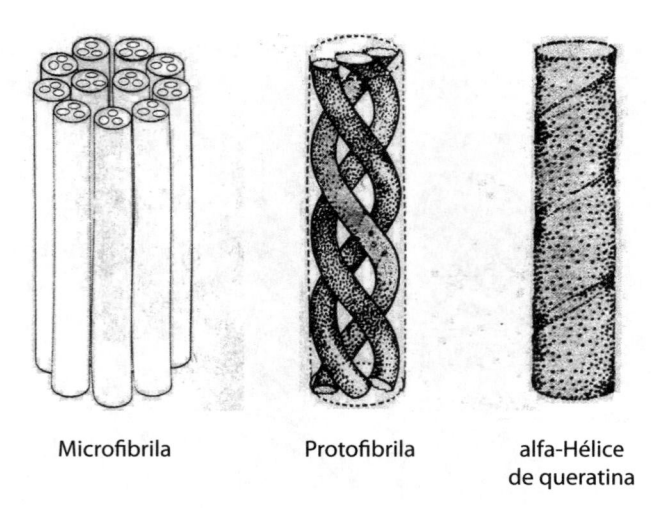

Microfibrila   Protofibrila   alfa-Hélice
de queratina

Figura 11.5
Vista longitudinal
do fio de cabelo.

são mais duros e menos flexíveis do que o cabelo, porque a macromolécula está mais reticulada, por meio de pontes de enxofre.

A queratina é formada por cerca de 18 aminoácidos diferentes,
os quais se repetem e interagem entre si (Quadro 11.1). É insolúvel
e consiste de aproximadamente 85% em peso do cabelo, com cerca
de 7% de água associada. Outros componentes são os lipídeos, 3%, e
os pigmentos, 2%, além de traços de outras substâncias. A **água** é o
componente fundamental do cabelo e seu conteúdo aumenta com a
umidade do ar. Quando estão molhados, os fios são menos resistentes
e se rompem com mais facilidade. Os **lipídeos** internos fazem parte
da estrutura dos fios; os lipídeos externos respondem pela oleosidade
do cabelo. **Compostos químicos,** contendo diversos elementos, estão
também presentes no fio, embora em muito pequena quantidade.

Os humanos apresentam entre 90.000 e 150.000 fios de cabelo no
couro cabeludo, sendo 10% a mais nos louros e 10% a menos nos rui-
vos. A velocidade normal de produção da haste do pelo é de 0,35 mm/
dia, e usualmente varia de 6 mm a 1,2 cm/mês. Essa velocidade irá
depender da localização do folículo piloso, da idade e do sexo. A perda
normal de cabelos está entre 50 e 100 fios diários.

A **cutícula** é a parte externa do fio, de estrutura delicada, constituída por material proteico e amorfo, principalmente queratina; é composta por seis a dez subcamadas concêntricas de células em plaque-
tas, sobrepostas, na direção longitudinal da fibra. Cada escama possui
forma retangular, com cerca de 30 a 50 micrômetros de comprimento
e cerca de 0,3 micrômetros de espessura. Esse material proteico, presente nos cabelos no estado normal, é elástico e flexível, formando

Quadro 11.1 – Aminoácidos no cabelo		
Nº	Aminoácido	Cabelo seco (μmol g^{-1})
1	Ácido aspártico	292 – 578
2	Ácido glutâmico	930 – 1.036
3	Alanina	314 – 384
4	Arginina	499 – 620
5	Fenilalanina	132 – 226
6	Glicina	463 – 560
7	Histidina	40 – 86
8	Isoleucina	244 – 366
9	Leucina	489 – 259
10	Lisina	130 – 222
11	Meia-cistina (Cisteína)	1.380 – 1.512
12	Metionina	47 – 67
13	Prolina	374 – 708
14	Serina	705 – 1.091
15	Tirosina	121 – 195
16	Treonina	588 – 714
17	Triptofano	20 – 64
18	Valina	470 – 513

uma superfície plana. Sua função principal é proteger o fio. Por causa do modo pelo qual as células se sobrepõem, somente 1/6 delas fica exposto, na superfície do cabelo. São estruturas que se mantêm unidas por meio das **ceramidas**, que são lipídeos. A cutícula também regula o ingresso e o egresso de água da fibra, o que permite manter as suas propriedades.

As **subcamadas** da cutícula são denominadas **epicutícula, camada A, exocutícula e endocutícula**, e estão separadas por um complexo de células. A **epicutícula** é uma fina membrana externa com 2,5 a 3,0 nanômetros de espessura e recobre a escama. Essa membrana contém proteínas (80%) e lipídeos (5%) e é quimicamente resistente a álcalis, ácidos, enzimas, agentes redutores e oxidantes. Logo abaixo da epicutícula está uma camada com alto teor de cistina, quimicamente resistente e hidrofóbica, de 0,1 micrômetros de espessura, denominada **camada A**. A **exocutícula** localiza-se abaixo da camada A e compõe cerca de 2/3 da escama. Esse componente possui alta concentração de cistina (15%) e, assim, um elevado índice de ligações cruzadas, que são responsáveis por sua natureza hidrofóbica. Em virtude de sua constituição química, a epicutícula, a camada A e a exocutícula funcionam como uma barreira à difusão de moléculas de alto peso molecular. A **endocutícula**, camada interna, é composta por proteínas denominadas não queratinosas, com teor elevado de aminoácidos ácidos e básicos, além de baixo teor de cistina – apenas 3%. Essa constituição e a ausência de reticulações lhe conferem um caráter hidrofílico. Na região escamosa, na qual as cutículas se sobrepõem, localizam-se a membrana das células e um material aglutinante, que formam o **complexo da membrana celular**, **CMC**, com 250 A de espessura.

No cabelo não danificado, as camadas estão justapostas ao eixo do cabelo; no cabelo danificado, em que a superfície se apresenta rugosa e com irregularidades, tais cutículas estão abertas. Em intoxicações severas por metais pesados, a cutícula pode mostrar-se danificada.

A cutícula tem altas concentrações de enxofre, que funcionam como uma barreira protetora para o córtex e a medula, e são responsáveis pelo brilho, pela maciez e pela facilidade de penteado dos cabelos.

O **córtex**, que constitui a parte média do cabelo, está situado sob a cutícula; é o principal componente da haste do cabelo. É formado por um conjunto de células de queratina, cilíndricas, em forma de fuso, frouxamente dispostas e perfeitamente ligadas umas às outras. A disposição estrutural e ainda a natureza química de suas fibras permitem modificações momentâneas ou permanentes no cabelo. A queratina que o compõe possui a particularidade de apresentar carga negativa, o que permite reter, de certa forma, partículas de carga contrária. É nessa região que, distribuídos aleatoriamente, estão dispostos os grânulos de **melanina**, cujo tipo, tamanho e quantidade determinam a cor do cabelo. O córtex é responsável pela resistência e pela elasticidade dos fios. As células corticais têm espessuras que variam de 1 a 6 micrômetros e cerca de 100 micrômetros de comprimento. O cabelo humano possui córtex simétrico, ao contrário da lã, e com proporção fixa entre material fibrilar, cristalino, e não fibrilar, amorfo. As macrofibrilas que compõem o córtex apresentam-se na forma de espiral, têm de 0,4 a 1,1 micrômetros de diâmetro e são os maiores constituintes da estrutura do córtex. Cada macrofibrila consiste de filamentos cristalinos arranjados em *alfa*--hélice e denominados **microfibrilas** (*alfa*-queratina) e de uma matriz amorfa (*gama*-queratina), que envolve as microfibrilas, a qual é rica em cistina e possui um teor de pontes de dissulfeto intra e intermolecular, que não ocorre nos filamentos cristalinos da *alfa*-queratina.

A **medula** constitui o núcleo central do cabelo e está localizada no interior do córtex. Está repleta de componentes porosos e, em alguns tipos de cabelo, pode não estar presente.

A **raiz** de cada fio capilar está localizada no bulbo, e este, na derme do couro cabeludo. Na base de cada folículo piloso se encontram as **papilas dérmicas**, que consistem de um grupo de células altamente ativas, dotadas da capacidade de induzir o desenvolvimento do folículo e a produção da haste ou fibra do pelo. Esses folículos estendem-se desde a derme até a epiderme onde emerge o pelo. Cada folículo é um órgão em miniatura que contém componentes glandulares e musculares; possui seu próprio ciclo de desenvolvimento. No folículo é que ocorre a reprodução celular. O folículo recebe irrigação na epiderme e, algumas vezes, pode apresentar disfunções, levando ao crescimento excessivo de cabelos (ou pelos) ou à sua queda. As únicas partes da pele que não têm folículos são as palmas das mãos e as solas dos pés. A queda dos cabelos se dá mais frequentemente nos homens e estudos indicam que ela está associada à testosterona. Esse hormônio é convertido por uma enzima, encontrada nos folículos, em dihidrotestosterona, que é capaz de se ligar a receptores nos folículos. Essa ligação pode deflagrar uma mudança na atividade genética das células, que inicia o processo gradual de perda de cabelo.

Há dois tipos de **pelo**: o **pelo fetal**, ou lanugem, que é a pilosidade fina e clara, idêntica aos pelos pouco desenvolvidos dos adultos, denominados **velus**, e o **pelo terminal**, que corresponde ao pelo espesso e pigmentado, que compreende os cabelos, a barba, a pilosidade pubiana e axilar. Estima-se que haja 5 milhões de folículos pilosos no corpo de um adulto, com 1 milhão na cabeça, dos quais 100.000 cobrem o couro cabeludo.

Os pelos não crescem continuamente, havendo alternância de fases de crescimento e repouso, que constituem o **ciclo** do pelo. Essas **fases** são denominadas **anágena**, **catágena** e **telógena**. Cada fio de pelo é submetido, repetitivamente, à obsolescência e ao renascimento planejado. A fibra é produzida na **fase anágena**, ou fase de crescimento ativo. Após a fase anágena, o folículo entra na **fase catágena**, que é um período de regressão controlada do folículo. Depois, o folículo entra na **fase telógena**, que é um estado de repouso, antes de retornar à fase anágena.

A **fase anágena** se caracteriza por intensa atividade celular, em que o material genético é duplicado com precisão. Nessa fase, o pelo se apresenta com a máxima expressão estrutural. Sua duração é de dois a três anos, podendo, no couro cabeludo, perdurar por até oito anos. É a fase do crescimento do cabelo, sendo que a papila do folículo, situada na porção inicial da raiz do cabelo, está em íntimo contato com os vasos sanguíneos, onde substâncias presentes nos fluidos circulantes são absorvidas; elementos-traço que circulam pelos fluidos do corpo podem incorporar-se ao cabelo continuamente durante seu crescimento, e assim a variação da concentração de determinado elemento pode ser medida. A maioria dos elementos químicos liga-se irreversivelmente ao grupo SH dos aminoácidos sulfurados. Nos indivíduos sem problemas de alopécia, isto é, distúrbios advindos de doenças do couro cabeludo ou contaminação por metais pesados, 85% dos cabelos estão na fase anágena.

Segue-se a **fase catágena**, transitória, durante a qual os folículos regridem a 1/3 de suas dimensões anteriores. Interrompe-se a melanogênese na matriz e a proliferação celular diminui até cessar. Não há mais irrigação sanguínea; o cabelo morre. As células da porção superior do bulbo continuam ainda sua diferenciação à haste do pelo, que fica constituído somente de córtex e membrana radicular interna, até que o bulbo se reduz a uma coluna desorganizada de células. A fase catágena dura apenas cerca de três semanas. No indivíduo sadio e sem alopécia, 1% dos cabelos estão nessa fase. A morte do cabelo também ocorre quando há alta contaminação por metais pesados, tais como tálio, chumbo, cádmio e mercúrio.

Finalmente, ocorre a **fase telógena**, com o desprendimento do pelo. O cabelo cai, sendo empurrado por um novo folículo. Os folículos mostram-se completamente inativos, reduzidos à metade, ou menos, do tamanho normal e há uma desvinculação completa entre a papila dérmica e o pelo em eliminação. Essa fase dura dois a quatro meses.

Em cada fio de cabelo, milhares de cadeias de alfa-queratina estão entrelaçadas em forma de espiral, como placas que se sobrepõem, resultando um longo e fino cordão proteico. Essas proteínas interagem fortemente entre si, por várias maneiras, resultando na forma característica de cada cabelo: liso, ondulado, enrolado, carapinhado etc. O **cabelo** humano tem um importante lugar entre as características físicas de uma raça. Embora sua estrutura geral e quantidade variem relativamente pouco, seu comprimento, forma, cor, consistência geral e aparência ao microscópio da seção transversal mostram diferenças persistentes que lhe dão importância étnica. O cabelo cresce uniformemente sobre as cabeças em todas as raças. A estrutura do cabelo permite classificá-lo em três tipos:

1. **Curto e crespo**, **encarapinhado**, seção elíptica ou em forma de rim; sem medula ou núcleo distinguível. Cor quase sempre negra e característica de todas as raças negras, exceto dos indianos e dos aborígines australianos. Quando os cabelos são

relativamente longos e a espiral dos cachos é grande, a cabeça tem aparência de estar completamente coberta, como em algumas raças melanésias e a maioria dos negros. São chamados **ulótricos**.

2. **Liso**, **fino**, **longo** e **áspero**, redondo ou quase, em seções, com a medula ou núcleo facilmente distinguível e, quase sem exceção, negro. Este é o cabelo de raças amarelas, os chineses, mongóis e indígenas das Américas. São chamados **lissótricos**.

3. **Ondeado** e **encacheado**, ou **suave** e **sedoso**, seção oval com tubo medular, mas sem núcleo. Este é o cabelo dos europeus, e é principalmente claro, com variedades negra, castanha ou vermelha. São chamados **cimótricos**.

A cor do cabelo é resultado de uma proteína, a **melanina**, produzida por células chamadas **melanócitos**, que se encontram junto da papila, local em que se dá a reprodução celular. O **cabelo louro** em todas as nuances é frequente na população do norte da Europa, porém é muito mais raro no sul. A percentagem de cabelo castanho é 75% entre os espanhóis, 39% entre os franceses, e somente 16% na Escandinávia. O cabelo liso e louro é ainda mais raro, é encontrado nos finlandeses do norte; o cabelo vermelho é uma anomalia individual associada ordinariamente às sardas. Não há raça ruiva. As raças mais cabeludas são os aborígenes australianos e tasmanianos. As menos cabeludas são as amarelas, como índios da América e mongóis. Pessoas negroides são intermediárias, com tendência a pouco cabelo. Para uma garantia de pureza racial, nenhum teste conhecido é mais seguro do que o do cabelo. O simples exame de um fio de cabelo que apresente as características médias de forma típicas de uma raça pode servir para defini-la. De qualquer maneira, o cabelo de um indivíduo leva a marca de sua origem.

A extensibilidade do cabelo deve-se à capacidade de desenrolamento da sua estrutura altamente enrolada. Mesmo as alfa-hélices se desenrolam quando as pontes hidrogênicas são quebradas. A forma do cabelo é restaurada quando se alivia a tensão porque as pontes de enxofre sobrevivem ao estiramento e levam a cadeia polipeptídica de volta ao seu arranjo helicoidal.

O cabelo, além de ser um adorno, tem a função de proteger a cabeça dos raios solares, o que é feito por meio da melanina presente, a qual é também responsável por sua coloração. O cabelo possui receptores nervosos que funcionam como sensores, os quais o levam a aumentar a proteção da cabeça, quando necessário. Em geral, a cor do cabelo está associada à cor da pele; pessoas com pele escura tendem a ter cabelos escuros e vice-versa. Isto porque a pigmentação do cabelo depende da quantidade de melanócitos presentes. A cor dos cabelos se deve à melanina, que é uma proteína. A cor do cabelo ruivo é dada por um pigmento baseado em ferro. O branqueamento do cabelo é conseguido com soluções diluídas de peróxido de hidrogênio, que oxida a molécula; em consequência, remove átomos de hidrogênio de grupos SH e capacita os átomos de enxofre remanescentes a formarem ligações, aumentando, assim, o número de pontes de enxofre. Esse aumento nas ligações entre moléculas torna o cabelo mais quebradiço. O brilho do cabelo é decorrente da sua capacidade de refletir a luz. Preparações alcalinas para o cabelo removem íon hidrogênio das moléculas de queratina e, assim, alteram a distribuição de cargas elétricas. Assim, essas moléculas e as microfibrilas enrolam-se mais fortemente e se tornam mais reflexivas, intensificando o brilho. Condicionadores de cabelo contêm substâncias iônicas nitrogenadas que se ligam às fibras do cabelo e modificam sua carga elétrica. Isso provoca a repulsão entre os fios de cabelo que, como não podem grudar-se, dão a aparência de o cabelo estar mais encorpado. Quando se utilizam placas térmicas para alisamento dos fios, ocorre deformação nessas ligações da proteína – processo reversível. Lavando-se o cabelo, a proteína volta à sua conformação normal. A transformação é irreversível quando ocorre quebra dessas ligações no cabelo.

A estrutura morfológica e a composição química evidenciam que é pouco provável que haja uma distribuição uniforme de elementos--traço no cabelo, havendo regiões em que a incorporação é maior. A absorção dos elementos se dá a partir da raiz, na região da papila cuja quantidade incorporada depende da concentração instantânea dos fluidos biológicos circundantes (sangue, linfa e fluido extracelular). Um período de aproximadamente 30 dias decorre entre a absorção e o equilíbrio do cabelo. As formas de como ocorre a absorção do elemento-traço não estão ainda bem elucidadas. O modelo mais simples supõe que a incorporação endógena ocorra de maneira passiva, ou seja, por gradientes de concentração.

A contaminação exógena do cabelo pode ocorrer por meio do arraste de substâncias externas (poeira, fumaça, suor e sebo, provenientes das glândulas sebáceas) pela água, uma vez que o cabelo é hidrófilo. Os elementos-traço presentes na água irão fixar-se à queratina do cabelo ou, em alguns casos específicos, à membrana das células. Partículas de poeira contendo quantidades significativas de elementos-traço podem ficar retidas entre as várias camadas da cutícula, por meio de interações eletrostáticas, principalmente quando esta estiver danificada. A estrutura da camada eletrônica externa de cada elemento determina o tipo de ligação.

Existem basicamente dois métodos para colorir o cabelo: o primeiro consiste na incorporação de pigmentos na formação do fio de cabelo. Esse processo é lento e, em geral, é feito com pigmentos naturais, tais como os encontrados na henna ou na camomila. Em decorrência do uso constante, em xampus ou condicionadores, esses pigmentos começam a fazer parte dos novos fios de cabelo formados. O segundo método é a pintura imediata do cabelo, com a destruição dos pigmentos (descoloração) já existentes nos fios, e a incorporação de novos pigmentos. O processo de descoloração é ainda feito na maioria das vezes, com peróxidos ou amônia, embora ambos os produtos sejam tóxicos. Um dos pigmentos mais utilizados na coloração é o acetato de chumbo, também tóxico. Técnicas de escovamento, uso de secadores de cabelo e produtos para efeitos de ondulação permanente, alisamento e tinturas podem causar danos na estrutura capilar e mudanças nas propriedades físicas e químicas na superfície do cabelo. Os agentes cosméticos e ambientais, como o sol e os raios UV, além do vento e da poluição, podem afetar a estrutura do cabelo.

Bibliografia recomendada

KRAUSE, K.; FOITZIK, K. Biology of the hair follicle: the basics. *Seminars in Cutaneous Medicine and Surgery*, Campinas, v. 25, n. 1, p. 2-10, 2006.

QMCWEB. Disponível em: <http://www.qmc.ufsc.br/qmcweb/old_index_qmcweb.html>. Acesso em: 4 jan. 2012.

Scientific Electronic Library Online. Disponível em: <www.scielo.br/scielo.php?pid>. Acesso em: 3 dez. 2007.

Sociedade Brasileira de Cirurgia Dermatológica. Disponível em: <http://www.sbcd.org.br/>. Acesso em: 29 dez. 2011.

11.1.4 Lã

Lã (do latim *lana*)

A **lã** é o pelo fino, macio, encaracolado, que reveste o corpo de certos animais, sobretudo dos carneiros e ovelhas (*Ovis aries*, da família dos Bovídeos), embora alguns tipos de cabra, camelo, lhama, alpaca, vicunha e coelho possam também fornecer fibra semelhante. É caracterizada por escamas superficiais diminutas, imbricadas (isto é, parcialmente sobrepostas), que conferem ao material as propriedades de um feltro. É o polímero de origem animal de maior importância tecnológica. O componente principal das lãs é uma proteína fibrilar, a **queratina**. A lã apresenta até 50% de material com aspecto de graxa, a **lanolina**, que é um álcool esteroidal, precursor do colesterol. A lanolina é removida por lavagem com água e sabão, e tem grande valor na indústria de cosméticos.

A lã tem estrutura complexa; é formada por fibras cujo aspecto, seção longitudinal e transversal dependem da espécie animal da qual foram retiradas (Figura 11.6). Cada fibra é protegida externamente por uma cutícula ou epiderme, constituída por escamas imbricadas, parcialmente sobrepostas, em torno de uma medula que consiste de células esféricas, cercadas por células fusiformes, alinhadas com o eixo da fibra. A superfície escamosa, mais ou menos delicada, permite a confecção de tecidos e malhas leves, com muitos espaços vazios, que dão a permanência da textura e o isolamento térmico típicos da lã.

A observação microscópica do fio de lã revela uma estrutura em escamas, segmentada, irregular, enquanto o corte transversal expõe círculos isolados de dimensões variadas, alguns dos quais mostrando uma linha divisória, decorrente da morfologia escamosa. Esse tipo de estrutura é encontrado no pelo dos animais, e o aspecto microscópico da escama varia conforme a espécie. É importante observar a ausência de **lúmen**, encontrado nas fibras vegetais, o que permite fácil distinção entre as fibras animais e vegetais.

A confirmação da validade das conclusões baseadas em microscopia ótica pode ser conseguida por meio de reações químicas simples, mostradas no Quadro 11.2. Os polissacarídeos decompõem-se facilmente por pirólise, liberando hidroximetil-furfural (quando o polímero apresenta anéis hexosânicos), ou furfural (quando os anéis são pentosânicos), que dão resposta positiva à reação com acetato de anilina

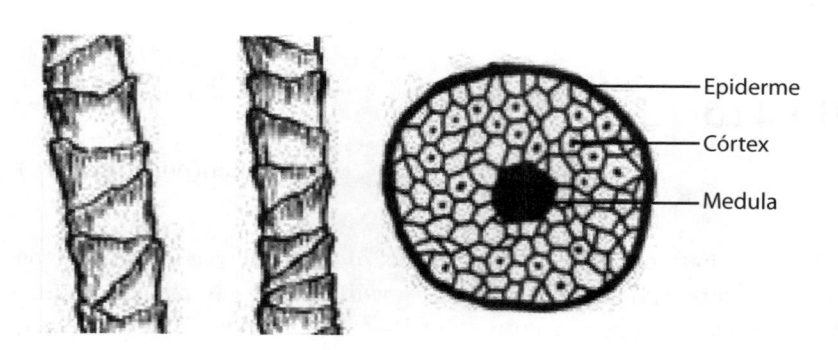

Figura 11.6
Vista longitudinal e transversal da fibra da lã.

Epiderme

Córtex

Medula

Quadro 11.2 – Reações químicas que distinguem proteínas de polissacarídeos

	Procedimento	Observação
Identificação de proteínas	Em cadinho de porcelana ou placa dse toque, colocar um fragmento do matrial e adicionar alguns mililitros de ácido nítrico concentrado (68% HNO_3). O imediato aparecimento de intensa coloração amarela, que passa a alaranjada pela adição de gotas de solução aquosa concentrada de hidróxido de sódio (10% NaOH), até reação alcalina, é resultado positivo para proteína.	As proteínas são tradicionalmente reconhecidas pela reação descrita, conhecida como Reação Xantoproteica, que decorre da presença obrigatória de unidades de hidroxiácidos aromáticos nas cadeias peptídicas presentes nas moléculas proteicas. Essa reação é devida à acentuada reatividade à nitração dos átomos de hidrogênio em posições *orto*- e *para*-, dando nitroderivados de intensa coloração amarela que, em meio alcalino, passam a estruturas nitrônicas, fortemente alaranjadas.
Identificação de polissacarídeos	Em tubo de ensaio, colocar um fragmento da amostra e algumas gotas de ácido fosfórico (85% H_3PO_4), e adaptar à boca do tubo um disco de papel de filtro, preso com pinça de madeira de modo a dificultar a saída de vapores. Umedecer o papel de filtro com 1 gota de reagentes de acetato de anilina. Aquecer o tubo em chama de bico de Bunsen. O aparecimento de mancha com intensa coloração vermelha no disco de papel indica a presença de polissacarídeo na amostra.	O reagente de acetato de anilina é preparado no momento de usar, dissolvendo-se cerca de 1 mL de anilina ($C_6H_5NH_2$) em 1 mL de ácido acético (CH_3COOH), e adicionando-se o triplo do volume de água destilada. A decomposição térmica dos polissacarídeos produz aldeído, hidroxi-metil furfural ou furfural, conforme se trate de material piranosídico ou furanosídico, respectivamente. A reação de aldeído aromático com amina primária aromática produz uma base de Schiff intensamente colorida, que caracteriza a presença de polissacarídeos. A presença de ácido fosfórico permite que a reação de decomposição também ocorra com os ésteres e éteres derivados dos polissacarídeos. No caso de nitrato de celulose, a coloração observada é amarela intensa, em virtude da formação de produtos nitrados.

(forte coloração vermelha). As proteínas dão intensa coloração azul ao tornassol quando pirolisadas em presença de óxido de cálcio. Além disso, todos os materiais examinados, exceto o acetato de celulose, são infusíveis e insolúveis nos solventes comuns.

As fibras naturais se diferenciam das fibras artificiais porque apresentam irregularidade de dimensões e forma, visível ao microscópio óptico. A observação longitudinal pode ser feita diretamente, com 200 aumentos, enquanto a observação transversal exige uma lâmina fina, cortada da fibra, e ampliações de 200 e 400x para possibilitar o exame da forma e do aspecto no interior da fibra.

Todas as fibras vegetais examinadas possuem lúmen, isto é, um orifício no seu interior, resultante da secagem dos fluidos existentes na planta jovem na fase inicial da formação da fibra, os quais secam à medida que a planta se torna adulta, causando o colapso do canal e a forma característica do lúmen.

Nas melhores lãs, o comprimento, finura, frisado, cor, brilho, elasticidade e higroscopicidade das fibras é relativamente uniforme. A qualidade da lã depende não só da hereditariedade, mas também da alimentação, da higiene e das condições climáticas. A tosquia, embalagem, conservação e transporte contribuem para determinar a categoria do produto acabado.

A primeira fibra tecida pelo homem foi a lã. O maior produtor de lã é a Austrália, com 25% da produção mundial. No Brasil, os rebanhos ovinos estão concentrados no Rio Grande do Sul.

A seda é produzida pelo bicho-da-seda (*Bombyx mori*), que é uma diâmetro e estrias longitudinais quase regulares, e pelo corte transversal, em aglomerados de placas aos pares ou dispersas (200x), ou pares de triângulos arredondados, cuja forma curiosamente lembra mariposas (400x). Tal como observado na lã, as fibras de seda também não apresentam lúmen.

Bibliografia recomendada

HOUAISS, A. *Enciclopédia mirador internacional*. v. 12. Rio de Janeiro: Encyclopaedia Britannica do Brasil Publicações, 1980.

11.1.5 Dente

Dente (do latim *dente*)

O **dente** é um compósito polimérico que constitui uma estrutura acessória do sistema digestório dos mamíferos. Além dessas funções, o dente auxilia na dicção. Apresenta-se disposto em duas arcadas dentárias, articuladas aos ossos maxilar e mandibular. O componente polimérico dos dentes é o colágeno; a matriz reforçadora, a hidroxiapatita.

A primeira dentição do ser humano, decídua (isto é, que cai), surge aos seis meses de idade e se completa aos dois anos, sendo composta por 20 dentes. Em torno dos seis anos, os dentes decíduos vão sendo gradativamente substituídos pela dentição permanente que contém de

Figura 11.7
Representação da
dentição humana.

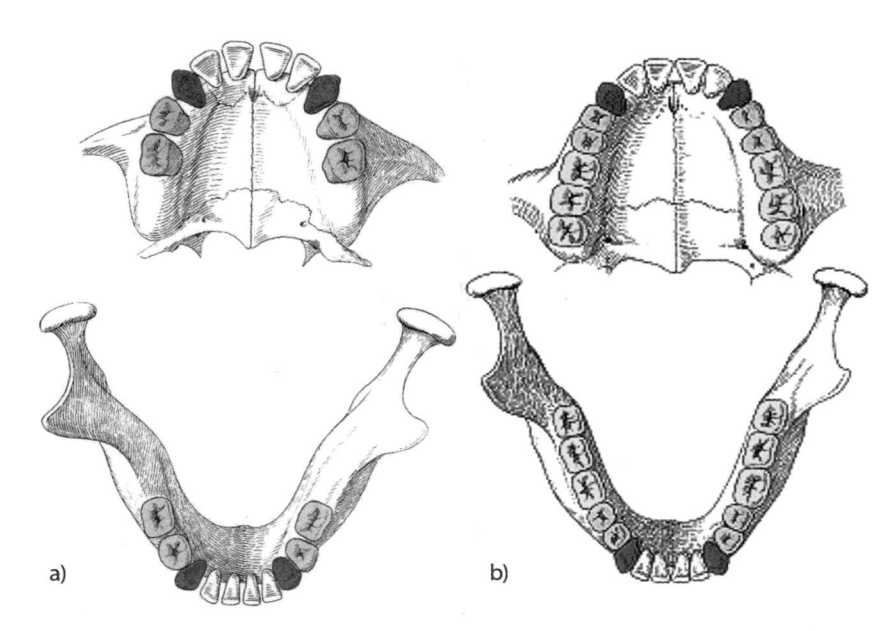

a)   b)

Obs.: Dentição decídua (a): incisivo, canino e molar, respectivamente, incolor, cinza escuro e cinza claro; dentição permanente (b): incisivo, canino, pré-molar, molar, respectivamente, incolor, cinza escuro e cinza claro e mais claro.

Fonte: TORTORA, G. J. *A photographic atlas of the human body*, 2. ed. New York: Wiley, 2004.

28 a 32 dentes. A Figura 11.7 mostra uma representação esquemática das dentições decídua e permanente.

De um modo geral, o dente é classificado de diversas maneiras. Conforme sua **posição** na boca e função, pode ser incisivo, canino, pré-molar e molar. O **incisivo** é adaptado para cortar o alimento; o **canino**, para lacerar e rasgar; e o **pré-molar** e o **molar,** para triturar e esmagar.

De acordo com a **região**, o dente pode ser dividido em coroa, colo e raiz. **Coroa** é a porção exposta acima do nível da gengiva. **Colo** é a junção entre a coroa e a raiz, próximo à linha da gengiva. **Raiz** é a região oculta na cavidade óssea da maxila e da mandíbula. **Maxila** é cada um dos ossos em que se implantam os dentes. **Mandíbula** é o osso único, em forma de ferradura, que constitui a queixada inferior do homem e no qual se implantam os dentes inferiores.

Em relação às **partes funcionais**, o dente é composto por esmalte, dentina, polpa e cemento. A Figura 11.8 apresenta o corte de um dente com suas regiões e partes funcionais (JUNQUEIRA, 2004; TORTORA, 2004).

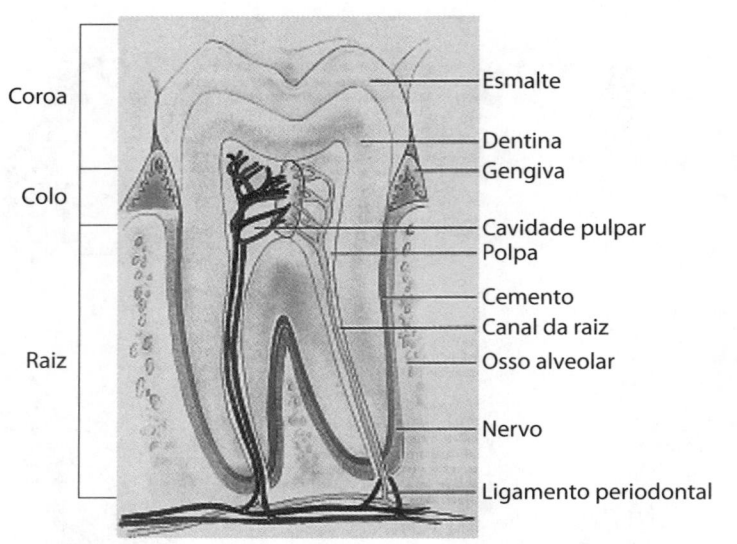

Coroa

Colo

Raiz

Esmalte

Dentina
Gengiva

Cavidade pulpar
Polpa

Cemento
Canal da raiz
Osso alveolar

Nervo

Ligamento periodontal

Figura 11.8
Representação
dos constituintes
de um dente
molar mandibular
(inferior).

Fonte: TORTORA, G. J. *A photographic atlas of the human body.* 2. ed. New York: Wiley, 2004.

O **esmalte** é o revestimento do dente; é um tecido calcificado, o mais duro do corpo humano, que torna o dente resistente e apropriado à mastigação. Basicamente, é composto de 96% de material inorgânico – hidroxiapatita – e os 4% restantes de componentes orgânicos e água. Quanto à hidroxiapatita, foi observado que é formada de cristais prismáticos, alongados, delimitados por um arranjo de cristais interprismáticos, enquanto a porção orgânica é constituída de proteínas e peptídeos. A cor do esmalte pode variar de branco-acinzentado a branco-azulado conforme a espessura, sendo esta associada ao grau de translucidez. O maior grau de translucidez indica alta mineralização.

Dentina é o tecido duro, calcáreo, semelhante a osso porém mais denso, que forma a maior parte do dente; é o marfim dos dentes, que reveste a cavidade sensível da polpa dentária e está recoberto por esmalte, na coroa, e por cimento, na raiz. A dentina e a polpa são consideradas um único órgão, em virtude da íntima relação entre a camada de células da periferia da polpa e seus prolongamentos, dentro dos túbulos dentinários, sendo denominado **complexo dentino-pulpar**.

A **dentina** é um tecido vivo, calcificado, e forma o corpo principal do dente. É composta de 65% e 35% de matéria orgânica e inorgânica, respectivamente. A porção orgânica é constituída de colágeno tipo I e de heteropolissacarídeos, uma substância orgânica composta por açúcares aminados e normalmente sulfatados – proteoglicanos e glicoaminoglicanos. Semelhante ao esmalte, a porção inorgânica é formada por cristais de hidroxiapatita, sob a forma de placa, de menor dimensão. Nas porções orgânica e inorgânica da dentina também são detectadas pequenas quantidades de sulfato, carbonato e fosfato. A dentina é sintetizada por células denominadas odontoblastos que revestem sua superfície interna, ao longo da parede da cavidade da polpa. Embora física e quimicamente semelhante ao tecido ósseo, a dentina se diferencia pela ausência de células ósseas, vasos sanguíneos e nervos. Diferencia-se do esmalte, duro e quebradiço, por se apresentar elástica e passível de alguma deformação. Quanto à cor, habitualmente, a dentina é amarelo--claro nos dentes jovens se tornando mais escura com a idade.

A **polpa** é um tecido conjuntivo frouxo, ricamente inervado e vascularizado, localizada na cavidade pulpar, que com o passar dos anos, se torna pobre em células e adquire a forma fibrosa. É composta por 25% de material orgânico e 75% de água. Na polpa dentária, a célula predominante é o fibroblasto – responsável pela síntese de proteína, colágenos tipo I e II –, fibras que se encontram dispersas na substância fundamental (fluido corporal), orientadas em todas as direções, sem formar feixes, cujo teor é pequeno em polpas jovens e que aumentam com a idade.

O **cemento** é um tecido conjuntivo, avascular, mineralizado, com estrutura semelhante ao osso, que recobre a raiz do dente. Além disso, é um meio de ancoragem de fibras colágenas que ligam o dente a estruturas vizinhas. É constituído de cerca de 45-50% e 50-55% de material inorgânico e orgânico, respectivamente, além de água. Basicamente, a porção inorgânica consiste de íons cálcio e fosfato, incorporados na estrutura da hidroxiapatita. A porção orgânica é constituída de colágeno tipo I e polissacarídeos proteicos – proteoglicanas. De todos os tecidos mineralizados, o cemento é aquele que apresenta o maior conteúdo de íon fluoreto. Difere do esmalte pela falta de brilho e pela coloração amarelo-claro.

A **cárie** dental é uma infecção bacteriana, crônica, de natureza multifatorial genética, ambiental, alimentar – que resulta em perda de porção mineral do dente. Os produtos precipitados da saliva e de alimentos se depositam sobre os dentes sob a forma de um biofilme, biologicamente ativo, conhecido como **placa bacteriana**. Essa camada possui grande concentração da bactéria *Streptococcus mutans,* cuja proliferação depende da presença de carboidratos ingeridos na dieta humana. A fermentação de carboidratos pela bactéria leva à produção de ácidos orgânicos, em geral ácido lático, e de enzimas proteolíticas, resultando na diminuição do pH na cavidade oral. A redução sucessiva do pH bucal resulta na diminuição da porção inorgânica – hidroxiapatita – presente na superfície do dente. Essa desmineralização permite que a porção orgânica seja rapidamente digerida pelas enzimas proteolíticas. A saliva tem a função de neutralizar os ácidos produzidos pelo metabolismo bacteriano, levando ao aumento do pH e à consequente remineralização. É importante salientar que a formação do biofilme é resultado da atividade metabólica e não pode ser evitada. A sua progressão pode ser controlada pela higienização bucal e, se conduzida de modo inadequado, resultará no aparecimento de cárie.

A Figura 11.9 mostra a presença de cárie em dentes molares. O problema é agravado quando ocorre a penetração da cárie para regiões mais profundas – dentina e polpa, causando a inflamação pulpar e a necrose. O tratamento clínico consiste na extração do dente ou na remoção da porção lesada com posterior restauração, que pode resultar em exposição pulpar. O capeamento pulpar é um procedimento usado alternativamente à extração dental; tem por objetivo preservar a polpa e estimular a regeneração do tecido no local da lesão.

No caso de exposição pulpar, o procedimento terapêutico utilizado é o **capeamento pulpar**, que consiste na recuperação e preservação da área lesada, sendo um processo preventivo de extrema importância na endodontia. Segundo Olsson e colaboradores (2006), a exposição da polpa pode ser ocasionada por lesão cariosa, fatores mecânicos e/ou traumáticos em que a polpa é susceptível à invasão das bactérias presentes na cavidade oral. O capeamento pulpar consiste na aplicação de um agente protetor que induza a formação de dentina secundária ou terciária, possibilitando a cura e o reparo da polpa,

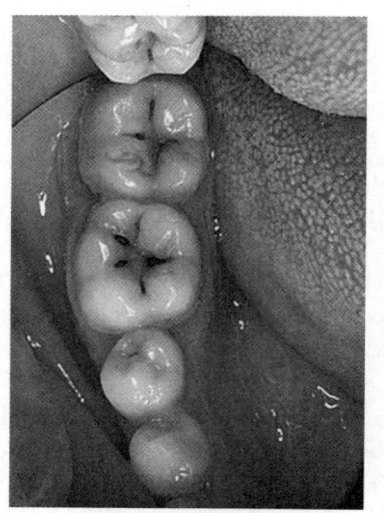

Figura 11.9
Cárie em dentes molares.

Fonte: Ordem dos Médicos Dentistas. Disponível em: <http://www.omd.pt/publico/carie-dentisteria>. Acesso: em nov. 2012.

garantindo assim sua vitalidade e função (LEITES, 2006; SCHUURS, 2000; TAMES; ESSER, 2006).

O **colágeno** é uma proteína estrutural, fibrosa, abundante no organismo dos vertebrados, encontrada na dentina, na polpa, no cemento e no osso, correspondendo a cerca de 25% das proteínas totais. Além disso, é amplamente encontrado na matriz extracelular e serve como suporte para arquitetura tecidual. Geralmente, o colágeno é constituído por 20 aminoácidos de diferentes tipos, formando cadeias espirais, sendo glicina (35%), alanina (11%), prolina (21%) e hidroxiprolina aqueles de maior abundância. Nos vertebrados, podem ser encontrados cerca de 12 colágenos de diferentes tipos, sendo os mais importantes os colágenos tipo I ao IV, cuja classificação é baseada na estrutura molecular. O colágeno tipo I está presente nos ossos, nos tendões e na pele; o tipo II encontra-se nos discos intervertebrais, nos olhos e na cartilagem; o tipo III está localizado nas artérias, no fígado, no útero e nas camadas musculares do intestino; finalmente, o tipo IV é um constituinte das lentes da cápsula ocular e dos glomérulos. O colágeno tipo I apresenta conformação de tripla hélice, com comprimento em torno de 300 nm e diâmetro de 1,4 nm, com múltiplas ligações de hidrogênio entre suas fibrilas. É o predominante na composição da dentina e polpa dental, em que suas fibrilas encontram-se mineralizadas por cristais de apatita, depositados sobre vazios existentes em sua estrutura. Em virtude da orientação e da presença de ligação cruzada, esse material, apresenta excelente resistência à tração.

Bibliografia recomendada

Answers. Disponível em: <http://www.answers.com/topic/tooth?cat =health>. Acesso em: 30 nov. 2007.

CORMACK, D. H. *Essential histology*. Philadelphia: Lippincott Williams & Wilkin, 2001.

CREIGHTON, T. E. *Encyclopedia of molecular biology*. v. 1-4. London: Wiley-InterScience, 1999.

HILLSON, S. *Teeth*. New York: Cambridge University Press, 2005.

HOUAISS, A. *Enciclopédia mirador internacional*. v. 7. Rio de Janeiro: Encyclopaedia Britannica do Brasil Publicações, 1979.

RODRIGUES, R. C. *Híbridos de poli(vinilpirrolidona)/hidroxiapatita (PVP/HA) para utilização como osteorreparador*. 2009. Dissertação (Mestrado em Ciência e Tecnologia de Polímeros) – Instituto de Macromoléculas Professora Eloisa Mano, Universidade Federal do Rio de Janeiro, Rio de Janeiro, 2009.

JUNQUEIRA, L. C.; CARNEIRO, J. *Histologia* básica. 10. ed., Rio de Janeiro: Guanabara Koogan, 2004.

TORTORA, G. J. *A photographic atlas of the human body*. 2. ed. New York: Wiley, 2004.

11.1.6 Marfim

Marfim (do árabe, *azm al-fil* , que significa "osso de elefante")

Marfim é uma substância branca leitosa, dura, resistente, uma variedade de dentina, que compõe a maior parte das presas ou defesas do elefante, muito usada para trabalhos de entalhe.

O **marfim** é o material que constitui o interior dos dentes dos grandes animais selvagens. Na maioria dos casos, o marfim é retirado dos dentes incisivos de certos mamíferos, como o elefante, e mesmo do mamute, já extinto, cujas presas são consideradas **marfim fóssil**. As presas são objetos de comércio, sobretudo, os incisivos do elefante, do mamute, do hipopótamo, do leão marinho e do cachalote (Figura 11.10). O marfim tem grande durabilidade e só é afetado por intensa umidade. É empregado em artes decorativas (por exemplo, joalheria, mobiliário).

O marfim tem cor branca cremosa e é um material raro e bonito, de bela coloração e fina textura. Embora seja muito utilizado em decoração desde o começo da humanidade – uma peça de presa de marfim entalhada, encontrada na França, tem mais de 30.000 anos –, houve, nos últimos 50 anos, uma mudança radical de atitude da sociedade em relação a esse tipo de exploração dos animais para benefício e prazer do homem. No entanto, apesar da conscientização cada vez mais generalizada a respeito do problema e da legislação internacional, que protege os animais sob ameaça de extinção, os elefantes continuam a ser caçados em muitas regiões da África e da Índia por caçadores clandestinos de marfim, e ainda correm perigo de extinção.

Até o século XX, as populações de animais selvagens dos quais o marfim é extraído conseguiram resistir à predação ocasional de caçadores humanos. Todavia, tão logo surgiram os rifles telescópicos e de alta potência, espécies inteiras rapidamente quase foram levadas à extinção. Na década de 1980, a cada semana, cerca de 2.000 elefantes africanos eram abatidos a tiro, e muitas outras espécies de cujas presas se obtém o marfim tiveram sua população bastante reduzida. Isso deixou os conservacionistas muito alarmados, tendo como conse-

Figura 11.10
Marfim de origem animal.

quência a proibição do comércio do marfim em todo o mundo, em 1989. Entretanto, fazer valer essa lei mostrou-se quase impossível, e a caça ilegal representa hoje uma séria ameaça às manadas sobreviventes. Esforços para proteger essas manadas centralizam-se no uso cada vez maior de substitutos plásticos, moldados para lembrar marfim. Todas as bolas de bilhar e teclas de piano são atualmente feitas com materiais sintéticos.

Em virtude da situação de algumas espécies animais, existem variedades de marfim que têm a sua comercialização monitorada pela Convention on International Trade in Endangered Species of Wild Fauna and Flora (Cites). O Cites é um tratado que regula o comércio internacional de espécies de fauna e flora selvagens em vias de extinção, e foi assinado em Washington, DC, em 1973, tendo entrado em vigor em 1975. Nesse tratado, são protegidos animais que estão na origem de alguns minerais gemológicos, tais como: elefante, rinoceronte, hipopótamo, narval, cachalote, morsa, tartaruga marinha, coral azul e coral negro, leão marinho e javali. Um substituto comum do marfim é o chamado marfim vegetal.

O marfim foi usado desde a pré-história até o final do século XVIII, para pequenas esculturas e para decoração. É muito resistente e fácil de esculpir. Há milênios é conhecida a arte de trabalhar o marfim. O trabalho no marfim consta principalmente de entalhe e gravura. As mais antigas peças de marfim conhecidas datam do período Paleolítico superior. Foram encontrados animais esculpidos e gravados que revelam notável artesanato e agudo poder de observação, cujo realismo contrasta com a estilização das figuras femininas encontradas em outros períodos.

Na Antiguidade, no Egito, também eram empregados objetos de marfim. Desde o início da era dinástica, o marfim foi usado na decoração de móveis. No Médio Império, decoravam-se pés de cama com peças de marfim embutidas, com ornamentação de flores e folhas. Depois, o uso do marfim atingiu o virtuosismo, como demonstram uma colher com cabo pintado, em flor de lótus, e um pote de unguento, em forma de gafanhoto. Na Síria, os marfins hititas do século XIV a.C. repetem, em menor escala, a escultura da época. Nínive e Nimrud, na Assíria, produziram pequenos objetos de marfim, o qual também foi aplicado em incrustação de objetos e na decoração interior. Na Índia, trabalhos requintados de marfim participavam da arquitetura, do mobiliário e da escultura monumental. Na Grécia, o marfim foi usado em esculturas. Nas escavações de Pompeia, foram encontrados objetos esculpidos em marfim. Na Antiguidade e na Idade Média, marfins pintados ou dourados foram muito empregados.

O marfim é constituído de dentina, que é um tecido calcificado que circunda as cavidades ósseas de dentes de mamíferos. É um material amorfo, um compósito de fosfatos de cálcio e matéria orgânica. É um material duro, liso, de cor creme, com brilho ceroso, de dureza 2,0-2,5 na escala de Mohs e densidade 1,70-1,95 g/cm^3. O marfim não queima e dificilmente pode ser danificado por água. Pode ser eficientemente esculpido com ferramentas para trabalho em madeira. É muito resiliente, não se fragmenta e é polido facilmente, com belos resultados.

Como material, o marfim é uma substância branca e compacta, mais frágil que o osso e mais macio que o chifre. Cortado transversalmente, o marfim apresenta um sistema de pequenos canais, formando linhas curvas entrecruzadas. São esses sistemas de curvas que permitem distinguir os diversos marfins. Há dois tipos de marfim de elefante, segundo sua proveniência: duro e macio. A maior parte do marfim duro vem de elefantes da África ocidental, e a variedade de marfim macio vem da África oriental e da Ásia, principalmente da Índia. O marfim duro é de cor mais escura e provém de presas mais delgadas e retas, que são mais quebradiças que as presas que fornecem marfim mole, as quais possuem uma textura fibrosa e são de cor branca, opaca, e mais retorcidas.

É apreciado pelo homem desde tempos imemoriais, por sua bela coloração e fina textura. O elefante africano é considerado a melhor fonte de marfim, pois suas presas são muito maiores do que as do elefante asiático, com até dois metros de comprimento e mais de 20 kg de peso. O marfim africano também possui uma tonalidade muito apreciada e poucas manchas, enquanto o marfim asiático é muito branco, menos apreciado e, embora seja mais fácil de esculpir, amarelece mais facilmente do que os espécimes africanos.

Além de muito usado na fabricação de objetos decorativos, o marfim também é empregado no acabamento de artigos utilitários, como cabos de talheres, urnas etc. Tende, contudo, a ser suplantado pelos materiais sintéticos ou mesmo pelo marfim vegetal. As bolas de bilhar, antigamente feitas de marfim, hoje são geralmente de plástico. Objetos artísticos, broches, anéis, teclado de piano, cabos de guarda-chuva e bengalas são atualmente, muitas vezes, confeccionados com marfim vegetal. O marfim continua sendo usado na confecção de artigos de luxo (joias, pentes, revestimentos diversos) e também, em razão do fato de ser pouco sensível ao calor e à umidade, em cabos de instrumentos cirúrgicos.

A maior parte do marfim de elefante comercializado vem da África e da Ásia, enquanto a USSR fornece quantidades menores de dentes de mamute, recolhidos de geleiras da Sibéria. Na África, há elefantes do Sudão à Rodésia, e as propriedades de suas defesas variam de uma região para outra. Existem vendas periódicas em todos os postos da África oriental e na Rodésia. Na Europa, destacam-se os mercados de Londres e Antuérpia, como os principais centros de negócios do marfim asiático ou africano.

A crescente demanda por produtos naturais tem despertado interesse em muitas empresas que comercializam produtos oriundos das florestas tropicais, especialmente aqueles que possam consolidar o "mercado verde". Para se ter dimensão do mercado, com a proibição da caça de elefantes na África, o quilograma do marfim animal, que era cotado no mercado a US$ 200,00-US$ 300,00, caiu para valores entre US$ 2,00 e US$ 20,00. Isto indica enormes possibilidades para o marfim vegetal, principalmente na fabricação de bijuterias, joias e suvenires.

Bibliografia recomendada

Sua Pesquisa – Portal de Pesquisas Temáticas, Disponível em: <http://www.suapesquisa.com/o_que_e/marfim.htm>. Acesso em: 28 dez. 2011.

Ébano & Marfim. Disponível em: <http://www.ebanoemarfim.pt>. Acesso em: 28 dez. 2011.

Encyclopaedia Britannica. Disponível em: <http://www.britannica.com/EBchecked/topic/298285/ivory>. Acesso em: 11 dez. 2008.

HOUAISS, A. *Enciclopédia mirador internacional.* v. 13. Rio de Janeiro: Encyclopaedia Britannica do Brasil Publicações, 1979.

TESOUROS da Terra – Minerais e Pedras Preciosas. Editorial Planeta S.A., Editora Globo (sem data).

11.1.7 Chifre

Chifre (do espanhol antigo, *chifle*)

Os **chifres**, também chamados **cornos** ou **hastes**, são apêndices da cabeça de alguns mamíferos, geralmente constituídos por uma base óssea de cor branca ou castanha. Podem ter forma pontiaguda, como no boi; podem ser ramificados, como no alce (Figura 11.11). Conforme a família zoológica, ocorre um tipo de chifre, porém todos são usados para as mesmas funções: exibição sexual e combate, real ou ritualizado.

Chifre é um termo usado em sentido amplo para descrever uma larga variedade de cornos e protuberâncias semelhantes em vários animais, inclusive pássaros, insetos e lagartos. Cientificamente, o verdadeiro chifre é a parte central do osso, envolto por uma camada de queratina. A queratina com qualidade de gema encontra-se apenas em certas espécies de búfalos e rinocerontes. Os chifres dessas espécies são mais adequados para a fabricação de ornamentos porque são mais compactos do que os de outros materiais orgânicos de base queratinosa: isso os torna muito resistentes, não apenas ao calor gerado pelo processo de entalhe ou de polimento, mas também ao desgaste causado pelo uso diário. Esse tipo de queratina se encontra apenas na cabeça desses animais.

Nos animais da ordem *Artiodactyla,* que incluem o boi, a cabra, os antílopes e muitos outros, os chifres são ósseos e crescem sobre os frontais; na girafa, são também ósseos, pequenos, mas com estrutura diferente, cobertos de pele; nos rinocerontes, os chifres não são ósseos, mas de origem dérmica.

O chifre não deve ser confundido com o marfim, que é um material feito de dentina – tecido calcificado que cerca as cavidades ósseas dos dentes dos mamíferos.

Figura 11.11
Alce com chifre.

Os chifres são feitos de um polímero, a **queratina**, que está presente nas camadas externas da pele dos mamíferos, e já foi isolada a partir de cabelo humano, pena de pássaros, chifre de alces e de outros animais. O chifre não tem estrutura cristalina, é um material amorfo. Por isso não tem planos de clivagem e se quebra de forma irregular. Sob luz normal, o chifre tem brilho ceroso. Sob luz ultravioleta, às vezes, emite luz própria, branca ou azulada.

A queratina da camada externa da pele torna os homens, é à prova d'água, tal como nos outros mamíferos. A queratina é uma proteína fibrosa, constituída por cerca de 15 aminoácidos, principalmente a cisteína, que é um aminoácido sulfurado, de composição química variável, conforme a fonte natural.

Embora a superfície de um chifre não tratado possa ser raspada com facilidade – sua dureza atinge apenas 2,5 na escala Mohs –, essa característica pode ser minimizada pelo polimento. Isso, junto com a grande beleza natural, torna o chifre muito valioso como gema. Como a maior parte do tecido do chifre é derivada de tecido orgânico, ele não é muito denso: 1,29 g/cm^3. É completamente insolúvel em água e tem grande resistência.

Os chifres são usados pelo homem há muito tempo. Os primeiros foram esculpidos em forma de ganchos de vários tamanhos. Mais recentemente, eles são bastante empregados para se fazer o bocal de instrumentos de sopro de madeira.

Os rinocerontes se encontram na Índia, na Indonésia, no Quênia, no Nepal e na África do Sul. Os búfalos e outros membros da família dos bovídeos estão espalhados pelas zonas árticas e temperadas. A maioria das manadas selvagens se localiza na Índia e na África. Em outros locais, os hábitats naturais desses bichos foram destruídos pela civilização, e eles agora vivem em rebanhos, em fazendas.

Bibliografia recomendada

HICKMAN Jr., C. P. *Princípios integrados de zoologia*. Rio de Janeiro: Ed. Guanabara Koogan, 2003.

THE ANIMAL. Diversity Web (online), Museu de Zoologia da Universidade de Michigan, EUA (2006). Disponível em: <http://animaldiversity.ummz.umich.edu/site/topics/mammal_anatomy/horns_and_antlers.html>. Acesso em: 28 dez. 2011.

11.1.8 Osso

Osso (do latim *ossu*)

O **osso** é um material vivo e muito vascularizado; junto com a cartilagem, forma o esqueleto dos homens e dos outros vertebrados. Microscopicamente, os ossos consistem de cristais de hidroxiapatita de cálcio e fibras de colágeno. O esqueleto humano contém mais de 200 ossos. É um compósito polimérico de origem animal, extremamente complexo, em que a matriz é o colágeno e o reforço, a hidroxiapatita.

É uma forma de tecido conjuntivo, caracterizado pela mineralização da matriz, o que produz um tecido extremamente duro, capaz de desempenhar funções de sustentação e proteção. O mineral é o fosfato de cálcio. O cálcio pode ser mobilizado e captado pelo sangue, se necessário, para manter níveis apropriados em todos os tecidos do corpo. O fosfato de cálcio se encontra na forma de cristais de hidroxiapatita, $[Ca_{10}(PO_4)_6(OH)_2]$, dispostos sobre uma estrutura de fibras de colágeno, embebidos em um material amorfo que contém mucopolissacarídeos. O osso desempenha diversas funções no organismo humano: tem papel estrutural e mecânico; protege órgãos vitais; provê sítio para a produção de células de sangue; e funciona como reserva de cálcio e de fósforo.

Quimicamente, os ossos são formados por matéria orgânica e matéria inorgânica. A matéria orgânica é composta principalmente pelo **colágeno** (Seção 11.2.1.4), que é uma proteína e confere ao osso elasticidade, flexibilidade e resistência, constituindo aproximadamente 1/3 dos ossos. A parte inorgânica é formada por sais minerais, principalmente o **fosfato de cálcio** (Figura 11.12), que conferem dureza e rigidez aos ossos, compondo cerca de 2/3 dos ossos. Essas proporções se modificam com a idade; na infância, a parte orgânica é comparativamente maior; é o período em que os ossos podem se tornar curvos, podendo ocorrer deformidades, como o raquitismo.

O cálcio é o elemento fundamental para o funcionamento normal do organismo. Ele proporciona rigidez aos ossos e aos dentes. Intervém em processos de contração muscular, transmissão de impulsos nervosos, coagulação do sangue etc.

Todos os ossos consistem de células vivas embutidas em uma matriz orgânica mineralizada, que constitui o **tecido ósseo**. É um material compósito relativamente duro e leve, formado em sua maior parte

Figura 11.12
Estrutura química
da hidroxiapatita.

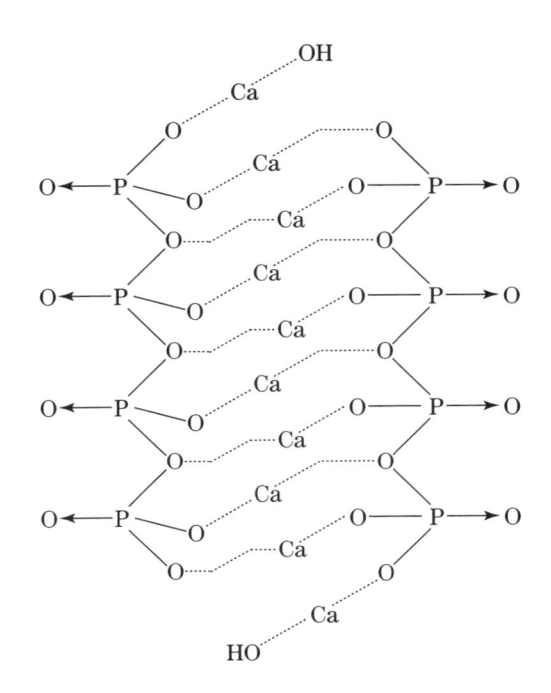

por fosfato de cálcio na estrutura química de **hidroxiapatita de cálcio**, que dá aos ossos sua rigidez. Tem resistência à compressão relativamente alta, porém baixa resistência à tração. Embora o osso seja essencialmente quebradiço, ele tem elasticidade em grau significativo, devida, principalmente, ao colágeno.

Nos ossos, há três tipos principais de células: os osteoblastos, os osteócitos e os osteoclastos. Os **osteoblastos** formam os ossos; sintetizam e segregam o colágeno, que se alinha organizadamente formando uma matriz orgânica conhecida como **osteoide**. Nela se deposita o cálcio e o fosfato em forma de massa amorfa. Depois, com o acréscimo de íons hidróxido e bicarbonato à parte mineral, formam-se os cristais. Os **osteoblastos** produzem colágeno tipo I, proteoglicanas e glicoproteínas. Estão presentes na superfície do osso em desenvolvimento; são células formadoras de osso. Os **osteoclastos** são formados pela fusão de monócitos; sua função é destruir o tecido ósseo. Os **osteoclastos** são células grandes e multinucleadas, encontradas na superfície dos ossos durante os primeiros estágios de remodelação óssea; são células de reabsorção óssea. As **células de revestimento ósseo** ou **células osteoprogenitoras** se localizam na superfície interna do osso; podem ficar em repouso ou entrar em atividade, produzindo osso. Nenhum desses três tipos de célula é circundado pela matriz óssea mineralizada. Depois que o osteoblasto completa o processo de formação óssea e sua circunvizinhança imediata, isto é, depois que ele se rodeia de matriz óssea, passa a chamar-se **osteócito**. Os osteócitos ocupam cavidades na matriz óssea, as **lacunas**, e se comunicam por seus prolongamentos. As superfícies ósseas são revestidas pelo periósteo ou pelo endósteo. O **periósteo** é uma membrana fina que recobre a superfície externa do osso e consiste de camadas de células que participam na remodelagem e reparação do osso. O osso canceloso está em contacto com a medula, na qual ocorre uma grande parte da produção das células do sangue. A interface entre o osso canceloso e a medula é chamada **endósteo** e é principalmente nesse sítio que o osso é removido em resposta a uma necessidade de aumento de cálcio em algum lugar do corpo.

Assim, o osso é formado pela deposição, por osteoblastos, de uma matriz colagênica de osteoide; nessa matriz ocorre a mineralização, caracterizada pelo desenvolvimento e deposição, dentro dela, de íons inorgânicos, principalmente fosfato de cálcio, na forma de cristais de hidroxiapatita. O mineral, organizado de modo regular em um esqueleto de colágeno, é que dá ao osso sua rigidez.

O osteoide contém muitas fibras de colágeno tipo I e menor quantidade de proteínas não colágeno. Embora o papel dessas proteínas no osso não seja bem conhecido, acredita-se que sua combinação particular no osso dá a esse tecido a característica única de se mineralizar.

De acordo com seu tamanho e forma, os ossos se distribuem em quatro categorias principais: ossos chatos (por exemplo, os ossos do crâneo e das costelas), ossos longos (por exemplo, o fêmur e os ossos da mão e do pé), ossos curtos e ossos irregulares. São caracterizados por uma camada externa de osso denso, compacto, denominado **osso cortical**, e um material interno ósseo esponjoso, formado de finas **trabéculas**, conhecido como **osso canceloso**. O osso cortical consiste de camadas de osso dispostas ordenadamente, em arranjos cilíndricos concêntricos, em torno de diminutos canais Haversianos. Esses canais interconectantes transportam os vasos sanguíneos, os vasos linfáticos e os nervos, através do osso, e se comunicam com o periósteo e a cavidade da medula.

Os ossos não são um material uniformemente sólido; apresentam espaços chamados lacunas, entre os elementos rígidos, que abrigam células ósseas. Podem ser classificados com base em sua densidade e porosidade, como: osso cortical e osso trabecular, ou canceloso.

O **osso cortical** é liso, denso, compacto, resistente a choques; sua dureza só é excedida pela dureza do esmalte dos dentes. Compõe a parte dura, externa, dos ossos, com um mínimo de espaços vazios, o que proporciona ao osso o seu aspecto liso, branco e responde por 80% da massa óssea total do esqueleto humano adulto. Preenchendo o interior do órgão está o tecido ósseo **trabecular** ou **canceloso**, que é menos denso, poroso, esponjoso, formando uma estrutura delicada, com elevada razão superfície/volume, com atividade celular maior do que no osso compacto. É encontrado principalmente nas vértebras, costelas, bacia e extremidades dos ossos longos, como uma rede de células abertas, composta por bastões e placas que tornam o conjunto mais leve e permite espaço para ocupação pelos vasos sanguíneos e medula. O osso trabecular responde pelos 20% restantes da massa óssea total, porém tem quase dez vezes a área superficial do osso compacto. O exterior dos ossos é recoberto pelo **periósteo**, que tem uma camada fibrosa externa e uma camada osteogênica interna. O periósteo é ricamente suprido com sangue, linfa e vasos nervosos, ligados ao osso por meio das chamadas fibras de Sharpey.

O osso mais longo do corpo humano é o fêmur, que é responsável por 25% da estatura; os menores ossos são os ossículos do ouvido médio, que transmitem a vibração do tímpano para o ouvido interno.

A matriz óssea é constituída por fibras colágenas e substância fundamental (proteoglicanas), ambas mineralizadas. Em seu interior existem espaços, as lacunas. Geralmente, há uma célula óssea (osteócito) em cada lacuna. O osteócito possui inúmeros prolongamentos contidos em pequenos túneis, chamados **canalículos**, que se estendem das lacunas à matriz mineralizada, atravessando-a. Os canalículos que se estendem a partir das lacunas ligam-se aos canalículos das lacunas vizinhas. Dessa maneira, forma-se uma área contínua de canalículos e lacunas em toda a massa de tecido mineralizado. Eletromicrografias mostram contatos, ou seja, junções intercomunicantes, entre prolongamentos de osteocitos diferentes no interior do canalículo, indicando que os osteócitos se comunicam entre si.

O osso também pode ser entrelaçado ou laminado. O **osso entrelaçado** é fraco, com um pequeno número de fibras de colágeno orientadas aleatoriamente, porém se forma rapidamente e sem estrutura preexistente, durante os períodos de reparação ou crescimento. O **osso laminado** é mais forte, formado por numerosas camadas empilhadas e compostas com muitas fibras de colágeno, paralelas a outras fibras na mesma camada. As fibras se dispõem em direções opostas em camadas alternadas, propiciando ao osso a capacidade de resistir a forças de torção. Após uma fratura, forma-se rapidamente o osso entrelaçado, o qual é, gradualmente, substituído por osso laminado, de lento crescimento, sobre cartilagem hialina calcificada preexistente. Esse processo é chamado **substituição óssea**.

Bibliografia recomendada

Answers. Disponível em: <http://www.answers.com/topic/bone?cat=health>. Acesso em: 30 nov. 2007.

Answers. Disponível em: <http://www.answers.com/topic/hydroxylapatite?cat=technology>. Acesso em: 30 nov. 2007.

BAILEY, F. R. *Histologia*. São Paulo: Editora Edgard Blücher, 1973.

JUNQUEIRA, L. C.; CARNEIRO, J. *Histologia básica*. Rio de Janeiro: Ed. Guanabara Koogan, 1995.

Mineralogy Datasbase. Disponível em: <http://webmineral.com/data/Hydroxylapatite.shtml>. Acesso em: 30 nov. 2007.

Professor Online. Disponível em: <http://www.professoronline.ac.mz/biologia/esqueleto.htm>. Acesso em: 29 dez. 2011.

WOPENKA, B.; PASTERIS, J. D. A mineralogical perspective on the apatite in bone. *Materials Science and Engineering*, v. 25, p. 131-143, 2005.

11.1.9 Casco de tartaruga

Tartaruga (do latim, *tartaruga*)

O **casco** é a unha dos paquidermes ou dos mamíferos ungulados, como o boi, o cavalo etc. A **unha** é uma lâmina córnea, semitransparente, que cobre a extremidade dorsal dos dedos dos seres humanos e de outros animais vertebrados.

Tartaruga é um termo que se aplica tanto ao animal quanto ao material plástico obtido de sua concha.

O animal conhecido vulgarmente como **tartaruga** pertence à ordem zoológica dos quelônios, isto é, é um réptil terrestre ou aquático, de água doce ou salgada, de origem muito antiga. Tem o corpo encerrado em um estojo rígido formado por numerosos ossos; os maxilares são revestidos por um estojo córneo, como nas aves, e são desprovidos de dentes. Há cerca de 250 espécies marinhas, terrestres e de água doce. Em sentido restrito, o termo denomina apenas os representantes marinhos do grupo, cuja espécie mais comum é a tartaruga-de-pente (*Chelonia imbricata* ou *Eretmochelys imbricata*) (Figura 11.13).

Figura 11.13
Tartaruga, cágado e jabuti.

O material chamado **tartaruga**, provém, em particular, da espécie *Chelonia imbricata,* dotada de focinho característico, com bico muito acentuado, sendo utilizado na fabricação de pentes e objetos de adorno. Um só exemplar dessa espécie pode fornecer cerca da 5 kg desse valioso material. Agora que as tartarugas estão ameaçadas de extinção, a maioria do material encontrado no mercado, que tem aspecto de casco de tartaruga, é artificial, feito de plástico.

As tartarugas têm vagado pelos oceanos por, pelo menos, 150 milhões de anos. Elas estão entre os mais velhos animais sobreviventes do globo, tendo vivido durante o tempo dos dinossauros. Como os dinossauros, as tartarugas são répteis e, como répteis, têm sangue frio. Elas têm pele escamosa, respiram ar e têm coração com três câmaras. Acredita-se que a sobrevivência das tartarugas por tanto tempo está ameaçada pela captura em níveis insustentáveis e pela degradação ambiental. As placas de casco foram usadas por séculos na manufatura de ornamentos e objetos diversos. Em 2002, tartarugas de algumas espécies permanecem na categoria de Critically Endangered na relação constante da 2002 IUCN Red List of Threatened Species (Lista Vermelha das Espécies Ameaçadas). A ordem dos quelônios existe desde o período Jurássico e tem hoje cerca de 335 espécies.

Os quelônios distinguem-se dos outros répteis por terem o corpo encaixado em uma concha formada de duas partes: o topo da concha, convexa (a **carapaça**) e a parte da concha sob a barriga, plana (o **plastrão**). A carapaça e o plastrão são chamados popularmente de **casco**. Nas tartarugas, não ocorre a regeneração das partes perdidas, mas a carapaça pode reparar-se quando lesada pela formação de tecido ósseo e córneo. Esses répteis habitam as partes mais quentes do mundo, mas também se encontram em algumas áreas no sul da Europa.

Na maioria das tartarugas, a carapaça e o plastrão são formados de duas partes principais: os **escudos** (placas córneas de queratina que formam a camada externa do casco e acompanham o crescimento das partes ósseas) e as placas ósseas (derivados ósseos que são os principais componentes estruturais do casco). Os múltiplos escudos se sobrepõem às placas ósseas, que enrijecem o casco; os escudos são decorados com cores e desenhos específicos de cada espécie. As vértebras torácicas e as costelas fundem-se à carapaça. As placas são fundidas com outros elementos do esqueleto. Cada escudo e placa tem seu nome técnico próprio e pode ser identificado individualmente. O número e o desenho dos escudos auxilia no reconhecimento do tipo de tartaruga marinha, permitindo a identificação do gênero e até mesmo da espécie. Especialistas em tartarugas utilizam essas características para estudar placas fossilizadas, muito comuns em sítios paleontológicos. As peças finas, flexíveis e queratinosas, que cobrem a cabeça, os membros e outras áreas da pele das tartarugas são chamadas **escamas**.

A cabeça, as pernas e a cauda aparecem por entre as duas partes da concha, e muitas vezes são retráteis. Os ossos do crâneo unem-se firmemente entre si e um septo ósseo separa as órbitas. Os membros podem ser parecidos com tocos, terminados em dedos com garras córneas, como nos jabutis, ou transformados em remos, como nas tartarugas marinhas, ou com membranas entre os dedos, como nos cágados. Diferentemente das tartarugas de terra, as tartarugas marinhas não podem encolher seus membros ou sua cabeça dentro de sua concha. São ovíparos.

As tartarugas, os cágados e os jabutis são répteis cujos nomes são, às vezes, confundidos na designação dos mesmos animais. Na acepção correta, **tartaruga** é apenas o quelônio marinho, de pernas transformadas em nadadeiras ou remos, que vêm à tona apenas para a desova. Entretanto, tartaruga é a designação comum dos répteis quelônios aquáticos. Na maioria das espécies, os membros locomotores são adaptados para natação, como nadadeiras.

A tartaruga verde (*Chrysemis d'orbignyi*) é de tamanho médio a grande, e possui uma concha que tem marcas mosqueadas. Ela tem cabeça pequena em relação ao seu corpo. Vive em muitos oceanos do globo. A muçuã, (*Cinosternon scorpioides*) é uma tartaruga marinha encontrada no Baixo Amazonas, especialmete na Ilha de Marajó; tem coloração parda escura e mede até 30 cm. É apreciada como alimento típico do Pará, com o nome de casquinho de muçuã.

Nas tartarugas de água-doce, família dos quelídeos, a cabeça e o pescoço podem ser maiores do que a carapaça. Distribuem-se por 31 espécies e ocorrem na América do Sul, Austrália e Nova Guiné. A tartaruga da Amazônia, *Podocnemis expansa*, é abundante no rio Amazonas e seus afluentes. É desenvolvida em criadouros comerciais naquela região.

As tartarugas terrestres, herbívoras, com carapaça alta, pernas curtas e fortes, revestidas de escamas grossas e providas de garras, que retraem a cabeça verticalmente, pertencem à família dos testudinídeos. Nesse grupo, se incluem o cágado e o jabuti.

Cágado é a designação de várias espécies de répteis quelônios, quelídeos, especialmente dos gêneros *Hydroslis*, *Platemys* e *Hydro medusa*, que vivem em lagoas rasas e terrenos pantanosos; têm pescoço tão longo quanto a coluna vertebral e pernas adaptadas à vida terrestre ou à água doce, com dedos providos de unhas e membranas natatórias entre eles. São onívoros, isto é, alimentam-se de vermes, moluscos, pequenos peixes e vegetais.

O **jabuti** é um réptil quelônio, testudíneo (*Testudo tabulata*), comum nas matas brasileiras. Tem carapaça alta, provida de escudos poligonais de centro amarelo e com desenhos em relevo, cabeça retrátil, coberta por escudos amarelos e negros. Não tem membranas interdigitais e suas pernas cilíndricas parecem tocos. O jabuti (*Geochelone tabulata*) habita as matas brasileiras, do Espírito Santo à Amazônia e ao Paraguai. Alimenta-se de frutos.

A maior tartaruga pode atingir 2,4 metros de comprimento e quase 900 kg. O casco resistente das tartarugas é formado de polímeros: as placas são feitas de osso e encapsuladas em chifre, constituindo um compósito polimérico de queratina.

Desde os tempos do antigo Egito até os dias atuais, a tartaruga marinha *hawksbill* (literalmente bico-de-falcão) ou tartaruga-de-pente, bem como a tartaruga terrestre, têm sido superexploradas por seu casco ou carapaça, como um material de alto valor para o homem, por sua beleza e plasticidade. Como resultado, a espécie está agora com elevado risco de extinção. A placa de tartaruga, *tortoiseshell*, provém das escamas ou dos escudos, que são a camada externa do casco. O material é trabalhado e polido para revelar o seu âmbar ornamental, em padrões coloridos que variam do amarelo ao castanho.

A espécie marítima mais comum é a tartaruga-de-pente, com o casco e a carapaça da qual eram confeccionados valiosos objetos como armações de óculos, braceletes, anéis, caixas etc. No Japão, a exploração do casco da tartaruga era industrializada desde o século XIX, mas foi interrompida em 1980, porque a tartaruga começou a ser considerada uma espécie animal em perigo de extinção, sendo incluída no Cites, com uma medida de reserva sobre o *bekko*, que foi removida em 1994.

A tartaruga-de-pente é a espécie mais tropical de todas as tartarugas marinhas, habitando as águas costeiras do Sudeste Asiático, especialmente do Japão, da Indonésia e do Vietnam. Essas tartarugas são identificadas pela carapaça com desenhos característicos, com quatro pares de escudos costais, cabeça relativamente pontuda, que justificou o nome em inglês (*Hawksbill turtle*, tartaruga-de-bico-de-gavião), com dois pares de escamas pré-frontais. As tartarugas dessa espécie marinha são relativamente pequenas – o comprimento da carapaça varia de 53 a 114 cm, e o peso, de 35 a 77 kg.

Em japonês, o material tartaruga é conhecido como *bekko*. Esse termo refere-se mais especificamente à concha das tartarugas Hawksbill (*Chelonia imbricata*). O bekko é muito apreciado para a fabricação de peças de joalheria e ornamentos, sendo especialmente popular no Japão e na Ásia Oriental. Vietnam, Indonésia, Java, Sumatra, Tailândia, Singapura, Panamá, Cuba e Jamaica eram países exportadores de *bekko* para o Japão, o grande importador. Atualmente, essa comercialização está proibida.

O mais grosso *bekko* tem apenas 3 mm de espessura, e o mais fino, 1 mm. Assim, para utilizar *bekko* para fazer produtos, é preciso processá-lo com água e calor, o que causa a exsudação de substância coloidal. Dessa maneira, uma peça de *bekko* pode ser colocada no topo de outra e assim por diante, até ser atingida a espessura necessária. Além disso, corte e polimento são também etapas do processamento. Os principais produtos feitos com *bekko* são: caixas para itens variados, ornamentos, grampos, travessas e pentes para cabelo, gargantilhas, colares, pendentes, braceletes, anéis, brincos, broches, molduras de camafeus, pulseiras de relógio, caixas de cigarro, piteiras, bolsas, molduras para retrato e espelho, suportes de lanterna, partes de instrumentos musicais japoneses, armações de óculos.

Além da caça para a exploração das conchas, outro perigo que ameaça esses animais é a coleta ilegal de seus ovos para alimento. As tartarugas verdes e outras tartarugas marinhas também podem ser caçadas por sua carne. Todas as oito espécies de tartarugas marinhas estão ameaçadas ou em risco de extinção, sendo ilegal feri-las ou ameaçar a integridade de sua vida ou de seus ovos. Mais de 100 países são signatários de um tratado internacional que protege as tartarugas do mar e proíbe a comercialização de seus produtos.

Bibliografia recomendada

Agência Fapesp. Disponível em: <http://www.agencia.fapesp.br/materia/9776/divulgacao-cientifica/como-a-tartaruga-ganhou-seu-casco.htm>. Acesso em: 28 dez. 2011.

Como Tudo Funciona. Disponível em: <http://ciencia.hsw.uol.com.br/casco-de-tartaruga.htm>. Acesso em: 28 dez. 2011.

Connecting Science Invention & Nature. Disponível em: <http://www.sinergies.org.uk/site.asp?T=3&AID=%7BCE6EFC04-0C2A-4BE-F932B-3A05E8B74821%7D&MID=>. Acesso em: 29 dez. 2011.

HOUAISS, A. *Enciclopédia mirador internacional.* v. 1. Rio de Janeiro: Encyclopaedia Britannica do Brasil Publicações, 1980.

MiniWeb Educação. Disponível em: <http://www.miniweb.com.br/Geografia/artigos/oceanografia/tartaruga1.html>. Acesso em: 28 dez. 2011.

Reading A-Z. Disponível em: <http://www.readinga-z.com>. Acesso em: 29 dez. 2011.

THE online reading program: analysis of the management system of domestic "bekko" trade in Japan. Japan Wildlife Conservation Society, 2000. Disponível em <http://www.jwcs.org/data/000401-1e.pdf> Acesso em: nov. 2012.

11.1.10 Concha de madrepérola

Concha (do latim, *conchula*)

A **concha** é a cobertura externa, dura, de um animal como os moluscos. É o invólucro calcário ou córneo de certos animais, especialmente moluscos, o qual tem a face interna revestida de madrepérola.

Madrepérola, "mãe da pérola", ou **nácar** é a denominação dada à capa que reveste internamente a concha de um molusco, quando possui um jogo de cores iridescente, isto é, capaz de refletir as cores do arco-íris (Figura 11.14). É um material sólido, geralmente branco, brilhante, com reflexos irisados, sendo também o componente essencial da pérola. É constituída por camadas microscópicas de carbonato de cálcio, envolvidas por uma proteína, que lhes dá a sua característica de ser diáfana, isto é, permitir a passagem da luz, embora seja um material compacto. A madrepérola é usada para fins ornamentais, na face de relógios, botões, joias, bijuterias, e para revestimento e incrustação; por exemplo, de cabos de talheres.

A madrepérola de um molusco perlífero, como já citado, em geral, é branca, mas as madrepérolas do Taiti são naturalmente negras. A

Figura 11.14
Concha de madrepérola.

madrepérola de Paua, *Haliothis australis*, na Nova Zelândia, possui um jogo de cores iridescente verde-azul e tem sido usada pelo povo indígena Maori, durante séculos, como incrustações em esculturas místicas. Animais com conchas similares, encontrados ao longo da costa da Flórida e da Califórnia, são denominados "abalones". A madrepérola desses moluscos tem sido utilizada no ocidente, especialmente como joia. Ela é chamada de "opala do mar", em virtude da semelhança dos efeitos de cor exibidos na opala.

A **conchiolina**, *conchyollin,* é uma proteína que forma a parte mais delgada da concha dos moluscos. Atua como ligante dos microcristais de carbonato de cálcio, que cristaliza na variedade **aragonita**, modificação rômbica. Esses cristais se depositam em camadas, concentricamente, de tal maneira que as múltiplas reflexões e refrações da luz nesse aglomerado de pequenos cristais produzem um aspecto nacarado, conhecido pela denominação de "oriente". A conchiolina é uma escleroproteína do tipo queratina. A interação da luz com essas camadas origina o brilho, chamado brilho nacarado.

A reflexão ótica nas sucessivas camadas é acompanhada por um intenso espalhamento da luz refletida sobre uma faixa de ângulos sólidos. Assim, não existem reflexões especulares agudas. Por outro lado, cria-se a ilusão de que a própria **pérola**, que é formada em seu interior, é um objeto brilhante. Desse modo, um dos mais admirados aspectos óticos das pérolas é devido a uma mistura dessas reflexões em multicamadas, acompanhadas do espalhamento, em virtude da fraca irregularidade no alinhamento dos cristalitos em cada camada.

As primeiras referências a pérolas remontam ao ano 2000 a.C. Elas eram usadas como adorno. Para os romanos, que a chamavam "margarida", a pérola era um símbolo do amor e era dedicada à deusa Vênus.

As pérolas são formações globulares encontradas dentro de organismos aquáticos, como moluscos, principalmente ostras, quando um corpo estranho sólido, como um grão de areia, se aloja dentro da concha. O seu aparecimento está relacionado à reação que o animal tem, quando ocorre uma eventual irritação. Ao se iniciar o processo de irritação, uma camada de tecido – **manto** – entre a concha e o corpo do molusco secreta camadas de carbonato de cálcio. Essas secreções, que de início têm o nome de nácar, ou madrepérola – circundam o corpo estranho invasor e vão construindo sobre ele uma casca que endurece com o passar dos anos: esse processo protege o molusco contra o intruso, fornecendo ao homem uma de suas mais preciosas riquezas, a belíssima pérola. Assim, as pérolas provêm da secreção natural de vários moluscos, marinhos ou fluviais, que produzem igualmente a madrepérola.

A estranha beleza de uma pérola, que exibe iridescência e translucência, é devida à sua estrutura em camadas: é uma pilha quase esférica de camadas alternativas de aragonita – carbonato de cálcio – e conchiolina – um tipo de queratina. Cada camada da pérola é um agregado de cristalitos de aragonita empacotados regularmente, com seu eixo **c** mais ou menos normal às camadas e seus eixos **a** e **b** tendo orientações razoavelmente bem definidas sobre o plano das camadas. As pequenas imperfeições na orientação desses eixos leva à difusão ótica.

A composição química das pérolas é: carbonato de cálcio, 92%, substâncias orgânicas, 6%, e água, 2%. A dureza varia de 2,5 a 4,5; a densidade, de 1,91 a 2,76. A densidade da aragonita é 2,93 gr/cm². A velocidade anual de crescimento da camada nacarada da pérola é 0,05 mm nas pérolas de rio e 0,09 mm, nas pérolas de mar. Assim, as pérolas de rio crescem com metade da velocidade das pérolas marinhas.

As pérolas naturais ocorrem em oceanos e mares, como o golfo Pérsico – chamadas **pérolas orientais** e consideradas de melhor qualidade –, o golfo de Manaar, que separa a Índia do Sri Lanka, o oceano Índico, o mar Vermelho, as Filipinas, a Nova Zelândia, a Austrália, os Estados Unidos, o golfo do México, o mar do Caribe e outras regiões dessa zona. As pérolas são encontradas também em água doce, principalmente nos rios da Áustria, da França, da Alemanha, da Irlanda, da Escócia e dos Estados Unidos.

As pérolas nacaradas são principalmente provenientes de ostras perlíferas marinhas, do gênero *Pinctada*, espécie *vulgaris*, e de mexilhões de água doce perlíferos, do gênero *Margaritifera*, que também têm conchas nacaradas. Na Austrália e na Polinésia, é utilizada *Pinctada maxima*. No Sri Lanka, é utilizada a *Pinctada*. No Japão, é usada a *Pinctada martensi* para a obtenção de pérolas cultivadas, no golfo Pérsico e na Venezuela, predomina a *Pinctada radiata*. Em rios, os maiores produtores de pérolas cultivadas são os lamelibrânquios *Hyriopsis schlegeli* e *Cristaria plicata*.

As pérolas podem apresentar diversas cores e tonalidades. As mais comuns são as pérolas brancas, porém também se encontram pérolas cinzentas, negras, lilases, vermelhas, amarelas e, mesmo, azuis.

As formas mais apreciadas são as esféricas, ovais ou em forma de gota, e as irregulares, denominadas barrocas. Suas dimensões variam muito. Diferenciam-se da madrepérola, que tem sensivelmente a mesma composição, porque esta se apresenta, em geral, em placas delgadas, formadas por lamelas sobrepostas.

As pérolas cultivadas – isto é, pérolas cuja produção é artificialmente induzida pela inserção deliberada de uma pequena conta, que incita a ostra a criar uma pérola – são produzidas principalmente no Japão, onde as águas rasas do litoral propiciam condições ideais para isso.

As pérolas de moluscos de água doce, em especial as cultivadas, são pequenas e têm a forma de um grão de arroz. Como as pérolas são muito porosas, podem ser coloridas artificialmente com facilidade, em diversas cores. As pérolas sempre foram muito imitadas, em vidro, depois em plástico. As melhores imitações são as de núcleo de nácar revestido de essência do oriente, substância iridescente que se obtém das escamas de peixes pequenos, principalmente de água doce.

O reconhecimento da natureza da pérola, se é natural, cultivada ou imitação, é feito por meio de difração de raios X. Nas pérolas naturais, o núcleo é muito pequeno e o material compósito aragonita--conchiolina, que constitui a pérola propriamente dita, é superior a 90%. Na pérola cultivada, o núcleo é muito maior e o novo material compósito raramente supera 0,5 mm de espessura. As pérolas cultivadas de água doce não têm núcleo sólido, em seu lugar há uma cavidade alongada característica.

Nos rios da Europa, Ásia e América são encontradas pérolas de água doce. Na Europa, destacam-se os rios da Escócia, Alemanha, Áustria, Rússia, Escandinávia e Itália. Na América do Norte, nos Estados Unidos, o rio Mississipi, e no Canadá. Na América do Sul, nos rios da bacia Amazônica. Embora atraentes, as pérolas de água doce têm um "oriente" inferior ao das pérolas de água salgada. Como estas, são também constituídas principalmente de aragonita.

Bibliografia recomendada

CdB – Conquliologistas do Brasil. Disponível em: <http://www.conchasbrasil.org.br>. Acesso em: 29 dez. 2011.

Emirates Natural History Group. Disponível em: <http://www.enhg.org/b/b35/35_21.htm>. Acesso em: 20 out. 2005.

Fashion Magazine Vogue Italia. Disponível em: <http://www.voguegioiello.net/06per/perle>. Acesso em: 29 dez. 2011.

FISCO Soft. Disponível em: <http://www.fiscosoft.com.br/nesh/secao14.htm>. Acesso em: 29 dez. 2011.

HOUAISS, A. *Enciclopédia mirador internacional*. v. 17. Rio de Janeiro: Encyclopaedia Britannica do Brasil Publicações, 1980.

Jerry Smith, Beads & J. S. Beads. Disponível em: <http://www.jsbeads.com/Fresh-Water-Pearls/Saltwater-Freshwater.asp>. Acesso em: 29 dez. 2011.

National Pearl. Disponível em: <http://www.nationalpearl.com/pe-14--pound-pearl.asp>. Acesso em: 29 dez. 2011.

Pearl-Guide. Disponível em: <http://www.pearl-guide.com/nacre.shtml>. Acesso em: 29 dez. 2011.

Portal das Joias. Disponível em: <http://www.portaldasjoias.com.br>. Acesso em: 29 dez. 2011.

11.1.11 Couro

Couro (do latim, *coriu*)

Couro é a pele de animais, preparada para uso por curtição ou processo semelhante, destinado a preservá-la de apodrecimento e torná-la flexível quando seca.

O couro deriva principalmente do córium, ou derme, que é a verdadeira pele do animal, e se situa logo abaixo da epiderme, que contém os pelos. Na pele da vaca, cerca de 95% do córium é colágeno fibrilar que, combinado com taninos, sais de cromo, aldeído fórmico ou isocianatos, é curtido, isto é, convertido em material forte, imputrescível e resistente ao calor, que é o couro.

O colágeno e a elastina são os constituintes fibrosos que formam os dois tipos de tecido conjuntivo existente nos animais (Quadro 11.3). O colágeno está presente nas fibras brancas, dispostas em feixes de filamentos espiralados, de grande firmeza e resistência à tração. A elastina é o componente majoritário das fibras amarelas, que são elásticas; não têm importância industrial.

O colágeno é a maior classe de proteína fibrosa insolúvel encontrada na matriz extracelular e nos tecidos conectivos dos animais multicelulares. No ser humano, é produzido pelas células do tecido conjuntivo e constitui 25 a 35% do total de proteínas do corpo humano.

As fibras colágenas representam aproximadamente 75% do peso seco da pele. Sua principal função é estrutural. O colágeno na forma de fibras brancas fortes, mais fortes do que um fio de aço do mesmo peso, é um dos constituintes do tecido conectivo, que une as partes do corpo.

Bibliografia recomendada

HOUAISS, A. *Enciclopédia mirador internacional*. v. 6. Rio de Janeiro: Encyclopaedia Britannica do Brasil Publicações, 1980.

HOUAISS, A. *Enciclopédia mirador internacional*. v. 10. Rio de Janeiro: Encyclopaedia Britannica do Brasil Publicações, 1995.

Quadro 11.3 – Características das fibras animais					
Nome comum	Origem	Classificação sistemática		Tipo de fonte	Parte da fonte
		Gênero e espécie	Família		
Lã	Animal	*Ovis aries*	Bovídeos	Carneiro	Pelo
Seda	Animal	*Bombyx mori*	Bombicídeos	Mariposa (bicho-da--seda)	Casulo
Teia	Animal	*Phoneutria nigriventer*	Aracnídeos	Aranha--armadeira	Fio
Couro	Animal, com modificação química	*Bos sp*	Bovídeos	Boi	Pele

11.1.12 Leite

Leite (do latim, *lacte*)

O **leite** é um líquido opaco, branco, ou branco-azulado, produzido pelas glândulas mamárias das fêmeas dos mamíferos, servindo para a nutrição de seus filhotes. O leite bovino é composto de 87% de água, 3,5 a 3,7% de gordura, 4,9% de lactose, 3,5% de proteínas e 1% de cinzas. A caseína é a principal proteína, representando 80% do total das proteínas do leite.

O leite possui pH 6,7. Nesse pH (símbolo que indica a acidez ou alcalinidade do meio aquoso – igual a 7,0 indica neutralidade; inferior a 7, indica acidez; superior a 7, indica alcalinidade), as moléculas de caseína se encontram estendidas perpendicularmente à superfície das partículas suspensas no meio aquoso, formando as micelas. Estas possuem estabilidade porque as cadeias estendidas evitam que outras micelas, vizinhas, se aproximem, causando sobreposição de cadeias e quebrando o equilíbrio.

A lactose é o componente majoritário do extrato seco do leite, variando de 4,5 a 5,2%. É um dissacarídeo, formado por *beta*-D-galactose e *alfa*-D-glicose, unidos em 1,4 por uma ligação glicosídica (Figura 11.15). A sua hidrólise é promovida pela enzima lactase. A lactose tem como características a baixa solubilidade em água e o baixo poder adoçante. Quando comparada à celulose, a lactose é dez vezes menos solúvel e seu poder adoçante é seis vezes menor. A utilização da lactose pela microflora intestinal humana resulta na produção de ácido lático e na diminuição do pH, promovendo o desenvolvimento de microflora intestinal lactofílica, desejável, inibindo o desenvolvimento de bactérias putrefativas e patogênicas.

A hidrólise da lactose é importante para uso alimentar, pois modifica a solubilidade da lactose, seu dulçor, o poder redutor e a fermentabilidade.

A **caseína** (do latim, *caesus*, que significa "queijo") é a proteína encontrada no leite dos mamíferos. É obtida por coagulação espontânea ou adição de ácido ao leite desnatado. A caseína é uma fosfoproteína com atividade anfipática por possuir regiões hidrofílicas e hidrofóbicas, sendo os filamentos hidrofílicos da *kappa*-caseína, na superfície da micela, os responsáveis por sua estabilidade. Contém principalmente ácido glutâmico (22%), leucina / isoleucina (15,8%) e prolina (10,5%). A massa molar média da caseína é 33.000.

Na caseína, existe uma proporção crítica, em torno de 30%, de aminoácidos apolares, com cadeias laterais alifáticas ou aromáticas, que promovem a sua autoassociação dentro das micelas (isto é, partículas de um sistema coloidal, constituídas por um agregado de moléculas da fase dispersa, circundado por uma nuvem de íons ou de moléculas da fase dispersora). Os grupos polares laterais, tais como as hidroxilas da serina e da treonina, atuam como sítios de ligação para outros grupos, como os resíduos de fosfato e de carboidrato.

Para utilização industrial, a caseína é dispersa em solução aquosa alcalina diluída e regenerada por extrusão; o material extrusado é recebido em meio aquoso ácido. O produto, inchado, é então tratado com formol (solução aquosa a 37% de aldeído fórmico, HCHO), tornando-se reticulado e, assim, mais resistente. Com o polímero caseína-formaldeído faziam-se fibras, botões, maçanetas e outras pequenas peças.

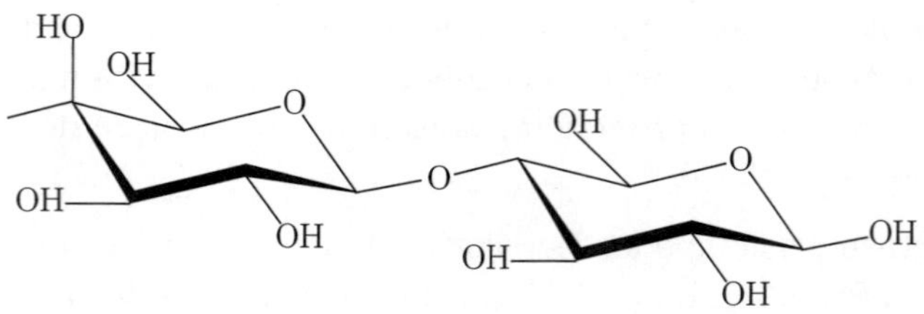

Figura 11.15
Estrutura química da lactose.

Atualmente, esses produtos não são mais fabricados. A caseína encontra aplicação como adesivo na indústria madeireira e na indústria farmacêutica.

A caseína é definida como a proteína que precipita quando o pH do leite é ajustado para 4,6, à temperatura de 20 °C. É um aglomerado de proteínas interligadas. As quatro principais frações são as caseínas *alfa*, *beta*, *gama* e *kappa*. Cada uma dessas frações é subdividida em subfrações, consistindo de diferentes proteínas, com propriedades diferenciadas e complexadas com cálcio, fosfato e citrato. Os aminoácidos existentes em maior proporção na caseína são ácido glutâmico, leucina/isoleiucina, prolina e lisina.

A caseína é um sólido branco, inodoro e higroscópico. Suas excelentes propriedades funcionais, como a solubilidade, dispersibilidade, gelatinização, emulsificação, formação de espuma, opacidade, estabilidade térmica, viscosidade, ligação de gordura, adesão e formação de filmes, a tornam forte concorrente de outras proteínas, como as de ovo, soja e soro. As características moleculares gerais, tais como hidratação, ação de superfície, tipo de interação proteína-proteína ou estrutura molecular, ditam as propriedades funcionais das proteínas.

A hidratação é um parâmetro importante na solubilidade e captação de água, essencial em muitos alimentos. A solubilidade e a dispersabilidade estão relacionadas com a conformação e interações intermoleculares da proteína. A atividade de superfície é função da hidrofobicidade da superfície da proteína e de sua flexibilidade, que lhe permite desdobrar-se e difundir-se em uma interface água–óleo. As caseínas têm estruturas flexíveis que as permitem interagir com outras estruturas parcialmente desdobradas de outras proteínas por interação hidrofóbica e/ou extensão da estrutura secundária. Atualmente, quase toda a produção de caseína é utilizada em alimentos.

Bibliografia recomendada

FENNEMA, O. R. *Química de los alimentos*. 2. ed. Zaragoza, Espanha: Acribia/Department of Food Science, University of Wisconsin, 2000.

MAISTRO, L. C. Caseína. Aspectos relevantes de sua estrutura, obtenção e funcionalidade. *Food Ingredients*: *Pesquisa e Desenvolvimento na Indústria de Alimentos e Bebidas*, n. 21, 2002.

11.1.13 Ovo

Ovo (do latim, *ovu*)

O **ovo** é um corpo arredondado, produzido pela fêmea de certos animais, especialmente aves. É revestido por casca rígida, que tem várias camadas. Os poros presentes na casca, em número que varia entre 50 e 200 por cm^2, são muito importantes, pois permitem as trocas gasosas entre o interior do ovo e o meio exterior. Os ovos variam bastante na forma, no colorido e na textura da casca; contêm a clara e a gema. A **clara** é a parte albuminoide, transparente, incolor, em cujo centro se encontra a gema. A **gema**, o principal constituinte do ovo, é a parte amarela, rica em lipídeos.

Do ponto de vista biológico, ovo é o óvulo de alguns animais, especialmente aves e répteis, e pode ser ou não fecundado. Sua finalidade primordial é acomodar o embrião, fornecendo alimento e água para o seu desenvolvimento. A casca do ovo é feita de carbonato de cálcio, formando uma carapaça dura e porosa, que permite a entrada e a saída de ar, porém retém o líquido. Cozido com uma cenoura ou beterraba, a casca vai adquirir as cores respectivas. A clara fornece a água, de que o embrião necessita enquanto se desenvolve, e protege a gema, amortecendo os impactos.

Em média, o ovo contém 60 ml de água, proteínas, lipídeos, açúcares, vitaminas e minerais. A clara contém 10,5% de proteínas, 87,8% de água, 1% de açúcar e 0,6% de minerais. As proteínas da clara são: ovalbumina, conalbumina, ovomucoide, ovomucina, lisozima, avidina, ovoglobulina, flavoproteína, ovotransferina. A gema contém 15% de proteínas, 35% de gorduras e 50% de água. É rica em lecitina, que é um agente emulsificante.

A composição química média da clara e da gema do ovo de galinha é apresentada no Quadro 11.4. Verifica-se que a clara contém muito mais água que a gema, aproximadamente o dobro (88,5%), e que cerca de um terço (33,0%) da gema é constituído de gorduras. A gordura presente na gema do ovo é formada por lecitina (mistura de ésteres de ácidos graxos com ácido glicerofosfórico) e colina (hidróxido de [*beta*-hidroxietil-trimetil]-amônio), que é um excelente emulsificante.

A principal diferença entre um ovo de galinha branco e um amarelo é a raça da ave. O Quadro 11.5 apresenta a composição centesimal dos ovos produzidos por diferentes espécies de aves, relacionando o tamanho do ovo e seu valor calórico.

Quadro 11.4 – Composição química da clara e da gema do ovo de galinha		
Componente	Clara (%)	Gema (%)
Umidade	88,5	47,5
Proteína	10,5	17,4
Lipídeo	0,02	33,0
Carboidrato	0,5	0,2
Sais minerais	0,5	1,10
Outros	0,0	0,8

No interior do ovo, separando a clara da casca, existe uma membrana, formando uma câmara de ar. Com o passar do tempo, o ovo vai perdendo água e dióxido de carbono, através da casca. Quanto mais fresco o ovo, menor é a câmara de ar, pois quase nenhuma água saiu de seu interior. A clara perde água através da casca, encolhendo e deixando mais espaço para a câmara de ar se expandir, diminuindo assim a densidade do ovo. Então, a densidade total do ovo fresco é maior do que a do ovo mais velho, pois este último contém maior volume ocupado por gás, o que baixa consideravelmente a densidade total.

A casca do ovo tem, em média, 5,6 g de matéria inorgânica, sendo 98% de carbonato de cálcio. O restante é composto por carbonato de

Quadro 11.5 – Composição de ovos produzidos por diferentes espécies de aves						
Componente	Perua	Galinha	Gansa	Pata	Codorna
Quantidade (g)	79	50	144	70	9
Valor calórico (cal/100g)	168	155	185	185	160
Umidade (%)	72,5	74,6	70,4	70,8	74,4
Proteína (%)	13,7	12,1	13,9	12,8	13,1
Lipídeo (%)	11,9	11,2	13,3	13,8	11,1
Carboidrato (%)	1,2	1,2	1,4	1,5	0,4
Fibra (%)	0	0	0	0	0
Cinza (%)	0,8	0,9	1,1	1,1	1,1

Fonte: SARCINELLI, M. F.; VENTURINI, K. S.; SILVA, L. C. Características dos ovos. *Boletim Técnico – PIE-UFES*, n. 00707, 2007.

magnésio e fosfato tricálcico. A matéria orgânica, bastante reduzida, se apresenta na forma de proteínas.

A gema representa 1/3 do volume do ovo sem casca. É composta por 50% de água, 34% de lipídeos, 16% de proteínas e, ainda, pequena quantidade de glicose e sais minerais. A fase líquida é uma solução de água com várias proteínas (livetinas) em suspensão, organizadas em pequenos grânulos. Contém também lecitina, que é um lipídeo emulsificante, muito importante em molhos. A clara corresponde por 2/3 do volume do ovo sem casca. Em sua maioria, contém 10% de proteínas, alguns minerais, glicose e lipídeos. Entre as proteínas, estão a lisosima e a ovomucina.

Entre as aves, o maior ovo é o de avestruz, medindo 170 por 135 mm e pesando 1.400 g; o menor ovo é o de beija-flor, medindo 13 por 8 mm, e pesando 0,5 g.

Bibliografia recomendada

HOUAISS, A. *Enciclopédia mirador internacional.* v. 8. Rio de Janeiro: Encyclopaedia Britannica do Brasil Publicações, 1951.

Quimicamente Delicioso.Disponível. em: <http://quimicamente.no.sapo.pt/ingredientes_ovoinfo.html#topo>. Acesso em: 26 ago. 2007.

11.2 Polímeros

Existem três tipos de polímero que são essenciais aos processos vitais das células: os **polissacarídeos**, as **proteínas** e os **ácidos nucleicos**. Os polissacarídeos já foram abordados no Capítulo 6, "Poliacetais" (de origem vegetal), e 9, "Poliacetais" (de origem animal). As proteínas são discutidas no presente capítulo, na Seção 11.2.1 e os ácidos nucleicos serão comentados na Seção 11.2.1.8.

É interessante observar que, quanto à **importância industrial**, a quantidade dominante dos polímeros naturais corresponde àqueles que têm melhores características de resistência mecânica. O polímero natural mais abundante é a celulose, produzida por vegetais. A segunda maior presença é a quitina, nos animais. Esse polímero é uma celulose modificada, formadora da carapaça dos animais. O papel de ambos é formar o esqueleto das plantas e árvores, ou a camada externa protetora dos invertebrados. Entretanto, em relação à **vida**, as **proteínas** são os polímeros mais essenciais e estão presentes em maior profusão na Natureza.

Os **aminoácidos** são as unidades fundamentais das proteínas. Todas as proteínas são formadas a partir da ligação em sequência de 20 aminoácidos. Além desses aminoácidos principais, existem alguns aminoácidos especiais, que só aparecem em certos tipos de proteína. Todos os seres vivos são capazes de sintetizar aminoácidos. Muitas espécies, entretanto, não são capazes de sintetizar em seu próprio sistema biológico todos os aminoácidos necessários à vida. Dos aminoácidos isolados dos seres vivos, apenas cerca de 20 são componentes naturais de proteínas. Os demais são encontrados como intermediários ou produtos finais do metabolismo.

A estrutura geral dos aminoácidos que intervêm na estrutura das proteínas é vista na Figura 11.16. O átomo de carbono *alfa* encontra-se unido por ligações covalentes ao grupo amina, ao grupo carboxílico e a um átomo de hidrogênio. Esta sequência é comum a todos os aminoácidos proteicos, que diferem entre si pela composição da cadeia lateral, representada pela letra R_i. Os principais aminoácidos, isto é, os aminoácidos-padrão, sua abreviação e fórmula estão apresentados no Quadro 11.6.

Os substituintes R_i podem ser distribuídos em grupos, resultando em sete tipos de aminoácidos: alifáticos, aromáticos, sulfurados, heterocíclicos, ácidos, básicos e amídicos.

No **primeiro grupo**, encontram-se **aminoácidos alifáticos**: glicina, alanina, serina, valina, treonina e leucina / isoleucina. No **segundo grupo**, estão os **aminoácidos aromáticos**: fenil-alanina e tirosina. No **terceiro grupo**, localizam-se os **aminoácidos sulfurados**: cisteína e metionina. No **quarto grupo** ocorrem os **aminoácidos heterocíclicos**: triptofano e prolina. No **quinto grupo** estão os **aminodiácidos**: ácidos aspártico e glutâmico. Ao **sexto grupo** pertencem os **aminoácidos polinitrogenados**: histidina, arginina e lisina.

Figura 11.16
Estrutura geral de um aminoácido.

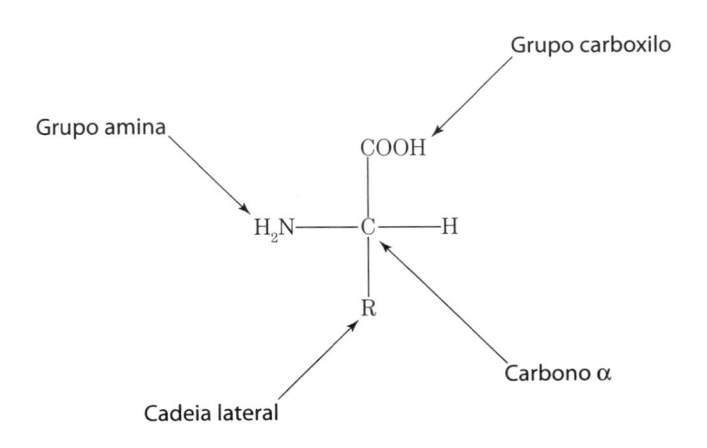

Quadro 11.6 – Aminoácidos padrão, suas abreviações e fórmulas			
N°	Essencial	Não essencial	Fórmula
1		Ácido aspártico	Asp
2		Ácido glutâmico	Glu
3		Alanina	Ala
4	Arginina		Arg
5		Asparagina	Asp
6		Cisteína	Cys
7	Fenilalanina		Phe
8		Glicina	Gly
9		Glutamina	Glu
10	Histidina		His
11	Isoleucina		Ile
12	Leucina		Leu
13	Lisina		Lys
14	Metionina		Met
15		Prolina	Pro
16		Serina	Ser
17		Tirosina	Tyr
18	Treonina		Thr
19	Triptofano		Trp
20	Valina		Val

Fonte: VOETT, D.: VOETT, J. G.: PRAT, C. W. *Fundamentos de buioquímica.* São Paulo: Ed. Artmed, 2006, p. 80.

Finalmente, no **sétimo grupo** estão os **aminoácidos amidados**: asparagina e glutamina.

A assimetria (**quiralidade**) do carbono *alfa* confere aos aminoácidos atividade óptica; somente na glicina, que apresenta dois H ligados ao carbono *alfa,* não existe carbono assimétrico. Assim, exceto no caso da glicina, para cada aminoácido existem dois isômeros, **dextrorrotatório (D)** e **levorrotatório (L)**. Por convenção, a configuração é definida pela posição do grupo amina relativamente ao carbono *alfa.*

É interessante observar que quase todos os aminoácidos que intervêm na composição das proteínas têm a configuração **L**; apenas alguns aminoácidos, de fontes microbiológicas, possuem a configuração **D**.

As proteínas pertencem à classe dos **peptídeos**, pois são formadas por aminoácidos ligados entre si por **ligações peptídicas**. Uma ligação peptídica é a união do grupo amino ($-NH_2$) de um aminoácido com o grupo carboxila ($-COOH$) de outro aminoácido, por meio da formação de uma amida:

$$H_2N-\underset{R_1}{\overset{H}{C}}-C\overset{OH}{\underset{O}{\diagdown}} + H_2N-\underset{R_2}{\overset{H}{C}}-C\overset{OH}{\underset{O}{\diagdown}} \rightleftharpoons H_2N-\underset{R_1}{\overset{H}{C}}-\overset{H}{\underset{}{C}}-\underset{N}{\overset{}{N}}-\underset{R_2}{\overset{H}{C}}-C\overset{OH}{\underset{O}{\diagdown}} + OH_2$$

Ligação peptídica

Os **aminoácidos** das proteínas são classificados em essenciais e não essenciais. Os dez aminoácidos que a espécie humana não é capaz de sintetizar são chamados **aminoácidos essenciais** e é preciso obtê-los de outras fontes, por meio da alimentação. São os seguintes: valina, treonina, leucina, isoleucina, fenilalanina, metionina, triptofano, histidina, arginina e lisina. Os dez aminoácidos restantes, **aminoácidos não essenciais**, encontrados no organismo dos seres humanos, podem ser sintetizados nas células a partir de materiais mais simples que contenham C, H, O e N. Estão relacionados a seguir: glicina, alanina, serina, tirosina, cisteína, prolina, ácido aspártico, ácido glutâmico, asparagina e glutamina.

Deve-se ter sempre presente a complexidade dos polímeros naturais e a contínua variação de condições biológicas a que os organismos estão submetidos; assim, é extremamente difícil tirar conclusões, com absoluta confiança, com base na infinidade de dados encontrados nas publicações científicas, já que se referem a amostras, muito provavelmente, não idênticas. Daí decorrem as aparentes divergências nas informações constantes da literatura especializada.

Diversos conjuntos de aminoácidos essenciais correspondem às diferentes espécies de seres vivos. Entretanto, todas as criaturas têm, entre si, todos os aminoácidos necessários, de modo que qualquer animal pode obter os aminoácidos essenciais de outros animais. O homem costuma comer a carne de gado e de peixes, assim como ovos. Os vegetarianos conseguem sobreviver porque existem plantas com proteínas que contêm os aminoácidos essenciais: arroz, legumes, milho, trigo e centeio. As proteínas da alimentação humana e de outros animais, depois de completamente hidrolisadas a aminoácidos, podem, então, ser usadas pelo organismo para a construção das proteínas necessárias à manutenção da vida. Pode-se comparar a proteína a uma parede de tijolos que, após a demolição, deixa disponíveis os elementos da cons-trução – os tijolos (os aminoácidos) – para a reconstrução de outras paredes (as proteínas), iguais ou diferentes da inicial.

Os aminoácidos que intervêm na composição das proteínas são em número de 20 e obedecem à estrutura geral representada na Figura 11.17. O número de arranjos possíveis dos aminoácidos encontrados nos hormônios, enzimas e demais proteínas é muito grande. Entre-tanto, apenas **alguns arranjos** são capazes de reconhecida atividade biológica. A natureza e a proporção em que ocorrem esses ácidos ami-nados são bastante variadas e caracterizam as proteínas.

11.2.1 Proteínas

Proteína (do grego *proteios*, que significa "primeiro lugar")

As **proteínas** são os constituintes básicos da vida. São compostos or-gânicos de estrutura complexa e massa molar elevada, encontrados em todas as células vivas. Constituem cerca de 75% do peso seco dos tecidos animais.

A estrutura química de uma proteína está representada na Figura 11.17. A hidrólise parcial das proteínas por ácidos, bases ou enzimas for-nece poliamidas menores; a hidrólise total produz aminoácidos livres.

As proteínas são sintetizadas pelos organismos por meio da con-densação de numerosas moléculas de *alfa*-aminoácidos. Uma proteína tem, no mínimo, 20 aminoácidos, mas em geral possui um número mui-to maior. As poliamidas de massa molar inferior a 5.000 são chamadas **polipeptídeos**.

A importância das proteínas está relacionada às suas funções no organismo, independentemente de sua quantidade. Todas as enzimas conhecidas, por exemplo, são proteínas; muitas vezes, as enzimas existem em porções muito pequenas. Mesmo assim, essas substâncias catalisam todas as reações metabólicas e capacitam os organismos à construção de outras moléculas – proteínas, ácidos nucleicos, carboi-dratos e lipídeos – que são necessárias à vida.

A massa molar das proteínas varia de 6.000 para a insulina, a 41.000.000 para a proteína do vírus do mosaico do tabaco. As proteí-

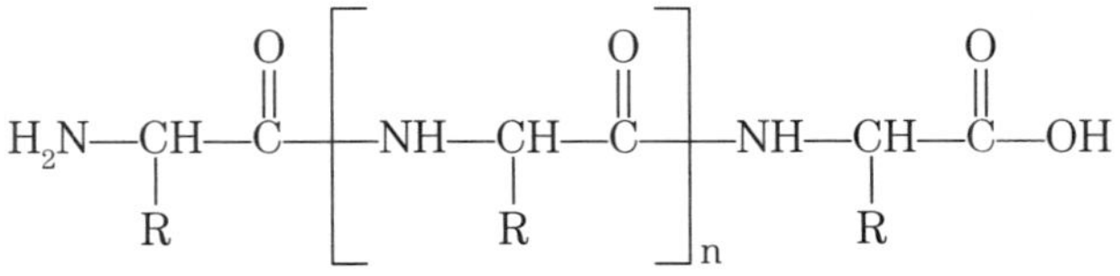

Figura 11.17
Estrutura química
de uma proteína.

$$H_2N-CH-C-\left[NH-CH-C\right]_n-NH-CH-C-OH$$

nas maiores são complexos altamente organizados em que muitas subunidades idênticas, cada uma com massa molecular de 17.500, estão associadas por interações não covalentes.

As proteínas são construídas a partir de um conjunto básico de aminoácidos, arranjados em várias sequências específicas.

Todas as proteínas contêm carbono, hidrogênio, oxigênio e nitrogênio, e quase todas contêm enxofre. Algumas apresentam também elementos adicionais, particularmente fósforo, ferro, zinco e cobre.

Nos animais, as proteínas correspondem a cerca de 80% do peso dos músculos desidratados, cerca de 70% da pele e 90% do sangue seco. As proteínas estão presentes também nos vegetais. Elas exercem funções diversas, como catalisadores (ptialina), elementos estruturais (colágeno), sistemas contráteis (actina e miosina), armazenamento (ferritina), veículos de transporte (hemoglobina), hormônios (insulina), agentes anti-infecciosos (imunoglobulina), sistemas enzimáticos (lipases), componentes nutricionais (caseína), agentes protetores etc.

As proteínas podem ser classificadas de diversas maneiras. De acordo com a sua **composição química**, podem ser: proteínas simples ou proteínas conjugadas. Tendo como aspecto dominante a **configuração química**, as proteínas são distribuídas segundo sua estrutura primária, estrutura secundária – nesse caso, divididas em hélices *alfa* e hélices *beta* –, estrutura terciária e estrutura quaternária. Com base em sua **função** no organismo, podem ser classificadas em: proteínas dinâmicas ou estruturais. Conforme o **número de cadeias peptídicas**, podem ser: proteínas monoméricas ou proteínas oligoméricas. Considerando-se a **forma** como característica dominante, as proteínas podem ser: fibrosas ou globulares.

A ampla categoria das **proteínas simples** se caracteriza por liberar, após hidrólise, apenas aminoácidos. Podem ser: albuminas, globulinas, glutelinas, prolaminas, escleroproteínas, histonas e protaminas. As **proteínas conjugadas**, além de aminoácidos, liberam, ainda por hidrólise, outros compostos químicos.

Albuminas são proteínas simples, solúveis em água, que coagulam por meio de agitação; geralmente são deficientes em glicina. São produtos originados em plantas e animais. Exemplos: albumina do ovo, albumina do soro de sangue, albumina do leite, legumelina da ervilha, leucosina do trigo etc.

Globulinas são proteínas simples insolúveis em água, mas solúveis em soluções diluídas de sais; são coaguláveis pelo calor. São precipitadas em solução com sulfato de amônio. Geralmente, contêm glicina. Correspondem a um importante grupo de proteínas, amplamente distribuído em animais e plantas. Exemplos: ovoglobulina da gema de ovo, globulina do soro de sangue, miosina do músculo, dextrina da semente de linho, faseolina do feijão, legumina da ervilha, excelsina da noz, araquina do amendoim, amandina da amêndoa etc.

Glutelinas são proteínas simples, solúveis em soluções diluídas de ácidos e bases, mas insolúveis em solventes neutros. São proteínas de plantas. Exemplos: glutenina do trigo, orizenina do arroz etc.

Prolaminas são proteínas simples solúveis em soluções hidroalcoólicas (70-80%), mas insolúveis em água, solventes neutros ou álcool anidro. Geralmente contêm muita prolina, mas são deficientes em lisina. São proteínas vegetais, encontradas principalmente em sementes. Exemplos: zeína do milho, hordeína da cevada, gliadina do trigo etc.

Albuminoides são as proteínas simples menos solúveis. São geralmente insolúveis em água, soluções salinas, ácidos e bases diluídas e em álcool. Constituem um grupo muito diversificado de proteínas, com diferentes propriedades físicas e químicas. Os albuminoides são tipicamente proteínas animais, em geral componentes principais de estruturas externas, como cabelo, córnea, casco e unha. Também são comuns no tecido conjuntivo, tecido fibroso, cartilagem e osso. Exemplos: queratina, do cabelo, da córnea, do casco e da unha; elastina, do tecido conjuntivo e dos ligamentos; colágeno, do osso, da cartilagem e do tendão; esponjina, da esponja, e fibroína, da seda.

Histonas são proteínas simples, solúveis em água e insolúveis em amônia diluída. São prontamente solúveis em soluções diluídas de ácidos e bases. Não são imediatamente coaguláveis pelo calor. São proteínas básicas, precipitam outras proteínas da solução. Geralmente ocorrem em tecidos em combinação com substâncias ácidas, como o grupamento heme da hemoglobina ou os ácidos nucleicos. Formam conjugados com proteínas simples e com grupos de não proteínas. Exemplos: globina da hemoglobina, histona do timo, escombrona do esperma de cavala, histona do esperma de bacalhau.

Protaminas são as mais simples das proteínas simples e podem ser consideradas grandes polipeptídeos. São fortemente básicas e, por hidrólise, formam aminoácidos principalmente básicos, particularmente arginina. São solúveis em água, amônia, ácidos e bases diluídas. Não são coaguladas pelo calor e formam soluções que causam a precipitação de outras proteínas. Como as histonas, elas ocorrem normalmente em tecidos em combinação com ácidos, particularmente com ácidos nucleicos, na forma de nucleoproteínas. Exemplos: alanina do esperma de salmão, clupeína do esperma de arenque, esturina do esperma de esturjão, salmoura do esperma de cavala, ciprinina do esperma de carpa.

Proteínas conjugadas são aquelas que apresentam um íon metálico ou grupo orgânico a elas ligado, além das cadeias dobradas de polipeptídeos. Esse grupamento não peptídico é denominado **grupo prostético**, por exemplo, metaloproteínas, hemeproteínas, lipoproteínas, glicoproteínas.

As proteínas possuem estruturas espaciais que podem ser avaliadas em quatro níveis, crescentes em complexidade: estrutura primária, estrutura secundária, estrutura terciária e estrutura quaternária.

A **estrutura primária** da proteína é baseada somente na sequência linear dos aminoácidos e nas ligações peptídicas da molécula, sem considerar a orientação espacial. É o nível estrutural mais simples e mais importante, pois dele deriva toda a configuração da macromolécula. A policondensação de aminoácidos resulta na estrutura primária das proteínas. Consiste em uma longa cadeia de aminoácidos, semelhante a um colar de contas, com uma extremidade terminal amina e a outra, carboxila. Essa estrutura amídica é destruída por hidrólise química ou enzimática das ligações peptídicas, com liberação de peptídeos menores e aminoácidos livres.

Com o aparecimento de técnicas mais sofisticadas, detalhes cada vez mais complicados puderam ser observados. Esses detalhes incluem a natureza das relações espaciais de aminoácidos próximos.

A **estrutura secundária** da proteína é dada pelo arranjo espacial de aminoácidos próximos entre si na sequência primária. É o último nível de organização das proteínas fibrosas, que são estruturalmente mais simples. Ocorre graças à possibilidade de rotação das ligações entre os carbonos *alfa* dos aminoácidos e seus grupamentos amina e carboxila. O arranjo secundário de um polipeptídeo pode ocorrer de forma regular; isso acontece quando os ângulos das ligações entre carbonos *alfa* e seus ligantes são iguais e se repetem ao longo de um segmento da molécula.

Na **estrutura terciária,** a disposição espacial da cadeia da proteína é dada pelo arranjo de aminoácidos distantes entre si na sequência polipeptídica. É a forma tridimensional como a proteína se "enrola". Ocorre nas proteínas globulares, que são estrutural e funcionalmente mais complexas. Cadeias polipeptídicas muito longas podem se organizar em **domínios**, regiões com estruturas terciárias semi-independentes, interligadas por segmentos lineares da cadeia polipeptídica. Os domínios são considerados as unidades funcionais e de estrutura tridimensional de uma proteína. As ligações envolvidas podem ser ligações, tal como NH_2 de Lys e uma carbonila de Asp; ligações hidrogênicas, tal como Cer e His; ou, ainda, forças de van der Waals, tal como em Tyr e Phe, ajudam a estabilizar a estrutura terciária. A cristalografia de raios X é usada para determinar a estrutura tridimensional de proteínas.

A **estrutura quaternária** é outro nível de organização nas proteínas; surge apenas nas proteínas oligoméricas. É dada pelas relações espaciais entre duas cadeias polipeptídicas, que são as subunidades da macromolécula. Essas subunidades se mantêm unidas por forças covalentes, como pontes dissulfeto, e ligações não covalentes, como pontes hidrogênicas, interações hidrofóbicas etc. As subunidades podem atuar tanto de forma independente quanto cooperativamente no desempenho da função bioquímica da proteína. No caso do vírus do mosaico do tabaco, a proteína complexa forma uma cápsula de proteção em torno do ácido nucleico, o qual contém a informação genética necessária para a produção de mais partículas do vírus.

A representação esquemática das estruturas primária, secundária, terciária e quaternária está mostrada na Figura 11.18.

As técnicas de raios X foram importantes na descoberta das duas maneiras principais de interação da estrutura peptídica com ela mesma.

As propriedades e funções das proteínas são determinadas pelo número e tipo de aminoácidos e por sua estrutura tridimensional. As proteínas podem ser fibrosas ou granulares. As proteínas fibrosas podem ter estruturas em zigue-zague ou em hélice. As proteínas globulares possuem formas quase esféricas ou alongadas, resultantes de seu enovelamento. Essas estruturas são mantidas por interações fracas, e por isso são facilmente quebradas quando expostas a calor, ácidos, sais ou álcool. A perda da estrutura tridimensional chama-se **desnaturação**.

Na conformação **alfa** da queratina, cada cadeia polipeptídica se enrola sobre si mesma, no formato de uma hélice, como uma escada em caracol. Na conformação **beta**, as cadeias ficam semiestiradas, dispostas paralelamente.

O primeiro desses dois tipos de interação aparece na Figura 11.19 e é conhecido como **hélice alfa**. Observa-se que cada grupo amida está em ligação hidrogênica com outro grupo amida, colocado a uma distância conveniente, geralmente o terceiro grupo amida, em qualquer uma das direções. As cadeias laterais estão colocadas em todas

Figura 11.18
Representação
esquemática das
estruturas primária,
secundária,
terciária e
quaternária de
proteínas.

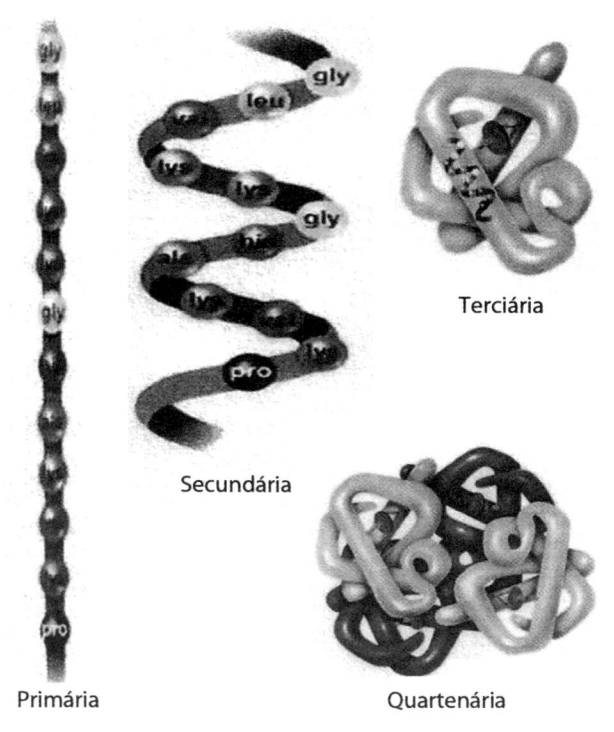

Terciária

Secundária

Primária

Quartenária

Fonte: SlideShare. Disponível em: <http://www.slideshare.net/nursemila/protenas-i-e-ii-presentation#btnNext>. Acesso em: nov. 2012.

as direções, a partir do eixo da hélice. Todos os aminoácidos naturais têm a **configuração L** e, até agora, todas as hélices de proteínas encontradas são direitas. Esse arranjo é muito comum em proteínas. A hemoglobina, uma proteína transportadora de oxigênio, tem aproximadamente 75% de sua estrutura como uma hélice *alfa*.

O segundo tipo de interação entre os resíduos de aminoácidos é a estrutura ***beta*** ou **em folha dobrada**, menos frequente, comumente encontrada nas proteínas fibrosas, como as da seda, do cabelo e das penas (Figura 11.20). Observa-se que as cadeias são antiparalelas. A interferência estérica, isto é, espacial, entre os grupos R torna desfavorável essa configuração. A seda, com uma grande percentagem de Gly e Ala, pode assumir essa conformação, enquanto cadeias laterais muito grandes a impediriam.

Relativamente à função, as **proteínas dinâmicas** estão envolvidas, por exemplo, em transporte, defesa, catálise de reações, controle do metabolismo e contração. A glutamina (monoamida do ácido aminoglutâmico) representa o mais abundante aminoácido encontrado no espaço intercelular e, juntamente com a alanina, acha-se encarrega-

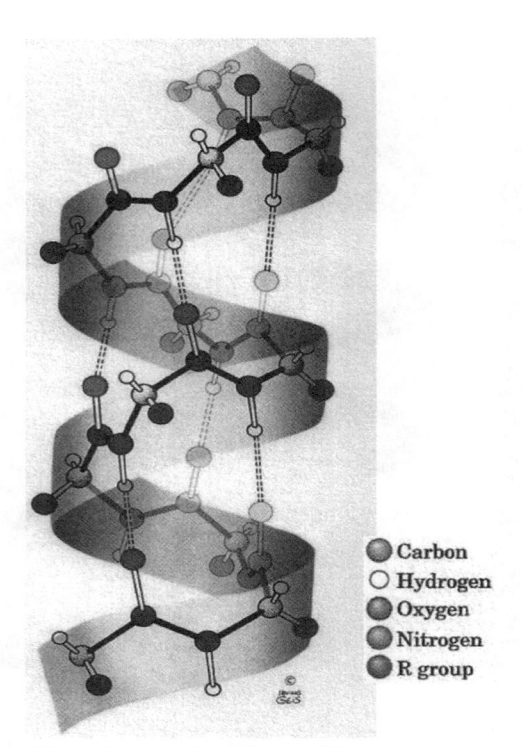

Figura 11.19
Representação da
estrutura hélice
alfa em proteínas.

○ Carbon
○ Hydrogen
● Oxygen
● Nitrogen
● R group

Fonte: SlideShare. Disponível em: <http://www.slideshare.net/nursemila/protenas-i-e-ii-presentation#btnNext> Acesso em: nov. 2012.

da do transporte de mais de 50% do nitrogênio proteico da periferia para o interior das vísceras. As **proteínas estruturais** promovem a sustentação estrutural da célula e dos tecidos, como, por exemplo, o colágeno e a elastina, na pele, no cabelo e nas fibras musculares.

Algumas proteínas têm função **catalítica**, como enzimas, nas reações que ocorrem nos sistemas vivos; sem elas, a vida não seria possível. Outras têm função **reguladora**, como hormônios, e participam ativamente nos mecanismos imunológicos de defesa, como anticorpos. Nos seres humanos, estima-se que existam cerca de 5 milhões de diferentes proteínas, cada uma delas exercendo uma importante função no organismo. Algumas proteínas desempenham a mesma função em tecidos ou em espécies diferentes; são as chamadas **proteínas homólogas**. Essas proteínas possuem pequenas diferenças estruturais, reconhecíveis imunologicamente. Os segmentos com sequências diferentes de aminoácidos em proteínas homólogas são chamados **segmentos variáveis** e, geralmente, não participam diretamente da atividade da proteína. Os segmentos idênticos das proteínas homólogas são chamados **segmentos fixos**, e são fundamentais para o funcionamento bioquímico da proteína.

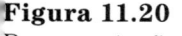

Figura 11.20
Representação da
estrutura *beta* ou
em folha dobrada
em proteínas.

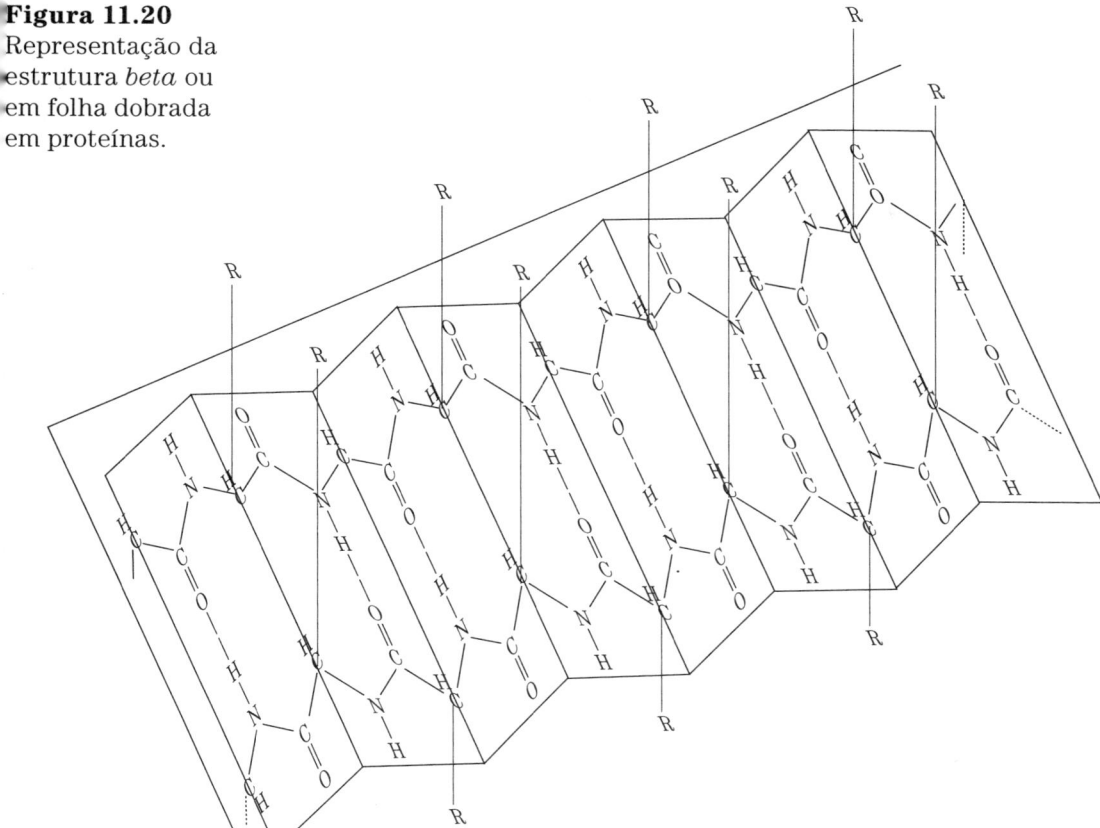

Fonte: SlideShare. Disponível em <http://www.slideshare.net/nursemila/protenas-i-e-ii-presentation#btnNext>. Acesso em: nov. 2012.

Quanto ao **número de cadeias polipeptídicas**, as proteínas podem ser divididas em **proteínas monoméricas**, que são formadas por apenas uma cadeia peptídica, e **proteínas oligoméricas**, formadas por mais de uma cadeia peptídica, com estrutura e função mais complexas.

Quanto à **forma**, as proteínas podem ser distribuídas em dois grupos: proteínas fibrosas e proteínas globulares (Figura 11.21). As **proteínas fibrosas** apresentam, em sua maioria, massas molares muito elevadas e são insolúveis nos solventes aquosos; são formadas geralmente por longas moléculas mais ou menos retilíneas e paralelas ao eixo da fibra. A essa categoria pertencem as proteínas estruturais, como colágeno, do tecido conjuntivo; queratina, dos cabelos; esclerotina, do tegumento dos artrópodes; conchiolina, das conchas dos moluscos; fibrina, do soro sanguíneo, e miosina, dos músculos.

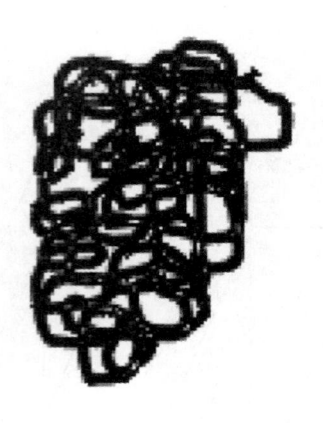 

Figura 11.21
Esquema de proteínas globulares e fibrosas.

Fonte: SlideShare. Disponível em: <http://www.slideshare.net/nursemila/protenas-i-e-ii-presentation#btnNext>. Acesso em: nov. 2012.

Algumas proteínas fibrosas, porém, possuem uma estrutura diferente, como as tubulinas, que são formadas por múltiplas subunidades globulares dispostas helicoidalmente. As **proteínas globulares**, de estrutura espacial mais complexa, são mais ou menos esféricas. São, geralmente, solúveis nos solventes aquosos e as suas massas molares se situam entre 10.000 e vários milhões. Nessa categoria se incluem as proteínas **dinâmicas**, como as enzimas, as **transportadoras,** como a hemoglobina etc.

O número de combinações possíveis dos aminoácidos, encontrados nos hormônios, enzimas e nas demais proteínas, é muito grande. Entretanto, apenas alguns arranjos são capazes de atividade biológica. Os polipeptídeos naturais são capazes de executar suas funções biológicas graças às sequências especificamente ordenadas de aminoácidos e seu arranjo tridimensional bem determinado. As cadeias de aminoácidos existem em três dimensões.

A primeira etapa no estudo de uma proteína é a determinação da sequência de aminoácidos, isto é, a estrutura primária. Com o aparecimento de técnicas mais sofisticadas, detalhes cada vez mais complicados puderam ser observados. Esses detalhes incluem a natureza das relações espaciais de aminoácidos próximos – estrutura secundária –, a disposição espacial da cadeia – estrutura terciária – e as relações espaciais entre duas cadeias polipeptídicas – estrutura quaternária.

Apesar de serem substâncias cujas massas molares atingem milhões, muitas proteínas já foram cristalizadas ou, pelo menos, purificadas até o ponto de reagirem como substâncias homogêneas.

Muito cuidado é necessário na investigação de proteínas, uma vez que alterações de pH, radiações UV, calor e solventes orgânicos podem modificá-las. O processo de alteração é chamado **desnaturação**. Uma proteína desnaturada, embora mantenha uma estrutura química semelhante à proteína original, não é mais capaz de executar sua função biológica. Proteínas simples, como a enzima lisozima, por exemplo, quando hidrolisadas, resultam somente em aminoácidos. Outras contêm porções com estruturas diferentes, os **grupos prostéticos**. Nas **nucleoproteínas** (do núcleo das células), os grupos prostéticos são ácidos nucleicos. Já as **mucoproteínas** contêm polissacarídeos complexos. Alguns grupos prostéticos são muito simples.

As proteínas são íons duplos anfotéricos que migram em um campo elétrico e têm pontos isoelétricos característicos. Embora a cadeia principal seja constituída por ligações amida relativamente estáveis, as proteínas são reativas e têm um comportamento bastante específico. Essa reatividade é associada com os grupos ativos livres das cadeias laterais, como os grupos amino das lisinas, grupo guanido das argininas ou grupos sulfidrila das cisteínas. Muitas proteínas contêm várias cadeias peptídicas ligadas entre si por ligações cruzadas. As ligações dissulfeto entre cisteínas podem ligar duas cadeias ou duas partes da mesma cadeia.

A ligação C—N do grupo amida tem aproximadamente 40% de caráter de ligação dupla, em virtude da ressonância. Isso dificulta a rotação livre da ligação C—N. As rotações entre os grupo amida e os carbonos *alfa*, e entre os carbonos *alfa* e os carbonos da carbonila, são livres, permitindo a existência de muitas conformações para a proteína, além da hélice *alfa* e da folha dobrada, *beta*.

A resolução obtida por meio de raios X não é suficientemente boa para que se vejam os átomos individuais; apenas a forma geral pode ser vista. A orientação da cadeia peptídica pode ser deduzida a partir da estrutura primária. Uma das observações é a presença de grande número de aminoácidos polares na superfície da molécula, com os resíduos não polares no interior, em contato entre si.

As principais proteínas de origem animal são comentadas nas seções subsequentes: fibroína, espidroína, queratina, colágeno, elastina, caseína e albumina.

Bibliografia recomendada

ALLINGER, N. L. et al. *Química orgânica*. Rio de Janeiro: Guanabra Dois, 1978.

EQA – UFSC. Disponível em: <www.enq.ufsc.br/labs/probio/disc_eng_bioq/trabalhos_pos2003/const_microorg/proteinas>. Acesso em: 26 mar. 2009.

HOUAISS, A. *Enciclopédia mirador internacional*. v. 17. Rio de Janeiro: Encyclopaedia Britannica do Brasil Publicações, 1980.

MARK, H. F. *Encyclopedia of polymer science and engineering*. v. 13. New York: John Wiley & Sons, 1985.

VOET, D.; VOET, J. G.; PRATT, C. W. *Fundamentos de bioquímica*. São Paulo: Ed. Artmed, 2006.

11.2.1.1 Fibroína

Fibroína (do latim, *fibra*)

A fibra de seda natural é um filamento contínuo de **fibroína**, que é uma proteína fibrilar formada por uma secreção, produzida pela lagarta do bicho-da-seda, *Bombyx mori*, um tipo de mariposa da subfamília Bombicidas. Por meio de glândulas, a lagarta expele, sob a forma líquida, a seda, a **fibroína**, envolvida por uma goma, e a **sericina**, as quais se solidificam imediatamente, quando em contato com o ar.

Na fibroína, considerada uma *beta*-queratina, as cadeias polipeptídicas estão arranjadas na conformação de folhas *beta*-antiparalela, em virtude do elevado conteúdo de aminoácidos com grupo R relativamente pequeno, como glicina, alanina e serina. As cadeias de polipeptídeo estão totalmente estendidas na seda e alinham-se para formar uma estrutura laminar; apresentam um elevado grau de orientação e podem se concentrar em regiões altamente organizadas, intercaladas com regiões amorfas.

A seda é uma fibra resistente por estar quase completamente distendida. Para esticá-la mais, seria necessário romper as ligações covalentes de suas cadeias polipeptídicas. A flexibilidade da seda é ocasionada pelo deslizamento das folhas *beta* adjacentes, que se encontram associadas por forças fracas, tipo van der Waals.

A massa molar da fibroína é estimada em 80.000-220.000. O encadeamento dos aminoácidos é regiorregular, cabeça–cauda. Os filamentos são longos e finos, variando de 900 a 1.190 m ou mais. As fibras são macias e têm um acentuado brilho natural. A cor em geral varia entre branco e creme. A fibra de seda apresenta o problema de baixa estabilidade dimensional, em virtude da formação de pontes hidrogênicas com a umidade do ar, que é variável.

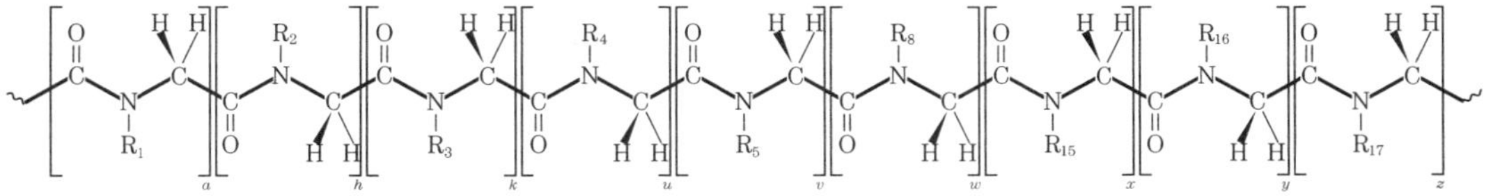

Figura 11.22
Representação da macromolécula da fibroína.

É interessante notar que, na fibroína, existe um grande teor (41,2%) de glicina, que é o mais simples dos ácidos aminados. Além disso, os demais componentes majoritários são também de estrutura bem simples: alanina (33,0%), serina (16,2%) e tirosina (11,4%). A representação da molécula da fibroína se encontra na Figura 11.22. Pode-se imaginar que a função do filamento duplo, de formação do casulo para proteção da lagarta em seu desenvolvimento até crisálida e mariposa, não exija aminoácidos mais complexos.

Bibliografia recomendada

FERNANDEZ, M. A. et al. A utilização da biotecnologia na sericultura brasileira. *Biotecnologia Ciência & Desenvolvimento*, n. 35, p. 52-57, 2005.

UEM - DBC - Departamento de Biotecnologia, Genética e Biologia Celular. Disponível em: <www.dbc.uem.br/laboratorios/Bombyx.htm>. Acesso em: 22 nov. 2007.

11.2.1.2 Espidroína

Espidroína (do inglês *spider*, que significa "aranha")

O fio de teia de aranha é constituído principalmente de **espidroína**, formada principalmente pelas seguintes sequências de aminoácidos: GPGXX (X= Q), A ou GA, GGX (X=A,Y,L,Q) e resíduos de aminoácidos que não pertencem que à composição típica da seda de aranhas. Tem massa molecular 30.000, enquanto dentro da glândula. Fora da glândula, ocorre imediatamente a polimerização para dar origem à **fibroína**, que tem massa molecular em torno de 300.000, e é a "seda" da aranha.

Geralmente, um fio de teia de aranha tem apenas 0,001-0,004 mm de espessura. É formado por diferentes proteínas, que fornecem ao fio suas propriedades únicas. Sua elasticidade provém das cadeias de polipeptídeos de glicina, desordenadas, frouxas, espiraladas, que esticam quando são estiradas, dando ao fio da teia sua elasticidade. Sua rigidez e resistência provêm dos cristais de polipeptídeos de alanina, altamente ordenados, que estão espalhados no seio da massa do fio da teia. As propriedades estruturais dos diferentes fios de teia variam com a composição e arranjo dessas proteínas.

A matéria-prima inicial que as aranhas usam para tecer a teia é uma solução líquida, transparente, contendo proteínas, que flui facilmente pelos vasos presentes no abdômen da aranha. A solução contém 50% de proteína, concentração que normalmente acarreta altíssima viscosidade, fazendo que o processo de tecer a teia em laboratório se torne inviável. Entretanto, as aranhas conseguem resolver esse problema mantendo as proteínas em uma conformação enrolada enquanto estão tecendo a teia, e só então modificam essa conformação, esticando-se e rearranjando-se para produzir a elasticidade final do fio. A estrutura química da espidroína inicial é apresentada na Figura 11.23.

Os fios de seda da teia de aranha são compósitos poliméricos com matriz de proteínas amorfas, que possuem ligações cruzadas e são reforçadas por microcristais (folhas *beta*). A quantidade de ligações cruzadas e de microcristais determina importantes propriedades mecânicas. Por exemplo, os primeiros fios a serem tecidos, que são usados como bases de sustentação da teia, contêm de 20 a 30% de cristal por volume, formando uma fibra que é rígida (módulo de Young inicial igual a 10 GPa), forte e dura (energia de ruptura igual a $150MJ/m^3$). Já o fio adesivo provisório, utilizado para tecer a espiral, contém 5% ou menos de cristal por volume e é mecanicamente semelhante a borracha bem flexível, com baixa rigidez (módulo de Young igual a 3MPa) e alta extensibilidade. Muitas companhias de biotecnologia estão interessadas no desenvolvimento de proteínas transgênicas da teia de aranha para incorporação em novos materiais.

As séries concatenadas de grupos repetitivos de aminoácidos expõem uma estrutura de nanocomponentes na qual os domínios ricos em alanina e glicina [poli-Ala e $(Gly-Ala)_n$] adotam uma estrutura em folhas *beta*, responsável pela formação de cristais; e a região Gly-Gly-X (X = Leu, Tyr, Ser, Ala) que conecta os cristais, de modo a estabilizar e orientar a estrutura da fibra. A base para a elasticidade da fibra deve ser a prolina, presente no grupo Gly-Pro-Gly-X-X (X=Gly, Gln, Tyr, Ala, Ser).

As aranhas produzem uma série de diferentes fibras nas quais a sequência de aminoácidos das proteínas componentes é controlada com precisão a fim de ajustar as propriedades mecânicas de cada teia à sua função específica.

Figura 11.23
Estrutura química
da espidroína

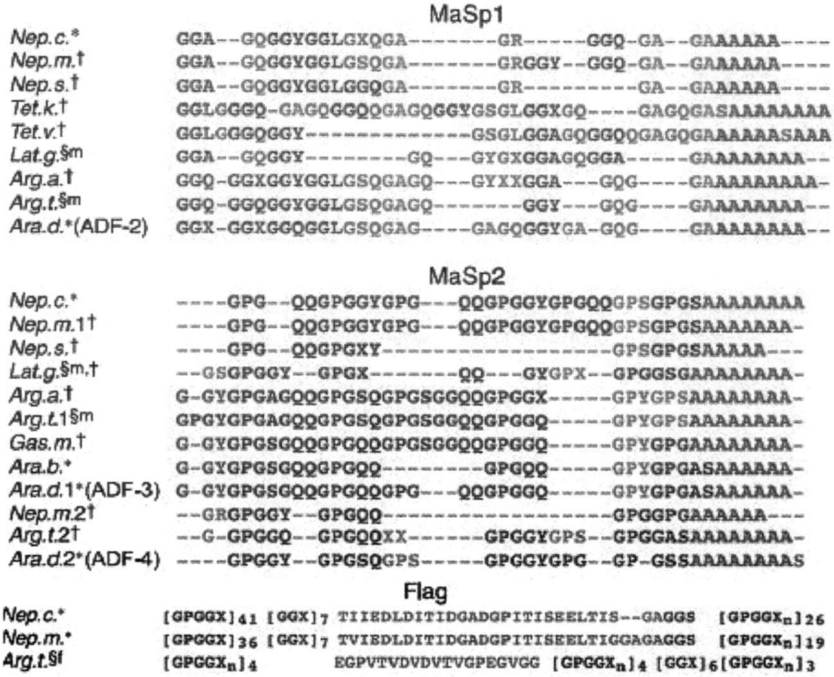

MaSp1

```
Nep.c.*       GGA--GQGGYGGLGXQGA--------GR-----GGQ-GA--GAAAAAA----
Nep.m.†       GGA--GQGGYGGLGSQGA--------GRGGY--GGQ-GA--GAAAAAA----
Nep.s.†       GGA--GQGGYGGLGGQGA--------GR--------GA--GAAAAAA----
Tet.k.†       GGLGGGQ-GAGQGGQQGAGQGGYGSGLGGXGQ----GAGQGASAAAAAAAA
Tet.v.†       GGLGGGQGGY-----------GSGLGGAGQGGQQGAGQGAAAAAASAAA
Lat.g.§m      GGA--GQGGY----------GQ---GYGXGGAGQGGA-----GAAAAAAAA-
Arg.a.†       GGQ-GGXGGYGGLGSQGAGQ---GYXXGGA---GQG----GAAAAAAAAA-
Arg.t.§m      GGQ-GGQGGYGGLGSQGAGQ-------GGY--GQG---GAAAAAAA-----
Ara.d.*(ADF-2) GGX-GGXGGQGGLGSQGAG----GAGQGGYGA-GQG---GAAAAAAAA--
```

MaSp2

```
Nep.c.*         ----GPG--QQGPGGYGPG---QQGPGGYGPGQQGPSGPGSAAAAAAAA
Nep.m.1†        ----GPG--QQGPGGYGPG---QQGPGGYGPGQQGPSGPGSAAAAAAA-
Nep.s.†         ----GPG--QQGPGXY----------------GPSGPGSAAAAA---
Lat.g.§m,†      --GSGPGGY--GPGX--------QQ---GYGPX--GPGGSGAAAAAAAA-
Arg.a.†         G-GYGPGAGQQGPGSQGPGSGGQQGPGGX-----GPYGPSAAAAAAAA-
Arg.t.1§m       GPGYGPGAGQQGPGSQGPGSGGQQGPGGQ-----GPYGPSAAAAAAAA-
Gas.m.†         G-GYGPGSGQQGPGSGQQGPGSGGQQGPGGQ-----GPYGPGAAAAAAAA-
Ara.b.*         G-GYGPGSGQQGPGQQ---------GPGQQ-----GPYGPGASAAAAAAA
Ara.d.1*(ADF-3) G-GYGPGSGQQGPGQQGPG---QQGPGGQ-----GPYGPGASAAAAAAA
Nep.m.2†        --GRGPGGY--GPGQQ----------------GPGGPGAAAAAA---
Arg.t.2†        --G-GPGGQ--GPGQQXX-----GPGGYGPS--GPGGASAAAAAAAA-
Ara.d.2*(ADF-4) ----GPGGY--GPGSQGPS-----GPGGYGPG--GP-GSSAAAAAAAAS
```

Flag

```
Nep.c.*    [GPGGX]41 [GGX]7 TIIEDLDITIDGADGPITISEELTIS--GAGGS    [GPGGXn]26
Nep.m.*    [GPGGX]36 [GGX]7 TVIEDLDITIDGADGPITISEELTIGGAGAGGS    [GPGGXn]19
Arg.t.§†   [GPGGXn]4        EGPVTVDVDVTVGPEGVGG [GPGGXn]4 [GGX]6[GPGGXn]3
```

Fonte: MENEZES, G. M. *Investigações estruturais de fibras sintéticas de aranha produzidas por meio de expressão recombinante*. 2010. Tese (Mestrado) – Programa de Pós-Graduação em Biologia Molecular – Embrapa, Brasília, 2010.

11.2.1.3 Queratina

Queratina (do Grego *kéros*, "chifre")

A **queratina** é uma proteína fibrilar, componente principal de cabelos, lãs, pelos, penas, unhas, cascos e chifres. É produzida por animais, principalmente ovelhas (*Ovis aries*), cabras (*Capra hircus*), camelos (*Camelus dromedarius*), lhamas (*Lama glama*), alpacas (*Lama pacos*), vicunhas (*Lama vicugna*) e coelhos (*Oryctolagus cuniculus*).

A queratina é uma proteína fibrosa, constituída de cerca de 15 aminoácidos, principalmente a cisteína, que é um aminoácido sulfurado, de composição química variável, conforme a fonte natural. A proteína é um polipeptídeo, isto é, uma sequência de aminoácidos. No caso da queratina, a cadeia polimérica é formada por policondensação de cerca de 15 aminoácidos diferentes, que se repetem e interagem entre si. A queratina tem massa molar da ordem de 60.000. É constituída por resíduos, principalmente por cinco ácidos aminados: ácido

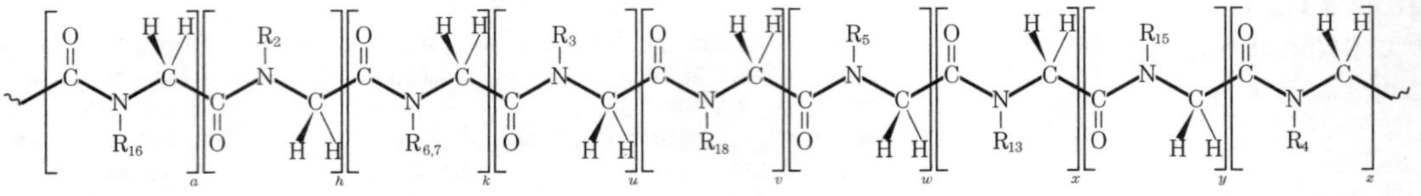

Figura 11.24
Estrutura química
da queratina.

glutâmico (14,5%), cistina (13,0%), leucina/isoleucina (12,6%), serina (10,6%) e arginina (9,8%). Deve-se destacar o alto teor de cistina, que é um ácido aminado contendo enxofre, pouco comum nas proteínas dos produtos industrializados de fontes naturais (Figura 11.24).

A macromolécula da queratina (Figura 11.25) apresenta duas conformações: *alfa* e *beta*. As ligações intramoleculares entre os aminoácidos da mesma cadeia é que sustentam a configuração dessa cadeia – conformação *alfa* ou *beta*.

Entre os tipos de interação, destacam-se as pontes hidrogênicas e as pontes cisteínicas. O resíduo de cisteína, RSH, pode interagir com outro resíduo de cisteína da mesma cadeia polipeptídica e formar uma ligação covalente dissulfeto, RSSR. Essa junção forma a cistina. Essas ligações são responsáveis pelas ondas que aparecem nos cabelos.

A proteína em forma espiralada, a *alfa*-queratina, é que dá sustentação ao cabelo; ela se encontra imersa na matriz, composta por células proteicas ricas em tirosina e aminoácidos sulfurados. Cortes histológicos demonstraram alta atividade de metais pesados nesse local. Por meio da análise de difração de raios X, pode-se observar que 30% da estrutura do cabelo é cristalina, enquanto 70% é amorfa.

As **queratinas** são formadas por cadeias polipeptídicas e se distinguem de outras proteínas por seu alto teor de pontes de dissulfeto S-S, provenientes do aminoácido **cistina**. As pontes de dissufeto formam uma rede tridimensional com alta densidade de ligações cruzadas, característica que proporciona ao cabelo resistência ao ataque químico. A redução dessas ligações causa mudanças nas propriedades do fio. O Quadro 11.7 apresenta a análise dos aminoácidos presentes no cabelo. Nele, nota-se o elevado teor de cistina, que é a principal característica da queratina. A **cisteína** é única dentre os 20 aminoácidos, pois tem um grupo tiol que pode formar, por oxidação, uma ponte dissulfeto com outra cisteína. Esse composto dimérico foi citado na literatura bioquímica como o aminoácido **cistina**, e a cisteína foi considerada um resíduo de meia-cistina. A estrutura de um fio de cabelo é representada na Figura 11.26.

Quanto maior a concentração de cistina, mais crespo é o cabelo. Outro aspecto decorrente da presença desse aminoácido no cabelo é

Figura 11.25 –
Representação das
conformações *alfa* e
beta da queratina.

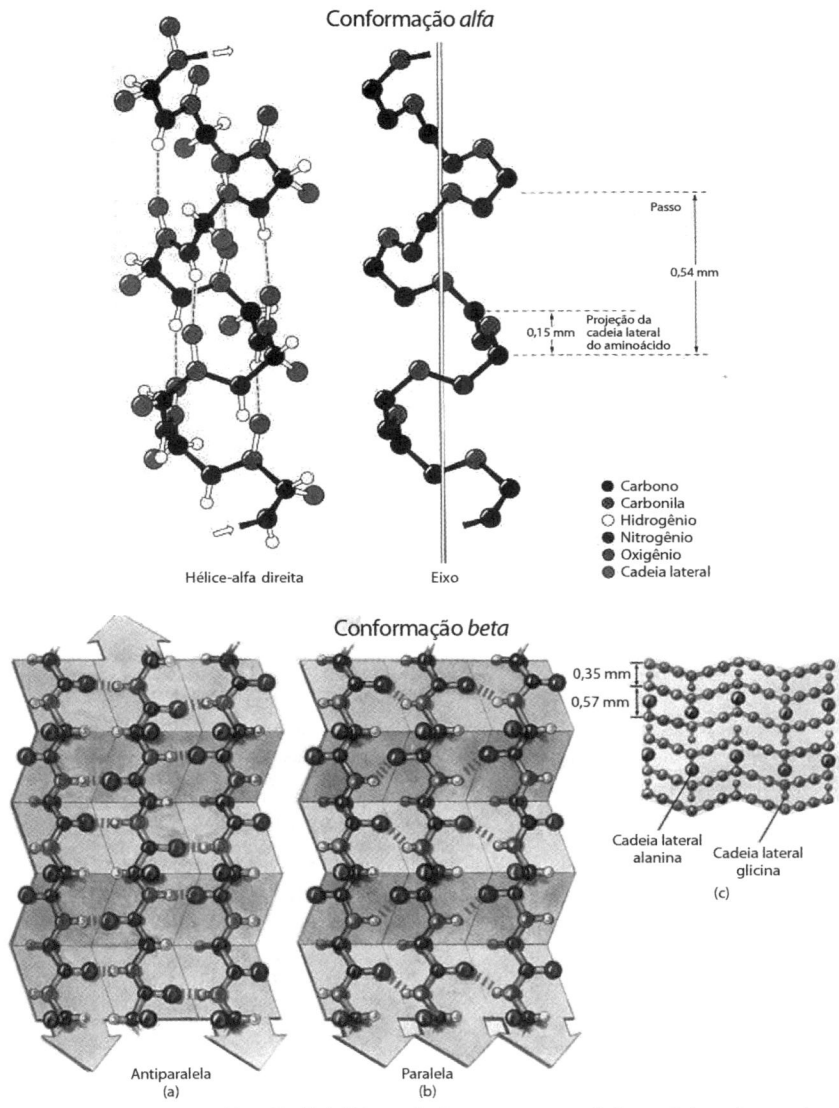

Fonte: Conformação alfa – Scribd. Disponível em: <www.scribd.com/nirav_kumar/d/39320365-Voet-Voet-chapter6>. Acesso em jun. 2012. Conformação beta – BioInfo. Disponível em: <http://www.bioinfo.org.cn/book/biochemistry/chapt07/sim1.htm>. Acesso em jun. 2012

que, a cistina possui as ligações S-S, já citadas,, as quais são suscetíveis de ruptura pelo calor ou algum agente redutor. Essa propriedade é a base da chamada **ondulação permanente**: primeiro ocorre a desnaturação da proteína, com o rompimento das ligações dissulfeto; depois, quando novas ligações S—S se estabelecem, os cabelos permanecem com a aparência escolhida.

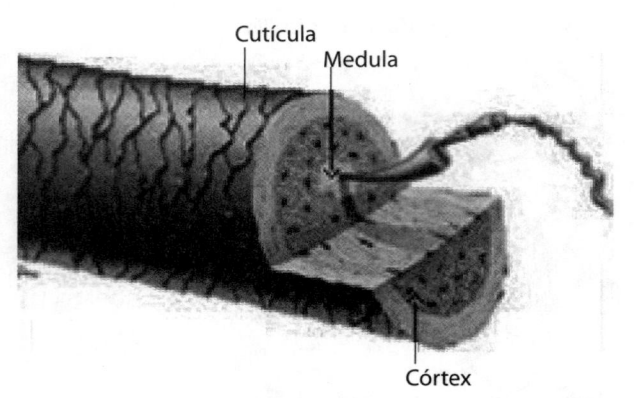

Cutícula
Medula

Córtex

Figura 11.26
Estrutura de um fio
de cabelo.

Fonte: DivaDiz. Disponível em: <http://divadiz.com/entendendo-o-seu-cabelo-da-raiz-as-pontas>. Acesso em: jun. 2012.

A possibilidade da interconversão entre as formas oxidadas (RSSR) e reduzidas (RSH) da cisteína é que permite ao cabeleireiro moldar o cabelo, ou seja, alisar um cabelo crespo, ou formar cachos e ondas em cabelo liso. A primeira etapa consiste na redução de todos os grupos RSSR. Isto se faz, geralmente, com a aplicação do ácido tioglicólico em uma solução de amônia. Essa solução reduz os grupos RSSR para RSH. O ácido tioglicólico em solução de amônia (pH 9) reduz RSSR a RSH. A segunda etapa consiste em imprimir no cabelo a forma desejada: lisa ou ondulada. Após lavar toda a solução de ácido tioglicólico e enrolar ou esticar o cabelo, o cabeleireiro oxida os grupos RSH para RSSR, com aplicação de um agente oxidante, tal como peróxido de hidrogênio ou borato de sódio.

A queratina parcialmente hidrolisada é empregada em preparações cosméticas, como xampus, condicionadores de cabelo e redutores de cutícula.

As células da epiderme contêm uma matriz estrutural de queratina, que torna a parte exterior da pele quase à prova de água. Juntamente com o colágeno e a elastina, a queratina torna a pele resistente. Fricção e compressão causam o aumento da queratina, gerando os calos de proteção da pele.

Quadro 11.7 – Aminoácidos presentes no cabelo		
Nº	Aminoácido	Cabelo seco (μmol g^{-1})
1	Ácido aspártico	292 – 578
2	Ácido glutâmico	930 – 1.036
3	Alanina	314 – 384
4	Arginina	499 – 620
5	Fenilalanina	132 – 226
6	Glicina	463 – 560
7	Histidina	40 – 86
8	Isoleucina	244 – 366
9	Leucina	489 – 259
10	Lisina	130 – 222
11	Meia-cistina (Cisteína)	1.380 – 1.512
12	Metionina	47 – 67
13	Prolina	374 – 708
14	Serina	705 – 1.091
15	Tirosina	121 – 195
16	Treonina	588 – 714
17	Triptofano	20 – 64
18	Valina	470 – 513

Bibliografia recomendada

Hair Science. Disponível em: <http://www.hair-science.com/_int/_en/topic/topic_sousrub.aspx?tc=ROOT-HAIR-SCIENCE^PORTRAIT-OF--AN-UNKNOWN-ELEMENT^SUPERB-CHEMISTRY&cur=SUPERB--CHEMISTRY>. Acesso em: 12 nov. 2007.

Answers. *Keratin*. Disponível em: <http://www.answers.com/topic/keratin>. Acesso em: 12 nov. 2007.

11.2.1.4 Colágeno

Colágeno (do grego *kolla*, que significa "produtor de cola")

O **colágeno** é uma proteína fibrilar formada por hélices de três cadeias de aminoácidos, enroladas sobre si mesmas e unidas por meio de ligações hidrogênicas e covalentes. A palavra **colágeno** se refere ao processo primitivo para obter cola por meio da fervura de pele e tendões de cavalos e outros animais.

Colágeno é provavelmente a proteína animal mais abundante na Natureza. Está presente em todos os tipos de animais multicelulares. Sua principal função é estrutural. Estima-se que o colágeno responda por cerca de 30% do total de proteínas do corpo humano, representando, aproximadamente, 75% do peso seco da pele.

O colágeno é um material notavelmente forte, tendo uma resistência à tração igual à do aço. Na forma de fibras brancas fortes, é um dos constituintes do tecido conjuntivo que une as partes do corpo; está localizado na matriz extracelular desses tecidos. É parte da rede interativa de proteoglicanas e proteínas, que fornece uma moldura estrutural para ambos os tecidos conectivos, macios e calcificados. Pela autoassociação em fibrilas e pela adesão a proteoglicanas, o colágeno contribui para a integridade dos tecidos e suas propriedades mecânicas.

A composição em aminoácidos e o sequenciamento encontrados no colágeno não são comuns nas proteínas. É constituído em sua maior parte por glicina (32,7%), alanina (11,7%), prolina (12,0%) e hidroxiprolina (10,8%). Tem massa molar média de 30.000. A hidroxiprolina e a hidroxilisina são dois derivados da lisina pouco usuais.

Como a glicina é o aminoácido mais simples, ela desempenha uma função única nas proteínas estruturais fibrosas. No colágeno, glicina é requerida a cada terceira posição na cadeia, porque o conjunto de hélices tríplices coloca esse resíduo no interior da hélice, onde não há espaço suficiente para um grupo lateral mais volumoso do que o único átomo de hidrogênio da glicina. Pela mesma razão, os anéis da prolina e da hidroxiprolina devem apontar para fora. Esses dois aminoácidos estabilizam termicamente a tríplice hélice – Hyp ainda mais do que Pro – e menor quantidade deles é requerida em animais, como peixes, nos quais a temperatura do corpo é baixa.

No osso, as hélices tríplices inteiras do colágeno se dispõem em um arranjo paralelo, desencontrado. Espaçamentos de 40 nm entre as extremidades das subunidades do procolágeno provavelmente servem

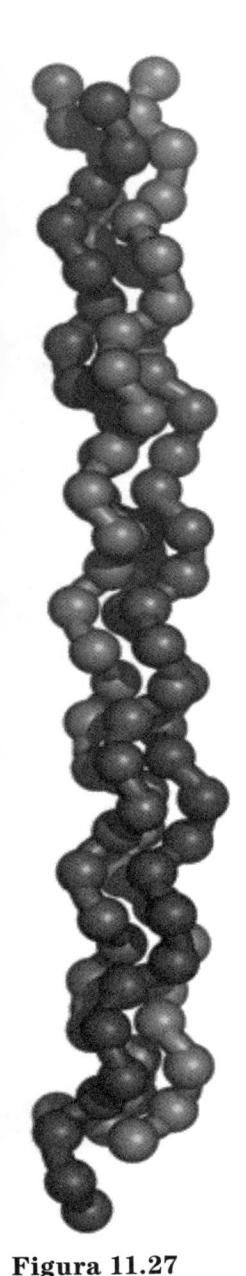

Figura 11.27
Estrutura do
colágeno.

Fonte: Wikipedia.
Disponível em: <http://
en.wikipedia.org/wiki/
Collagen>. Acesso em:
jun. 2012.

como sítios de nucleação para a deposição de cristais longos, duros e finos do componente mineral, que é a hidroxiapatita, $Ca_5(PO_4)_3(OH)$. É dessa maneira que alguns tipos de cartilagem se transformam em osso. O colágeno dá elasticidade ao osso e contribui para sua resistência à fratura.

A estrutura do colágeno varia de acordo com a espécie animal e sua idade, passando a apresentar progressivamente maior número de ligações cruzadas. Por esse motivo, os tecidos jovens são mais macios e retêm água, enquanto os tecidos dos animais mais idosos são mais rijos e secos.

As células chamadas **fibroblastos** formam as várias fibras do tecido conectivo do corpo. O fibroblasto produz três tipos de fibras, para formar a substância básica: colágeno, elastina e retículo.

O colágeno consiste de grupos de fibras brancas, inelásticas, de alta resistência à tração. Cada molécula de colágeno é um bastão pequeno e rígido, formado pelo entrelaçamento em tríplice hélice de três cadeias polipeptídicas chamadas **cadeias *alfa*** (Figura 11.27). Essa estrutura proteica responde pelas propriedades físicas e biológicas dos colágenos: rigidez, solidez e estabilidade.

Fibras de colágeno são feixes de fibrilas; são moléculas de colágeno empacotadas, sobrepostas. Muitas vezes, coexistem com fibras de elastina, principalmente em tecidos que sofrem, com regularidade, consideráveis variações de forma, como pele, pulmões e vasos sanguíneos. O colágeno, essencialmente inextensível e de elevada resistência a tração, é capaz de existir e funcionar ao lado de fibras elásticas simplesmente por exibir considerável frouxidão. Esse comportamento é facilmente compreendido, observando-se a pele de pessoas idosas – em que ocorre a degeneração das fibras elásticas de elastina, com o consequente aumento do enrugamento – e comparando com a pele de crianças, lisa e viçosa.

A subunidade do colágeno ou **procolágeno** é um bastão com cerca de 300 nm de comprimento e 1,5 nm de diâmetro, formado por três fieiras de polipeptídeos; cada uma delas é uma **hélice L**, diferente da alfa-hélice que ocorre usualmente, a qual é **hélice D**. Essas três hélices L estão enroladas juntas, compondo uma espiral D, que é uma hélice tríplice, uma estrutura quaternária cooperativa, estabilizada por numerosas ligações hidrogênicas. As subunidades procolágeno se organizam espontaneamente, com as extremidades regularmente desencontradas, formando arranjos ainda maiores, nos espaços extracelulares dos tecidos. Há alguma reticulação covalente dentro das hélices tríplices, e uma quantidade variável de ligações cruzadas entre as hélices de procolágeno, a fim de formar os diferentes tipos de colágeno encontrados em tecidos de maturidade diversa – semelhante à situação encontrada na *alfa*-queratina, no cabelo.

A insolubilidade do colágeno foi uma barreira para o seu estudo até que se verificou que o procolágeno de animais jovens podia ser extraído, porque ainda não estava totalmente reticulado.

Uma característica do colágeno é o arranjo regular dos aminoácidos em cada uma das três cadeias de suas subunidades. A sequência muitas vezes segue o padrão Gly-X-Pro ou Gly-X-Hyp, onde X pode ser um resíduo de qualquer dos demais aminoácidos. Frequentemente, ocorre a sequência Gly-Pro-Hyp. Esse tipo de repetição regular e o alto teor de glicina são encontrados em apenas algumas outras proteínas fibrilares além do colágeno, como a fibroína e a elastina. Na fibroína da seda, 75-80% é Gly-Ala-Gly-Ala, com 10% de serina. Na elastina, que é rica em glicina, prolina e alanina, a cadeia lateral é um grupo metila, pequeno e inerte. Em proteínas globulares, não são encontrados teores elevados de glicina ou repetições regulares dos aminoácidos, que facilitam a linearidade da macromolécula.

Grupos laterais quimicamente reativos não são tão necessários em proteínas estruturais quanto em enzimas e proteínas de transporte. O alto teor de Pro e os anéis de Hyp, com seus grupos carboxila e amina secundária geometricamente impedidos, respondem pela tendência das fieiras individuais de polipeptídeos de formar espontaneamente hélices L, sem qualquer ponte hidrogênica intramolecular.

São conhecidos pelo menos 18 tipos de colágeno, sendo os mais abundantes no organismo os colágenos tipo I, II e III. O tipo I está presente na pele, tendão e osso; o tipo II, em cartilagem e humor vítreo; e o tipo III, na pele e nos músculos.

Interações laterais das hélices tríplices dos colágenos resultam na formação de fibrilas de cerca de 50 nm de diâmetro. Os colágenos são sintetizados como longos precursores das proteínas, chamados **procolágenos**. Procolágeno tipo I contém ainda, ligado ao terminal N, uma sequência de 150 aminoácidos, e ao terminal C, 250 aminoácidos. Esses domínios são globulares e formam múltiplas ligações dissulfeto entre as cadeias. Essas ligações estabilizam a protoproteína, permitindo formar a tríplice seção helicoidal.

No corpo, o colágeno ajuda a manter a coesão, porque reforça e conecta partes com uma rede de fibras resistentes. Como já foi dito essa proteína forma as fibras brancas presentes em todos os tecidos conjuntivos do corpo, inclusive ossos, dentes, cartilagens e tendões; na pele e em todos os revestimentos, partições e molduras, abundantes em todos os órgãos. A exceção é o sistema nervoso central, que tem sua própria variedade especial de tecidos de suporte, embora haja colágeno nas membranas que recobrem o cérebro e a medula espinhal.

O colágeno é uma das proteínas estruturais mais espalhadas, que fornece suporte aos tecidos; em geral, vem acompanhado da elastina. Por analogia com uma corda, a principal propriedade mecânica do colágeno é a sua capacidade de resistir a uma força de tração, vastamente superior à sua resistência à compressão ou torção. A resistência à tração do colágeno é tão alta que é comparável, peso a peso, à do aço. Ao contrário, a elastina tem uma resistência à tração baixa, porém elevadas propriedades mecânicas como a extensibilidade e a resiliência: isto é, a capacidade de extensão sob carga em faixa relativamente longa e retorno à dimensões originais quando a força é removida. O colágeno pode esticar somente cerca de 2% sem dano permanente.

Essa proteína é sintetizada por células presentes em todos os tecidos conectivos, os **fibroblastos**, palavra que significa "gerador de fibras". Como todas as proteínas, os colágenos são formados pelo encadeamento sucessivo de unidades de aminoácidos. Já que glicose e outros açúcares estão ligados à cadeia de aminoácidos, o colágeno é uma **glicoproteína**.

Cada molécula, longa e fina, de colágeno consiste de três cadeias com mais de 1.000 unidades; cada cadeia é helicoidal e as três, por sua vez, formam uma hélice tríplice. Uma molécula tem cerca de 300 nm de comprimento – ponta a ponta, o conjunto de cerca de 3.000 moléculas mede 1 mm –, mas, no colágeno completamente formado, elas se sobrepõem ao longo do comprimento e também são ligadas lado a lado, formando fibras mais longas, mais largas e muito resistentes.

A complexidade da fibra de colágeno demanda o envolvimento de múltiplas enzimas, de modo que uma deficiência congênita de qualquer uma delas pode levar a alguma desordem na formação dessa proteína. Com o envelhecimento, áreas da pele dos seres humanos habitualmente expostas mostram fibras de colágeno quebradas e desordenadas, em decorrência da ação de raios UV. A substituição deficiente de colágeno também contribui para o afinamento e enrugamento da pele e, juntamente com a perda de sais minerais, à **osteoporose** – que é o decréscimo da massa dos ossos. Estas mudanças sugerem que a produção contínua de novos fibroblastos e, por meio deles, de novos colágenos, declina progressivamente com a idade.

A **cartilagem** é um tipo de tecido conectivo animal firme, elástico, flexível, esbranquiçado ou amarelado, translúcido, que constitui a maior parte do esqueleto do embrião, participa do processo de crescimento do corpo, serve de modelo para o desenvolvimento dos ossos, forra extremidades de superfícies ósseas articulares e constitui algumas partes do esqueleto do animal adulto. É composta por fibras de colágeno em um gel amorfo. O componente orgânico, não mineral, do osso é, em sua maior parte, formado por fibras de colágeno, com cristais de hidroxiapatita permanecendo adjacentes a cada segmento da fibra; as fibras e os sais de cálcio combinados formam uma estrutura com resistência à tração e à compressão comparáveis às do concreto armado. O colágeno, dissolvido em água fervente, normalmente se hidrolisa, tornando-se desnaturado e formando a **gelatina**.

É bem conhecida a importância comercial do colágeno como couro e na produção de gelatina e cola. As colas animais são termoplásticas, amolecendo novamente após aquecimento; são, ainda hoje, empregadas na fabricação de instrumentos musicais, como violinos e guitarras especiais, que podem ser abertos para conserto. Mais recentemente, colágeno tem sido usado como base para biomateriais, por exemplo, colágeno injetável para atenuar as rugas e defeitos faciais, e ainda como pele artificial, para utilização em queimaduras.

O colágeno e a elastina são os constituintes fibrosos que formam os dois tipos de tecido conjuntivo existente nos animais. O colágeno está presente nas fibras brancas, dispostas em feixes de filamentos espiralados, de grande firmeza e resistência à tração. A elastina é o componente majoritário das fibras amarelas, que são elásticas e têm importante papel na estética pela sua ação antirrugas na pele humana.

Como já dissemos, normalmente, o colágeno se hidrolisa transformando-se em gelatina.

Se o colágeno estiver parcialmente hidrolisado, as três fieiras de procolágeno se separam em espirais, globulares, aleatórias, produzindo a gelatina, que é utilizada em muitos alimentos, incluindo sobremesas de gelatina aromatizada. Além de alimentos, a gelatina também é empregada nas indústrias farmacêutica, fotográfica e de cosméticos.

Do ponto de vista nutricional, colágeno e gelatina são proteínas de baixa qualidade, porque carecem da quantidade adequada de alguns dos aminoácidos essenciais. Alguns suplementos dietéticos baseados em colágeno, que estão à venda, declaram que melhoram a pele e as unhas, bem como a saúde das articulações. A gelatina é, ainda, uma boa fonte de proteínas brutas na dieta. O colágeno de ossos de animais é extraído por fervura com água, formando uma resina pegajosa, da qual a gelatina pode ser obtida. Essa gelatina é comestível, sendo usada em geleias, pastas e outros alimentos, como agente geleificante, porque incha em contato com água.

O colágeno já era usado pelos egípcios há cerca de 4.000 anos.

Bibliografia recomendada

Answers. Disponível em: <http://www.answers.com/topic/collagen?cat=health>. Acesso em: 30 nov. 2007.

FRIESS, W. Collagen – biomaterial for drug delivery. *European Journal of Pharmaceutics and Biopharmaceutics*, v. 45, p. 113-136, 1998.

GELSE, K.; PÖSCHL, E.; AIGNER, T. Collagens – structure, function, and biosynthesis. *Advanced Drug Delivery Reviews*, v. 55, p. 1531-1546, 2003.

Indiana State University. Disponível em: <http://web.indstate.edu/thcme/mwking/extracellularmatrix.html>. Acesso em: 30 nov. 2007.

11.2.1.5 Elastina

A **elastina** é a proteína borrachosa dos vertebrados. É uma proteína simples, constituída principalmente pelos seguintes ácidos aminados: glicina (32,9%), prolina, hidroxiprolina, valina, alanina, leucina, isoleucina, fenilalanina, triptofano, cistina, histidina, lisina, arginina. Dentro da faixa biológica de extensão, a elastina se comporta como um sistema linear elástico.

Ao lado do colágeno (Seção 11.2.1.4), a elastina constitui o material fibroso que forma o tecido conjuntivo existente nos animais. Como já foi citado na seção antrerior, o colágeno está presente nas fibras brancas, dispostas em feixes de filamentos espiralados, de grande firmeza e resistência à tração, enquanto a elastina é o componente principal das fibras amarelas, que são elásticas.

A elastina é um componente fundamental para a estrutura da pele, pois permite esticar e retornar ao seu estado inicial. A pele humana possuiu 2-4% de elastina, que cumpre a função de distribuir a elasticidade dos tecidos. Ela é responsável por oferecer alta resistência à pele em relação ao calor e aos ataques de agentes enzimáticos e químicos. A perda de elastina nos humanos é acentuada a partir dos 60 anos. A Figura 11.28 mostra uma fibra elástica com seus componentes, isto é, microfibrila de colágeno e elastina.

A **pele** é formada por três camadas: epiderme, derme e hipoderme. A **epiderme** é a camada superficial, rica em queratina. A **derme** é a camada intermediária, que representa 90% da estrutura da pele, composta por fibras de colágeno (que dão sustentação) e elastina (que dá elasticidade). A **hipoderme** á a camada mais profunda, composta por células adiposas (que armazenam gordura), fibras elásticas e um material gelatinoso.

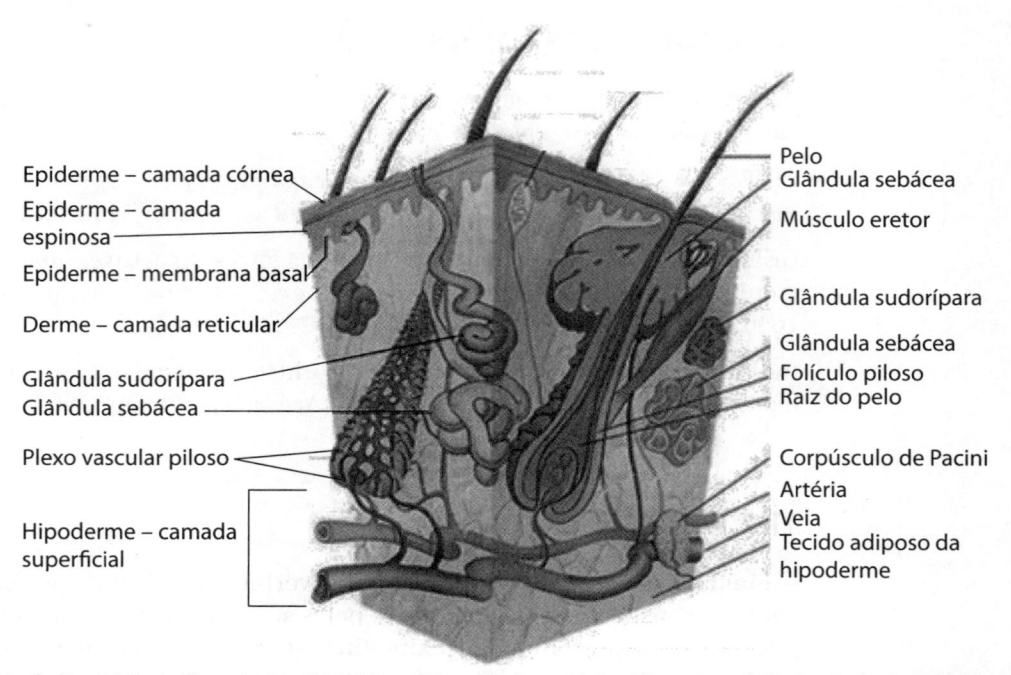

Epiderme – camada córnea
Epiderme – camada espinosa
Epiderme – membrana basal
Derme – camada reticular
Glândula sudorípara
Glândula sebácea
Plexo vascular piloso
Hipoderme – camada superficial

Pelo
Glândula sebácea
Músculo eretor
Glândula sudorípara
Glândula sebácea
Folículo piloso
Raiz do pelo
Corpúsculo de Pacini
Artéria
Veia
Tecido adiposo da hipoderme

Fonte: Laboratório de Tecnologias Cognitivas. Disponível em: <http://ltc.nutes.ufrj.br/toxicologia/mII.pele.htm>. Acesso em: nov. 2012.

Figura 11.28 – Representação da fibra elástica da pele, constituída de colágeno (microfibrila) e elastina (matriz).

A elastina é uma proteína hidrofóbica, principal componente das fibras elásticas dos animais multicelulares. No estado relaxado, a elastina possui uma estrutura enovelada que pode ser estirada, mas que retorna ao estado enovelado quando ocorre o relaxamento, como uma mola. Os tendões e os vasos contêm uma percentagem de elastina maior que os outros tecidos.

Bibliografia recomendada

American Academy of Dermatology Association. Disponível em: <http://www.aad.org/education-and-quality-care/medical-student--core-curriculum/elastin>. Acesso em: 29 dez. 2011.

Innovateus. Disponível em: <http://www.innovateus.net/health/what--protein-elastin>. Acesso em: 29 dez. 2011.

WALTON, A. G.; BLACKWELL, J. *Biopolymers*. New York: Academic Press, 1973.

11.2.1.6 Caseína

Caseína (do latim, *caseus*, que significa "queijo")

A **caseína** é a principal proteína encontrada no leite dos mamíferos (cerca de 80%). É uma complexa fosfoproteína contendo variações denominadas de caseína *alfa*-1, *alfa*-2, *beta* e kappa, que se diferenciam pela massa molar média – varia entre 19.000 até 25.000, número total de aminoácidos encadeados e número de grupamentos prolina – responsável por impedir a formação de estrutura secundária da cadeia proteica (Quadro 11.8). É uma proteína **conjugada**, em que o fósforo e o cálcio desempenham um papel importante nas estruturas formadas, isto é, nas micelas – o número de íons cálcio é proporcional ao teor de grupamento fosfato. Ocorre no leite sob a forma de sal de cálcio, solúvel em água. O ponto isoelétrico da caseína é 4,6: este é o pH em que ela precipita, por coagulação ácida. A proteína purificada é insolúvel em água.

A caseína contém um teor razoavelmente alto de prolina, sem ponte de dissulfeto. Como consequência, apresenta relativamente poucas estruturas secundárias e terciárias, não formando estruturas globulares. Por essa razão, a caseína não pode sofrer desnaturação.

No leite, a caseína encontra-se como uma emulsão. As micelas de caseína se distribuem de modo que a região hidrófoba da partícula, apolar, fica no interior e a região hidrófila, polar, na superfície, exposta

Quadro 11.8 – Composição química de alguns tipos de caseína

Caseína *alfa*-1

arg	pro	lys	his	pro	ile	lys	his	gln	gly *(30)*	leu	pro	gln	glu	val	leu	asn	glu	asn	leu *(40)*
leu	arg	phe	phe	val	ala (P)	pro	phe (P)	pro	gln *(50)*	val	phe	gly	lys	glu	lys	val	asn	glu	leu *(60)*
ser	lys	asp	ile (P)	gly	**ser** (P)	glu	**ser** (P)	thr (P)	glu *(70)*	asp	gln	ala	met	glu (P)	asp	ile	lys	glu	met *(80)*
glu	ala	glu	**ser**	ile	**ser**	**ser**	**ser**	glu	glu *(90)*	ile	val	pro	asn	**ser**	val	glu	gln	lys	his *(100)*
ile	gln	lys	glu	asp	val	pro	ser	glu	arg *(110)*	tyr	leu	gly	tyr	leu (P)	glu	gln	leu	leu	arg *(120)*
leu	lys	lys	tyr	lys	val	pro	gln	leu	glu *(130)*	ile	val	pro	asn	**ser**	ala	glu	glu	arg	leu *(140)*
his	ser	met	lys	gln	gly	ile	his	ala	gln *(150)*	gln	lys	glu	pro	met	gly	val	asn	asn	gln *(160)*
glu	leu	ala	typ	phe	tyr	pro	glu	leu	phe *(170)*	arg	gln	phe	tyr	gln	leu	asp	ala	tyr	pro *(180)*
ser	gly	ala	trp	tyr	tyr	val	pro	leu	gly *(190)*	thr	gln	tyr	thr	asp	ala	pro	ser	phe *(199)*	ser
asp	ile	pro	asn	pro	ile	gly	ser	glu	asn	ser	glu	lys	thr	thre	met	pro	leu	trp	

Quadro 11.8 – Composição química de alguns tipos de caseína (*continuação*)

Caseína *alfa*-2

```
                                     P    P    P   11                         P
1
Lys  Asn  Thr  Met  Glu  His  Val  Ser  Ser  Ser  Glu  Glu  Ser  Ile  Ile  Ser  Gln  Gln  Thr  Thr
21                                                31
Lys  Glu  Glu  Lys  Asn  Met  Ala  Ile  Asn  Pro  Ser  Lys  Glu  Asn  Leu  Cys  Ser  Thr  Phe  Cys
41                                                51        P    P    P
Lys  Glu  Val  Val  Arg  Asn  Ala  Asn  Glu  Glu  Glu  Tyr  Ser  Ile  Gly  Ser  Ser  Ser  Glu  Glu
P    62                                           71
Ser  Ala  Glu  Val  Ala  Thr  Glu  Glu  Val  Lys  Ile  Thr  Val  Asp  Asp  Lys  His  Tyr  Gln  Lys
81                                                91
Ala  Leu  Asn  Glu  Ile  Asn  Gli  Phr  Typ  Gln  Lys  Phe  Pro  Gln  Tyr  Leu  Gln  Tyr  Lue  Tyr
101                                               111
Gln  Gly  Pro  Ile  Val  Leu  Asn  Pro  Trp  Asp  Gln  Val  Lys  Arg  Asn  Ala  Val  Pro  Ile  Thr
121                                    P              P
Pro  Thr  Leu  Asn  Agr  Glu  Gln  Lue  Ser  Thr  Ser  Glu  Glu  Asn  Ser  Lys  Lys  Thr  Val  Asp
141       P                                       151
Met  Glu  Ser  Thr  Glu  Val  Phe  Thr  Lys  Lys  Thr  Lys  Leu  Thr  Glu  Glu  Glu  Lys  Asn  Arg
161                                               171
Leu  Asn  Phe  Leu  Lsu  Lsy  Ile  Ser  Gln  Agr  Thr  Gln  Lys  Phe  Ala  Leu  Pro  Gln  Tyr  Leu
181                                               191
Lsy  Thr  Val  Tyr  Gln  His  Gln  Lys  Ala  Met  Lys  Pro  Trp  Ile  Gln  Pro  Lys  Thr  Lys  Val
201                                  207
Ile  Pro  Tyr  Val  Arg  Ttr  Leu
```

Caseína *beta*

```
                                         10                       P    P    P   20
arg  glu  leu  glu  glu  leu  asn  val  pro  gly  Glu  ile  Val  glu  ser  leu  Ser  Ser  Ser  glu
30                                                  P                            40
glu  ser  ile  thr  arg  ile  asn  lys  lys  ile  Glu  lys  Phe  gln  Ser  glu  glu  gln  gln  gln
50                                                                               60
thr  glu  asp  glu  leu  gln  asp  lys  ile  his  Pro  phe  Ala  gln  thr  gln  ser  leu  val  tyr
70                                                                               80
pro  phe  pro  gly  pro  ile  pro  asn  ser  leu  Pro  gln  Asn  ile  pro  pro  leu  thr  gln  pro
90                                                                               100
pro  val  val  val  pro  pro  phe  leu  gln  pro  Glu  val  Met  lys  val  ser  lys  val  lys  glu
110                                                                              120
ala  met  ala  pro  lys  his  lys  glu  met  pro  Phe  pro  Lys  tyr  pro  val  gln  pro  phe  thr
130                                                                              140
glu  ser  gln  ser  leu  thr  leu  thr  asp  val  Glu  asn  Leu  his  leu  pro  pro  leu  leu  leu
150                                                                              160
gln  ser  trp  met  his  gln  pro  his  gln  pro  Leu  pro  Pro  thr  val  met  phe  pro  pro  gln
170                                                                              180
ser  val  leu  ser  leu  ser  gln  ser  lys  val  Leu  pro  Val  pro  glu  lys  ala  val  pro  tyr
190                                                                              200
pro  gln  arg  asp  met  pro  ile  gln  ala  phe  leu  leu  Tyr  gln  gln  pro  val  leu  gly  pro
209
val  arg  gly  pro  phe  pro  ile  ile  val
```

à água. As moléculas de caseína das micelas se mantêm juntas por meio de íons cálcio e interações hidrofóbicas.

A caseína é uma fosfoproteína, contendo número variável de grupamentos fosfato, ligados à serina, concentrados em diferentes regiões das cadeias polipeptídicas, originando, nas moléculas, regiões mais hidrofílicas ou mais hidrofóbicas, isto é, o caráter anfifílico. Como resul-

Quadro 11.8 – Composição química de alguns tipos de caseína (*continuação*)

Caseína *kappa*

1										11									
Glu	Glu	Gln	Asn	Gln	Glu	Gln	Pro	Ile	Arg	Cys	Glu	Lys	Asp	Glu	Arg	Phe	Phe	Ser	Asp
21										**31**									
Lys	Ile	Ala	Lys	Tyr	Ile	Pro	Ile	Gln	Tyr	Val	Leu	Ser	Arg	Tyr	Pro	Ser	Tyr	Gly	Leu
41										**51**									
Asn	Tyr	Tyr	Gln	Gln	Lys	Pro	Val	Ala	Leu	Ile	Asn	Asn	Gln	Phe	Lue	Pro	Tyr	Pro	Tyr
61										**71**									
Tyr	Ala	Lys	Pro	Ala	Ala	Val	Arg	Ser	Pro	Ala	Gln	Ile	Leu	Gln	Trp	Gln	Val	Leu	Ser
81										**91**									
Asp	Thr	Val	Pro	Ala	Lys	Ser	Cys	Gln	Ala	Gln	Pro	Thr	Thr	Met	Ala	Arg	His	Pro	His
101				**105**	**106**					**111**									
Pro	His	Leu	Ser	Phe	Met	Ala	Ile	Pro	Pro	Lys	Lys	Asn	Gln	Asp	Lys	Thr	Glu	Ile	Pro
121										**131**									
Thr	Ile	Asn	Thr	Ile	Ala	Ser	Gly	Glu	Pro	Thr	Ser	Thr	Pro	Thr	Thr	Glu	Ala	Val	Glu
141								**P**		**151**									
Ser	Thr	Val	Ala	Thr	Leu	Glu	Asp	Ser	Pro	Glu	Val	Ile	Glu	Ser	Pro	Pro	Glu	Ile	Asn
161								**169**											
Thr	Val	Gln	Val	Thr	Ser	Thr	Ala	Val											

Fonte: The Ohio State University – Lectures. Disponível em: <http://class.fst.ohio-state.edu/FST822/lecturesab/Milk.htm>. Acesso: em jun. 2012.

tado, a caseína é mais suscetível à hidrólise e difunde-se mais rápida e fortemente em interfaces do que as proteínas do soro do leite.

A caseína é obtida por coagulação espontânea ou adição de ácido ao leite desnatado. Para utilização industrial, é dispersa em solução aquosa alcalina diluída, e regenerada por extrusão; o material extrusado é recebido em meio aquoso ácido. O produto, inchado, é então reticulado, e se torna mais resistente por tratamento com formol (37% HCHO em água). Com o polímero caseína-formaldeído faziam-se fibras, botões, maçanetas e outras pequenas peças. O material plástico, branco ou de cores claras, era conhecido como "galalite". Atualmente, esse produto não é mais fabricado. A caseína encontra, ainda, aplicação como adesivo e na indústria farmacêutica.

Bibliografia recomendada

MAISTRO, L. C. Caseína: aspectos relevantes de sua estrutura, obtenção e funcionalidade. *Food Ingredients: Pesquisa de Alimentos e Bebidas*, n. 21, p. 63-66, 2002.

SCHRIEKE, R . R.; WINTER, G. *Encyclopedia of polymer science and engineering*. v. 2. New York: John Wiley & Sons, 1985.

11.2.1.7 Albumina

Albumina (do latim, *albumen*, que significa "clara de ovo")

Albumina é uma proteína natural solúvel em água e soluções salinas diluídas, e coagula por aquecimento. Essa denominação geralmente se refere à clara de ovo, porém a albumina é também encontrada no sangue, nos músculos, no leite e nas sementes de alguns vegetais. É uma proteína de baixa viscosidade, com 17 pontes de dissulfeto, massa molecular da ordem de 70.000. Sua composição química em ácidos aminados é vista no Quadro 11.9.

Um ovo de galinha de tamanho médio tem a seguinte composição: 11% de casca; 58% de clara e 31% de gema.

A casca do ovo é constituída de fibras de proteína (queratina), impregnadas de cristais de calcita (carbonato de cálcio). A clara contém 88,3% de água e 9% de proteína (albumina). A gema possui 51% de água, 16% de proteína, 31% de gordura e um elevado teor de colesterol (1.120 mg/100 g de amostra).

Bibliografia recomendada

DENKO, C. W.; PURSER, D. B.; JOHNSON, R. M. Amino acid composition of serum albumin in normal individuals and in patients with rheumatoid arthritis. *Clinical Chemistry*, v. 16, n. 1, p. 55, 1970.

wiseGEEK. Disponível em: <http://www.wisegeek.com/what-is-albumin.htm>. Acesso em: 29 dez. 2011.

Quadro 11.9 – Composição em aminoácidos da albumina*			
Teor (%)			
N°	Aminoácido	Soro do sangue humano	
		A	B
1	Ácido aspártico	10,2	10,4
2	Treonina	4,7	5,0
3	Serina	3,2	3,7
4	Ácido glutâmico	16,3	17,4
5	Prolina	3,2	5,1
6	Glicina	2,4	1,6
7	Alanina	4,6	-
8	Valina	5,3	7,7
9	Metionina	1,3	1,3
10	Isoleucina	2,0	1,7
11	Leucina	11,3	11,9
12	Tirosina	4,8	4,7
13	Fenilalanina	7,5	7,8
14	Lisina	12,4	12,3
15	Histidina	4,8	3,5
16	Arginina	6,2	6,2
17	Cisteína	-	0,7
18	Cistina/2	-	5,6
19	Triptofano	-	0,2
20	Amida.NH_2	-	1,1

Fonte: DENKO, C. W.; PURSER, D. B.; JOHNSON, R. M. Amino acid composition of serum albumin in normal individuals and in patients with rheumatoid arthritis. Clinical Chemistry, v. 16, n. 1, p. 55, 1970.
*Os valores variam conforme a amostra analisada.

11.2.1.8 Ácidos nucleicos

Ácidos nucleicos são compostos orgânicos que produzem o material genético das células. São biopolímeros, encontrados em todos os vírus e células vivas, pois são essenciais para a biossíntese das proteínas. São moléculas extremamente complexas; constituem a base da herança biológica, isto é, a hereditariedade. Regem a atividade da matéria viva, tanto no espaço – coordenando e dirigindo a química celular por meio da síntese das proteínas – quanto no tempo –transmitindo os caracteres biológicos de uma geração a outra, nos processos reprodutivos.

Do ponto de vista químico, os ácidos nucleicos são moléculas longas, de massa molar muito elevada – da ordem de milhões –, constituídas por cadeias de unidades denominadas **nucleotídeos**. É ácido devido aos grupos fosfato. Suas subunidades contêm uma pentose, a desoxi-D-ribose, e por esse motivo é chamado **ácido desoxirribonucleico**, ou **DNA**. Há outra estrutura semelhante encontrada nas células, em que a pentose das subunidades nucleotídicas é a D-ribose; é chamado **ácido ribonucleico**, ou **RNA**.

Diferentemente do que ocorre nas proteínas, em que estão envolvidos 20 diferentes aminoácidos, nos ácidos nucleicos há apenas quatro bases, isto é, aminas, pertencentes a anéis heterocíclicos: adenina (A) , citosina (C), guanina (G) timina (T) e/ou uracila (U). Um mononucleotídeo tem a estrutura representada a seguir assim como os seus constituintes.

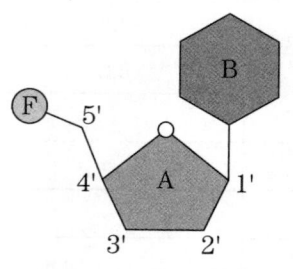

F = Grupamento fosfato

$$-O-\overset{\overset{\displaystyle O}{\|}}{\underset{\underset{\displaystyle O}{|}}{P}}-O^-$$

A = Pentose (D-Ribose ou desoxi-D-ribose)

D-ribose   2-desoxi-D-ribose

$^5CH_2OH$ $^5CH_2OH$

B = Base nitrogenada

Adenina   Citosina

Guanina   Imina   Uracila

A estrutura base-açúcar é chamada **nucleosídeo.** Se o açúcar é a desoxirribose, o produto é um desoxirribonucleosídeo.

Os dois principais tipos de ácido nucleico, DNA e RNA, são compostos de material semelhante, porém diferente em estrutura e função. Ambos são longas cadeias de nucleotídeos repetidos. A sequência das bases, purinas e pirimidinas, – adenina (A), guanina (G), citosina (C) e/ou timina (Y, nas pirimidinas), ou uracila (U, em RNA) – em nucleotídeos, em grupos de três (chamados **tripletes** ou **codons**), constitui o **código genético.**

O DNA (Figura 11.29) é um biopolímero em forma de duplo cordão, a chamada **dupla hélice**, contendo a pentose **desoxirribose.** O RNA (Figura 11.30) é um biopolímero em forma de cordão simples, contendo a pentose **ribose.**

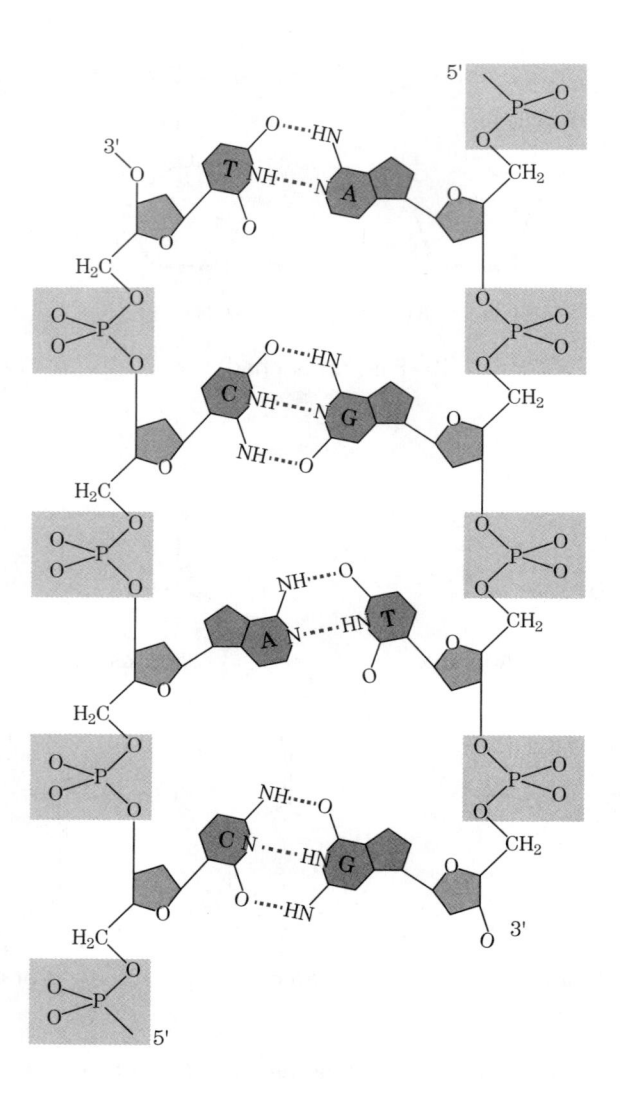

Figura 11.29
Representação esquemática da estrutura do DNA.

Na maioria dos organismos, os ácidos nucleicos ocorrem em combinação com proteínas, e as substâncias combinadas são chamadas **nucleoproteínas.**

Há duas grandes classes de ácidos nucleicos: **ácido desoxirribonucleico (DNA)**, cuja pentose é a desoxirribose, e **ácido ribonucleico (RNA)**, cuja pentose é a ribose. As bases purínicas e pirimidínicas dos ácidos nucleicos são: adenina (A), guanina (G) e citosina (C), que ocorrem em ambos. A timina (T) ocorre apenas no DNA, e a uracila (U), apenas no RNA. O **DNA** transporta a informação hereditária de geração em geração, e o **RNA** libera as instruções codificadas nessa informação para os sítios de manufatura das proteínas da célula.

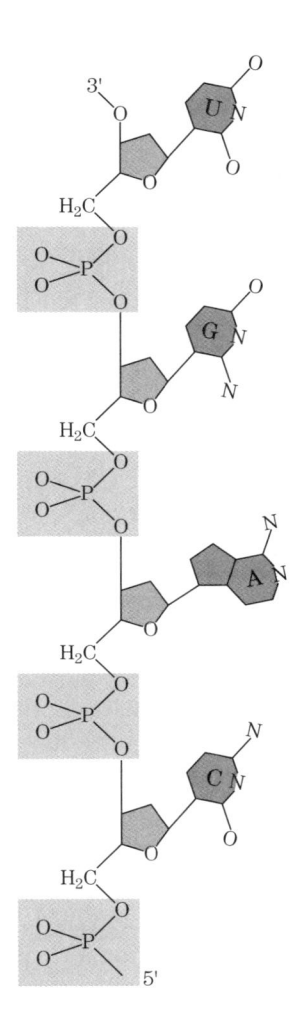

As propriedades físicas e químicas do DNA o tornam adequado para ambas as funções, replicação e transferência de informação. Cada molécula de DNA é uma longa cadeia dupla. As fieiras são formadas por subunidades denominadas **nucleotídeos**, cada um contendo um açúcar (desoxirribose), um grupo fosfato e uma de quatro bases nitrogenadas, adenina, guanina, timina e citosina, representadas pelas iniciais maiúsculas A, G, T e C, respectivamente. Cada fieira contém nucleotídeos portando uma dessas quatro bases. A informação levada por um dado gene é codificada na sequência em que os nucleotídeos, portando diferentes bases, ocorrem ao longo da fieira. As sequências de nucleotídeos determinam as sequências de aminoácidos na cadeia polipeptídica da proteína especificada por aquele gene.

Entre os genes, com o código *loci*, sobre o DNA de organismos superiores, há longas porções de DNA, muitas vezes, referidas como **DNA-lixo**, que não codificam proteína alguma. Algumas vezes, o DNA-lixo ocorre com um gene; quando isso ocorre, as porções codificadas são chamadas *exons* e as porções não codificadas (lixo) são chamadas *introns*. O DNA-lixo corresponde a 97% do DNA no genoma humano. Pouco se sabe sobre sua finalidade.

O DNA foi isolado pela primeira vez em 1869 por Friedrich Miescher, que lhe atribuiu o nome "nuclein". Somente na segunda metade do século XX a pesquisa revelou sua importância, como o material de que o gene é composto, e sua função, como portador químico das características hereditárias.

Em 1953, os biologistas moleculares J. D. Watson, um americano, e F. H. Crick, um inglês, propuseram que as duas fieiras de DNA estivessem enroladas em forma de dupla hélice. Nesse modelo, cada subunidade de nucleotídeo ao longo de uma fieira está ligado a uma subunidade de nucleotídeo na outra fieira por meio de ligações hidrogênicas, entre as porções básicas dos nucleotídeos. O fato de que adenina se liga somente com timina (A—T) e guanina somente se une com citosina (G—C) determina que as fieiras serão complementares, isto é, para cada adenina em uma fieira deve haver uma timina em outra fieira. Essa propriedade de complementaridade entre as fieiras é que garante que o DNA seja replicado, isto é, que cópias idênticas possam ser formadas a fim de que sejam transmitidas à geração seguinte.

A fim de que possa ser expressa como proteína, a informação genética deve ser transportada até a maquinaria de síntese de proteínas da célula, que está no citoplasma. Uma forma de RNA serve de intermediária nesse processo. RNA é semelhante a DNA, porém contém o açúcar ribose, em vez de desoxirribose, e a base uracila (U), em vez de timina (T). Para iniciar o processo de transferência de informação, uma fieira da cadeia em dupla hélice do DNA serve como molde para a síntese de uma fieira simples de RNA que seja complementar da fieira de DNA. Por exemplo, a sequência AGTC.... do DNA irá especificar uma sequência UCAG... do RNA. Esse processo é chamado **transcrição** e é subordinado a enzimas.

O recém-sintetizado RNA, chamado **RNA mensageiro** ou **m--RNA**, se desloca rapidamente para corpos do citoplasma chamados ribossomas, que são compostos de duas partículas, feitas de proteína ligada a **RNA ribossomal**, ou **r-RNA.** Cada ribossoma é um sítio de síntese de uma cadeia polipeptídica. Diversos ribossomas se ligam a um único mRNA, de modo que muitas cadeias polipeptídicas são sintetizadas a partir do mesmo mRNA; cada grupo de um mRNA e ribossomas é chamado um **polirribossoma** ou **polissoma**.

Ribossoma é uma organela celular composta por ácido ribonucleico e proteínas, onde ocorre a síntese da cadeia polipeptídica. **Cromossoma** é a unidade morfológica e fisiológica, visível ou não ao microscópio óptico, que contém a informação genética. Cada espécie animal ou vegetal contém um número constante de cromossomas. É uma macromolécula linear complexa, constituída por fibras de DNA, RNA e proteínas, que se tornam extremamente compactas durante a divisão celular.

A sequência de nucleotídeos de m-RNA é traduzida na sequência de aminoácidos de uma proteína por moléculas adaptadoras, compostas por um terceiro tipo de RNA chamado RNA de transferência ou tRNA. Há muitas espécies diferentes de tRNA, cada espécie ligando de um a 20 aminoácidos.

Na síntese de proteínas, uma sequência de nucleotídeo ao longo de mRNA não especifica diretamente um aminoácido; entretanto, ela especifica uma espécie particular de tRNA. Por exemplo, na codificação do aminoácido tirosina, uma sequência de nucleotídeo de mRNA é complementar a uma porção de uma molécula de tirosina-tRNA. Como cada tRNA especificado se associa com seu espaço complementar sobre o mRNA, o aminoácido é adicionado sobre o comprimento da cadeia proteica e o tRNA é solto. Quando a cadeia de proteína está completa, ela é liberada do ribossoma.

A determinação do mecanismo da síntese das proteínas aumentou a compreensão de muitos processos genéticos e permitiu desenvolvimentos como a bioengenharia. Alguns mutagenes, ou agentes indutores de mutações, causam a substituição de um nucleotídeo por outro, em uma fieira de mRNA.

O RNA está presente em ambos, núcleo e citoplasma, de muitas células. A maior parte do RNA citoplásmico está associada com ribossomas (chamada rRNA).

As moléculas de RNA desempenham diversas funções na célula, dependendo do tipo de molécula de RNA e suas propriedades específicas. O DNA é o maior constituinte dos cromossomas no núcleo de todas as células. Sua função principal é prover uma mensagem genética, que está codificada na sequência de bases.

Os ácidos nucleicos são geralmente formados por uma ou duas fieiras, embora estruturas com três ou mais fieiras possam ser formadas. Um ácido nucleico de fieira dupla consiste de duas fieiras simples ligadas por pontes hidrogênicas. RNA é geralmente de fieira simples, porém qualquer fieira pode dobrar-se sobre si mesma para formar uma região de hélice dupla. DNA é geralmente de dupla fieira, embora alguns vírus tenham DNA de fieira simples como seu genoma. Os açúcares e o fosfato nos ácidos nucleicos são ligados uns aos outros em uma cadeia alternativa ligada por oxigênios partilhados, formando um grupo funcional fosfodiéster.

Bibliografia recomendada

ALLINGER, N. L. et al. *Química orgânica*. Rio de Janeiro: Guanabra Dois, 1978.

Answers. Disponível em: <http://www.answers.com/topic/nucleic-acid>. Acesso em: 5 nov. 2007.

Cola da web. Disponível em: <http://www.coladaweb.com/quimica/acidosnucleicos.htm>. Acesso em: 5 nov. 2007.

Indiana State University. Disponível em: <http://web.indstate.edu/thcme/mwking/nucleic-acids.html>. Acesso em: 5 nov. 2007.

11.2.1.9 Enzimas

> **Enzima** (do grego, que significa "na levedura", de *en*, "em", e *zyme*, "fermento")

As **enzimas** são numerosas proteínas produzidas por organismos vivos que atuam como catalisadores biológicos, isto é, produtos químicos que aceleram as reações químicas específicas, tais como a digestão de alimentos, sem serem consumidas no processo. São vitais para funções do organismo. Sem as enzimas, essas reações, muitas vezes, exigiriam temperaturas e pressões intoleráveis pelos seres vivos.

Embora as enzimas participem da reação, elas não são alteradas quimicamente, sendo utilizadas em muito pequenas quantidades. Têm massa molecular compreendida entre 10.000 e 1.000.000 ou mais. Como as outras proteínas, as enzimas consistem de cadeias de aminoácidos unidas por ligações peptídicas. Podem conter uma ou mais dessas cadeias.

A sequência de aminoácidos dentro da cadeia polipeptídica é característica para cada enzima e determina a conformação tridimensional específica em que as cadeias estão dobradas. Essa conformação, que é essencial para a atividade da enzima, é estabilizada pelas interações dos aminoácidos em diferentes partes das cadeias peptídicas e com o meio em torno delas. Essas interações são relativamente fracas e podem ser prontamente rompidas por elevação de temperatura ou variação de polaridade do meio. Tais mudanças levam ao desdobramento das cadeias, causando a **desnaturação**, com a consequente perda da atividade enzimática, variação da solubilidade e de outras propriedades características da enzima primitiva. Algumas vezes, a desnaturação da enzima pode ser revertida.

Muitas enzimas contêm um componente adicional não proteico, denominado **coenzima**, **cofator** ou **grupo prostético**. Pode ser uma molécula orgânica, muitas vezes, um derivado de vitamina, ou um íon metálico, os quais podem participar diretamente da reação catalítica. Por exemplo, pode servir como transportador intermediário de um grupo, de um substrato para outro.

Algumas enzimas têm coenzimas firmemente ligadas à proteína e que são de difícil remoção, enquanto outras têm coenzimas que se dissociam prontamente. Quando o miolo da enzima, chamado **apoenzima**, e a coenzima são separados, nenhum dos dois possui as propriedades características da proteína conjugada original, chamada **holoenzima**. Por simples mistura da apoenzima com a coenzima, pode ser muitas vezes reconstituída a holoenzima ativa completa. A mesma coenzima pode ser associada com muitas outras, que catalisam diferentes reações. Assim, a natureza da apoenzima, mais do que a coenzima, é fundamental para determinar a especificidade da reação.

Nas reações enzimáticas, as moléculas, no início do processo, são chamadas **substratos**, e a enzima os converte em moléculas diferentes, os **produtos**.

A atividade das enzimas é determinada por sua estrutura tridimensional. As enzimas são, em geral, muito maiores do que os substratos sobre os quais elas atuam, e apenas uma pequena porção da enzima é diretamente envolvida na catálise. A região que contém esses resíduos catalíticos são conhecidas como **sítios catalíticos**.

As enzimas são usualmente classificadas de acordo com as reações que elas catalisam. As principais classes são as seguintes: oxidorredutases, transferases, hidrolases, liases, isomerases e ligases ou sintetases.

Oxidorredutases catalisam reações que envolvem transferência de elétrons e têm um importante papel na respiração celular e na produção de energia.

Transferases catalisam a transferência de um grupamento químico particular de uma substância para outra. Assim, a transaminase transfere grupos amina, grupos metila, e assim por diante. Uma importante subclasse desse grupo são as **quinases**, que catalisam a fosforilação de seus substratos, transferindo um grupo fosfato, geralmente de ATP (adenosino-trifosfato) ativando assim um composto metabolicamente inerte para posterior transformação.

Hidrolases catalisam a hidrólise de proteínas (proteinases e peptidases), ácidos nucleicos (nucleases), amido (amilases), gorduras (lipases), ésteres fosfato (fosfatases) e outras substâncias. Muitas hidrolases são secretadas pelo estômago, pâncreas e intestinos, e são responsáveis pela digestão dos alimentos. Outras hidrolases participam de funções celulares mais especializadas. Por exemplo, a colinesterase, que catalisa a hidrólise da acetilcolina, desempenha um importante papel na transmissão dos impulsos nervosos.

Liases catalisam a ruptura não hidrolítica do seu substrato, com a formação de uma dupla ligação. Por exemplo, as descarboxilases, que removem grupos carboxila como CO_2, e deidrases, que removem uma molécula de água. As ações reversas são catalisadas pelas mesmas enzimas.

Isomerases catalisam a intercanversão de compostos isoméricos.

Ligases ou **sintetases**, catalisam sínteses endergônicas conjugadas com a hidrólise exergônica do ATP. Elas permitem que a energia química armazenada no ATP seja utilizada para dirigir as reações.

A maioria das enzimas catalisa apenas um tipo de reação e atua somente sobre um composto, ou um grupo de compostos estreitamente relacionados. Entre a enzima e seu substrato deve existir uma perfeita relação, ou **complementaridade**. Em muitos casos, uma pequena mudança estrutural, mesmo em uma parte da molécula distante daquela alterada pela reação enzimática, elimina a capacidade do composto de atuar como substrato. Um exemplo de enzima altamente específica para um único substrato é a urease, que catalisa a hidrólise da ureia em CO_2 e amônia. Por outro lado, algumas enzimas exibem uma especificidade menos restrita e atuam sobre diversos compostos diferentes, porém que possuam um grupo químico particular. Essa qualidade é denominada **especificidade de grupo**.

Uma notável propriedade de muitas enzimas é seu alto grau de **estereoespecificidade**, isto é, a sua capacidade de discriminar entre configurações D e L. Um exemplo de enzima estereoespecífica é a L--aminoácido-oxidase. Essa enzima catalisa a oxidação de uma diversidade de aminoácidos do tipo $RCH(NH_2)COOH$. A velocidade de oxidação varia muito, dependendo da natureza do grupo R, porém somente aminoácidos de configuração L reagem.

Em 1876, W. Kuhne propôs o nome **enzima** para definir o que era previamente conhecido como "fermento desorganizado", isto é, fermento isolado dos organismos vivos em que eles eram formados.

A disputa entre Liebig e L. Pasteur relativamente ao processo de fermentação é muito conhecida. Liebig achava que a fermentação resultava de um processo químico, e que as leveduras não eram substâncias ativas no processo. Pasteur, por outro lado, afirmava que a fermentação só ocorria em presença de organismos vivos. A disputa entre os dois somente foi encerrada em 1897, quando ambos já haviam falecido, e E. Buchner demonstrou que o extrato de leveduras, sem células vivas presentes, podia converter glicose em etanol e dióxido de carbono, tal como as células de levedura vivas. Em outras palavras, a conversão não era causada pelas células de levedura vivas, como tais, mas por suas enzimas, não vivas.

As enzimas podem apresentar graus muito elevados de **regiosseletividade, estereosseletividade e estereoespecificidade.** As características responsáveis por essas propriedades são: forma geométrica complementar (modelo chave–fechadura, proposto por E. Fischer em 1894), carga elétrica e razão caráter hidrofílico/hidrofóbico. Atualmente, a explicação aceita é uma modificação desse modelo, uma vez que, como as enzimas são estruturas flexíveis, o sítio ativo é continuamente reformado por interações com o substrato, à medida que este interage com a enzima. Assim, o substrato não se liga simplesmente a um sítio ativo rígido; as cadeias laterais do aminoácido que compõem o sítio ativo são moldadas nas posições precisas, que permitem à enzima exercer sua função catalítica.

Regiosseletividade é a predominância de uma constituição molecular em reações químicas. **Estereosseletividade** é a predominância de um dos estereoisômeros na síntese. **Estereoespecificidade** é a produção de apenas um dos estereoisômeros na síntese.

Em uma **reação química**, substâncias conhecidas como **reagentes** interagem uma com a outra para criar uma nova substância, chamada **produto**. A energia é um importante componente em uma reação química porque certo limite, chamado **energia de ativação**, deve ser ultrapassado para que a reação possa ocorrer. Para aumentar a velocidade com que uma reação ocorre e acelerar a ultrapassagem do limite da energia de ativação, é necesssário que ocorra uma das seguintes condições: aumento da concentração dos reagentes; aumento da temperatura; introdução de um catalisador.

Nem sempre é possível ou desejável empregar alguma dessas opções. Por exemplo, muitos processos que ocorrem no corpo humano iriam normalmente exigir altas temperaturas, altas demais para serem toleradas pelo organismo. É então indicada a opção pelo **catalisador**, que é uma susbtância que acelera a reação sem participar nem como reagente, nem como produto, e não é consumida na reação. Um excelente exemplo de catalisador químico são as **enzimas**, que facilitam as reações necessárias ao organismo sem elevação de temperatura ou aumento da concentração dos reagentes.

A ligação entre as enzimas e os substratos é tão forte que as enzimas frequentemente são denominadas segundo o substrato envolvido, pela simples adição do sufixo **ase** ao nome do substrato. Por exemplo, **lactase** é a enzima que catalisa a digestão da lactose, ou açúcar do leite, e **urease** é a enzima que catalisa a cisão química da ureia, uma substância da urina.

As enzimas ligam seus reagentes, ou substratos, em dobras e fendas especiais na estrutura do substrato, chamadas **sítios ativos**. Como são requeridas muitas interações no processo catalítico, as enzimas precisam ter muitos sítios ativos, daí decorrendo suas dimensões, tendo valores de massa atômica da ordem de 1 milhão amu – amu é uma unidade de massa atômica, **amu**; é aproximadamente igual à massa de 1 próton, que é a partícula com carga positiva no núcleo dos átomos.

As enzimas pertencem à família das proteínas, porém muitas delas não são capazes de participar de uma reação catalítica, exceto se estiverem ligadas a um componente não proteico chamado **coenzima**. Este pode ser uma molécula de tamanho médio chamada **grupo prostético**, ou pode ser um íon metálico, nesse caso, denominado **cofator** (isto é, um átomo metálico com carga elétrica). Muitas vezes, as coenzimas são compostas total ou parcialmente por vitaminas.

Algumas enzimas representativas, ao lado de suas fontes e especificidades, são mostradas no Quadro 11.10.

Bibliografia recomendada

ALLINGER, N. L. et al. *Química orgânica*. Rio de Janeiro: Guanabra Dois, 1978

Answers. Disponível em: <http://www.answers.com/topic/enzyme?cat=health>. Acesso em: 12 ago. 2007.

HOUAISS, A. *Enciclopédia mirador internacional*. v. 8. Rio de Janeiro: Encyclopaedia Britannica do Brasil Publicações, 1980.

Maps Enzymes Limited. Disponível em: <http://www.mapsenzymes.com/History_of_Enzymes.asp>. Acesso em: 12 ago. 2007.

VOET, D.; VOET, J. G.; PRATT, C. W. *Fundamentos de bioquímica*. São Paulo: Ed. Artmed, 2006.

Quadro 11.10 – Algumas enzimas representativas		
Enzima	**Fonte**	**Reações catalisadas**
Pepsina	Suco gástrico	Hidrólise de proteínas a peptídeos e aminoácidos
Urease	Bactéria	Hidrólise de ureia a amônia e dióxido de carbono
Amilase	Saliva, suco pancreático	Hidrólise de amido a maltose
Fosforilase	Músculo, fígado, plantas	Fosforólise reversível do amido
Transaminases	Muitos tecidos de cetoácido	Transferência de um grupo amino a partir de um aminoácido a cetoácido
Fosfohexosose-isomerase	Músculo, levedura	Interconversão de glicose-6-fosfato e frutose-6-fosfato
Catalase	Eritrócitos, fígado	Decomposição de peróxido de hidrogênio a oxigênio e água
Álcool-desidrogenase	Fígado	Oxidação de etanol a aldeído acético

12 - ASFALTENOS

Elizabete Fernandes Lucas
Professora do IMA – UFRJ

Asfalto (do grego, *ásphaltos*)

Os **asfaltenos** constituem a fração mais pesada, mais polar e não volátil do petróleo. Quanto às suas características gerais, os asfaltenos são definidos como macromoléculas do petróleo, constituídos pelas moléculas de massas molares mais elevadas e mais polares presentes na mistura. Quanto às características estruturais, as moléculas de asfaltenos são formadas por anéis poliaromáticos condensados, contendo cadeias laterais alifáticas e naftênicas e apresentado, em menor proporção, nitrogênio, oxigênio e enxofre como heteroelementos ou grupos funcionais. Metais, como vanádio e níquel, também estão presentes nessa fração como parte de grupos porfirínicos e não porfirínicos.

A definição baseada na estrutura química é relativamente genérica, uma vez que, como uma fração do petróleo, cuja origem pode ser variada, os asfaltenos são constituídos por um conjunto de moléculas muito semelhantes sob diversos aspectos, mas que não se apresentam iguais nem em sua fórmula mínima.

Alguns modelos de estruturas têm sido propostas com base em resultados de caracterização de asfaltenos de diferentes origens por métodos físicos e químicos. Por serem constituídos, predominantemente, de hidrocarbonetos, poliaromáticos, aromáticos e alifáticos, contendo grupamentos polares, os asfaltenos apresentam caráter **anfifílico**, sendo considerados surfactantes naturais. Quanto às características de solubilidade, a fração asfaltênica, um sólido amorfo de coloração variando entre o marrom escuro e o preto, é definida como aquela que é precipitada por adição de excesso de solventes parafínicos de baixo ponto de ebulição (por exemplo, n-pentano, n-hexano, n-heptano) e é solúvel em tolueno e benzeno. A partir do resíduo de petróleo, a fração que é solúvel em alcanos leves é denominada **malteno**. A partir dessa fração obtêm-se as resinas, como será descrito mais adiante.

Assim, os asfaltenos podem ser obtidos a partir do **petróleo**, ou de seu resíduo da destilação a vácuo, por processo de solubilidade em diferentes solventes. É possível obter diferentes tipos de frações asfaltênicas, dependo do tipo de solvente usado como floculante. As duas subclasses de asfaltenos mais comumente relatadas na literatura são os precipitados com n-pentano e n-heptano, designadas respectivamente C5I (insolúveis em pentano) e C7I (insolúveis em heptano).

A fração das resinas, por sua vez, assim como a fração asfaltênica, também é constituída de moléculas com características aromáticas e polares, que podem conter heteroátomos em sua estrutura, porém apresentam massa molar mais baixa que a dos asfaltenos e mais baixa aromaticidade e polaridade. As resinas, quanto à solubilidade, são definidas como a fração que, a partir do petróleo ou de seu resíduo de destilação, é solúvel em hidrocarbonetos, tais como pentano, hexano, heptano, benzeno e tolueno, mas é insolúvel em propano liquefeito e acetato de etila.

Resinas e asfaltenos são macromoléculas, com alta relação carbono/hidrogênio e presença de enxofre, oxigênio e nitrogênio (de 6,9 a 7,3 %). Sua estrutura básica é constituída de três a dez ou mais anéis, geralmente aromáticos, em cada molécula. As estruturas básicas das resinas e asfaltenos são semelhantes, mas existem diferenças importantes. Os asfaltenos não estão dissolvidos no petróleo, e sim dispersos na forma coloidal. As resinas, ao contrário, são facilmente solúveis. Os asfaltenos puros são sólidos escuros e não voláteis (são responsáveis pela coloração escura do petróleo). As resinas puras são líquidos pesados, ou sólidos pastosos, e são tão voláteis quanto um hidrocarboneto do mesmo tamanho, apresentado coloração clara.

A massa molar reportada para os asfaltenos varia em uma ampla faixa (de 500 a 1.000.000 g/mol). O valor encontrado para massa molar de asfaltenos varia com uma série de fatores, sendo que os principais são o método de medida selecionado, a origem do petróleo, a fase analisada (líquida ou precipitada) e o agente precipitante utilizado na separação da fração asfaltênica. Dentre os métodos mais comumente utilizados encontram-se a cromatografia de permeação em gel e a osmometria de pressão de vapor. Apesar da influência desses fatores, a ampla faixa reportada encontra origem na facilidade de agregação das moléculas asfaltênicas, o que leva à determinação da massa molar do agregado e não da molécula individual. Dados mais recente reportados para sistemas não agregados revelam uma faixa de massa molar variando somente entre 500 e 5.000 g/mol, com uma polidispersão em torno de 3. Se a fração asfaltênica é separada por diferença de solubilidade, dentro dessa faixa de massa molar, os valores encontrados realmente variam em função do número de átomos de carbono da cadeia do alcano utilizado como agente precipitante (pentano, hexano, heptano); em geral, a massa molar média será mais elevada quanto maior for o comprimento da cadeia do alcano.

O **petróleo** é definido, segundo a ASTM,

como uma mistura de ocorrência natural, constituído, predominantemente, de hidrocarbonetos, derivados orgânicos sulfurados, nitrogenados e oxigenados, a qual é ou pode ser extraída em estado líquido.

O petróleo bruto está comumente acompanhado por quantidades variáveis de outras substâncias, tais como água, matéria inorgânica e gases. A remoção dessas substâncias não modifica a condição de mistura do petróleo. No entanto, se houver qualquer processo que altere apreciavelmente a composição do óleo, o produto resultante não poderá ser mais considerado petróleo.

A designação **betume** é mais ampla e diz respeito a todas as misturas de hidrocarbonetos gasosos, líquidos, pastosos ou sólidos, que existem na natureza, incluindo-se os gases e o petróleo. Betumes são misturas de substâncias resultantes da decomposição de matérias orgânicas, constituindo principalmente hidrocarbonetos e produtos oxidados e nitrogenados, apresentando-se em: estado sólido – asfalto; estado pastoso – breu ou piche; estado de mistura – xistos betuminosos.

O petróleo tem sua origem a partir da matéria orgânica depositada junto com os sedimentos. A matéria orgânica marinha é basicamente originada de micro-organismos e algas que formam o **fitoplâncton,** e não pode sofrer processos de oxidação. A matéria orgânica proveniente de vegetais superiores também pode dar origem ao petróleo, todavia sua preservação se torna mais difícil em função do meio oxidante em que vivem. Matéria orgânica, sedimento e condições termodinâmicas apropriadas são os três fatores principais que, ocorrendo concomitantemente, dão início à cadeia de processos que leva à formação do petróleo, a qual pode ser descrita pelos estágios evolutivos diagênese, catagênese, metagênese e metamorfismo, descritos a seguir.

Na **diagênese**, na faixa de temperaturas mais baixas, até 65 °C, predomina a atividade bacteriana que provoca a reorganização celular e transforma a matéria orgânica em **querogênio**. O produto gerado é o metano bioquímico ou biogênico.

Na **catagênese,** o incremento de temperatura, até 165 °C, é determinante da quebra das moléculas de querogênio e resulta na geração de hidrocarbonetos líquidos e gás.

Na **metagênese**, ocorre a continuação do processo, avançando até 210 °C, o que propicia a quebra das moléculas de hidrocarbonetos líquidos e sua transformação em gás leve.

No **metamorfismo**, a continuação do incremento de temperatura leva à degradação do hidrocarboneto gerado, deixando, como remanescente, grafite, gás carbônico e algum resíduo de gás metano.

O processo de geração de petróleo como um todo é resultado da captação da energia solar, por meio da fotossíntese, e transformação da matéria orgânica com a contribuição do fluxo de calor oriundo do interior da Terra.

Para se ter uma acumulação de petróleo é necessário que, após o processo de geração, ocorra a migração e que esta tenha seu caminho interrompido pela existência de algum tipo de armadilha geológica.

O tipo de hidrocarboneto gerado, óleo ou gás, é determinado pela constituição da matéria orgânica original e pela intensidade do processo térmico atuante sobre ela. A matéria orgânica proveniente do fitoplâncton, quando submetida a condições térmicas adequadas, pode gerar hidrocarboneto líquido. O processo atuante sobre a matéria orgânica vegetal lenhosa poderá ter como consequência a geração de hidrocarbonetos gasosos. Assim, o petróleo é constituído por uma mistura de compostos químicos, predominantemente hidrocarbonetos, e sua composição difere em função da origem. Quanto à composição, o petróleo é, em geral, subdivido em hidrocarbonetos saturados, hidrocarbonetos aromáticos, resinas e asfaltenos.

A utilização comercial do petróleo se dá pelo aproveitamento dos subprodutos obtidos da destilação, como combustíveis ou matéria-prima para a indústria petroquímica. Os subprodutos da destilação são separados em diferentes faixas de temperatura, desde a $T_{ambiente}$ até, aproximadamente, 510 °C. A fração que não destila até essa temperatura é denominada "resíduo", é constituída de moléculas contendo um número de átomos de carbono superior a 38 e encontra utilização como asfalto, piche e impermeabilizantes.

A fração "resíduo" contém, entre outros produtos, os asfaltenos e também as resinas. Essas frações, ou subfrações do petróleo, podem ser isoladas por diferenças de solubilidade a partir do resíduo ou do próprio petróleo. Como consequência, as definições encontradas para asfaltenos e resinas pode ter como base sua classificação química, mas também é muito comum que seja baseada em características de solubilidade em diferentes solventes.

Em virtude das diferenças entre as moléculas que constituem o petróleo, seus componentes podem ser visualizados como uma dispersão coloidal. Os componentes saturados e aromáticos de mais baixa massa molar formariam o meio dispersante enquanto os componentes de mais alta massa, incluindo as resinas e os asfaltenos, encontrar-se-iam solubilizados ou dispersos. Os asfaltenos, em razão de sua polaridade mais elevada, em relação aos demais componentes do petróleo, têm a tendência a sofrer aglomeração e posterior aglomeração frente a qualquer variação de composição que desfavoreça interação com o meio dispersante. Em geral, os asfaltenos são solúveis em compostos aromáticos e insolúveis em compostos saturados. Assim, um desequilíbrio na composição, favorecendo o aumento de saturados em relação aos aromáticos, causa a aglomeração dos asfaltenos, podendo levar, até mesmo, à precipitação. Esse fenômeno, na prática, é conhecido como formação de borra. Isto é, a precipitação dos asfaltenos no petróleo é uma das causas da formação de borras durante a produção de petróleo, o que é extremamente indesejável, pois prejudica severamente a sua produção. Alguns autores acreditam que as resinas – fração menos polar que os asfaltenos e, por isso, mais estáveis no petróleo – sejam as responsáveis pela estabilização dos agregados de asfaltenos, evitando sua precipitação. Isto é, petróleos com elevada quantidade de resina teriam menor tendência a apresentar precipitação de asfaltenos. Uma das técnicas utilizadas para prevenir a precipitação de asfaltenos em petróleo é o uso de aditivos químicos com características anfifílicas. O mecanismo mais aceito envolve a interação da porção polar do aditivo com as moléculas de asfaltenos e sua estabilização espacial no meio petróleo pela porção apolar do aditivo.

Apesar do comportamento, muitas vezes indesejável, no petróleo durante sua extração, transporte e estocagem, os asfaltenos são os principais constituintes do betume, o qual encontra ampla aplicação, principalmente na pavimentação de vias. Os registros do uso de materiais betuminosos são históricos, por exemplo, como impermeabilizantes e aglutinantes, na Mesopotâmia e em Roma, e na mumificação, no Egito. Embora a principal fonte de obtenção do asfalto seja por meio da destilação do petróleo, como mencionado anteriormente, outras fontes (que o classificam como asfalto natural) também são conhecidas: (1) resíduo resultante da destilação natural, pela ação do sol e do vento, de petróleo que aflora na superfície terrestre; (2) rochas asfálticas e (3) areias betuminosas.

As propriedades do asfalto dependem, principalmente, da sua composição natural (incluindo teor de asfaltenos e resinas) e do modo de preparo para utilização. O asfalto pode ser classificado em cimento asfáltico, asfalto diluído, emulsão asfáltica e asfalto modificado. O cimento asfáltico é aquele resultante diretamente da separação do petróleo e é denominado de CAP (cimento asfáltico de petróleo), cujas propriedades variam em função dos teores e das características de seus componentes. O asfalto diluído surge da diluição do CAP por destilados leves de petróleo. A vantagem do asfalto diluído reside no controle do tempo de cura em função do tipo de solvente utilizado na diluição. As emulsões asfálticas são constituídas por cimento asfáltico finamente dividido em gotículas microscópicas emulsionadas em água pela ação de um agente emulsificante. Em geral, a emulsão contém

55% de fase dispersa. A separação da emulsão pode ser induzida, no momento desejado, restando somente asfalto insolúvel em água. Esse tipo de preparo é especialmente útil nos casos de tratamentos de superfícies, tais como impermeabilização e pinturas.

Dentre os asfaltenos modificados, a principal categoria de agente modificador são os **polímeros**. A adição de copolímeros, tais como, SBS (copolímero em bloco de estireno, butadieno e etireno), SBR (borracha de copolímero de estireno e butadieno) e EVA (copolímeros de etileno e acetato de vinila), confere ao asfalto melhor resistência a fadiga, a deformação permanente e a trincas térmicas. De um modo geral, o polímero é do tipo borrachoso à temperatura ambiente. Para essa aplicação também são utilizados resíduos pós-consumo, como é o caso de borracha de pneus moída.

Os asfaltenos também podem ser extraídos do **carvão** mineral. Os dois tipos principais de carvão são o carvão vegetal e o carvão mineral.

O **carvão vegetal** é uma substância de cor negra, obtida pela carbonização da madeira, sendo muito utilizado como combustível para aquecedores e churrasqueiras.

O **carvão mineral**, por sua vez, é um combustível fóssil natural extraído do solo por processos de mineração. O carvão mineral é formado pelos restos soterrados de matéria orgânica (plantas tropicais e subtropicais), que se decompuseram. Outros compostos oriundos do manto terrestre estão fixados junto ao carvão.

Do mesmo modo como ocorre para o petróleo, a ação conjunta de bactérias, temperatura e pressão leva à formação do carvão. Existem diferentes métodos de extração dos componentes do carvão mineral, os quais podem ser identificados, entre outras técnicas, por cromatografia líquida preparativa. Nesse caso, os compostos presentes no extrato são eluídos por uma coluna contendo sílica gel tratada, utilizando-se uma série adequada de solventes descrevendo um gradiente de polaridade. As classes de compostos identificadas foram hidrocarbonetos, resinas, asfaltenos e asfaltóis, sendo que os hidrocarbonetos podem ser separados em saturados, monoaromáticos, diaromáticos, triaromáticos e aromáticos polinucleares.

Bibliografia recomendada

ACEVEDO, S. et al. Relations between asphaltene structures and their physical and chemical properties: the rosary-type structure. *Energy & Fuels*, v. 21, p. 2165-2175, 2007.

Departamento de Transportes do Setor de Tecnologia da UfPR. Disponível em: <http://www.dtt.ufpr.br/Pavimentacao/Notas/mod4MateriaisBetuminosos.pdf>. Acesso em: 4 jan. 2012.

LUCAS, E. F. et al. Polymer science applied to petroleum production. *Pure and Applied Chemistry*, v. 81, n. 3, p. 473-494, 2009.

THOMAS, J. E. *Fundamentos da engenharia de petróleo*. 2. ed. Rio de Janeiro: Ed. Interciência, 2004.

University of Illinois at Chicago. Disponível em: <http://tigger.uic.edu/~mansoori/Asphaltene.Molecule_html>. Acesso em: 15 mar. 2006.

VAITSMAN, M. *O petróleo no império da república*. 2. ed. Rio de Janeiro: Ed. Interciência, 2001.

13 - ALIMENTOS

Ana Lúcia do Amaral Vendramini
Professora da EQ – UFRJ

Alimento (do latim, *alimentu*)

O tema "Polímeros" permeia a área de **alimentos**, tanto com relação aos produtos naturais de origem animal e vegetal quanto aos produtos industrializados. Nesse caso, os polímeros, na maioria das vezes, estão no grupo dos chamados **aditivos**, com ação de espessante, com emprego na melhoria da textura e da consistência de produtos, aumentando a viscosidade de soluções, emulsões e suspensões. São comumente utilizados em sorvetes, pudins, cobertura para saladas, sopas etc. Também podem ser usados com a função de evitar a cristalização do gelo em sorvetes e alimentos congelados. Podem ainda exercer a função de estabilizantes, atuando sobre a dispersão de sólidos, líquidos e gases, em suspensões, emulsões e espumas, respectivamente.

A Associação Brasileira da Indústria de Alimentos (Abia) lista os principais setores da indústria de produtos alimentares: laticínios, café, chá, cereais, derivados de carne, óleos e gorduras, derivados de trigo, açúcares, derivados de frutas e vegetais, chocolate, cacau e balas, além de conservas de pescado.

Nesses setores, o domínio dos assuntos relativos à ciência e tecnologia de alimentos é de fundamental importância. A ciência é o estudo das propriedades físicas, químicas e biológicas dos alimentos, das causas de suas alterações e dos princípios do processamento. A tecnologia é a aplicação da ciência nas diversas etapas do processo produtivo (seleção, conservação, transformação e acondicionamento). É também considerada a logística de distribuição, a garantia de alimentos nutritivos e seguros, com o maior prazo possível de vida de prateleira, e a diversificação dos produtos, para atender aos grupos com necessidades nutritivas especiais (gestantes, idosos, crianças, alérgicos) e para satisfazer os caprichos e desejos psicológicos do homem.

A gastronomia também vem aplicando os conhecimentos científicos e os recursos utilizados na indústria alimentícia, com o intuito de atender aos prazeres sensoriais. É, então, denominada **gastronomia molecular**.

Nos países desenvolvidos, estima-se que mais da metade dos alimentos que o homem consome são, de alguma forma, processados e, de acordo com o estilo de vida que as sociedades estão desenvolvendo, esse tipo de consumo alimentar tende a crescer. Além disso, a escassez de áreas para plantio e a indisponibilidade de água impulsionam o setor para um melhor aproveitamento dos resíduos e dos recursos nutritivos existentes e a busca de outros, a partir de fontes até agora não exploradas. Por exemplo, a produção de alimentos a partir de espécies marinhas, que nos dias de hoje são subutilizadas. No entanto, a exploração de nutrientes e a preservação do planeta apresentam um difícil equilíbrio sobre o qual as sociedades e os hábitos culturais ainda têm muito a aprender.

Os **alimentos** são produtos de composição complexa que, em estado natural, processados ou cozidos, são consumidos pelo homem para satisfazer suas necessidades nutritivas e sensoriais.

Os **nutrientes** são as substâncias contidas nos alimentos que o organismo utiliza, transforma e incorpora a seus próprios tecidos, para cumprir três finalidades básicas:

- Proporcionar a energia necessária para manter a integridade e o perfeito funcionamento das estruturas corporais.
- Prover os materias requeridos para a formação dessas estruturas.
- Suprir as substâncias exigidas para regular o metabolismo.

A alimentação é influenciada por inúmeros fatores, como condição econômica, hábitos culturais e hábitos alimentares, que irão determinar sua qualidade, boa ou má.

A nutrição depende do organismo, que trabalha de forma integrada; três aparelhos estão envolvidos no processo de nutrição: digestivo, circulatório e respiratório.

Os seguintes nutrientes são encontrados nos alimentos:

- **Carboidratos**, cuja principal função é prover energia ao organismo; podem converter-se em gordura corporal.
- **Gorduras**, ou **lipídeos**, que proporcionam maior aporte energético que os carboidratos, e também podem formar gordura corporal.
- **Proteínas**, compostas por aminoácidos, os quais constituem os materiais necessários para o crescimento e a reparação dos tecidos; podem ser utilizadas pelo organismo como fonte energética.

- **Minerais**, que são utilizados para o crescimento e a reparação dos tecidos, participando da regulação de certos processos biológicos.

- **Vitaminas**, que também intervêm na regulação de certos processos do organismo.

O termo **caloria**, quando referido ao valor energético dos alimentos, significa a quantidade de calor necessária para elevar a temperatura de 1 quilograma (equivalente a 1 litro) de água de 14,5 para 15,5 °C. O correto é utilizar a representação kcal (quilocaloria), porém o uso constante em nutrição fez com que se modificasse a medida. Assim, quando se diz que uma pessoa precisa de 2.500 calorias, na verdade, são 2.500.000 calorias, isto é, 2.500 quilocalorias. Atualmente, também é comum expressar quilocaloria pela letra C, maiúscula. Por exemplo, 1 Cal = 1.000 cal = 1 kcal.

É importante lembrar que:

- Os carboidratos e as proteínas geram 4 kcal/g de energia.

- Os lipídeos geram 9 kcal/g.

- O álcool etílico gera 7 kcal/g.

Para fazer o cálculo de calorias em alimentos, basta multiplicar o peso/g de carboidratos e proteínas por 4, e o peso em gramas dos lipídeos por 9. Por exemplo, considerando um alimento que tem 13,2 g de carboidratos, 2,3 g de proteínas e 2,4 g de gorduras, o valor das calorias geradas por esse alimento ao ser digerido por uma pessoa é:

$$(13,2 + 2,3) \times 4 = 62,0 \text{ kcal}$$

$$2,4 \times 9 = 21,6 \text{ kcal}$$

$$62,0 + 21,6 = 83,6 \text{ kcal}$$
(total gerado pela digestão do alimento)

Aditivos alimentares são substâncias não nutritivas que são incorporadas aos alimentos com o propósito de aumentar o tempo de conservação, manter ou modificar o seu sabor ou melhorar sua aparência e textura. Essas substâncias não devem prejudicar o valor nutritivo dos alimentos. Dentre as tecnologias usualmente empregadas nesse setor da indústria, o uso de aditivos é a mais discutida e polêmica. Dentre os pontos de maior controvérsia, destacam-se a segurança no uso dessas substâncias.

Os polissacarídeos naturais têm, em geral, a função de espessante dos produtos, com emprego na melhoria da textura e da consistência, aumentando a viscosidade das soluções, emulsões e suspensões. São comumente utilizados em sorvetes, pudins, coberturas para saladas e sopas, dentre outros produtos. Podem também ser utilizados com a função de evitar a cristalização do gelo em sorvetes e alimentos congelados. Também podem exercer função de estabilizante em suspensões, emulsões e espumas, com dispersão de sólidos, líquidos e gases, respectivamente.

Quanto à origem, os alimentos podem ser distribuídos em três grupos:

- Alimentos de **origem animal**, como carne, leite, ovos, peixe etc.

- Alimentos de **origem vegetal**, como frutas, verduras, cereais etc.

- Alimentos de **origem mineral**, como sais minerais e água.

No mundo atual, 75 a 80% dos alimentos consumidos foram sujeitos a processamento e incorporação de aditivos alimentares, sendo estes em proporção dez vezes maior que na década passada.

As **fibras** são vastamente distribuídas na Natureza. Têm sido isoladas e adicionadas nos alimentos industrializados como bebidas, laticínios, e alimentos sólidos, em razão das diversas características e das funcionalidade que elas proporcionam aos alimentos, além de trazerem benefícios comprovados à saúde humana.

A **fibra solúvel alimentar** (FSA) de alta qualidade tem sido isolada e adicionada a bebidas, laticínios e alimentos sólidos, com benefícios comprovados.

De acordo com a solubilidade, as fibras alimentares podem ser solúveis ou insolúveis. São consideradas fibras as ligninas, gomas, pectinas, polissacarídeos e oligossacarídeos associados a plantas. Destas, as gomas, pectinas e mucilagens são consideradas **fibras solúveis**, enquanto a celulose, a hemicelulose e a lignina são as **fibras insolúveis**. Acredita-se que um consumo de 30 a 40 g de fibras por dia seja o recomendado, sendo a metade as fibras provenientes de cereais e a outra metade, de frutas, legumes e verduras.

As **fibras dietéticas solúveis** são polissacarídeos de cadeia longa e alto peso molecular, geralmente com traços de proteína, e de ocorrência principalmente natural; são solúveis em água, apresentam baixo valor calórico (cerca de 1,5 kcal/g) e possuem efeito prebiótico (nutriente para as bactérias probióticas intestinais) e não cariogênico.

Apresentam as propriedades de espessante (aumento da viscosidade), estabilizante e emulsificante. São aplicadas em iogurtes, queijos, bebidas lácteas, confeitos, frutas processadas, pães, produtos cárneos, sobremesas congeladas, bebidas e produtos dietéticos.

O Quadro 13.1 relaciona uma série de alimentos com a sua composição em fibras dietéticas, solúveis e insolúveis. O Quadro 13.2 apresenta os efeitos fisiológicos no homem de algumas fibras dietéticas solúveis, encontradas em diversas gomas naturais.

As fibras solúveis com propriedades de viscosidade e formação de gel retardam a absorção de macronutrientes, reduzem o esvaziamento gástrico (elevam a saciedade), a glicose pós-prandial (pós-refeição), os níveis de colesterol total e de lipoproteína de baixa densidade (LDL), sendo a principal fonte para a formação de ácidos graxos de cadeia curta pela fermentação colônica.

Dentre as funções fisiológicas das fibras, merecem destaque o aumento do volume do bolo alimentar, a prevenção da constipação (prisão de ventre) e, possivelmente, de câncer de cólon e reto, a proteção contra doenças inflamatórias, em virtude do aumento na produção de

Quadro 13.1 – Alimentos e teor correspondente de fibras insolúveis e solúveis			
Fonte da fibra	Fibra solúvel dietética (g/100 g)	Fibra insolúvel dietética (g/100 g)	Fibra total (g/100 g)
Casca de trigo	4,6	49,6	54,2
Fibra de aveia	1,5	73,6	75,1
Casca de arroz	4,7	46,7	51,4
Fibra de maçã	13,9	48,7	62,6
Fibra de tomate	8,3	57,6	65,9
Casca de cevada	3	67	70
Feijão branco cru seco	4,3	13,4	17,7
Barra de pão	1,2	1,8	3,0
Arroz cozido	0	0,7	0,7
Aspargo cozido	0,5	1,6	2,1

Fonte: CHAWLA, R.; PATIL, G. R. Soluble dietary fiber. *Comprehensive Reviews in Fast Food Science and Food Safety*, v. 9, n. 2, p. 178-196, 2010.

Quadro 13.2 – Composição, ocorrência e efeito de algumas fibras dietéticas solúveis selecionadas				
Nº	Nome	Composição	Ocorrência	Efeitos fisiológicos no homem
1	Goma xantana	A	Produzida por fermentação com *Xanthomonas campestris*	Aumenta a viscosidade nos ácidos graxos de cadeia curta no intestino.
2	Carrage-nana	B	Extraída das algas vermelhas, Rodofíceas	Aumenta a viscosidade, diminui a vazão gástrica e o tempo de trânsito no intestino.
3	Ágar	C	Extraído de algas vermelhas Rodofíceas *Gelicium* e *Gracilaria spp*	Aumenta a viscosidade nos ácidos graxos de cadeia curta no intestino.
4	Goma gelana	D	Produzida por fermentação com *Pseudomonas elodea*	Aumenta a viscosidade nos ácidos graxos de cadeia curta no intestino.
5	Goma guar	E	Produzida por hdrólise parcial da goma guar	Fermentado pela microbiota do cólon, diminuição dos lipídeos e da glicose do plasma.
6	Goma caraia	F	Exsudado seco de árvore indiana *Sterculia*	Aumenta a viscosidade do material fermentado no intestino.
7	Goma adragante	G	Exsudado seco de árvore asiática *Astragalus gummifer*	Aumenta a viscosidade do material fermentado no intestino.
8	Goma arábica	H	Exsudado seco de galhos do arbusto africano *Acacia Senegal*	Aumenta a viscosidade do material fermentado no intestino.
9	Alginato	J	Extraído de algas marrons, Feofíceas	Aumenta a viscosidade, do material fermentado no intestino.
10	Pectina	K	Frutas e legumes (maçã, laranja, beterraba)	Diminui a vazão gástrica e o tempo de trânsito no intestino. Fermenta no intestino grosso. Sem efeito no peso. Diminui o colesterol no soro.
11	Quitosana	L	Produzida por desacetilação alcalina da quitina de crustáceos	Aumenta a excreção fecal de esteroides neutros e a absorção intestinal do colesterol.

ácidos graxos de cadeia curta, que agem como imunomoduladores no intestino inflamado, e ainda aumentam a proporção de micro-organismos benéficos (probióticos) na microflora gastrointestinal. Pesquisas em animais têm mostrado que frutanas, tipo inulina e seus produtos de fermentação, reduzem o risco de câncer no cólon, isso porque os mecanismos envolvem a redução da exposição aos fatores de risco e supressão da sobrevivência de células tumorosas.

Para que ocorra a **dispersão** de um pó em um líquido sem produzir grumos, cada grão deve formar uma partícula individual na mistura. Essa individualização pode ser conseguida com a dispersão do pó em óleo vegetal, álcool ou xarope de glicose quente (onde a água está ligada e menos disponível para a hidratação), ou com açúcar em pó, usando um dispersante mecânico. A agitação deve ser constante até a solubilização ser completa. Na hidratação, a água interage com a partes hidrofílicas da molécula, por meio de pontes hidrogênicas. Quando há fortes interações entre as moléculas, ocorre o intumescimento e o aquecimento.

O efeito de **espessamento** é causado pela retenção das moléculas de água. O efeito de **geleificação** resulta da formação de redes envolvendo cada zona de ligação. Todos os hidrocoloides podem ter as duas propriedades em maior ou menor extensão. Os parâmetros que afetam a textura do produto final são: peso molecular, espaço na molécula, presença ou não de grupos funcionais, temperatura do meio e interações com outros ingredientes.

As **dextranas** são polissacarídeos semelhantes à amilopectina, porém as cadeias principais são formadas por ligações *alfa*-1,6 e as cadeias laterais têm ligações *alfa*-1,3 ou *alfa*- 1,4. As bactérias bucais produzem dextranas que aderem aos dentes, formando a placa dental. As dextranas têm uso comercial na preparação de doces, aditivos comestíveis e que causam o aumento do plasma sanguíneo.

Algumas plantas armazenam os carboidratos não somente como amido, mas também como inulina. As **inulinas** estão presentes em muitos vegetais e frutos, como cebola, alho, banana, batata e nabo. As inulinas são polímeros formados por cadeias de frutose com um grupo glicose terminal. A **oligofrutose** tem a mesma estrutura que a inulina, porém as cadeias têm dez ou menos unidades de frutose. A estrutura química da inulina e da oligofrutose estão mostradas na Figura 13.1. A oligofrutose tem aproximadamente 30 a 50% da doçura do açúcar comum. A inulina é menos solúvel do que a oligofrutose e tem uma textura cremosa que parece gordurosa. A inulina e a oligofrutose não são digeridas pelas enzimas no intestino humano, porém são totalmente fermentadas pelos micro-organismos intestinais. Os ácidos graxos de cadeia curta e o lactato produzido por fermentação contribuem com 1,5 kcal/g de inulina ou oligofrutose. A inulina e a oligofrutose são usadas para substituir a gordura e o açúcar em alimentos como sorvetes, produtos lácteos, doces e artigos de confeitaria.

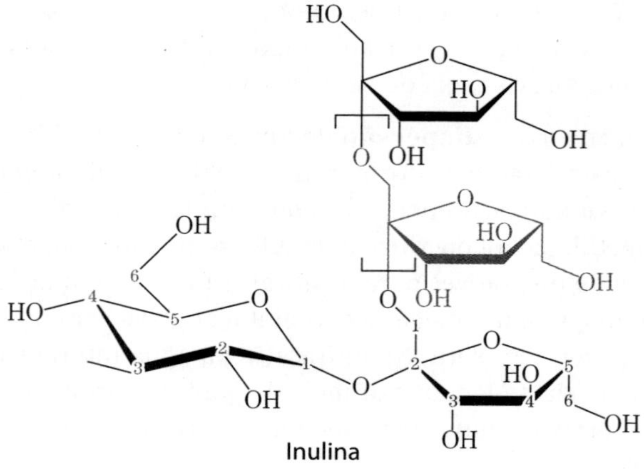

Figura 13.1
Estrutura química
da inulina e da
oligofrutose.

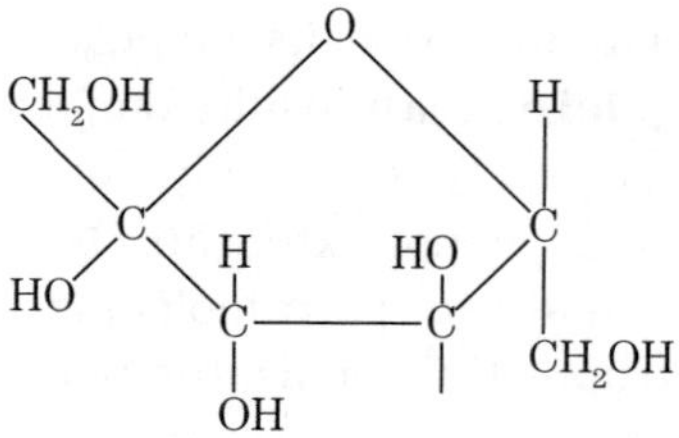

Os polissacarídeos são polímeros de açúcares simples. Diferentemente dos açúcares, muitos polissacarídeos são insolúveis em água. A **fibra dietética** consiste de polissacarídeos e oligossacarídeos que resistem à digestão e absorção pelo intestino delgado, porém são completamente ou parcialmente fermentados por micro-organismos do intestino grosso. São muito importantes na nutrição, na biologia e na preparação de alimentos.

O **amido** é a forma principal de reserva de carboidratos em vegetais. É uma mistura de duas substâncias: a **amilose**, um polissacarídeo essencialmente linear, e a **amilopectina**, um polissacarídeo com estrutura muito ramificada. As duas formas de amido são polímeros de *alfa*-D-glicose. Os amidos naturais contêm 10-20% de amilose e 80-90% de amilopectina. A amilose forma uma dispersão coloidal em água quente que ajuda a espessar caldos e molhos, enquanto a amilopectina é completamente insolúvel.

As moléculas de amilose consistem tipicamente de 200 a 20.000 unidades de glicose que se desenvolvem em forma de hélice, como consequência dos ângulos da ligação entre as moléculas de glicose.

A amilopectina se distingue da amilose por ser muito ramificada. Cadeias laterais curtas com até aproximadamente 30 unidades de glicose se unem com ligações *alfa*-1,6 cada 20 ou 30 unidades de glicose ao longo das cadeias principais. As moléculas de amilopectina podem conter até 2 milhões de unidades de glicose. As cadeias laterais se agrupam dentro da molécula da pectina, conforme mostrado no Capítulo 6, na Figura 6.2.

O amido se transforma em muitos produtos comerciais por meio de hidrólise, usando ácidos ou enzimas como catalisadores. A hidrólise é um reação química que desdobra cadeias longas de um polissacarídeo pela ação da água para produzir cadeias menores ou carboidratos simples. Aos produtos resultantes é atribuído um valor de equivalência em dextrose (DE) que está relacionado ao grau da hidrólise realizada. Um DE com valor de 100 corresponde ao amido completamente hidrolisado, que é a glicose (dextrose) pura. A **maltodextrina** é um amido parcialmente hidrolisado que não é doce e tem um valor DE menor que 20. Os xaropes, como o xarope de milho, o mel de milho, proveniente do amido de milho, tem valores DE de 20 a 91. A dextrose comercial tem valores de DE de 92 a 99. Os sólidos de xarope de milho são produtos semicristalinos ou pós amorfos, de pouca doçura, com DE de 20 a 36, produzidos por secagem do xarope a vácuo ou atomização em câmara de secagem. O xarope de milho de alta frutose, que se usa comumente na produção de refrescos, é fabricado por tratamento do xarope de milho com enzimas, que convertem uma parte da glicose em frutose.

O amido modificado é um amido alterado por processos mecânicos ou químicos com a finalidade de estabilizar géis. Sem modificação, géis de amido em água quente perdem sua viscosidade ou adquirem uma textura plástica depois de várias horas. Os xaropes de glicose hidrogenados são produzidos hidrolisando-se o amido e depois hidrogenando-se o xarope resultante, para produzir álcoois açucarados, como o manitol, o sorbitol e outros oligo- e polissacarídeos hidrogenados. A **polidextrose** (poli-D-glicose) é um polímero muito ramificado, com muitos tipos de ligação glicosídica. É produzido aquecendo-se a dextrose com um catalisador ácido e purificando-se o polímero resultante, solúvel em água. A polidextrose é usada como **voluminizador** em produtos alimentícios, porque não tem sabor e é semelhante à fibra em sua resistência à digestão. O **amido resistente** é um amido comestível que não se degrada no estômago, porém é fermentado pela microflora do intestino grosso.

A **celulose** é um polímero com cadeias longas, sem ramificações, de *beta*-D-glicose e se distingue do amido por ter grupos $-CH^2OH$ alternando por cima e por baixo do plano da molécula. A ausência de cadeias laterais permite que as moléculas de celulose se aproximem umas das outras, para formar estruturas rígidas. A celulose é o material estrutural mais comum nas plantas. A madeira consiste principalmente de celulose, e o algodão é quase celulose pura. A celulose pode ser desdobrada (hidrolisada) em seus constituintes de glicose por micro-organismos que vivem no sistema digestivo dos cupins e dos ruminantes.

As **hemiceluloses** são os polissacarídeos que, excluindo a celulose, consistituem as paredes celulares das plantas e podem ser extraídos com soluções salina diluídas. As hemiceluloses formam, aproximadamente, uma terça parte dos carboidratos nas partes lenhosas das plantas. A estrutura química das hemiceluloses consiste de cadeias longas com uma grande variedade de pentoses, hexoses e seus correspondentes ácidos urônicos. As hemiceluloses são encontradas em frutas, talos de plantas, cascas e grãos. Embora as hemiceluloses não sejam digeríveis, podem ser fermentadas por leveduras e bactérias. Os polissacarídeos que produzem pentoses ao desdobrar-se, chamam-se pentosanas. A xilana é uma pentosana e consiste de unidades de D-xilose unidas por ligações *beta*-1,4.

As **arabinoxilanas** são polissacarídeos encontrados na casca dos grãos, como trigo, centeio e cevada. Têm um esqueleto químico de xilana com unidades de L-arabinofuranose (L-arabinose em sua estrutura pentagonal), distribuídas ao acaso com ligações *alfa*-1,2 e *alfa*-1,3 ao longo da cadeia de xilose. A xilose e a arabinose são ambas pentoses, por isso as arabinoxilanas são também classificadas como pentosanas. As arabinoxilanas são de importância na panificação. As unidades de arabinose produzem com água massas viscosas, que afetam a consistência da mistura, a retenção das borbulhas da fermentação nas películas de glúten e amido, e a textura final dos produtos assados. Dentre as fontes de fibras solúveis, destaca-se a aveia, em virtude dos elevados teores de *beta*-glicanas, identificados como potentes na redução do risco de doenças coronarianas, sintomas de diabetes, pressão sanguínea e incidência de câncer.

As **beta-glicanas** são um polissacarídeo estrutural constituinte da parede celular de bactérias, fungos, algas, cogumelos e plantas, como aveia e cevada. Possuem cadeia principal formada por unidades de *beta*-D-glicopiranose com ligações do tipo *beta*-1,3 e ramificações *beta*-1,6.

As **glicosaminoglicanas** se encontram nos fluidos lubrificantes das articulações do corpo e são componentes das cartilagens, líquido sinovial, humor vítreo, ossos e válvulas do coração. São polissacarídeos longos sem ramificações, formados por dissacarídeos que contêm um dos dois tipos de aminoaçúcares: N-acetilgalactosamina ou N-acetilglicosamina e um ácido urônico, como o ácido glicurônico (glicose com o átomo de carbono-6 formando um grupo carboxila). As glicosa-minoglicanas têm carga elétrica negativa e também se chamam **mu-copolissacarídeos,** por serem muito viscosas. Em fisiologia, as mais importantes glicosaminoglicanas são o ácido hialurônico e a heparina. A heparina é uma mistura complexa de polissacarídeos lineares com diversas quantidades de suilfato nos sacarídeos constituintes; e usada em medicina como anticoagulante.

Bibliografia recomendada

MURRAY, R. K. et al. *Harper*: bioquímica. São Paulo: Ed. Atheneu, 1990.

PENNA, A. L. B. Hidrocolóides – usos em alimentos. *Caderno de Tecnologia de Alimentos e Bebidas in Food Ingredients – Pesquisa e Desenvolvimento na Indústria de Alimentos e Bebidas*, n. 17, p. 58-64, 2002.v

SoyStache. Disponível em: <http://www.soystache.com/plant.htm>. Acesso em: 4 nov. 2001.

ÍNDICE REMISSIVO